中国航天技术进展丛书

吴燕生　总主编

# 液体火箭发动机结构动力学理论及工程应用

谭永华　著

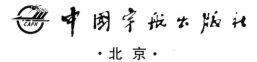

中国宇航出版社
·北京·

图书在版编目（ＣＩＰ）数据

液体火箭发动机结构动力学理论及工程应用 / 谭永华著 . -- 北京：中国宇航出版社，2022.2

ISBN 978 - 7 - 5159 - 1271 - 4

Ⅰ.①液… Ⅱ.①谭… Ⅲ.①液体推进剂火箭发动机－结构动力学－研究 Ⅳ.①V434

中国版本图书馆 CIP 数据核字（2017）第 026189 号

| 责任编辑 | 舒承东 | 封面设计 | 宇星文化 |

**出版发行 中国宇航出版社**

| 社 址 | 北京市阜成路 8 号 **邮 编** 100830 | 版 次 | 2022 年 2 月第 1 版 |
| | (010)60286808　　(010)68768548 | | 2022 年 2 月第 1 次印刷 |
| 网 址 | www.caphbook.com | 规 格 | 787×1092 |
| 经 销 | 新华书店 | 开 本 | 1/16 |
| 发行部 | (010)60286888　　(010)68371900 | 印 张 | 21.5 |
| | (010)60286887　　(010)60286804(传真) | 字 数 | 523 千字 |
| 零售店 | 读者服务部　(010)68371105 | 书 号 | ISBN 978 - 7 - 5159 - 1271 - 4 |
| 承 印 | 天津画中画印刷有限公司 | 定 价 | 168.00 元 |

本书如有印装质量问题，可与发行部联系调换

# 总　序

中国航天事业创建 60 年来，走出了一条具有中国特色的发展之路，实现了空间技术、空间应用和空间科学三大领域的快速发展，取得了"两弹一星"、载人航天、月球探测、北斗导航、高分辨率对地观测等辉煌成就。航天科技工业作为我国科技创新的代表，是我国综合实力特别是高科技发展实力的集中体现，在我国经济建设和社会发展中发挥着重要作用。

作为我国航天科技工业发展的主导力量，中国航天科技集团公司不仅在航天工程研制方面取得了辉煌成就，也在航天技术研究方面取得了巨大进展，对推进我国由航天大国向航天强国迈进起到了积极作用。在中国航天事业创建 60 周年之际，为了全面展示航天技术研究成果，系统梳理航天技术发展脉络，迎接新形势下在理论、技术和工程方面的严峻挑战，中国航天科技集团公司组织技术专家，编写了《中国航天技术进展丛书》。

这套丛书是完整概括中国航天技术进展、具有自主知识产权的精品书系，全面覆盖中国航天科技工业体系所涉及的主体专业，包括总体技术、推进技术、导航制导与控制技术、计算机技术、电子与通信技术、遥感技术、材料与制造技术、环境工程、测试技术、空气动力学、航天医学以及其他航天技术。丛书具有以下作用：总结航天技术成果，形成具有系统性、创新性、前瞻性的航天技术文献体系；优化航天技术架构，强化航天学科融合，促进航天学术交流；引领航天技术发展，为航天型号工程提供技术支撑。

雄关漫道真如铁，而今迈步从头越。"十三五"期间，中国航天事业迎来了更多的发展机遇。这套切合航天工程需求、覆盖关键技术领域的丛书，是中国航天人对航天技术发展脉络的总结提炼，对学科前沿发展趋势的探索思考，体现了中国航天人不忘初心、不断前行的执着追求。期望广大航天科技人员积极参与丛书编写、切实推进丛书应用，使之在中国航天事业发展中发挥应有的作用。

雷凡培

2016 年 12 月

# 序

液体火箭发动机是导弹武器、航天运载器及空间飞行器的主要动力装置，是典型的燃烧流体机械。发动机结构极其复杂，是一个高度集成的复杂多尺度、多维度动态系统。发动机工作的载荷环境是一个极端环境，既有高压、高低温与离心力等静态载荷作用，又有推力室和燃气发生器的燃烧振荡、涡轮泵流体激振、阀与管路内流体脉动和冲击等动态载荷激励，多场载荷耦合作用显著；另外，还包括火箭飞行中的气动载荷激励，二级、上面级发动机工作前还将经历一级或下面级发动机工作时的振动环境。

发动机是火箭最主要的激振源，又是自身强振动最直接的受害者，是全箭故障率最高的子系统（达 51%），且在发动机所发生的重大事故中，绝大部分与振动相关。发动机结构动力学是其研制过程中一个非常关键的问题，也是运载推进系统研究的热点与难点之一。

航天技术的不断发展对运载火箭动态性能的要求也越来越高，作为火箭动力系统的液体火箭发动机，其结构动态性能是运载火箭总体性能提高的关键。在提升发动机推质比、性能的同时，尽可能提高结构的工作安全性与可靠性已成为发动机研制阶段的重要工作。随着航天运载和空天武器要求的不断提高，液体动力系统不断向大功率、高性能、极致轻质化、高可靠性以及可重用方向发展，发动机结构动力学问题将更加突出。目前，结构动力学问题是制约发动机工作可靠性及安全性的重要因素，已成为解决发动机关键技术问题的基础学科。

液体火箭发动机结构动力学研究，主要分析其动力学特征与动态响应行为。至今，有关液体火箭发动机系统动力学的书很多，而介绍发动机结构动力学的专业书籍则较少。《液体火箭发动机结构动力学理论及工程应用》一书是在作者及航天推进技术研究院的设计人员多年来从事液体火箭发动机研制的科研实践基础上，经系统地分析和总结发动机结构动力学设计方面的研究成果后撰写而成，从发动机研制的工程实际出发进行论述，广采博议，内容具体实用，其中许多理论分析与试验研究的方法、结论是型号研制的体会和经验总结，既有一定的理论深度，又与工程实践紧密结合，可供高等院校航空宇航推进专业的硕士生、博士生以及从事液体火箭发动机结构动力学研究和设计的工程技术人员学习、参考。

张贵田

中国工程院院士

2021 年 10 月

# 前　言

液体火箭发动机是运载火箭、导弹武器、空间飞行器的核心之一，决定着一个国家航天活动的规模及进出空间、利用空间和控制空间的能力，是一个国家科技实力的重要体现，是国家安全的重要保障。国内外液体火箭发动机的研制历程表明：结构疲劳、断裂、碰磨、泄漏等是发动机最主要的故障模式，其根源在于对结构动载荷认识不足、结构动力学设计不合理、结构动强度试验考核不充分等。另一方面，解决此类动力学问题同样面临一系列挑战，包括发动机结构复杂，功率密度大，工作环境恶劣，涡轮泵、燃烧室及燃气发生器等主要振源位置相对集中，振源相互耦合强烈，多源振动在结构件间传递机理复杂等。目前，结构动力学问题已成为制约液体火箭发动机工作安全性、可靠性的重要因素。

载人登月等重大航天工程以及空天往返运输系统等对液体火箭发动机的推力量级、推质比、可靠性、寿命等指标要求均有大幅提高，增材制造技术以及轻质新材料的广泛采用，使得液体火箭发动机流、声、热及力的多场耦合问题更加突出，相应力学响应的高度非线性特征也更加明显。燃气发生器、推力室等燃烧组件形成的各种振荡燃烧，涡轮泵的旋转及其产生的流体激励，阀和管路系统的流致振动，起动/关机瞬变过程产生的冲击载荷，喷流噪声以及热环境等，这些使得发动机结构所工作的载荷环境更加复杂、恶劣。

本书旨在为系统分析与总结液体火箭发动机结构动力学方面的研究成果，指导发动机结构动力学问题的分析与解决。全书共分为 10 章：

第 1 章　绪论。阐述液体火箭发动机的系统组成、发动机的不同分类及特点，重点论述热力组件、涡轮泵、自动器以及总装元件等发动机核心组件及整机的功能、结构及动力学问题。

第 2 章　发动机结构动力学建模分析。对低频动力学、中高频动力学建模所涉及的建模方法等进行论述，探讨动态子结构法，介绍发动机结构模态试验技术。

第 3 章　发动机结构动力学模型修正。阐述有限元模型修正方法，论述基于灵敏度分析的修正系数选取以及模型修正有效性的评价标准。

第 4 章　发动机结构动力学分析及优化设计。阐述结构动力学分析理论及求解算法，介绍结构动力学优化设计方法与处理大规模优化问题的代理模型技术，给出基于 HK 模型的火箭发动机结构优化、发动机管路断裂失效分析及动力优化实例。

第5章　发动机涡轮泵转子系统动力学特性研究。阐述基于有限元法的转子系统动特性分析方法，给出涡轮氧泵转子系统在不同影响因素下临界转速的变化规律以及相应的瞬态响应和不平衡响应，同时论述氢氧涡轮泵柔性转子的动力学设计方法。

第6章　涡轮泵流体激振特性研究。介绍涡轮泵内的动静干涉、旋转空化两类流体激振现象，研究离心轮与扩压器之间的动静干涉机理和诱导轮旋转空化的发生机理，分析诱导轮内的空化流动特性与空化不稳定现象。

第7章　发动机多源载荷识别与传递特性研究。通过多源激励下结构响应分析研究影响结构响应的主要因素及振动主要传递路径，获取激振力与结构响应的相关特征。

第8章　发动机振动试验技术研究。阐述振动试验台的分类、工作原理，介绍振动试验夹具的设计原则以及结构形式，论述正弦振动试验、随机振动试验、冲击及冲击响应谱试验和试验控制方法。

第9章　发动机虚拟振动试验技术研究。阐述电动振动台的机电模型、参数辨识以及电动振动台的建模示例，论述正弦振动控制算法、随机控制算法，以及虚拟振动试验的运行与后处理方法。

第10章　发动机热试车动态信号测试及故障分析。阐述发动机热试车动态信号测量技术，论述发动机热试车数据分析方法以及基于发动机动态数据分析的力学环境试验条件设计，同时给出某型发动机试车大振动故障诊断以及某次发动机试车结构损坏分析的应用实例。

在本书的编写过程中，王春民、李锋、杜飞平、王珺等参与了全书的策划，杜大华、杜飞平和汪广旭参加了第1章的撰写，杜大华、杜飞平参加了第2章的撰写，杜大华参加了第3章、第4章的撰写，杜飞平、黄金平、张召磊参加了第5章的撰写，项乐、许开富参加了第6章的撰写，李斌潮参加了第7章的撰写，邓长华参加了第8章、第9章的撰写，孙百红参加了第10章的撰写。西安交通大学徐自力、西北工业大学文立华教授参加了全书的审校工作。

在本书的策划过程中，得到了张贵田院士的悉心指导。在出版过程中，得到了中国宇航出版社的大力支持，在此一并表示感谢。

本书在撰写过程中，力求做到结构完整、概念清晰、论述清楚流畅，但受限于水平，书中的内容难免会有错误或疏漏，恳请读者批评指正。

谭永华

2021年10月于西安

# 目　录

# 第1章 绪 论

## 1.1 概述

航天技术是探索、开发和利用宇宙空间的综合性工程技术，是当今世界高科技群体中最具影响力的科学技术之一，它使人类的活动范围从陆地、海洋和大气层内拓展到了外层空间，为人类研究宇宙空间自然现象及其规律提供了前所未有的条件。发展和掌握航天技术、开发空间资源、形成战略威慑是世界各国孜孜以求的梦想。航天技术的发展和进步，在很大程度上取决于液体火箭发动机的不断发展。

经过近一个世纪的发展，液体火箭发动机已具备了性能高、推力大、适应性强、技术成熟、工作可靠等显著优势。液体火箭发动机作为主动力广泛应用于液体弹道导弹、运载火箭、航天器等（如图1-1所示），是这些飞行器不可或缺的动力"心脏"。此外，液体火箭发动机还能为飞行器的姿态控制、轨道转移、空间对接等提供动力，并在惯性飞行期间，为推进剂管理提供动力。在各种飞行器上，往往要配置多台品种、规格不一的液体火箭发动机，其总数可达十多台至数十台。因此，这些飞行器推进系统的先进与否，在很大程度上取决于所用发动机的性能。

图1-1 液体火箭发动机的应用领域

液体火箭发动机是以液体推进剂为工质，在燃烧室内进行燃烧反应，将推进剂化学能转变为热能，产生高温、高压燃气，通过喷管膨胀，又将热能转变为动能，以超声速从喷管喷出，产生推力。上述过程需要在极短时间、有限空间内完成。因此，液体火箭发动机是载荷密度最大的动力机械，工作环境极为恶劣，工况极端复杂，不仅要在高温、高压、高转速以及超低温条件下工作，还要尽量减小结构尺寸与质量。液体火箭发动机的典型特点是压力高、流量大、转速高、高低温工作环境，过程复杂，工作环境恶劣，融合了热力、气动、燃烧、流体、振动等多个学科，具有多物理场耦合的特点，涉及机械、材料、化工等多种行业。此外，与固体火箭发动机相比，液体火箭发动机具有性能稳定、工作时间长、大范围推力可调、多次起动和关机以及可重复使用等优点。

液体火箭发动机需要满足高比冲、高推质比、高可靠性等基本要求，其研制过程中涉及多种学科、专业理论和工程技术，如流体力学、传热学、燃烧学、热力学、声学、结构动力学、自动调节理论、叶轮机理论、喷管理论以及低温技术、可靠性工程等。

液体火箭发动机内由于推进剂的高压大流量流动和燃烧过程引发的流体振荡、管路流固耦合和燃烧不稳定现象等，会诱发强烈的发动机结构振动，是影响发动机寿命和可靠性的关键因素。随着发动机的推力、比冲等性能的提高，这些影响因素将更加突显，而作为液体火箭发动机的三大振动源——推力室、燃气发生器和涡轮泵，其振动加速度量级是衡量发动机可靠性的重要指标，由此造成的故障已成为液体火箭发动机主要故障之一，必须给予足够的重视。

本书后续各章节只讨论液体火箭发动机，为简化起见，简称为发动机。

## 1.2　发动机系统及组成

通常情况下，为了达到上述设计要求及各项性能指标，实际发动机系统非常复杂。以我国研制的某型液氧煤油高压补燃循环发动机为例[1-3]（如图 1 - 2 所示）。该发动机是我国首型百吨级高可靠、高性能、无毒环保型液氧煤油发动机，是我国新一代运载火箭的主动力，其中采用了富氧补燃循环、化学点火、自身起动、大范围推力和混合比调节等先进技术，可进行多次不下台连续试车，且具备单向摇摆、双向摇摆功能，可为运载火箭提供矢量控制，还可为氧化剂贮箱提供增压介质、为伺服机构提供动力源。

该发动机由燃料供应系统、氧化剂供应系统、燃气系统、起动点火系统、配气和吹除系统、贮箱增压系统、工况调节系统以及控制与测量系统等 8 个主要分系统组成。主要组件包括推力室、燃气发生器、涡轮泵、氧化剂预压涡轮泵、燃料预压涡轮泵、液氧主阀、燃料节流阀、推力室燃料阀、发生器燃料阀、流量调节器、机架、换热器、起动箱、点火导管、摇摆软管、电缆等。其工作过程可分为：

1）起动前。氧化剂供应系统吹除和预冷、泵隔离腔吹除、燃气发生器和推力室燃料路吹除、燃料供应系统抽真空和充填。

2）起动。氧化剂在贮箱压力作用下经氧化剂预压泵和氧化剂泵进入燃气发生器，点火剂和燃料在高压氦气挤压下分别进入燃气发生器和推力室点火路，燃气发生器点火后产生富氧燃气，驱动涡轮。随后，富氧燃气分为两部分，绝大部分进入燃烧室，小部分经氦加热器或氧蒸发器换热，为贮箱增压气体提供热源，然后驱动氧预压涡轮。该过程中，为了控制富氧燃气温度和发动机起动速率，采用流量调节器控制燃气发生器的燃料流量，使其由小到大逐渐上升。为了减小燃烧室建压过程对发动机的影响，将燃料节流阀设计为大

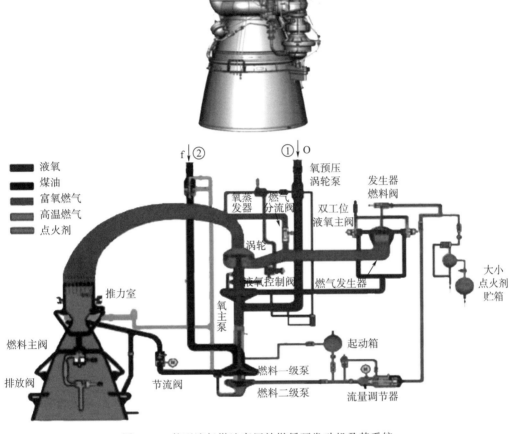

图 1-2 某型液氧煤油高压补燃循环发动机及其系统

流阻和小流阻两种状态，并在建压初期使该阀处于大流阻状态以控制其建压速率。

3）起动后。发动机稳定工作，燃料经燃料预压泵和燃料一级泵后分为三路，其中一小部分驱动燃料预压涡轮；另一小分进入燃料二级泵，经过流量调节器，进入燃气发生器；剩余绝大部分燃料经过燃料节流阀和推力室冷却套后进入燃烧室，与富氧燃气燃烧，产生推力。此时，可通过流量调节器控制燃气发生器的燃料流量，改变燃气温度、涡轮功率和泵后压力，从而调节发动机推力；通过控制燃料节流阀流阻，改变推力室燃料流量，从而调节发动机混合比。

4）关机。关闭发生器燃料阀，切断燃气发生器燃料供应，燃气温度迅速下降，涡轮泵转速快速降低。其他阀门在入口压力降低后自动关闭，发动机关机。为了使发动机迅速关机并减小后效冲量及其偏差，关机时采用控制气瓶中剩余的气体对燃气发生器燃料腔进行吹除。

发动机总体技术包括系统设计技术和总体结构技术。发动机系统设计技术需要对飞行器总体提出的各项性能指标进行分解，合理选择推进剂组合、循环方式、推进剂供应系统、起动和点火方案（非自燃推进剂）等系统方案，并解决发动机起动、关机、稳定工作、工况精准控制、力热环境适应性等极其复杂的自身静态、动态平衡问题，最终满足随飞行器飞行全任务剖面、全寿命周期环境适应性的要求。发动机总体结构技术要解决在飞行器总体设计所给定的空间和要求的接口尺寸范围内，对组成发动机的各零、部、组件，按其在发动机系统中的功能和作用，进行结构协调，集成为发动机结构整体，使发动机在结构质量、外廓尺寸、总体布局、安装固定以及推力的传递与控制方式等方面满足飞行器总体设计要求。

## 1.3　发动机分类及特点[4]

液体火箭发动机应用范围广、种类多，如图 1-3 所示，可按工况特点、循环方式、推进剂类型、推进剂供应方式和用途、功能等进行分类。不同分类方式是相对的，而且有一些交叉，即一种发动机可能有多个名称，分属多个类别。例如，空间用发动机包括了功能不同的小型和微型发动机，这些小推力发动机又可称为姿态控制发动机、远地点发动机、轨道机动发动机等。

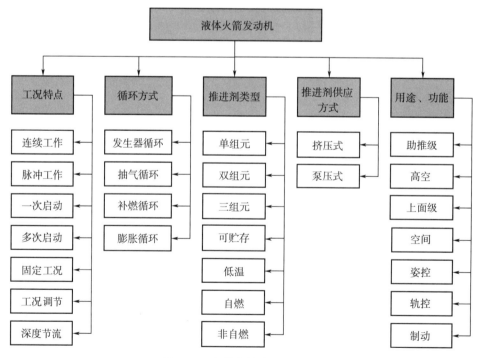

图 1-3　液体火箭发动机分类

### 1.3.1　常用推进剂

推进剂是发动机的基本要素，也是发动机分类的重要根据之一，其理化特性不仅决定了燃烧组件的冷却性能，还决定了发动机整体性能和应用场景。常用液体推进剂（四氧化二氮、偏二甲肼、液氧、煤油、甲烷、液氢）的物理性质如表 1-1 所示。

表 1-1　不同推进剂的物理性质

| 物理性质 | 四氧化二氮 | 偏二甲肼 | 液氧 | 煤油 | 甲烷 | 液氢 |
|---|---|---|---|---|---|---|
| 分子质量/(g/mol) | 92.016 | 60.780 | 32.000 | 163.000 | 16.042 | 2.016 |
| 沸点/℃ | 21.50 | 63.10 | −182.99 | 145.00～274.00 | −161.60 | −252.89 |
| 密度/($10^3$ kg/m³) | 1.446 (20 ℃) | 0.791 (20 ℃) | 1.140 (沸点) | 0.833 (20 ℃) | 0.424 (沸点) | 0.071 (沸点) |
| 黏度/($10^{-6}$ Pa·s) | 418.9 (20 ℃) | 527.0 (20 ℃) | 196.0 (沸点) | 1 964.0 (20 ℃) | 127.0 (沸点) | 14.0 (沸点) |
| 饱和蒸气压/MPa | 0.096 5 (20 ℃) | 0.016 0 (20 ℃) | 2.190 6 (−123.2 ℃) | 0.005 5 (20 ℃) | 2.604 1 (−100 ℃) | 0.226 0 (−249.6 ℃) |
| 比热容/[J/(kg·K)] | 1 515.62 (20 ℃) | 2 733.98 (20 ℃) | 1 699.89 (沸点) | 1 967.80 (20 ℃) | 3 496.00 (沸点) | 2 386.48 (沸点) |
| 临界温度/℃ | 158.20 | 248.20 | −118.38 | 403.20 | −82.10 | −240.15 |
| 临界压力/MPa | 9.80 | 5.26 | 4.92 | 2.17 | 4.63 | 1.25 |
| 结焦温度/℃ | — | — | — | 589 | 978 | — |
| 富燃燃烧积碳量 | — | — | — | 严重 | 微量 | — |

从沸点来看，四氧化二氮/偏二甲肼皆属于常温推进剂，稳定性好，对冲击振动均不敏感，能够长时间贮存，加注过程简单，可以缩短发射准备时间。然而，偏二甲肼为剧毒燃料，四氧化二氮/偏二甲肼燃烧会产生橘红色有害烟雾，严重污染环境。煤油也属于常温推进剂，通常与液氧组合，液氧与液氢、甲烷一样，同属于低温推进剂，需要良好的低温绝热条件，加注时都需要预先进行吹除、预冷等工作，并确保气化的氢气与甲烷安全回收或排放，发动机试验以及火箭发射系统与工序都更为复杂。但另一方面，液氧/液氢、液氧/煤油与液氧/甲烷皆为无毒、绿色环保推进剂组合，燃烧产生的气体比较干净，对环境污染小。从比热来看，甲烷的比热最高，液氢次之，煤油最低，甲烷的冷却性能最佳。从密度来看，煤油密度最高，甲烷次之，液氢最低，煤油有利于降低发动机贮箱质量。从饱和蒸气压来看，甲烷最高，因此更容易出现泵汽蚀问题。从黏度看，液氢和甲烷黏度都较低，容易雾化成极细小的液滴，从而有利于快速燃烧。从极限结焦温度来看，煤油为589 ℃，甲烷为 978 ℃，甲烷更不易结焦，因此优越的冷却性能是液氧/液氢发动机和液氧/甲烷发动机的一大优势，也是可重复使用推力室的可靠保证。

综上，发动机按推进剂的贮存特性可分为常温可贮存推进剂发动机、低温推进剂发动机。不同推进剂组合下的发动机理论比冲对比如表 1-2 所示。可以看出，常温推进剂发动机的理论真空比冲最低，但其密度比冲最高。在低温推进剂发动机中，液氧/液氢发动机的理论真空比冲最高，液氧/甲烷发动机仅稍高于液氧/煤油发动机，因此液氧/液氢发动机更适合运载火箭芯级使用；液氧/煤油发动机的理论密度比冲最高，因此液氧/煤油发动机更适合运载火箭助推级使用。从推进剂性能评估来看，密度比冲优势不明显是液氧/甲烷发动机相比于液氧/煤油与液氧/液氢发动机发展较为迟滞的重要因素之一。目前，常温推进剂发动机、液氧/液氢发动机与液氧/煤油发动机研发技术较为成熟，工程应用广泛，但液氧/甲烷发动机尚未实现工程应用。迄今为止，俄罗斯的 RD-170 系列代表液氧/煤油发动机技术的最高水平，美国的 SSME 代表液氧/液氢发动机技术的最高水平，美国蓝色起源公司的 BE-4 与 SpaceX 公司的 Raptor 代表液氧/甲烷发动机技术的最高水平。

**表 1-2　不同推进剂组合的发动机理论比冲对比**

| 参数 | 四氧化二氮/偏二甲肼 | 液氧/煤油 | 液氧/甲烷 | 液氧/液氢 |
|---|---|---|---|---|
| 混合比 | 2.24 | 2.74 | 3.50 | 6.00 |
| 喷管面积比 | 19.30 | 20.00 | 19.97 | 60.00 |
| 理论真空比冲/s | 323.04 | 343.22 | 354.84 | 444.85 |
| 相对密度 | 1.173 | 1.024 | 0.827 | 0.361 |
| 理论密度比冲/s | 378.90 | 351.48 | 293.68 | 160.65 |

此外，按推进剂组元数可将发动机分为单组元发动机、双组元发动机和三组元发动机。单组元推进剂在正常状态下是稳定的，而在加热或与催化剂接触时能急剧分解放热，生成高温燃气。单组元工质一般用于小推重比发动机，通常采用挤压式供应系统，其特点是结构简单、可靠性高。由于单组元推进剂的能量不高，以及挤压式供应系统对燃烧室压力的限制，单组元发动机的性能相对较低。目前，大多数液体火箭发动机使用双组元推进剂，氧化剂和燃料分开贮存，典型的双组元推进剂组合为四氧化二氮/偏二甲肼、液氧/煤油、液氧/液氢和液氧/甲烷。三组元发动机即在双组元推进剂中加入第三种组元，用来提高比冲，但目前还没有进入应用阶段。

### 1.3.2　推进剂供应方式

按推进剂供应方式可分为泵压式发动机和挤压式发动机，两种发动机的供应系统如图 1-4 所示。挤压式供应系统利用高压气体将贮箱中的液体推进剂挤压输送到发动机的推力室中，这是最简单的推进剂供应方式。由于受到增压气体压力和增压气瓶容积等的限制，挤压式供应系统通常用在推进剂量和总冲量较小且比冲要求不高的发动机上，此时高压推进剂贮箱带来的损失与涡轮泵复杂性相比并不显著。

泵压式供应系统通常采用燃气驱动的涡轮泵作为主要增压装置，可以使推进剂组元在泵出口获得很高的压力，有效减小了贮箱和增压系统的结构质量，并且能够获得很高的燃

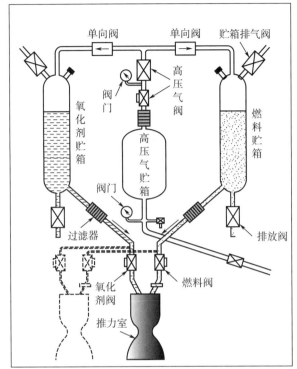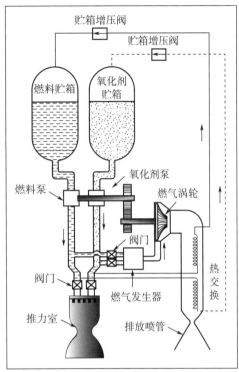

图 1-4　挤压式（左）和泵压式（右）供应系统示意图

烧室压力，提高发动机的比冲，故泵压式供应系统通常应用在推进剂流量大、推力大、性能高的场合，如运载火箭、战略导弹的主动力和上面级主推进系统等。

泵压式发动机还包括电动泵压式发动机（采用此种发动机的火箭也称"电火箭"），此类发动机采用高能蓄电池驱动电机，后者可取代副系统（涡轮、发生器）对主泵增压，也可驱动增压泵替代原有贮箱增压环节，从而实现对发动机系统的简化、解耦。此外，由于采用电机直接驱动增压泵工作，此类发动机还具有：1）热力环境严酷的组件少，固有可靠性高；2）泵起动能量由电池提供，多次起动方便；3）采用电机调节转速，可实现推力大范围连续高精度调节；4）可进行全电控设计，综合控制性能好等优点。由于电动泵压式发动机需要高能蓄电池，受功率限制，一般用于推力较小的发动机。

泵压式供应系统也需要贮箱低压增压系统，以减小对泵抗汽蚀性能的要求。随着高强度贮箱材料和小型可靠的涡轮泵技术的发展，提高了挤压式贮箱的使用上限，也降低了泵压式系统的使用下限，两类供应系统的应用范围出现了明显的重叠。

### 1.3.3　泵压式发动机

泵压式发动机按照涡轮工质的来源可以分为燃气发生器循环、补燃循环（又称分级燃烧循环）、膨胀循环及抽气循环。按照涡轮工质的排放方式又可以分为开式循环和闭式循环两类；其中，燃气发生器循环属于开式循环，补燃循环属于闭式循环。

各类循环方式的主要区别在于性能和结构复杂度。性能包括比冲、推力和推重比，它决定了飞行器的运载能力。结构复杂度包括组件数目和技术成熟度等，决定了研制经费、生产周期和成本以及产品可靠性。因此，在选择泵压式系统时应对其性能和结构复杂度进行全面分析、综合权衡后做优化设计。各类泵压式系统的适用范围如表1-3所示。

**表 1 - 3　各类循环方式的适用范围**

| 类别<br>特性 | 燃气发生器循环 | 补燃循环 | 膨胀循环 | 抽气循环 |
|---|---|---|---|---|
| 推进剂组合 | 推进剂种类不限，发生器和推力室可使用不同推进剂 | 推进剂种类不限 | 主推进剂的一种组元必须容易气化，且分子量小 | 推进剂种类不限 |
| 推力和室压 | 推力不受限，室压高时比冲损失大，室压上限不高 | 推力不受限，适用于高室压 | 适用于较低的推力和室压 | 推力不受限，室压上限不高 |
| 比冲 | 低 | 高 | 较高 | 低 |
| 泵出口压力 | 约为室压的1.5倍 | 约为室压的2～3倍 | 约为室压的2倍 | 约为室压的1.5倍 |
| 涡轮工质温度 | 合理选择发生器混合比或喷注冷却来满足涡轮工质温度要求 | 远离发生器化学当量混合比来满足涡轮工质温度要求 | 蒸气温度低，涡轮做功能力较弱 | 正确选择推力室的抽气部位来满足涡轮工质温度要求 |

### 1.3.3.1　燃气发生器循环

燃气发生器循环中，部分燃料与部分氧化剂进入燃气发生器进行燃烧，利用产生的富燃燃气驱动涡轮，随后将此部分燃气排出，其主要特点是燃气发生器产生的富燃燃气对涡轮做功后的废气直接排出而不再参与燃烧，损失了一部分发动机性能。如果大幅提升燃烧室压力，会导致系统所需的涡轮功率急剧上升，低性能的涡轮废气占比增加，从而使整体比冲下降。因此，燃气发生器循环的推力室压力受限。其优点在于燃气涡轮和推力室是并联的，相互之间不耦合，这不仅使燃气发生器循环的发动机系统简单、结构可靠，还降低了研制难度。因此，燃气发生器循环仍然是部分助推发动机和空间发动机的主要候选方案。各国燃气发生器循环的发动机性能对比情况如表1-4所示。早期采用燃气发生器循环的液氧/煤油发动机，如RD-107、RD-108、RD-448等，曾利用过氧化氢催化分解产生的水蒸气和氧气驱动涡轮，从而避免了由于煤油的富燃燃烧引起的积碳问题。但这样又导致发动机系统复杂，质量增大，故苏联在后期的此类发动机中采用了常温推进剂，如RD-216、RD-219等。

以YF-20发动机为例，如图1-5所示，该发动机是我国现役长征二号、长征三号、长征四号等系列运载火箭的主动力。小部分氧化剂和燃料进入发生器，并以较低的混合比进行燃烧，产生富燃燃气驱动涡轮，驱动与涡轮同轴安装的燃料和氧化剂泵后从涡轮出口排出。剩余的大部分燃料经过推力室壁面的再生冷却通道与剩余的大部分氧化剂进入推力室混合燃烧后产生推力。

### 表1-4 各国燃气发生器循环发动机的性能对比

| 型号 | 推进剂 | 国家 | 真空推力/t | 真空比冲/s | 用途 |
|---|---|---|---|---|---|
| RD-216 | 硝酸加四氧化二氮/偏二甲肼 | 俄罗斯 | 172.8 | 293.07 | 宇宙-2 |
| RD-219 | | | 99.0 | 317.02 | 旋风 |
| RD-107 | 液氧/煤油 | | 100.0 | 313.97 | 东方 |
| RD-108 | | | 94.2 | 314.98 | |
| RD-448 | | | 5.5 | 325.99 | |
| RS-27 | | 美国 | 102.7 | 263.20 | 德尔它 |
| F-1 | | | 777.6 | 303.77 | 土星-5 |
| Merlin-1D | | | 84.5 | 288.50 | 猎鹰 |
| J-2 | 液氧/液氢 | | 104.0 | 421.00 | 土星-5 |
| J-2X | | | 133.0 | 448.00 | SLS |
| HM-7 | | 法国 | 6.2 | 442.41 | 阿里安-1 |
| Vulcan | | | 114.5 | 432.82 | 阿里安-5 |
| LE-5 | | 日本 | 10.3 | 449.85 | H-1 |
| YF-73 | | 中国 | 4.4 | 419.88 | CZ-3 |
| YF-75 | | | 7.8 | 439.55 | CZ-3 |
| YF-77 | | | 70.0 | 425.89 | CZ-5 |
| YF-20 | 四氧化二氮/偏二甲肼 | | 78.0 | 289.50 | CZ-2/3/4 |
| YF-40 | | | 4.9 | 299.90 | CZ-4 |
| Viking4 | 四氧化二氮/UH25混肼 | 法国 | 72.3 | 292.86 | 阿里安-1/2/3/4 |
| Viking4 | 四氧化二氮/UH25混肼 | | 68.6 | 281.24 | 阿里安-1 |
| Gamma2 | 过氧化氢/煤油 | 英国 | 6.9 | 265.04 | 黑箭 |
| Gamma8 | 过氧化氢/煤油 | | 25.6 | 250.46 | 黑箭 |

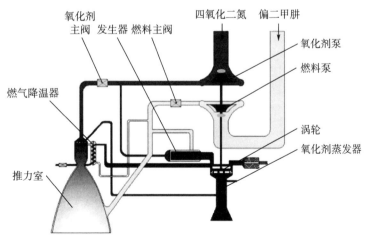

图1-5 YF-20发动机实物及其系统

### 1.3.3.2　补燃循环

补燃循环中，发生器产生的富氧（富燃）燃气在驱动涡轮后会注入推力室与剩余的燃料或氧化剂继续燃烧。相对于燃气发生器循环，补燃循环无比冲损失，发动机性能更高；相对于膨胀循环，补燃循环由于其较高的涡轮进口温度允许采用较高室压；相对于发生器循环，补燃循环的缺点是系统较复杂，推质比较低，研制难度大。补燃循环方式多用于一级或助推级，也可用在空间发动机中。补燃循环又分为富氧补燃循环、富燃补燃循环以及全流量补燃循环。各国采用补燃循环的发动机对比情况如表 1-5 所示。

**表 1-5　各国富氧补燃循环发动机的性能对比**

| 型号 | 循环方式 | 推进剂 | 国家 | 真空推力/t | 真空比冲/s | 用途 |
|---|---|---|---|---|---|---|
| RD-253 | 富氧补燃 | 四氧化二氮/偏二甲肼 | 俄罗斯 | 163.5 | 316.00 | 质子 |
| RD-0210 | | | | 60.0 | 315.90 | |
| NK-33 | | 液氧/煤油 | | 167.8 | 331.00 | N-1 |
| RD-120 | | | | 83.4 | 350.00 | 天顶 |
| RD-170 | | | | 790.4 | 336.90 | 天顶、能源 |
| RD-180 | | | | 415.0 | 311.00 | 宇宙神-5 |
| RD-191 | | | | 209.1 | 337.10 | 安加拉 |
| YF-100 | | | 中国 | 134.0 | 334.98 | CZ-5/6/7 |
| YF-115 | | | | 17.6 | 341.50 | CZ-6/7 |
| RD-0162 | | 液氧/甲烷 | 俄罗斯 | 221.6 | 356.00 | 联盟-5 |
| BE-4 | | | 美国 | 247.0 | 307.00 | 新格伦 |
| RD-0120 | 富燃补燃 | 液氧/液氢 | 俄罗斯 | 186.3 | 455.35 | 能源 |
| SSME | | | 美国 | 209.0 | 455.05 | 航天飞机 |
| LE-7 | | | 日本 | 108.0 | 445.46 | H-2 |
| Raptor | 全流量补燃 | 液氧/甲烷 | 美国 | 190.0 | 375.00 | 火星探测 |

以俄罗斯液氧/煤油高压补燃循环发动机 RD-170 为例，如图 1-6 所示。该发动机是目前世界上推力最大、性能最高的助推级发动机，是中型运载火箭天顶号的一级和重型运载火箭能源号的助推级发动机。该发动机的工作原理与上述我国某型液氧煤油高压补燃循环发动机类似，经燃料泵增压后的小部分燃料进入燃气发生器，与氧化剂泵增压后的全部氧化剂进行燃烧，产生的富氧燃气驱动涡轮，驱动与涡轮同轴安装的燃料和氧化剂泵后进入推力室。剩余绝大部分燃料经推力室再生冷却通道后进入推力室，并与上述高温富氧燃气进行燃烧产生推力。该发动机的显著特点是采用了两台富氧燃气发生器驱动一台涡轮泵，同时为四台推力室供应富氧燃气和燃料。

液氧/液氢补燃发动机一般采用富燃补燃循环方式，以 SSME 发动机为例，如图 1-7所示，该发动机是美国航天飞机主发动机。

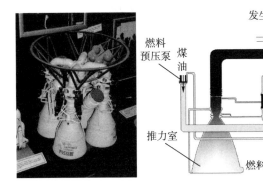
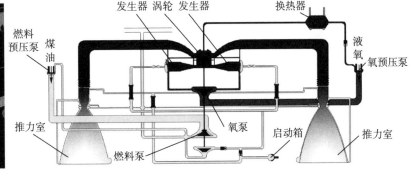

图 1-6 RD-170 发动机实物模型及其系统

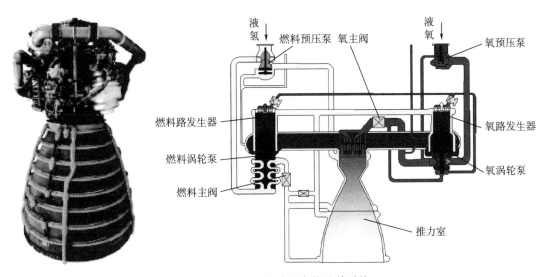

图 1-7 SSME 发动机实物及其系统

与富氧补燃相反，经燃料泵增压后的燃料分两路进入燃烧室与喷管延伸段冷却套，从燃烧室冷却套流出的一部分燃料用于驱动燃料预压泵，并与控制阀后的另一部分燃料混合后全部进入发生器。之后，全部燃料在两台发生器内与氧化剂泵增压后的小部分氧化剂进行富燃燃烧，产生的燃气分别驱动氧化剂涡轮和燃料涡轮，带动与涡轮同轴安装的氧化剂泵和燃料泵对燃料和氧化剂增压后进入推力室。剩余大部分氧化剂进入推力室内，并与上述高温富燃燃气进行燃烧产生推力。

美国 SpaceX 公司目前正在研制的液氧/甲烷发动机 Raptor 采用了全流量补燃循环方式，如图 1-8 所示。氧化剂经氧化剂泵增压后，一部分经调节阀进入富燃燃气发生器，一路经氧主阀进入富氧燃气发生器。燃料经泵增压后，大部分燃料进入推力室冷却通道集液环后分为三路：第一路向上流经推力室喉部、身部冷却通道，第二路向下经喷管延伸段冷却通道，第三路经调节阀后引入富燃发生器头部。第一路燃料从冷却通道流出后又分两部分，一部分供应富氧发生器，剩余部分与第二路燃料汇合后进入富燃发生器。两个发生器分别产生富氧与富燃燃气，并驱动各自涡轮泵后为氧化剂和燃料增压。此后，富氧与富燃燃气分别进入推力室进行"气-气"二次燃烧。

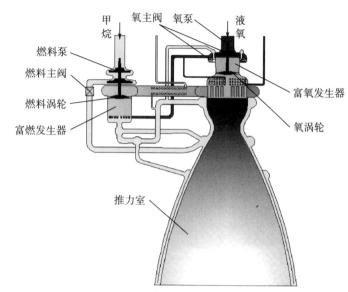

图 1-8　Raptor 发动机实物模型及其系统

### 1.3.3.3　膨胀循环

与上述两种泵压式发动机不同，膨胀循环最大的特点是驱动涡轮的气体是经过推力室冷却通道后高压气化的推进剂，适用于液氢、甲烷等低温推进剂。由于冷却通道的加热效率有限，限制了涡轮进口气体温度和室压。膨胀循环主要用于空间发动机，后者由于真空排气，尽管室压较低，但可通过增加喷管面积比来提高发动机性能。膨胀循环包括开式和闭式两种循环方式，若驱动涡轮的部分气态燃料直接排出则称为开式膨胀循环，若此部分气态燃料继续进入燃烧室参与燃烧则称为闭式膨胀循环。各国采用膨胀循环发动机的性能对比如表 1-6 所示。

表 1-6　各国膨胀循环发动机的性能对比

| 型号 | 推进剂 | 国家 | 真空推力/t | 真空比冲/s | 用途（火箭代号） |
|------|--------|------|-----------|-----------|-----------------|
| YF-75D | | 中国 | 9 | 442.00 | CZ-5 |
| RL-10 | | 美国 | 6.7 | 443.83 | 土星-1、半人马座 |
| RD-0146 | 液氧/液氢 | 俄罗斯 | 10 | 468.00 | 质子、安加拉 |
| LE-5B | | 日本 | 14 | 447.00 | H-2A/B |
| LE-9 | | | 148 | 432.00 | H-3 |

我国的 YF-75D 发动机为典型的闭式膨胀循环发动机，如图 1-9 所示，该发动机采用箱压下自身起动，可实现多次起动。经过泵加压后的燃料进入推力室冷却夹套加热后变成高压气体，将其引出驱动涡轮做功，之后全部进入燃烧室与氧化剂进行燃烧。膨胀循环由于没有发生器，系统相对简单可靠，并且其涡轮工质为低温气体，热应力问题小，工作可靠性较高。

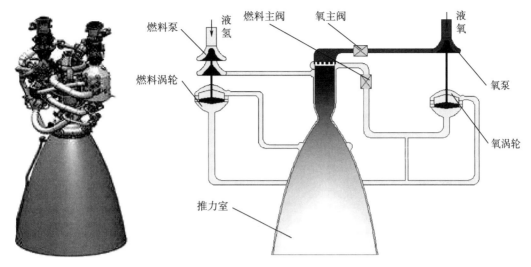

图 1 - 9　YF - 75D 发动机实物模型及其系统

日本正在研制的 LE - 9 发动机为典型的开式膨胀循环发动机，如图 1 - 10 所示，该发动机是世界上首台百吨级开式膨胀循环发动机。由系统图可见，燃料经燃料泵增压后分两部分，其中，大部分燃料通过燃料主阀进入燃烧室与氧化剂泵增压的全部氧化剂进行燃烧。另一部分燃料首先进入燃烧室冷却套，从燃烧室头部流出的部分燃料再引出小部分进入喷管冷却套；被加热成气态后，此部分高压燃料先驱动燃料涡轮，再驱动氧化剂涡轮，最后引入至喷管延伸段，对其进行气膜冷却后随推力室燃气排出。

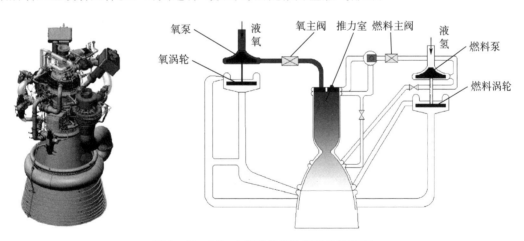

图 1 - 10　LE - 9 发动机实物模型及其系统

#### 1.3.3.4　抽气循环

抽气循环属于开式循环，对推进剂种类不受限。此循环方式是燃气发生器循环方式的改进，其特征是从燃烧室靠近喷注器处抽取小部分燃气，用以驱动涡轮，并将做功后的燃气直接排出，从而省掉了独立的发生器系统，具有结构简单、质量小的显著优点。

此外，普通的燃气发生器循环由于严重偏离当量混合比，当利用深度节流调节推力时，会增加低工况下燃气发生器的燃烧不稳定性，而抽气循环可先利用低温燃料对引出的燃气降温，从而较为容易实现推力调节。此循环方式的缺点是存在性能损失，推力室设计复杂，涡轮承受温度较高、工作条件恶劣、做功能力受限，因此限制了燃烧室压力的进一步提高。

美国的 J-2S 发动机为典型的抽气循环发动机，如图 1-11 所示。

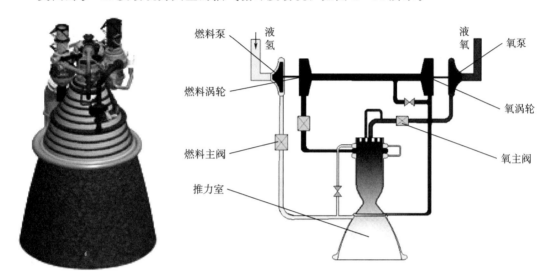

图 1-11　J-2S 发动机实物模型及其系统

由图 1-11 可看出，该系统取消了燃气发生器，直接从推力室头部引出部分热燃气，分别驱动燃料涡轮和氧化剂涡轮后再次进入推力室随主燃气排出。该循环方式下，室压成为驱动涡轮泵的燃气压力，降低了发动机起动时序复杂程度，系统稳定性易解决。

此外，美国蓝色起源公司的液氧/液氢发动机 BE-3 也采用了抽气循环，在继承 J-2S 的抽气循环方式的基础上，强调航天器重复使用，其真空推力达 500 kN，靠抽气循环达到 18% 工况节流能力，目前已装在"新谢泼德"运载火箭上进行亚轨道飞行。

### 1.3.4　挤压式发动机

挤压式发动机的典型代表是轨姿控发动机。轨姿控发动机是为航天器在空间的轨道控制、姿态控制、交会对接以及导弹武器的末速修正、多头分导和精确打击等提供动力的推进装置。

轨姿控发动机的特点是推力小、推力可调范围宽；可重复起动，响应快；工作时间长；体积小，质量小；能适应复杂的太空环境，如强辐射、极端温度和微重力等。轨姿控发动机在航天领域中用途广、品种多、数量大、要求高。

轨姿控发动机按液体推进剂组元数分为单组元和双组元两种。单组元发动机采用单组元推进剂，这种组元能靠自身分解产生高温、高压气体，单组元发动机具有简单、可靠的显著优点。双组元轨姿控发动机选择自燃推进剂，通常为四氧化二氮/一甲基肼或偏二甲肼等，比冲较单组元肼发动机高 20%～30%。双组元轨姿控发动机系统包括推进剂增压系统、推进剂贮箱、电磁阀和若干台推力室等。为了防止失重条件下推进剂悬浮运动导致的气液混合对发动机正常工作的影响，轨姿控发动机推进剂贮箱内通常采用柔性胶囊、金属波纹管或表面张力网。

#### 1.3.4.1　轨姿控发动机增压方式

（1）气瓶增压方式

轨姿控发动机推力小、室压低，挤压式增压方案有利于简化系统和提高可靠性，是目前使用最广泛的增压方式。挤压式分为落压式和恒压式。落压式增压系统将高压气体直接填充至推进剂贮箱，贮箱压力随发动机工作而降低，发动机流量、室压和推力也相应降低，落压比一般设计为 3:1，恒压式方案通过减压器控制推进剂贮箱压力保持恒定值。

典型的恒压式轨姿控发动机系统如图 1-12 所示，系统包括气瓶、电爆阀、减压器、推进剂贮箱、膜片阀、快响应电磁阀和推力室等。发动机工作时，电爆阀起爆打开，高压气通过减压阀向推进剂贮箱充填，增压的推进剂挤破膜片阀，向燃烧室头部的快响应电磁阀充填，燃烧室头部电磁阀控制工作时间。增压气体常用氮气或氦气，由于氦气密度低、流动性好，应用广泛。气瓶壳体材料可选择钛合金、高强度合金钢和复合材料。气瓶压力降低至一定值后，发动机不能正常工作，因此气瓶压力和容积是限制发动机使用寿命的因素之一。此外，增加压力和容积将会导致系统笨重庞大。为了避免此类问题，也可以采用燃气增压方式。

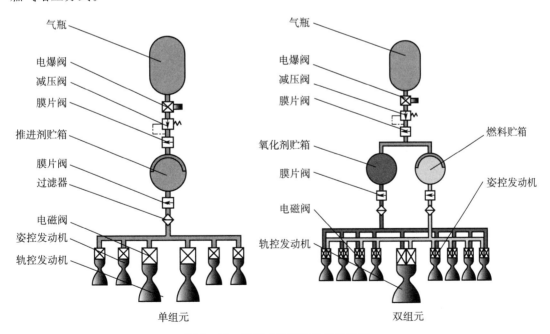

图 1-12　恒压式轨姿控发动机系统

（2）燃气增压方式

①燃气发生器增压

轨姿控发动机可以利用液体或固体燃气发生器增压。对于固体燃气发生器，推进剂必须一次燃烧完毕，气瓶的压力很高，而且固体推进剂燃烧所产生的热量较大，气瓶在设计时还要考虑其内部气体温度的影响。液体燃气发生器因其可控的优点可作为燃气增压的首选。常规的液体燃气增压方案采用额外的小型推进剂贮箱和燃气发生器产生增压燃气，能够大幅减小挤压气体的容积和压力，但其系统较复杂，可靠性较低。

②燃气自增压

利用发动机推进剂产生的气体增压，即自增压系统。自增压系统实现的关键是在系统的下游产生比系统上游还高的压力。轨姿控发动机系统主要采用差动式和往复式活塞泵增压方案，如图 1-13 所示。差动式活塞增压原理为，推进剂贮箱采用差动式活塞，燃气侧活塞面积大于推进剂侧活塞面积，当活塞泵处于平衡时，推进剂压力高于燃气压力。往复式活塞泵原理为，当系统向往复式增压泵持续供应燃气时，活塞处于最大行程，燃气通过活塞中心杆处的通道给相邻活塞的气腔端控制阀排气，关闭相邻活塞气腔的排气，并使其增压。而活塞气腔被增压时，燃气通过活塞气腔通道作用于相邻活塞的燃气控制阀，使相邻活塞气腔的燃气排出，活塞在泵入口推进剂的自身压力下进行推进剂充填。通过四个腔的推进剂两两交替泄出和充填，就可以保持稳定的推进剂供应。

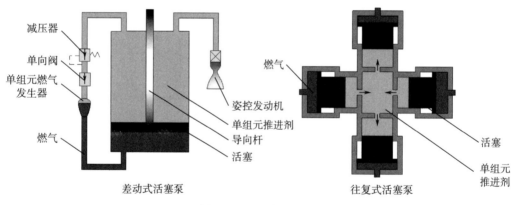

图 1-13　活塞泵原理

③电动泵增压

电动泵系统在轨姿控发动机中有两种用法：一种方式是用于主路增压，即将贮箱推进剂经电动泵增压后供应给推力室，电动泵系统可采用一机两泵和一机一泵两种模式，其中一机两泵的方式可以保证混合比一定，而一机一泵可以分别保证氧化剂泵和燃料泵实现最佳性能，能够灵活调节混合比和实现变推力；另一种方式是利用电动泵系统代替燃气自增压系统中的往复式活塞泵，给贮箱上游的燃气系统增压，贮箱下游依然采用挤压式增压。

#### 1.3.4.2 典型的轨姿控发动机

我国 490 N 双组元轨控发动机的研制历经三代，均采用气瓶增压，推进剂为四氧化二氮/一甲基肼，如图 1-14 所示。第一代发动机燃烧室采用铌铪合金，喷管扩展比为154∶1，真空比冲为 304.7 s，应用于东方红三号、四号，北斗导航卫星以及嫦娥探测器等，是目前飞行次数最多的轨控发动机。第二代发动机燃烧室采用铌钨合金，喷管扩展比为 220∶1，真空比冲为 315 s。为满足大容量、长寿命卫星发展的需要，我国开展了目标比冲为 323 s 的第三代高性能 490 N 轨控发动机的研制。

图 1-14　第一代（左）和第二代（右）490 N 轨控发动机

我国 7 500 N 变推力发动机是根据探月工程需求研制的，以实现月球探测器中途修正、近月制动、月表悬停和软着陆等功能。该发动机采用挤压式增压方案，推进剂为四氧化二氮/一甲基肼，具有 5∶1 变推能力。系统主要包括：氧化剂和燃料断流阀、可调汽蚀管式流量调节器、推力室（针栓喷注器、燃烧室和喷管）等，如图 1-15 所示。发动机通过步进电机、可调汽蚀管式流量调节器和针栓喷注器实现推力调节。步进电机驱动调节锥运动，改变流量调节器的流通面积，控制推进剂流量与混合比以达到调节目的。

针栓喷注器原理为，一种推进剂（图 1-15 中所示为氧化剂）从针栓与套筒之间的通道轴向流动，最终在针栓端头的约束下转为径向流动；另一种推进剂（图 1-15 中所示为燃料）在喷注的夹套中向心流动，最终在套筒的约束下转为轴向流动，两种推进剂呈 90°角撞击、雾化、混合，形成外侧和中心两个回流区，外侧回流区的推进剂向喷注器头部流动，中心回流区的推进剂向针栓端头流动，从而有利于推进剂液滴二次破碎和掺混效果。针栓喷注器能够根据推进剂流量自主调节针栓位置，控制喷注面积，以保证喷注器压降恒定。

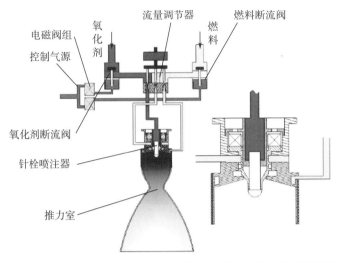

图 1-15　7 500 N 变推力发动机系统示意图及针栓喷注器原理图

R-4D 发动机是美国在 20 世纪 60 年代为阿波罗登月计划研制的，如图 1-16 所示。该发动机采用气瓶增压方案，推进剂为四氧化二氮/混肼-50（或一甲基肼），推力为445 N。R-4D 发动机采用多对直流撞击式喷注器，并在喷注器上加入了内液膜冷却小孔和预燃室结构，巧妙地解决了"热振燃烧"和点火"压力峰"问题。后期的 R-4D-11 发动机的推力室采用了铼铱和 C-C 复合材料，喷管扩张比提高至 300:1，在混合比 1.65±0.05 和比冲 315.5 s 条件下，可累计工作 40 000 s。改进的高性能远地点液体发动机采用16 对直流互击式喷注器，采用铼铱材料的推力室身部温度高达 1 850 ℃，喷管扩张比提升至 400:1，比冲可达 322.2±2 s。

(a) R-4D-7

(b) R-4D-11

图 1-16　R-4D 发动机

## 1.4　发动机核心组件及整机动力学问题

液体火箭发动机是火箭的"心脏"，其性能和可靠性直接关系到航天发展。发动机是火箭最主要的激振源，其动力学特性与动态响应对大型火箭的动力学环境有着极其重要的影响。发动机结构动力学是分析火箭"推进-结构-控制"大回路动力学耦合、"发动机-伺服回路"小回路动力学耦合、发动机谐振与箭体模态耦合稳定性等的基础，亦是对发动机进行动力学设计、控制的原始依据。

同时，发动机结构动特性关系到自身结构对给定激励的响应，发动机是自身强振动最直接的受害者，是全箭故障率最高的组件之一。据 NASA 统计，在飞行器所发生的重大事故中，40％与振动有关[5-6]。据国内对某型号发动机研制故障数据的统计，导致其在发动机热试车与飞行任务中，多次出现了振动问题直接导致焊缝开裂、管路泄漏、卡箍断裂等局部结构低周、大应力疲劳破坏现象，约占发动机总故障率的 30％以上，且 90％属于疲劳损伤。

发动机工作在高压、高低温、力热冲击、强振动及高强噪声等恶劣环境中，其工作环境异常严酷。另外，发动机主要是由推力室、燃气发生器、涡轮泵系统、气/液管路、自动器等部组件高度集成的大型复杂、多尺度、多维度动态系统，其结构非常复杂。由于发动机结构的复杂性、服役环境的极端严苛性，多学科耦合，轻量化导致疲劳强度储备不高，复杂燃烧、流动与机械振动等诱发的结构动力学问题突出，因此存在故障率高、失效模式多样、可靠性差等现象，一旦某些部件动强度可靠性裕度不高，极易导致全箭故障的发生。故障问题轻则引起发动机紧急关机，重则导致飞行任务失败，严重影响了火箭的可靠性与安全性，产生的后果也越来越严重。随着航天运载和空天武器要求的不断提高，液体动力系统不断向大功率、高转速、高性能以及轻质化方向发展，发动机结构动力学问题将更加突出。因此，发动机结构动力学问题一直是研究的热点和难点之一，已成为解决发动机关键技术的基础学科。

发动机结构动力学问题主要表现在以下几个方面。

### 1.4.1　燃烧部件

推力室是液体火箭发动机的主体，是将推进剂的化学能转换成燃气热能的重要装置。液体推进剂通过推力室（如图 1-17 所示）头部由喷注器喷入后，经过复杂的雾化、蒸发、混合和燃烧等物理/化学过程，形成高温、高压的燃气。这些燃气在喷管内加速膨胀，最后由喷管出口高速喷出，产生推力。上述过程包含了各种不同类型、不同特性、不同时间尺度和空间尺度的物理/化学子过程，其中难免会产生扰动。当上、下游扰动存在耦合反馈关系时，往往容易诱发各种不同频率、不同类型的燃烧不稳定现象，从而导致燃烧质量变差、结构剧烈振动和破坏。在此过程中，燃烧室单位时间、单位体积内可产生很大的热流量，最严重时喷管喉部附近热流密度达 $10^5$ kW/m$^2$ 量级。

图 1-17　典型推力室结构

　　燃气发生器也称预燃室（如图 1-18 所示），其产生的燃气可以用来驱动涡轮泵，也可以在增压系统中为贮箱增压。它同推力室一样，由喷注器、燃烧室和喷管等组成。燃气发生器分为双组元和单组元两种类型。单组元（过氧化氢或肼）发生器已很少采用，双组元燃气发生器使用与推力室相同的推进剂。双组元燃气发生器工作原理，结构形式和设计方法都与推力室基本相同。

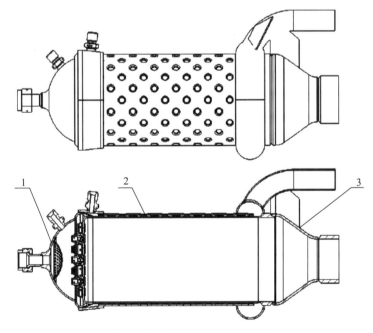

图 1-18　典型燃气发生器结构

1—头部；2—身部；3—收敛段

　　推力室一般为钎焊结构，分为推力室头部和身部两部分。推力室头部一般包括燃气弯管、整流栅和喷注器三部分；身部由燃烧室、喷管和总装直属件组成，喷管又分为收扩段和扩张段，结构形式与工作原理非常复杂。与航空、船舶、汽车及其他工业装备相比，处于发动机核心地位的燃烧室热端部件服役的环境十分恶劣与苛刻，它不仅要承受高温高压、起动关机过程力热冲击及流体压力脉动、燃烧不稳定、强振动及高强噪声等极端载荷，还要受其他化学和物理作用的侵袭，该系统融合了热力、气动、燃烧和流体等多场耦合。推力室在研制过程中故障率极高，其故障率位于整个发动机的第二位，使得热力结构疲劳破坏成为制约发动机结构完整性的突出问题。

　　在流-热-声-固等多物理场耦合作用下，导致耦合应力值有可能超过室壁材料在高温下的弹性极限从而产生塑性变形；由于温度带来的材料退化，导致结构稳定性降低；对于多次重复使用的发动机，发动机经过多次预冷、起动、稳定工作和关机的循环过程，应力-应变-温度的循环导致室壁出现高应力低周疲劳，出现了内壁局部过热、鼓包、烧蚀、断裂等问题。SSME、Vulcan 和 RS - 68 等高压大热流密度氢氧火箭发动机在多次热试验后，在推力室喉部上游收敛段均出现不同程度的裂纹，并产生"DOG HOUSE"现象。RD - 170、RD - 180 推力室在多次热试车后，在推力室喉部附近的涂镀层上产生了明显的裂纹。我国某氢氧火箭发动机推力室内壁在经过四次试车后出现了梳状裂纹，并在后续热试车中裂纹略有扩展，通道内壁向燃烧室内鼓起。同样，某液氧/煤油发动机在多次试车后也出现推力室内壁鼓包的情况，以及某型大推力常规发动机主机推力室、燃气发生器和游机推力室大振动导致结构破坏的故障。

　　另外，发动机喷管的动态特性对摇摆发动机伺服控制、动力学设计等均有着重要影响。除发动机起动、关机过程热冲击引起的热-机械疲劳问题外，喷注器流体诱导喷注耦合振动[7]、燃烧室声固耦合振动（不稳定燃烧引起结构大振动问题）、SSME 因燃烧和流体涡脱落诱发振动、喷管侧向力问题也是制约推力室安全可靠工作的重要因素。对于喷管侧向力问题，是发动机在起动/关机快速过渡过程中，燃气出口压力小于环境（大气）压力 50% 的喷管，喷管内燃气激波分离、不满流及不对称可能引发侧向力问题。侧向力引起的主要破坏模式有喷管结构高周疲劳、发动机喉部或发动机推力矢量控制装置过载破坏。因此，为解决该类问题，建议进行缩比喷管流动测试，以确定考虑潜在分离和/或侧向力载荷下的最大设计条件载荷（MDCL）。

### 1.4.2　涡轮泵

　　涡轮泵是泵压式液体推进剂供应系统与控制系统的重要部件之一，也是液体火箭发动机的三大振源之一。根据传动方式的不同，可将涡轮泵分为同轴式、齿轮传动式和双涡轮式三大类。典型的同轴式涡轮泵结构如图 1 - 19 所示，其主要部件包括诱导轮、氧化剂泵、燃料泵、涡轮、壳体、轴承以及相应的密封组件。有时为了进一步提升涡轮泵的抗汽蚀性能，在主泵上游还安装有预压泵，通过引入一小股来自下游的高压燃气或高压推进剂驱动预压泵，对来流进行预增压，以改善主涡轮泵的汽蚀性能。涡轮泵的类型和不同的总体布局直接影响涡轮泵的性能，从而对发动机的性能产生重大影响。因此，在涡轮泵设计过程中，需要根据系统总体要求合理选择涡轮泵的布局。

图 1-19　典型的涡轮泵结构

　　涡轮泵是一种高精度的旋转机械，在高转速下工作，并承受大的温度梯度和压力变化。燃气发生器产生的高温燃气切向进入涡轮叶片，将其动能传递给叶片后，以相对较低的气体速度排出。此过程中，涡轮通过一个与泵连接的轴驱动泵。推进剂经过诱导轮进入泵，在离心力作用下推进剂经叶片流道、扩压器和蜗壳流出，把来自涡轮的机械能转化为推进剂的压力。通常衡量涡轮泵的主要指标包括工作性能（功率、效率、汽蚀性能）、可靠性、结构尺寸、质量、生产周期及成本等因素。

　　随着涡轮泵转速的不断提高，需解决汽蚀、高速轴承、高速密封、转子强度以及动态稳定性等一系列关键技术，其中汽蚀和转子稳定性引发的问题尤为突出。当涡轮泵转速较高时，涡轮泵内部流场局部压力较低，容易发生汽蚀，造成主泵振动量级增大，甚至引起材料的疲劳破坏。在主泵上游安装诱导轮是目前航天工业中常见的一种提升涡轮泵抗汽蚀性能的技术，诱导轮是一种特殊的轴流泵，其作用是对来流进行适当增压，提升主泵的汽蚀余量。随着涡轮泵转速的提高，转子动力学问题也变得愈加突出。涡轮泵的工作转速不应靠近临界转速，否则由于各种原因可能导致转子振动加剧，甚至造成结构破坏。涡轮泵转速低于转子第一阶临界转速时，转子称之为刚性转轴；转速高于第一阶临界转速时，转子称之为柔性转轴。随着火箭发动机技术的进步，高速涡轮泵设计已经采用柔性转轴，例如美国航天飞机主发动机的高压液氢涡轮泵和液氧涡轮泵都采用了柔性转轴结构，其中液氢涡轮泵转速在第二阶和第三阶临界转速之间，而高压液氧涡轮泵转速在第一阶和第二阶临界转速之间。

　　在系统阻尼不大的高速旋转机械中，当转轴在柔轴条件下工作时，容易出现次同步旋转不稳定问题，这种现象是一种自激旋转不稳定现象，可能导致轴承和密封的破坏。引起次同步旋转的原因主要涉及涡轮泵壳体和轴承的刚性和阻尼，涡轮泵级间密封的流体动力交叉干扰和涡轮的气体动力交叉干扰等。

综上，大功率涡轮泵是大推力液体火箭发动机的核心组件，工作在高转速、大温度梯度、高压、高能量密度（如 RD－170 发动机涡轮泵功率达到 196 MW）的极端环境中，由自身内部振动激励及外部结构传递来的振动载荷引起的振动问题突出，碰磨和疲劳破坏为其主要的故障模式，是液体火箭发动机中故障率最高、危害性最严重的部件之一，也是重复使用发动机中使用次数最短的主部件，图 1－20 所示为航天飞机主发动机主要部件故障发生概率。几乎所有大型液体火箭发动机涡轮泵在研制或服役过程中均发生过涡轮泵疲劳导致的故障，涉及涡轮泵所有零部组件。涡轮泵疲劳问题是低成本大推力、低成本可重复使用液体火箭发动机必须重点解决的关键技术。因此，研究涡轮泵振动机理、组件抗疲劳设计方法及减振抑振技术对于大推力发动机研制具有重要的基础支撑作用。

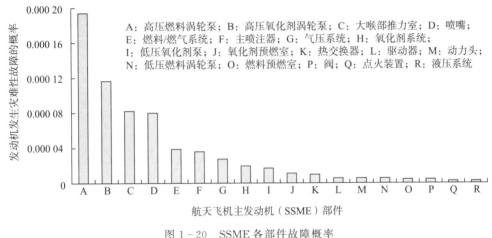

图 1 - 20　SSME 各部件故障概率

涡轮泵动力学设计主要面临两大类问题[8-10]：一类是涡轮泵轴系及其支撑结构的转子动力学问题，涉及转子临界转速确定、转子动平衡、高速转子稳定性、次/超同步振动、流体激振、转子动力学优化、相关的转子/密封动力特性试验等。另一类是流致振动疲劳问题，即转子内部动、静件在转子机械振动载荷激励与流体诱导振动载荷激励、热载荷共同作用下的动强度及服役时间（寿命）评估问题，结构减振抑振及延寿技术，如涡轮盘高温部件的低周疲劳寿命问题，流体激振与转子动力学的耦合问题。同时，这两类问题又相互依赖与相互支撑，转子动力学问题的解决为零部件的设计提供载荷与边界约束的输入条件，零部件对强度和寿命的需求为转子系统整体的设计提供限定条件。

### 1.4.3　自动器

在液体火箭发动机中，用于控制工质流动的组件称为自动器，包括控制阀和调节器两大类，主要是用来对发动机供应系统和控制系统实施自动控制及自动调节。在推进剂和气体的输送管路中装备的各种阀门，按预定程序开启或关闭，实施对发动机的起动、转级、关机和工况调节等过程的程序控制。在液体火箭发动机的自动器中，流量调节器是现代高压补燃循环发动机推力调节系统中经常采用的一种自动调节装置，一般装在燃气发生器的燃料供应管路上，用于调节和稳定进入燃气发生器的燃料流量，从而实现调节发生器内组元混合比，控制涡轮的燃气参数，达到稳定和调整发动机推力的作用，其结构如图 1 - 21 所示。

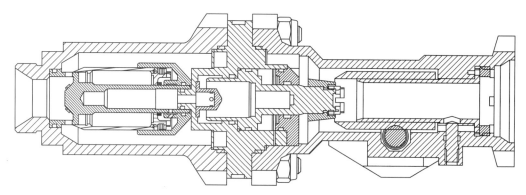

图 1 - 21　典型的流量调节器结构

自动器的动作、调节过程涉及机械运动、流体流动、力热环境等多物理场耦合，其工作条件非常复杂，主要涉及阀芯-流体自激振动、关闭瞬变过程水击的流致振动、结构力热环境适应性等问题。因此，自动器必须具有优良的动态特性与响应特性，具有很高的密封性与工作可靠性。

在阀门液流试验和发动机热试车过程中，阀门等自动调节元件流路系统的流固耦合自激振动/振荡（一般称结构振动、流体振荡）是一种常见现象。阀的自激振荡问题是指阀、管路与其他元件组成系统所产生的自激不稳定或液力振荡，属于非线性动力学的范畴。当阀门自激振荡现象出现时，常常伴随有流体压力的强烈脉动、流体噪声、结构的剧烈振动、阀芯的磨损和管路/支撑结构的失效等故障。对于高低温阀门结构，曾出现工作异常、可靠性差等故障，需要研究结构对高低温热负荷、力热冲击、多场耦合等复杂环境的适应性。

### 1.4.4　总装结构

总装结构是将发动机各主要组件组装成整台发动机所需的各种部件的总称，诸如导管、支撑、常平座、机架和摇摆软管等。导管用来输送流体，其中包括推进剂导管、控制气体管路、驱动涡轮的高压燃气导管、涡轮排气管、以及相应的导管连接件和密封件等。涡轮泵支架将涡轮泵固定在推力室或机架上，有些控制元件和小型容器也用托架固定。常平座是使发动机能围绕其摇摆轴摆动的承力机构，通过发动机的单向或双向摇摆进行推力矢量控制，为飞行器提供作俯仰、偏航和滚转的控制力矩。摇摆软管是一种柔性补偿导管组件，使发动机能实现摇摆并同时保证推进剂的正常输送。机架用于安装发动机和传递推力。蒸发器和燃气降温器等换热器是发动机自生增压系统的部件，用于推进剂贮箱的增压。

液体火箭发动机复杂管路系统是发动机介质传输与能量传递的重要通道，主要实现能量的传递、分配、控制与转换，是液体火箭发动机中一个非常重要的组成部分。如果说发动机是火箭的"心脏"，那么管路系统则可以看成是密布在心脏中的"血管"，如图 1-22 所示。管道一旦发生故障，将会导致传输故障或中断，轻则造成管路断裂或裂纹、接头松动、支架松动、管卡断裂、密封失效、疲劳损伤等，重则引起火灾、控制失效等重大事故，严重影响到火箭的飞行安全。因此，管路的失效问题对于发动机结构的环境适应性及可靠性均会产生重大影响。

图 1-22　某重型发动机

与航空发动机、舰船、其他普通工业用管路装置相比，液体火箭发动机液压气动管路系统工作的环境十分特殊、恶劣。而且，管路结构、空间走向、连接与约束形式非常复杂。复杂燃烧、流动与机械振动等诱发的管路振动问题突出，存在故障率高、失效模式多、可靠性差等现象。据统计，在发动机热试车与飞行任务中，多次出现了振动问题直接导致管路、管支撑的裂纹、断裂等现象，管路是发动机故障率最高的组件之一。

管路断裂问题一直十分突出，是发动机结构可靠性与完整性研究的重要内容，在提高管路可靠性、减重和成本控制以及其他特性方面需要研究人员的充分关注。管路动力学问题主要包括[8]：

（1）流体与机械诱发振动

发动机管路主要有刚性、柔性管路两类。刚性管路主要用于连接相对位移小、温差较小的部件，其疲劳故障突出表现为管路内部流体诱导振动与机械诱发振动共同导致的疲劳破坏，需要考虑管路连接刚度协调性与异源/多源激振问题；当载荷频率与结构固有频率发生耦合时将引发共振，导致管路结构短时间内迅速破坏，需要进行管路结构频率管理设计。柔性管件主要用于连接相对位移大、温差较大的部件以进行变形补偿、推力矢量控制，柔性管件通常在接近或超过屈服应力的范围内工作，工作循环寿命较低，流致振动和机械诱发的振动也经常性地导致高速流体管路发生破坏。

（2）声–固耦合问题

在 SSME 发动机研制过程中，曾发生氧主阀的"嗡鸣"破坏，故障定位为氧主阀后的密封空隙，空隙处切向声学频率与管路纵向声学模态发生耦合，引发高量级压力脉动，频率约为 7 300 Hz，短时间内导致氧主阀发生振动疲劳破坏。通过在空隙处加薄片消除空腔，避免了类似问题再次发生。在管道、阀、密封等封闭空间中存在的声振耦合破坏问题，通常很少受到关注。同样，对于补燃循环发动机燃气发生器至推力室之间的燃气弯管，其声振耦合问题也需要重点考虑。

（3）动力学优化

考虑液体火箭发动机管路结构的复杂性、工作环境的特殊性和某些特别要求，开展基于可靠性的管路耦合振动动态优化设计方法、精细化控制技术与抗强振设计准则研究。主要内容包括：管路振动控制动力学设计技术，管路抗疲劳工艺设计技术，型号应用与验证。

液体火箭发动机管路系统与相连结构的运动相互作用，支承刚度弱且表现明显的方向性，其振动特征与固定式充液管路有较大区别，呈现强烈的流固耦合非线性的特征，至今已有大量学者对振动产生机理、控制技术等进行了系列研究。包括管路系统建模、管路振动及传播特性、管系中不同组件及约束边界的影响、管路系统稳定性等。全系统流固耦合研究方法能够比较全面地分析管路的振动特性，揭示流固耦合作用机制。

管路振动控制首先要降低振源的强度，如优化流场和降低燃烧不稳定性等。围绕管路布局开展优化，探索采用适当的减振抑振措施，如减轻根部安装应力和吸收变形。受高低温、强振动环境的影响以及空间、重量的限制，液体火箭发动机管路系统较少使用金属橡胶减振器、高阻尼硅橡胶减振器和约束阻尼等振动控制措施，这类装置在提高环境适应性和对中高频减振性能后将在发动机中具有极大的应用空间。另外，管路（焊接）接头寿命评估与抗疲劳设计也是一项非常重要的研究工作。

（4）动态试验

实验室常见的管路振动研究方法有充液、充液加压、液流三种不同条件下的动特性试验和管路工作模态试验，考虑流体流动的复合振动试验技术将是未来重点研究方向之一。建设发动机管路复杂力学环境疲劳寿命研究平台，可以用于发动机管路结构系统在复杂力热环境下疲劳寿命预估与试验考核验证。此外，基于虚拟试验的试验仿真技术在管路结构系统动力学研究中也得到了较快的发展与应用。

### 1.4.5 发动机整机

大推力液体火箭发动机主要是由传力机架、推力室、燃气发生器、涡轮泵系统、气/液管路、自动器和高压气瓶等组件有机地集成在一起的大型复杂、高维动态系统（如图 1-23 所示），其结构系统及其动力学特性非常复杂。

图 1-23 某型四机并联发动机

发动机整机结构低频动力学特性[11]对火箭总体控制、POGO 振动设计有重要影响，同时发动机的中高频特性对于声振耦合分析、动态响应分析等也至关重要，因此发动机整体有限元建模分析和试验验证是发动机总体结构考核的重点。整机结构动力学问题主要体现在以下几个方面。

（1）载荷设计

"大多数 SSME 发动机的失效是由于设计不足，根源是缺乏对动态载荷特征的充分了解。"载荷是动力学分析的基础条件之一。液体火箭发动机受到的载荷可以分为外部载荷和内部载荷两种。外部载荷包括地面运输、火箭加速等，对于二级发动机来讲，还包括在一级工作时从火箭级间段传来的振动载荷，以及声学和分离冲击载荷等。内部载荷主要指发动机工作时自身产生的载荷，主要包括稳态工作时来自涡轮泵的正弦激励载荷，以及来自推力室和燃气发生器的随机激励载荷。

载荷识别[12]问题属于动力学问题的第二类逆问题，随机载荷的识别一般在频域中进行，与确定性动载荷不同，随机动载荷需要考虑载荷之间的相关性和时间历程的随机性，计算规模和难度大幅度提升。载荷识别方法主要有频响函数求逆法、模态坐标变换法、逆虚拟激励法、神经网络、小波变换法等。在矩阵求逆的过程中病态问题会增加识别的误差，尤其是对于多点同时进行识别的情况。发动机多源振动载荷传递路径分析、等效与重构采取的一般技术路线如图 1 - 24 所示。

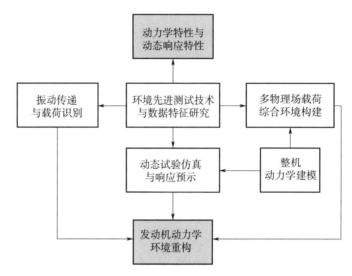

图 1 - 24　振动载荷设计技术路线

目前主要存在以下问题：1）发动机多个振源载荷特性及其耦合作用机理分析难度大；2）多源振动传递机理试验与分析方法不成熟。鉴于以上原因，导致准确识别与再现结构工作载荷条件的难度大，对结构所服役的载荷环境无法准确掌握，以至于对复杂结构复杂载荷下结构耦合振动失效机理认识不清楚等。

（2）动力学试验

结构动力学特性与动态响应是动力学设计的基础数据。大推力液体火箭发动机振动问题的研究，涉及大量的零部件验证试验、组件验证试验、整机验证试验及热试搭载试验，其试验技术难度及高成本主要表现在以下几个方面：1）振源载荷特性分析的整机热试车搭载试验，受高温环境、高速气流环境的影响，振动环境测试的试验难度和成本非常高；2）振源与典型结构件之间的传递机理研究需开展大量地面空载状态结构特性试验、响应测试试验，受限复杂空间内多源、多点、多方向激励的试验技术难度很大、试验件数量多及成本高；3）在发动机恶劣工作环境下，典型结构件的结构固有特性试验目前缺乏成熟研究手段和成功研制经验；4）振动控制技术的研究需进行大量的组件级或整机级的验证试验，试验成本及实现难度很高，尤其是成熟型号。

一直以来，对于航天结构静/动强度主要依赖于力学环境考核试验。然而，由于试验能力的限制和试验成本的约束，在地面上通常无法实现对预期使用环境的真实模拟。因此，即便是对力学环境考核试验，仍然需要解决如下两方面的问题：一是试验室环境试验条件如何代表预期使用环境的问题，二是环境试验条件与预期使用环境不一致所造成的影响如何评估的问题。其本质上都是地面试验与工作环境下结构损伤的等效性问题，而问题的解决有赖于高精度动应力（应变）计算和试验，以及动强度定量分析的技术和方法。Jack Bunting 说"不在现在试验，就在将来试验"。因此，在有条件的基础上，需要开展结构在真实工作环境下大量的动力学特性与动态响应测试分析工作。

（3）动力学建模与模型修正技术

发动机结构、空间走向、连接与约束形式非常复杂，结构所工作的环境也十分恶劣，是一个复杂、多尺度、多维度的动态系统，这导致结构动力学特性非常复杂。工作时结构在大应力、大位移下的动力学特性与动态响应与实验室状态下差异较大，需要根据结构在实际（或工作）状态下的数据进行模型修正，如动态阻尼机制、载荷环境对结构动特性的影响、非线性因素等，同时需要系统性研究规范化、高保真及高效的建模、模型修正与模型确认技术。

目前，NASA、ECSS 已建立较完善的模型质量评价标准，而我国在液体火箭发动机结构动力学建模、模型修正等方面，其精度、效率相比国外仍具有较大的差距，需要建立大尺度的整机、组件尺度及细节尺度的特征结构等不同尺度的模型，并进行精确修正。局部细节结构的应力应变水平，一方面受整机及组件的力学边界条件、结构刚度等的影响，另一方面也取决于小尺寸空间几何特征参数、工艺过程、材料力学特性等因素。

（4）多源振动、多场耦合下结构动力行为

在大推力液体火箭发动机的研制历史中，结构疲劳、断裂、碰磨、泄漏等是主要的故障模式，其中，以推力室、涡轮泵、管路及连接支撑的故障最为常见，主要原因是对结构动载荷认识不足、动力学设计不合理、动强度试验考核不充分。这主要是除了发动机结构复杂、服役环境极端及轻量化显著外，由于发动机受重量和尺寸限制，结构设计布局紧凑；燃烧室、涡轮泵及燃气发生器等主要振源位置集中，各振源能量成分复杂、载荷表现为作用在空间多方向的宽频随机和简谐叠加的形式，振源与振源间相互影响，振动在结构间的传递特性复杂；零部组件的工作安全性除受自身内部载荷影响外，还受到外部相邻结构或系统传递过来的机械振动载荷的影响。发动机结构设计除需满足静强度要求外，还要考虑高应力水平下振动导致的疲劳破坏等动强度问题，要进行全面认真的动强度设计与试验考核。

发动机工作在大推力、强振动、强冲击、流体高压和强烈脉动、高低温、多振源激励等极端环境中，多场耦合作用显著，多源载荷成分复杂，且结构本身具有较明显的非线性特性，影响因素众多。此外，结构的动力学特性受高低温环境、空间布局和成型工艺等多种因素的影响，其振动特性与地面试验室常温空载状态往往存在较大的差异。在复杂燃烧、流动与机械振动等多场耦合作用下的结构动力学问题[13]是发动机动力学设计的难点和热点之一。通过启停瞬变过程强冲击载荷作用下结构瞬态响应、稳态工作过程结构振动动力特性与动态响应行为分析，为进行动强度设计提供参考依据。

（5）动强度与疲劳强度

液体火箭发动机的很多零部组件均处在高低温、复杂力学环境的综合作用下，载荷的复杂性也是动强度设计所面临的重大难点。由于对故障深层次机理认识不清楚，传统方法是对故障结构采取"综合治理"的措施。此外，复杂载荷环境下发动机结构动强度评估、疲劳寿命评定的理论分析及试验验证尚缺乏系统规范的方法体系。美国航天界提出"问题的物理本质为最高主宰"。因此，针对发动机振动问题，研究发动机结构振动的深层次失效机制与机理，提出行之有效的结构动强度评估、寿命评定与抗疲劳设计技术。

（6）火箭发动机振动控制技术

考虑液体火箭发动机结构的复杂性和工作环境的特殊性和某些特别要求，开展耦合振动精细化控制技术与抗强振设计准则研究。针对发动机多振动源激励环境，开展典型结构的振动响应抑制技术和试验验证方法研究，依据减振问题的复杂程度、减振性能和减振成本，采取有效的控制措施抑制危险状况的出现以降低结构响应和动应力水平，增强结构的环境适应能力，避免在发动机正常工作或小量级异常振动条件下响应水平超过限制阈值，从而引发结构破坏或功能失效，如结构耦合共振检测与频率管理设计，接头、卡箍等连接结构抗疲劳（或疲劳强度）设计技术。针对关键结构进行动力学优化、开展基于寿命或动强度可靠性约束的动力学设计与试验验证，提升结构的动力学环境适应性。

## 1.5　各章主要内容

航天器及运载火箭作为体现航天技术发展水平的主要载体，其设计、研制、发射和在轨运行是一个庞大的系统工程，而航天动力学则贯穿于航天器和运载火箭的整个研制过程[14]。航天器结构设计主要走以试验验证为主的路径，结构设计已从静态设计转为静态、动态联合设计；运载火箭结构设计不能再仅停留在静态设计的水平上，必须采用以结构动力学分析与试验为基础的动态优化设计技术[6]。同样，液体火箭发动机作为运载火箭的主要动力装置，由于其结构的复杂性、服役环境的极端严苛性，导致发动机的结构动力学问题非常突出。发动机结构动力学建模、分析及试验等技术的发展直接关系到运载火箭的设计水平，甚至决定着航天任务的成败。因此，为改善火箭、发动机的振动力学环境，提高发动机的动强度可靠性与工作安全性，需要对火箭心脏——发动机的结构动力学问题予以充分的关注，结构动力学设计一直是发动机研制过程中的重要工作之一[15]。

因此，本书力求系统梳理液体火箭发动机结构动力学方面的最新研究成果，深入总结在长期科研实践中积累的关于液体火箭发动机结构动力学方面的体会和经验，希望对解决液体火箭发动机结构动力学问题起到指导和借鉴作用。

在发动机结构设计—分析—试验—再设计的整个动力学研究任务中，主要研究内容包括：确定动态载荷；将复杂结构简化为物理模型，再将物理模型转换为数学模型；进行动态特性、动态响应分析；进而通过一定的试验验证所得到分析结果的正确性；最后将可靠的计算结果用于结构的动态优化设计。结构动力学研究的主要工作如图1-25所示。

其中，液体火箭发动机结构动力学研究主要包括：结构动力学建模、动力学优化设计、转子动力学、泵流体激振及动态试验技术等方面，内容涉及结构动力学、机械振动、转子动力学、流体动力学、动强度技术、液体火箭发动机（设计/分析/试验）技术等学科，研究内容广泛丰富。本书内容安排为：

第1章　绪论。阐述液体火箭发动机的系统及组成、发动机的不同分类及特点、重点

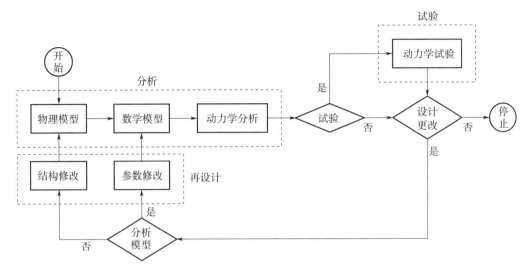

图 1 - 25　结构动力学主要研究内容框图

论述了热力组件、涡轮泵、自动器、总装元件以及整机结构所涉及的动力学问题。

　　第 2 章　发动机结构动力学建模分析。针对大推力液体火箭发动机的动力学设计问题，主要阐述了复杂结构动力学建模技术，对低频动力学建模方法、中高频动力学建模所涉及统计能量分析方法进行了论述，并探讨了动态子结构法与子结构试验建模综合技术。对发动机结构模态测试技术、模态参数识别方法进行了阐述，并给出了模态测试实例。

　　第 3 章　发动机结构动力学模型修正。阐述了基于模态参数的有限元模型修正与基于频响函数的有限元模型修正技术。在此基础上，开发出液体火箭发动机振动动力学分析模型修正软件，并给出了喷管结构有限元模型修正应用实例。

　　第 4 章　发动机结构动力学分析及优化设计。阐述了结构动力学分析理论及求解算法，开展了某型发动机热试车起动冲击响应分析。对结构动力学优化设计理论、大规模优化问题处理技术等进行了论述，并给出了基于 HK 模型的火箭发动机结构动力学优化、发动机管路断裂失效分析及动力优化实例，验证了结构动力学优化设计在发动机研制过程中的有效性和可行性。

　　第 5 章　发动机涡轮泵转子系统动力学特性研究。阐述了基于有限元法的转子系统动特性的分析方法，建立了发动机涡轮氧泵转子系统的有限元模型，获得了涡轮氧泵转子系统在不同影响因素下临界转速的变化规律以及相应的瞬态响应和不平衡响应，论述了氢氧涡轮泵的柔性转子动力学设计方法。

　　第 6 章　涡轮泵流体激振特性研究。介绍了涡轮泵内的动静干涉、旋转空化两类流体激振现象，研究了离心轮与扩压器之间的动静干涉机理、诱导轮旋转空化的发生机理，以及诱导轮内的空化流动特性和空化不稳定现象。

　　第 7 章　发动机多源载荷识别与传递特性研究。分析了多源激励下的结构响应，研究了影响结构响应的主要因素及主要传递路径，获取了激振力与结构响应的相关特征，掌握了发动机结构响应在多源载荷激励下结构响应贡献量分析方法。

第 8 章　发动机振动试验技术研究。阐述了振动试验台的分类、工作原理和台体结构，振动试验夹具的要求、设计原则以及结构形式，论述了正弦振动试验、随机振动试验、冲击及冲击响应谱试验和试验控制方法。

第 9 章　发动机虚拟振动试验技术研究。阐述了电动振动台的组成、工作原理、机电模型、参数辨识以及电动振动台的建模示例，论述了正弦振动控制算法、随机控制算法，以及虚拟振动试验的运行与后处理。

第 10 章　发动机热试车动态信号测试及故障分析。阐述了发动机热试车动态信号测量方案、测点布置、测量系统选择以及抗干扰技术，论述了发动机热试车数据分析理论、分析方法以及基于发动机动态数据分析的力学环境试验条件设计。

# 第 2 章　发动机结构动力学建模分析

## 2.1　引言

　　液体火箭发动机的研制对结构动态分析结果的准确性提出了极为严格的要求，数学建模分析在结构动力学设计中是关键的一环[16-17]。由于发动机结构日益大型化、复杂化，要建立复杂结构高精度的动力学模型并进行准确、高效的计算分析，本身就是一件非常困难的工作。如某大型火箭二级整机由相同的四机并联组成，四台发动机共用一个机架，每台发动机都是由推力室、燃气发生器、涡轮泵系统、气/液管路、自动器等组件高度集成的大型复杂、多尺度、多维度动态系统，其结构动力学特性非常复杂，对发动机进行精细化动力学设计是当前研究的一项重要任务。

　　目前，结构有限元法、子结构法已成为解决结构动力学问题的主要方法。由于发动机部件众多、结构及连接情况复杂，最常采用的分析策略是基于虚功原理、利用有限元方法建立有限元模型并进行结构动力学分析。子结构法以 Rayleigh - Ritz 法为理论基础，在提高分析效率和精度方面优势显著，是一种解决大型复杂工程结构动力学问题的有效方法之一。根据界面性质，子结构法分为约束子结构法、自由子结构法和混合子结构法。具体分析方法包括：约束子结构模态综合法、约束子结构超单元法、约束界面模态的精确动态子结构法、自由子结构模态综合法、自由界面模态的精确动态子结构法、频响函数矩阵直接法、混合界面子结构模态综合法以及子结构混合界面模态的精确动态子结构法等。

　　针对大推力发动机的精细化动力学设计问题，本章首先阐述发动机结构动力学三维建模技术，再介绍发动机结构模态测试方法等。

## 2.2　复杂结构动力学建模

　　为实现发动机的既定设计功能并保证其安全可靠地工作，需要对发动机结构进行精细化建模及准确、高效的动力学分析，有限元建模工作是结构动力学分析的首要工作。

　　对于发动机结构的动力学设计及动响应控制问题，一般将低于 200 Hz 划定为低频，200～1 000 Hz 定义为中频，1 000 Hz 以上划分为高频，这种按频率范围划分的方法是相对的。

### 2.2.1　低频动力学建模

　　采取"积木式"由零部组件到整机的建模思想，先进行建模技术研究，分别建立各部件的有限元模型，然后，在保证零部组件准确建模的基础上，装配得到整机有限元模型，最后依据试验数据对数学模型进行修正和确认，最终得到准确的发动机仿真模型。建模一般流程如图 2-1 所示。

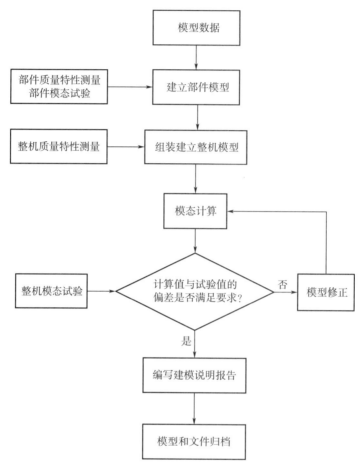

图 2-1　结构动力学分析一般流程

　　对原始复杂的物理模型进行必要的简化和合理的等效处理，需考虑对整机动力学影响较大的重要组件、主要连接等，而忽略对低频特性影响较小的部件和细节等次要因素，使模型既简单又能真实地反映结构的低频特性。因此，总的建模原则是准确模拟发动机的刚度和质量分布，使建立的模型能准确地反映所关心模态变形下的变形能和动能。为了模拟变形能，需要准确模拟发动机结构的刚度；为了模拟动能，需要尽量模拟发动机结构的质量分布。

### 2.2.1.1　传力组件

　　传力组件包括桁架、常平座及传力座，负责将推力传递到箭上，为发动机的主要承力件。机架一般为杆架、梁架和板焊接而成，具有较大的尺寸。机架承力杆为管梁结构，采用空间梁单元模拟；机架承力梁采用体单元或壳单元、梁单元模拟。常平座类似于万向节，可以实现发动机任意角度的摆动，按实际结构特点可采用体单元模拟，或者简化为板壳结构用壳单元（考虑横向剪切效应）模拟。传力座采用壳单元和体单元共同模拟。机架、常平座、传力座之间采用多点约束方程（MPC）进行连接模拟，定义 MPC 时只释放转动方向的自由度。某型发动机传力组件的动力学模型如图 2 - 2 所示。

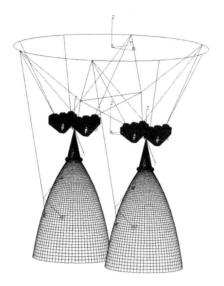

图 2 - 2　传力组件有限元模型

#### 2.2.1.2　质量组件

（1）推力室

推力室组件由燃气弯管、整流栅、喷注器、燃烧室、喷管以及总装直属件组成，如图 2 - 3 所示。

 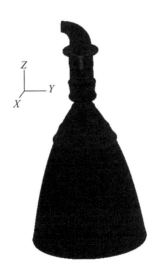

(a) 三维模型　　　　　　　　　　(b) 有限元模型

图 2 - 3　推力室三维模型及有限元模型

　　燃气弯管为变截面结构，采用和实际厚度相同的变截面梁或壳单元模拟。整流栅采用壳单元模拟。依据刚度等效方法将喷注器简化为厚壳，由于这种简化会导致结构质量与实际不符，在计算中依靠改变材料密度的手段进行补偿。燃烧室刚度大，几何尺寸较小，对发动机低频特性的影响小，一般在考虑其质量效应的基础上采用体单元或壳单元模拟。采用辐射冷却方式的喷管建模相对简单，一般采用板壳单元划分。而采用再生冷却方式的发动机喷管，为带铣槽的薄壁夹层板结构，从内至外依次为内壁、冷却通道及外壁。补燃发动机多采用内壁铣槽式，由带铣槽内壁（铬青铜）和外壁（不锈钢）钎焊而成，内外壁材料不同，并在冷却环带附近设计了冷却套集液器。

　　采用波纹板夹芯复合结构的建模方法，将喷管按层合壳（3 层）模拟，可以使用复合板属性，如图 2 - 4 所示。

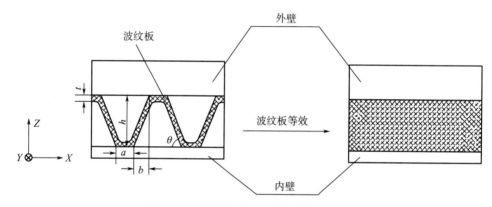

图 2 - 4　喷管结构动力学建模等效方法

　　外壁具有较高的强度和刚度，为主要承载层，提供弯曲刚度。内外壁按各向同性材料考虑，取实际的弹性模量和厚度。中间层为波纹板，主要提供剪切刚度，按正交各向异性复合材料处理，厚度取夹芯实际厚度；针对典型的波纹夹芯结构复合材料，采用芯胞单元，建立胞元力学模型，根据波纹夹芯结构复合材料等效理论、层合理论及材料力学知识，对其力学性能进行预测，得到相关的力学性能参数的等效公式如下

$$\begin{cases} E_{XX} = \dfrac{Et^3\cos\theta}{h^3 + ht^2(\cos\theta - \cos^2\theta)} \\[2mm] E_{YY} = E\,\dfrac{(a+L)t}{(a+L\cos\theta)h} \\[2mm] E_{ZZ} = \dfrac{Et^3\sin\theta}{b^3 - bt^2\sin^2\theta} \end{cases} \qquad (2-1)$$

$$\begin{cases} G_{XY} = \dfrac{\sqrt{E_{XX}E_{YY}}}{2(1 + \sqrt{\mu_{XY}\mu_{YX}})} \\[2mm] G_{XZ} = G\,\dfrac{t(a+b)}{h(a+L)} \\[2mm] G_{YZ} \approx 2G_{XZ} \end{cases} \qquad (2-2)$$

$$\begin{cases} \mu_{YX} = \dfrac{(a+b)\,t^2\mu\cos\theta}{(a+L)\,(h^2+t^2\cos\theta-t^2\cos^2\theta)} & (2-3)\\[2mm] \mu_{XY} = \mu \end{cases}$$

$$\rho_e = \rho\,\frac{(a+L)\,t}{(a+L\cos\theta)\,h} \tag{2-4}$$

式中，$E$ 为等效前原材料弹性模量，$E_{XX}$ 为夹芯板沿 $X$ 轴侧压 / 侧拉弹性模量，$E_{YY}$ 为夹芯板沿 $Y$ 轴侧压 / 侧拉弹性模量，$E_{ZZ}$ 为夹芯板沿 $Z$ 轴平压 / 平拉弹性模量；$G$ 为等效前原材料剪切模量，$G_{XY}$ 为夹芯板面内剪切模量，$G_{XZ}$，$G_{YZ}$ 为夹芯板横向剪切模量；$\mu$ 为等效前原材料泊松比，$\mu_{XY}$ 为芯材等效纵向泊松比，$\mu_{YX}$ 为芯材等效横向泊松比；$\rho$ 为等效前原材料密度，$\rho_e$ 为芯材等效密度；$L$ 为夹层芯体波纹非焊接芯材半周期长度。在不具备力学性能试验研究的条件下，可对芯胞结构进行有限元建模分析，分析芯胞的力学行为，并对其力学性能计算数据进行修正。

外壁较大的集液器采用与推力室主体模型一体的壳单元模拟，较小的集液器可采用偏置梁单元，与推力室主体模型相应部位共节点处理。

在对喷管产品进行模态试验之后，可依据模态试验结果再进一步修正模型。

（2）涡轮泵

大功率涡轮泵是大推力发动机的核心组件，壳体一般为异形厚壁壳，旋转件中包括高速旋转轴、轮、盘及密封等，如图 2-5（a）所示。

由于涡轮泵壳体很厚，刚度较大，在低频段发生弹性弯曲变形的可能性极小；其质量较大，约占整机质量的 1/4～1/3，对整机低频特性的影响主要表现在质量效应上。一般将涡轮泵采用带有若干集中质量的空间梁单元模拟，以保证整个涡轮泵组件模型的质量和质量分布与实际接近，从使用情况来看采用这种简化方法是可行的，建立的涡轮泵结构系统有限元模型如图 2-5（b）所示。

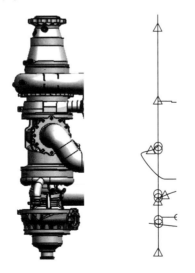

（a）几何模型　　　（b）有限元模型

图 2-5　涡轮泵结构系统三维模型及有限元模型

另外，涡轮泵工作在高转速、大温度梯度、高压、高能量密度的极端恶劣环境中，由自身内部振动激励与外部结构传递来的振动载荷引起的振动问题十分突出。这主要涉及两大类问题：一是涡轮泵轴系及其支撑结构引起的转子动力学问题，包括转子临界转速、转子动平衡、稳定性裕度、次同步振动、流体激振及相关的动力学试验与优化改进；二是转子内部动静件在转子机械振动载荷、流体激励、温度负荷共同作用下的动强度分析及寿命预估。除发动机泵入口的推进剂、涡轮入口的高温燃气和诱导轮入口的"空化"流体存在低频的激励能量外，由转子动力学诱发的振动问题一般属于中高频范畴。

（3）集中质量

对于预压泵、发生器、气瓶、阀、流量调节器、换热器等质量效应不能忽略的组件，采用集中质量单元模拟。

### 2.2.1.3　摇摆组件

（1）摇摆软管

发动机的柔性连接主要为摇摆软管。对于泵前摆发动机（摇摆部分为推力室和涡轮泵等，质量较大），摇摆软管位于发动机氧化剂和燃料入口之后，泵前压力较低，且在发动机入口前有较长的箭体输送管路，软管轴向刚度和弯曲刚度均很小，在实际建模中可忽略。对于泵后摆发动机（摇摆部分只为燃烧室及喷管，质量相对小得多），摇摆软管要承受高温高压载荷，结构复杂，为发动机的关键组件，如图 2-6 所示。高压摇摆软管可采用等效厚度的壳单元建立波纹管模型，如图 2-7 所示，其等效厚度依据摇摆软管的弯曲刚度确定。由于高压摇摆软管的弯曲刚度呈现强非线性特征，其刚度值会随摇摆角度的增大而增大，此外是否加压、压力大小、高低温等因素也会对刚度值有很大影响。因此，对单元的初始厚度值应按照非加压和线性化刚度值进行等效，并根据摇摆软管摇摆刚度试验结果对动力学模型进行修正。

摇摆软管在不同压力、摇摆角度状态下的刚度值可通过如图 2-8 所示的摇摆试验系统进行测量。

图 2-6　泵后摆发动机摇摆组件

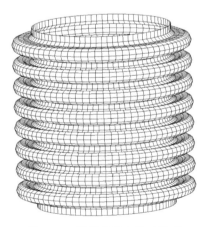

图 2-7　摇摆软管有限元模型

图 2 - 8　摇摆软管摇摆试验系统

（2）摇摆轴承

发动机以摇摆轴承为中心实现摇摆动作，轴承弱连接刚度对发动机结构的低频动特性有着重要的影响。在计算中，对摇摆轴-轴承采用两种处理方法，即刚性连接和铰接连接，轴承的实际连接刚度应处于铰接和刚性连接之间，因此在发动机模态计算中必须考虑轴承刚度的影响。进一步细化轴承部分模型，使用一般刚性约束单元或加权平均约束单元连接内圈节点与中心点，同样使用多点约束连接外圈节点与重合位置上的另一个中心点，然后在两个中心点处建立三向弹簧-阻尼器单元（如 MSC Nastran 中的 CBUSH 单元），采用该单元可以设置轴承在各平动和转动方向上的刚度。摇摆轴承有限元模型如图 2 - 9 所示。

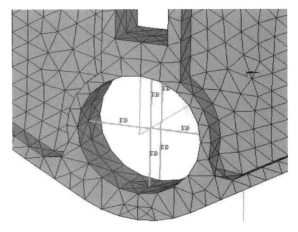

图 2 - 9　摇摆轴承有限元模型

　　轴承的刚度值可通过高精度滚动轴承静刚度试验机测得，试验系统如图 2 - 10 所示，某产品的刚度试验如图 2 - 11 所示。

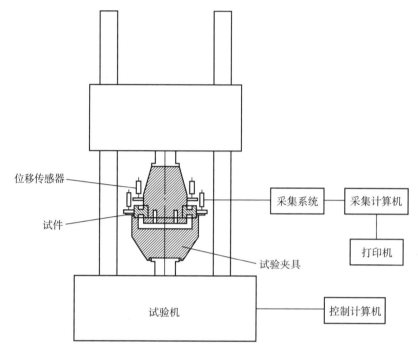

图 2 - 10　轴承刚度试验系统示意图

图 2 - 11　轴承刚度试验

（3）伺服机构

伺服机构为摇摆发动机的摇摆驱动机构，为发动机实现摇摆功能提供能量支持，通过其两端的铰接与机架上摇摆支点和喷管下摇摆支点连接。伺服机构在不同工作状态（零位机械锁死、通电维持或液压维持）下有不同的轴向刚度值。采用杆单元进行模拟，根据伺服机构研制单位给出的零位维持状态下的轴向刚度数据做等效处理，可得杆单元的横截面积，伺服机构质量不可忽略，等效材料参数中应加入非结构质量参数或修正杆的材料密度。

### 2.2.1.4　其他

（1）管路

发动机上推进剂供应管路以及气体管路都是圆形截面，可以按梁单元建模。直管符合简单梁的变形规律，可以采用弯曲梁单元。曲管由于平行于曲率半径的径向应力会使导管弯曲并引起横截面椭圆化，从而产生横向应力，而这种横向应力在直管上是不存在的，为了较准确地描述这类管路中的二维应力场，应采用曲线梁单元。

（2）连接

对于连接问题有如下处理方法：1）体单元和面单元的连接用壳实体过渡单元进行连接，并且在建模时保证面单元的节点在体单元相应的两个节点中间。2）梁单元之间及梁单元与面单元之间的连接可以合并相应的节点。3）在发动机用铰连接的地方通过建立重合节点并用一般刚性约束单元对它们进行连接来实现，释放转动方向的自由度；对于杆单元的节点由于没有转动自由度可直接视为铰接。4）单摆发动机一般通过轴-轴承连接实现摇摆功能，双摆发动机采用十字轴或常平环，同时轴承承担了绝大部分的推力；在对轴承或摇摆轴建模时，采用轴承中心与轴中心之间刚性连接并释放相应转动自由度，轴承中心与轴承孔边缘之间可采用弹簧单元模拟轴承径向刚度。5）其他组件之间的连接若无法共节点，一般采用刚性单元处理方式，以方便解决单元节点之间的位移不协调问题。

（3）与箭体的接口

发动机通过机架与箭体后过渡舱段连接，通过软管与推进剂输送主管路连接。推进剂输送主管路内压力为 0.3～0.6 MPa，主管路和软管的串联刚度对发动机低频特性的影响可忽略，故只需考虑机架连接的影响。对机架的约束状态有两种处理：第一种方法是约束对接点的所有位移，以模拟发动机试车状态；第二种方法是加入后过渡舱段的等效模型，以模拟飞行时的机架约束条件。

（4）推进剂质量影响

发动机结构动态特性除了受结构本身影响外，其输送的推进剂也起一定的作用，需要考虑推进剂的质量效应。通常认为推进剂流量基本稳定，主要分布于泵及泵前后管路、推力室冷却通道中，且按实际的质量分布考虑。

### 2.2.2　中高频动力学建模

发动机中的各种流体均通过管路或管道传输，管路中流场结构复杂，流场内会产生各种尺度的涡系，存在输流激振、声-结构耦合振动等问题。在涡轮泵工作过程中，涡轮泵外部相邻结构传递来的机械激励与涡轮泵自身内部质量不平衡引起的惯性载荷、非定常流体激励将引起涡轮泵整体及其组件发生振动。燃气发生器和燃烧室中的喷注耦合动力学，燃烧产生的不稳定热-声振荡与声振耦合，喷管产生的喷流噪声等。在整个推进剂输送管路中，流场、声场与结构三者相互耦合。上述振源能量频率成分复杂，载荷表现为作用在空间多方向的宽频随机和简谐叠加的形式，且以中高频为主。

为研究发动机研制中出现的中频流量型耦合振荡问题，对发动机系统中各环节建立满足声学分析的线性化频域分布参数模型。采用雷诺平均 N-S 方程求解喷流流场与用非线性声学求解器（NLAS）求解喷流声场相结合的方法，对发动机喷流噪声进行数值模拟。由于传统的有限元法（FEM）和统计能量分析法（SEA）分别针对低频和高频声振环境，而发动机喷流噪声属于宽频随机振源，所以在分析喷流噪声对结构振动响应的影响时采用有限元和统计能量的混合建模分析方法，以进行全频段声振耦合分析。

此外，声振环境也是航天飞行器的重要力学环境之一。在新型运载器的研制阶段，若能给出符合实际的较为精确的动力学环境预示数据，既可以提高系统的可靠性，又能带来较大的经济效益。因此，通过建立声振分析模型，可以研究航天器结构的声振环境与动态响应等问题[18]。

声振分析通常采用有限元/边界元法（BEM）和统计能量分析法。对于有限元法，在低频易于实现且精度较高，但随着频率的增高，结构模态逐渐密集，进行有限元分析的计算量也逐渐增大，并且面对种种不确定因素会显得力不从心。统计能量法把研究对象从用随机参数描述的总体中抽取出来，忽略被研究对象的具体细节，关心的是结构响应在频域、空间上的统计平均值，适用于分析含有高频、密集模态的复杂系统的耦合动力学问题。目前，该方法已在声场作用下的结构动态特性、振动功率流特性及结构响应分析、机械噪声控制研究等方面得到了广泛的应用。

#### 2.2.2.1　统计能量分析方法

（1）基础理论

统计能量分析法运用能量流关系对结构动力特性、振动响应及声辐射进行理论评估，是一种模型化分析方法。该方法将整个系统划分为若干子结构，子结构之间存在能量流。两个耦合系统间的传输功率与系统的实际振动能量差成正比。双振子耦合系统是一个典型的 SEA 模型，如图 2-12 所示。

对每个子系统可以写出在给定频带内的能量平衡方程

$$\begin{cases} p_{1,\text{in}} = \omega\eta_1\langle E_1\rangle + \omega\eta_{12}\langle E_1\rangle - \omega\eta_{21}\langle E_2\rangle \\ p_{2,\text{in}} = \omega\eta_2\langle E_2\rangle + \omega\eta_{21}\langle E_2\rangle - \omega\eta_{12}\langle E_1\rangle \end{cases} \quad (2-5)$$

其中，$p_{1,\text{in}}$、$p_{2,\text{in}}$ 为子系统1、2的输入功率；$\omega$ 为圆频率；$\eta_1$，$\eta_2$ 分别为子系统1和2的

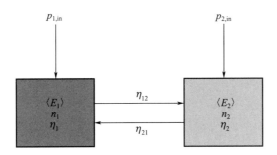

图 2 - 12　双振子耦合系统 SEA 模型

内损耗因子；$\langle E_1 \rangle$，$\langle E_2 \rangle$ 为子系统 1 和 2 储存的平均能量；$\eta_{12}$，$\eta_{21}$ 分别为从子系统 1 到子系统 2 的耦合损耗因子和子系统 2 到子系统 1 的耦合损耗因子。

每个结构子系统或声学子系统都具有一个与其时间平均或空间平均振动速度 $\langle \bar{V}_s^2 \rangle_{sp}$ 或声压 $\langle \bar{P}^2 \rangle_{sp}$ 成比例的稳态能量。

对于质量为 $m_s$ 的结构子系统

$$\langle E_s \rangle_{\Delta\omega} = m_s \langle \bar{V}_s^2 \rangle_{sp} \tag{2-6}$$

对于体积为 $V$ 的结构子系统

$$\langle E_a \rangle_{\Delta\omega} = V \langle \bar{P}^2 \rangle_{sp} / \rho_0 c_0 \tag{2-7}$$

其中，$\langle E_s \rangle_{\Delta\omega}$，$\langle E_a \rangle_{\Delta\omega}$ 为子系统的稳态能量，$\rho_0$，$c_0$ 分别为声学子系统的密度和声速。

推广到多个子系统，统计能量分析方法的能量平衡方程可写为

$$P_i = \omega \eta_i E_i + \sum_{j=1,j\neq i}^{n} (\omega \eta_{ij} E_i - \omega \eta_{ji} E_j) \quad (i=1,2,\cdots,n) \tag{2-8}$$

（2）参数计算

在进行 SEA 分析中，需要计算某些参数，这些参数称为 SEA 参数。可以把它分为"能量存储"和"能量转移"两种类型参数。能量存储决定于每个子系统选择频带 $\Delta\omega_0$ 内的有效模态数 $N$，$N$ 与带宽 $\Delta\omega_0$ 之比称为模态密度 $n$。能量转移参数包括确定输入功率的子系统的输入阻抗、损耗因子和耦合损耗因子，损耗因子反映子系统能量与消耗功率的相互关系，耦合损耗因子反映传输功率和子系统模态能量之间的关系。

### 2.2.2.2　发动机 SEA 模型仿真分析[19]

应用 SEA 过程的第一步是划分子系统，子系统的数量决定了 SEA 模型的自由度和必须求解的方程数目，并直接影响到计算时间。SEA 要求子系统分析带宽内的模态数必须大于 5，因此子结构的划分不能过小。

发动机和箭体之间通过锥壳连接，燃烧室和喷管子结构划分如图 2 - 13 所示，燃烧室和喷管内部空间为声腔子系统。

考虑到该火箭发动机结构复杂，体积庞大，试车试验附加设备（管道、线缆）多，所需的理想声学测试环境（自由场或半自由场）无法满足，只能通过试车现场声学测量来获得一些参数，进行发动机噪声特性研究。通过试车现场声学测量来确定发动机的噪声特性

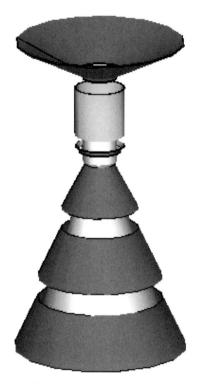

图 2 - 13 发动机 SEA 模型

（声功率、声源指向性、声源近场特性）有很大难度。首先，试验现场环境条件复杂（发动机近场高温、导流槽水雾），发动机处于半封闭空间，试车台周围存在很多不规则反射体，对发动机噪声产生无规律的反射和吸收，形成复杂的声场环境；其次，想要获得发动机详细的噪声数据，需要理想的测试环境和大量的测点，这些条件在试车现场很难得到满足。

想要获得发动机的详细噪声数据，需要布置大量测点，这些条件在试车现场也是无法得到满足的。综合上述情况，设置了 9 个声学测点，以发动机喷管底面中心为坐标原点，9 个测点坐标分别为 1（0，0，46）、2（0，0，34）、3（0，0，22）、4（0，0，10.5）、5（0，0，9）、6（4，0，4）、7（15，0，0）、8（0，0，−5.5）、9（−21.5，−17，−6），长度单位均为 m，测点位置如图 2 - 14 所示。

为了和理论计算结果进行比较，声学测量参数仅给出 2 号测点和 8 号测点的声压级，1/3 倍频程谱如图 2 - 15 所示。由于发动机声源距离 2 号测点比 8 号测点远，从声压级结果可以看出，2 号测点声压级比 8 号测点要小。振动测量数据仅列出燃烧室三个方向振动加速度 1/3 倍频程谱，如图 2 - 16 所示，参考加速度为 1 m/s²。

对于统计能量分析而言，确定系统的输入功率或者任意一个子系统的能量是方程组求解的前提。根据运载火箭起飞段的实际工况，结合发动机试车力学环境和速变参数测量，将 SEA 模型输入功率分为三部分：发动机喷管子系统内部声腔声压级、发动机燃烧室子系统三个方向振动加速度、发动机和箭体连接机架子系统推力脉动。

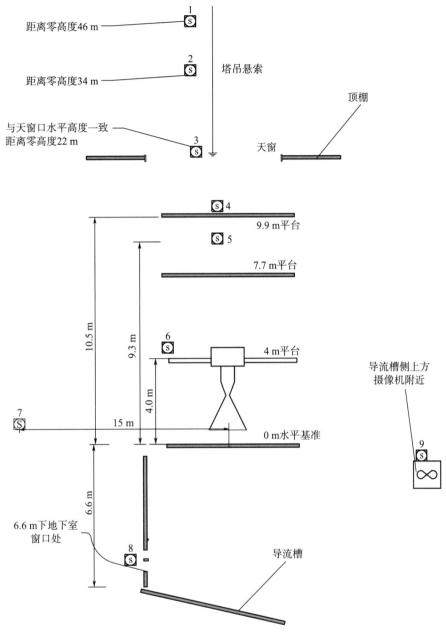

图 2 - 14　发动机热试车声学参数测点位置示意图

由于统计能量分析方法适用于中高频段的计算，本例设定的计算频段为 125～10 000 Hz，结果形式为 1/3 倍频程谱。统计能量分析方法给出的是空间和频域的平均值，即不会得到系统内特殊位置和频率处响应的详细信息，但是能够较精确地从统计意义上预示整个子系统的动态响应级，相对于有限元方法，这既是统计能量分析法的局限性，也是其优点所在，因为在结构初步设计阶段，在一些具体参数不明确的情况下就可以较为准确地预示系统的动力学响应量级。

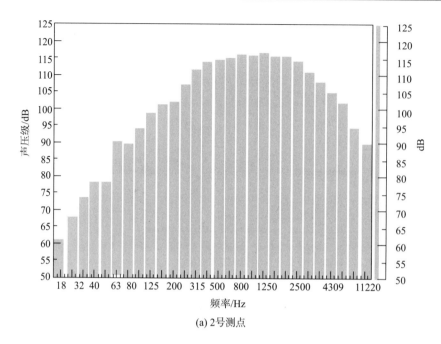

(a) 2号测点

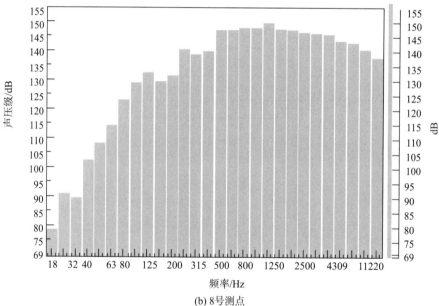

(b) 8号测点

图 2-15　声场监测点声压级

空间声场计算值与测量值对比如图 2-17 所示，图中虚线表示发动机试车时在对应高度实际测量的结果，实线表示文中发动机 SEA 模型的计算值。从图中可以看出，在 2 000 Hz 以下频段，两者误差不超过 10%，在 2 000 Hz 以上频段，两者误差不超过 5%，统计能量分析更加适用于高频范围。

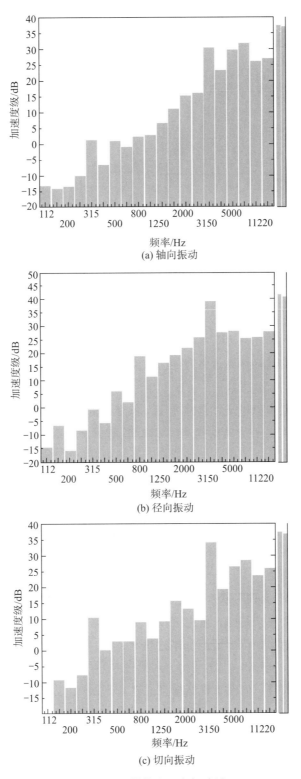

(a) 轴向振动

(b) 径向振动

(c) 切向振动

图 2-16  燃烧室三向振动图

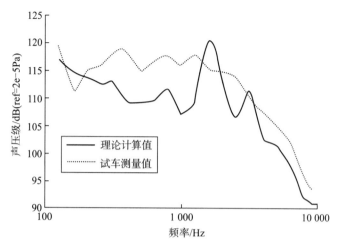

图 2-17　空间声场计算值与测量值对比

### 2.2.3　动态子结构法

从 20 世纪 60 年代 Hurty 和 Gladwell 提出动态子结构法以来，动态子结构法得到不断发展和完善，该方法在降低整体方程的阶数及求解精度方面效果明显，已成为求解大型复杂结构动力学问题的有效方法。

动态子结构法的基本思想是"化整为零，积零为整"，将整体结构分割成若干子结构，按照试验或理论方法建立子结构的模态集和模态坐标，然后按照子结构界面上的协调条件，把所有子结构的不独立的模态坐标变换到系统耦联广义坐标上，组装成系统的运动方程。在子结构从分离到综合的过程中，缩减自由度必须贯穿始终，同时必须保证分析精度，并且随参与自由度的增加而收敛。一个理想的方法是能够以最少的参与自由度获得足够高的精度，而且实现过程比较简单，这是动态子结构法创建的初衷。

#### 2.2.3.1　子结构划分原则

子结构划分的原则为：

1）按照实际结构的几何形状和装配部件来划分，尤其是由几个单位分头设计制造部件然后装配而成的大型复杂结构，更应该按分工划分子结构。这样能在子结构的层次上保持各协作单位的相对独立性，以便于工作的开展。

2）尽量割断较少的联系，将原结构分解成较多的子结构，即"化整为零"。被割断界面的力学模型尽可能简单，以便于复原模型的建立。

3）根据计算机的容量、经济性和可靠性，按大致相同的自由度来确定这些子结构的特征值问题能否在小型计算机上进行计算，从而提高计算效率。

4）按同样的几何形状和边界条件构成相同的子结构，从而大大提高计算效率。划分成相同的子结构，只需对其中一个子结构解一次特征值，其他子结构利用同样的性质，仅需再计算一次装配后的特征方程，这样就可发挥子结构的计算优势。

5）如果原结构不同部位的刚度或质量相差较大，那么在划分子结构时应尽量使每个子结构内的刚度或质量比较均匀。这样能使子结构的质量阵和刚度阵的数值特性较好，便于子结构分析。

6）按理论模态与试验模态对接技术划分，当一部分结构无法用理论计算时，就必须按这两类模态的不同处理方法进行划分。

### 2.2.3.2　C-B 法基础理论

根据界面性质，动态子结构法分为约束子结构法、自由子结构法和混合子结构法。同理，模态综合法分固定界面模态综合法（Craig - Bampton Component Mode Synthesis，C-B CMS）、自由界面模态综合法和混合界面模态综合法。其中，C-B CMS 很好地保持了分析模型完整的界面自由度，其计算稳定性最好。然而，对于结构复杂的模型，所划分的子结构数目增多，存在的界面自由度数也相应增加，因此存在大量的约束模态，同时与约束模态相关的坐标转换会耗费大量的计算时间。

（1）子结构模型缩聚

设线性结构动力学方程为

$$M\ddot{u} + C\dot{u} + Ku = F + R \tag{2-9}$$

式中，$M$，$C$ 和 $K$ 分别为子结构的质量、阻尼及刚度矩阵，$u$ 为节点位移，$F$ 为外力，$R$ 为界面力。暂不考虑阻尼项，则将式（2-9）简化为无阻尼自由振动方程，并按内部自由度（$D$ 集）与界面自由度（$A$ 集）进行分块

$$\begin{bmatrix} M_{dd} & M_{da} \\ M_{ad} & M_{aa} \end{bmatrix} \begin{bmatrix} \ddot{u}_d \\ \ddot{u}_a \end{bmatrix} + \begin{bmatrix} K_{dd} & K_{da} \\ K_{ad} & K_{aa} \end{bmatrix} \begin{bmatrix} u_d \\ u_a \end{bmatrix} = \begin{bmatrix} 0 \\ R_a \end{bmatrix} \tag{2-10}$$

其中，$u_d$，$u_a$ 分别为内部、界面位移；$d$，$a$ 分别为内部、界面自由度，$d \in D$，$a \in A$。总内部位移为

$$u_d = u_d^{\text{free}} + u_d^{\text{fixed}} = T_{da} u_a + u_d^{\text{fixed}} \tag{2-11}$$

式中，$u_d^{\text{free}}$ 和 $u_d^{\text{fixed}}$ 分别为自由、固定界面位移，$T_{da}$ 为变换阵。进行固定界面缩聚时，$u_a = \ddot{u}_a = 0$，由式（2-10）得自由振动方程

$$M_{dd} \ddot{u}_d + K_{dd} u_d = 0 \tag{2-12}$$

其特征方程为

$$K_{dd} \boldsymbol{\Phi}_N = \lambda_N M_{dd} \boldsymbol{\Phi}_N \tag{2-13}$$

其中，$\boldsymbol{\Phi}_N$ 为特征向量；$\lambda_N$ 为特征值，$N = 1, 2, \cdots, d$。令 $\boldsymbol{\Lambda}_N = \text{diag}(\omega_N^2)$，认为 $\boldsymbol{\Phi}_N$ 已正则化，有

$$\begin{cases} M_{QQ} = \boldsymbol{\Phi}_N M_{dd} \boldsymbol{\Phi}_N = I_N \\ K_{QQ} = \boldsymbol{\Phi}_N K_{dd} \boldsymbol{\Phi}_N = \boldsymbol{\Lambda}_N \end{cases} \tag{2-14}$$

释放固定界面自由度，用固定界面模态基向量把 $u_d^{\text{fixed}}$ 变换到模态空间，代入式（2-11）得

$$u_d = -K_{dd}^{-1} K_{da} u_a + \boldsymbol{\Phi}_N p_N \tag{2-15}$$

由固定边界模态与约束模态构成广义坐标，有

$$u = \begin{bmatrix} u_d \\ u_a \end{bmatrix} = \boldsymbol{\Phi} p = \begin{bmatrix} \boldsymbol{\Phi}_N & \boldsymbol{\Phi}_a \\ 0 & \boldsymbol{I}_a \end{bmatrix} \begin{bmatrix} p_N \\ u_a \end{bmatrix} \qquad (2-16)$$

式中，$p_N$ 为模态坐标向量；$\boldsymbol{\Phi}_N$ 为固定界面主模态；$\boldsymbol{\Phi}_a$ 为约束模态，$\boldsymbol{\Phi}_a = -\boldsymbol{K}_{dd}^{-1}\boldsymbol{K}_{da}\boldsymbol{I}_a$。只保留前 $k$ 阶主模态 $\boldsymbol{\Phi}_k$（$k \ll N$）。主模态截断原则：要求保留的模态数目应能保证动态响应计算结果的准确性，建议模态频率值应为动态响应所关心最高频率的 2～3 倍，即选取所关心频率 3 倍以内的子结构主模态。这样就能大幅度缩减子结构模型的自由度，有

$$u = \begin{bmatrix} \boldsymbol{\Phi}_k & \boldsymbol{\Phi}_a \\ 0 & \boldsymbol{I}_a \end{bmatrix} \begin{bmatrix} p_k \\ u_a \end{bmatrix} = \boldsymbol{T} \begin{bmatrix} p_k \\ u_a \end{bmatrix} \qquad (2-17)$$

其中，$\boldsymbol{T}$ 为广义动力缩聚变换阵。将质量归一化，根据主模态的正交性，将式（2-6）由物理坐标变换到模态空间，建立子结构在模态坐标下的动力学方程

$$\widetilde{\boldsymbol{M}} \ddot{p} + \widetilde{\boldsymbol{K}} p = \widetilde{\boldsymbol{F}} \qquad (2-18)$$

式中，$\widetilde{\boldsymbol{M}} = \begin{bmatrix} \boldsymbol{I}_{kk} & \widetilde{\boldsymbol{M}}_{ka} \\ \widetilde{\boldsymbol{M}}_{ak} & \widetilde{\boldsymbol{M}}_{aa} \end{bmatrix}$，$\widetilde{\boldsymbol{K}} = \begin{bmatrix} \boldsymbol{\Lambda}_{kk} & 0 \\ 0 & \widetilde{\boldsymbol{K}}_{aa} \end{bmatrix}$，$\widetilde{\boldsymbol{F}} = \begin{bmatrix} 0 \\ \boldsymbol{\Psi}_C \boldsymbol{R}_a \end{bmatrix}$。

通过动力减缩子结构质量阵与刚度阵，使式（2-18）阶数（$k+a$）远小于式（2-16）阶数（$d+a$），从而大幅度降低子结构动力学方程的阶数。

（2）子结构模型综合

以 $\alpha$，$\beta$ 两子结构为例，说明系统动力学方程的组装过程。将每个子结构的动力学方程写成式（2-18）的形式，认为这些方程是相互独立的，各子结构间满足界面相容（$u_a^{(\alpha)} = u_a^{(\beta)} = u_a$）和局部力平衡（$\boldsymbol{R}_a^{(\alpha)} + \boldsymbol{R}_a^{(\beta)} = 0$）条件，集成的整个结构系统的运动方程为

$$\bar{\boldsymbol{M}} \ddot{u} + \bar{\boldsymbol{K}} u = 0 \qquad (2-19)$$

式中，$\bar{\boldsymbol{M}} = \begin{bmatrix} \boldsymbol{I}_k^{(\alpha)} & 0 & \widetilde{\boldsymbol{M}}_{ka}^{(\alpha)} \\ 0 & \boldsymbol{I}_k^{(\beta)} & \widetilde{\boldsymbol{M}}_{ka}^{(\beta)} \\ \widetilde{\boldsymbol{M}}_{ak}^{(\alpha)} & \widetilde{\boldsymbol{M}}_{ak}^{(\beta)} & \widetilde{\boldsymbol{M}}_{aa}^{(\alpha)} + \widetilde{\boldsymbol{M}}_{aa}^{(\beta)} \end{bmatrix}$，$\bar{\boldsymbol{K}} = \begin{bmatrix} \boldsymbol{\Lambda}_k^{(\alpha)} & 0 & 0 \\ 0 & \boldsymbol{\Lambda}_k^{(\beta)} & 0 \\ 0 & 0 & \widetilde{\boldsymbol{K}}_{aa}^{(\alpha)} + \widetilde{\boldsymbol{K}}_{aa}^{(\beta)} \end{bmatrix}$，$u = \begin{bmatrix} u_k^{(\alpha)} \\ u_k^{(\beta)} \\ u_a \end{bmatrix}$。

（3）求解及数据恢复

求解减缩的系统运动方程式（2-19），得到各阶固有频率及广义坐标下的主振型。从分析自由度 $u_{An}$ 中分离出 $u_a$，再由式（2-15）得 $u_d$，恢复得到各子结构各节点在物理坐标下的振型。

### 2.2.3.3 多重多级动态子结构法

C-B法保留了全部界面自由度，为进一步凝聚界面自由度，需要对包含有缩聚模型的有限元模型进行二次缩聚，为此提出以 C-B法为理论基础的多重动态子结构法。多重动态子结构技术是 C-B法对接坐标主模态缩减法的多级应用。其主要思想是：

1）依据子结构分层策略及划分原则对具有层次性及分解性的多层次大系统进行"嵌套"分割，将结构划分成若干子结构（定义为一级子结构）；再将一级子结构分成更小的子结构（二级子结构），依次可划分成三，…，J 级更小的子结构，直到问题方便求解。

2）将各子结构逐级组成系统级模型。

3）在求解过程中，采用由后向前、从低级到高级逐级减缩子结构，上层子结构间的界面节点成为下层子结构的内部节点而被凝聚掉；通过子结构内部自由度、子结构间界面自由度缩聚，最终系统模型的自由度数会最大程度得到缩减，使装配后的特征方程矩阵维度大大降低，进而可综合出系统的动态特性。

该方法可实现子结构的镜像、旋转、平移或多层次调用等操作，能更好地处理大型复杂结构的建模分析问题。

同时，近年发展起来的自动多重子结构法（Automated Multi‑level Substructuring Method，AMLS）被认为是传统特征值求解算法 Lanczos 法、子空间迭代法等的替代算法。自动多重子结构方法基于模态综合法，采用多重划分的方式来减少接口自由度。

本节主要介绍多重动态子结构的模型综合、求解及数据恢复过程。

将各子结构的动力学方程写成式（2-18）的形式，认为这些方程是相互独立的，根据各子结构的界面位移协调（$u_a^{(i)} = u_a$）和力平衡（$\sum\limits_{i=1}^{n} R_a^{(i)} = 0$）条件，把各子结构方程耦合成系统自由振动方程。

对于具有 $m$ 个子结构的单级系统，其在广义坐标 $q$ 下的特征方程为[20]

$$(\widetilde{K}^* - \varLambda \widetilde{M}^*) q = 0 \qquad (2-20)$$

式中，$\widetilde{K}^* = \begin{bmatrix} \mathrm{diag}(^{(i)}\varLambda_{kk}) & 0 \\ 0 & \sum\limits_{i=1}^{m}(^{(i)}B^{\mathrm{T}}\widetilde{K}_{aa}B) \end{bmatrix}$，$\widetilde{M}^* = \begin{bmatrix} \mathrm{diag}(^{(i)}I_{kk}) & \mathrm{col}(\widetilde{M}_{ka}^{(i)}B) \\ \mathrm{row}(^{(i)}B^{\mathrm{T}}\widetilde{M}_{ak}) & \sum\limits_{i=1}^{m}(^{(i)}B^{\mathrm{T}}\widetilde{M}_{aa}B) \end{bmatrix}$，

$B$ 为波尔阵。

对于具有 $J$ 重子结构的系统，保留 $\varPhi_z$ 低阶对接坐标 $Z$ 主模态（对界面对接坐标动力缩聚），在广义坐标 $q$ 下将末级子结构的运动方程代入系统运动方程，可得降阶的广义坐标下的系统运动方程

$$(\widetilde{K}^* - \varLambda \widetilde{M}^*) \begin{bmatrix} q_k \\ q_z \end{bmatrix} = 0 \qquad (2-21)$$

其中，$\widetilde{K}^* = \begin{bmatrix} \mathrm{diag}(^{(i)}\varLambda_{kk}) & 0 \\ 0 & \varLambda_{zz} \end{bmatrix}$，$\widetilde{M}^* = \begin{bmatrix} ^{(1)}I_{kk} & & & & \\ & \ddots & & & \\ & & ^{(i)}I_{kk} & & \\ & & & \ddots & \\ \varPhi_z^{\mathrm{T}(1)}\widetilde{M}_{ad} & \cdots & \varPhi_z^{\mathrm{T}(i)}\widetilde{M}_{ad} & \cdots & I_{aa} \end{bmatrix}$，主坐标

$\begin{cases} p_k = [^{(1)}p_k & \cdots & ^{(i)}p_k & \cdots & ^{(m)}p_k]^{\mathrm{T}} \\ p_z = [^{(1)}p_z & \cdots & ^{(i)}p_z & \cdots & ^{(m)}p_z]^{\mathrm{T}} \end{cases}$

求解式（2-21），得末级子结构 $i$ 的各阶模态频率及模态坐标下的主振型，并可由下式返回到系统的物理坐标

$$\begin{cases} {}^{(i)}\boldsymbol{u}_a = {}^{(i)}\boldsymbol{\Phi}_z{}^{(i)}\boldsymbol{p}_z \\ {}^{(i)}\boldsymbol{u}_d = {}^{(i)}\boldsymbol{\Phi}_{dk}{}^{(i)}\boldsymbol{p}_k + \boldsymbol{\varphi}_{da}{}^{(i)}\boldsymbol{p}_z \end{cases} \tag{2-22}$$

第 $J$ 重子结构的无阻尼自由振动方程可写为

$$(\tilde{\boldsymbol{K}}_J^* - \boldsymbol{\Lambda}\tilde{\boldsymbol{M}}_J^*)\,\boldsymbol{p}_j = 0 \tag{2-23}$$

其中，$\tilde{\boldsymbol{K}}_J^*$，$\tilde{\boldsymbol{M}}_J^*$ 为第 $J$ 重系统的刚度阵和质量阵，$\tilde{\boldsymbol{K}}_J^* = \begin{bmatrix} \operatorname{diag}(\tilde{\boldsymbol{K}}_i^{j-1}) & \boldsymbol{0} \\ \boldsymbol{0} & \tilde{\boldsymbol{K}}_z^{j-1} \end{bmatrix}$，$\tilde{\boldsymbol{M}}_J^* =$

$\begin{bmatrix} \tilde{\boldsymbol{M}}_1^{j-1} & & & & \tilde{\boldsymbol{M}}_{1c}^{j-1} \\ & \ddots & & & \vdots \\ & & \tilde{\boldsymbol{M}}_i^{j-1} & & \tilde{\boldsymbol{M}}_{ic}^{j-1} \\ & & & \ddots & \vdots \\ \tilde{\boldsymbol{M}}_{c1}^{j-1} & \cdots & \tilde{\boldsymbol{M}}_{ci}^{j-1} & \cdots & \tilde{\boldsymbol{M}}_z^{j-1} \end{bmatrix}$。$\tilde{\boldsymbol{K}}_i^{j-1}$、$\tilde{\boldsymbol{M}}_i^{j-1}$ 分别为第 $(j-1)$ 重第 $i$ 个子结构的刚度阵

和质量阵。

在求第 $J$ 重子结构时，按照单重→二重→三重→…→$J$ 重的顺序逐级递推求得。解得第 $J$ 重振型后，可按式（2-22）依次逐级回代，最后求得子结构各节点在物理坐标下的位移，之后可计算得应力、应变等各种所需的物理量，从而再现子结构。

### 2.2.4　子结构试验建模综合技术

航天器结构一般由多个复杂子结构组成，每个子结构分别由不同部门设计生产。它的有限元模型规模庞大，用地面试验数据修改和验证这么大的数学模型系统是非常困难的。为此要化整为零，采取试验与理论密切结合的系统性建模方法——子结构试验建模综合技术[21]。

子结构试验建模综合技术的主要思想[22-23]是，将复杂结构分割成若干子结构，对每个子结构进行建模和试验，用试验数据验证与修改相应的数学模型，然后根据各子结构交界面上位移和力的协调关系将修改后的子结构数学模型组装成系统级模型。其中，子结构试验建模工作一般包括四步：

1）建立初步数学模型，模型的复杂度取决于结构复杂程度、动态分析目的以及预示要求；

2）制定试验方案，进行动态试验，如模态试验、振动试验等，通过试验获取结构可靠的动力学信息；

3）进行试验、仿真数据的相关性分析，进行数学模型误差定位；

4）用试验数据修改与验证数学模型，对初始数学模型进行修改，减小建模误差，提高模型精度。

### 2.2.5　发动机结构三维动力学建模分析

#### 2.2.5.1　泵前摆单机有限元建模分析

某型大推力液氧煤油火箭发动机在研制过程中，发动机存在伺服机构和箭上控制系统的低频谐振问题，对运载系统的安全造成潜在威胁。火箭总体明确了解决低频问题的要求：产品机架固支状态下，摇摆发动机（湿态）、伺服机构（刚度不低于 $10^7$ N/m）、机架组成回路允许的最低谐振频率不低于 9.5 Hz。

（1）动力学建模及验证

发动机系统低频仿真有限元模型由发动机摇摆部分、常平座、机架、伺服机构及其上下支架模型组成，对可修改的部件进行详细建模，如常平座和伺服机构支架等。发动机由于总体布局无法进行大量的修改且主要研究低频动力学问题，因此建模时需进行大量简化与等效处理。

模型采用的整体坐标系定义如下：坐标原点为推力室推力作用线与摇摆轴交点处，$Z$ 轴为推力作用线方向；$X$ 轴位于摇摆轴上，指向氧化剂入口为正；$Y$ 轴为 $X$–$Z$ 平面法向，指向涡轮泵方向为正。

所建初始有限元模型如图 2–18 所示。其中：

1）发动机摇摆部分采用集中质量模型，参数包括质量、质心和转动惯量；

2）常平座摇摆梁和试车机架采用实体单元，上下支架、常平座承力杆及试车机架承力杆均采用相应截面形状的梁单元；

3）对于轴承，一般有径向刚度和轴向刚度，采用弹簧单元模拟径向刚度，刚度值参

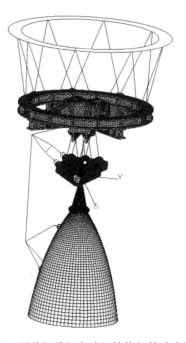

图 2–18　泵前摆单机发动机结构初始动力学模型

考涡轮泵轴承刚度，取 $1.5 \times 10^8$ N/m；对于轴向刚度，在轴承中心和轴承孔外缘之间用多点约束连接；

4）燃烧室和摇摆轴采用刚性单元；

5）喷管采用无质量等效厚度的壳单元，等效厚度取为 7.5 mm；

6）工艺拉杆采用杆单元，截面尺寸 60 mm×6 mm，长度 1 600 mm，等效刚度值约为 $1.27 \times 10^8$ N/m；

7）伺服机构采用刚度等效的杆单元，刚度取为 $6 \times 10^6$ N/m，非结构质量取 70 kg。

计算结果和模态试验值的对比如表 2-1、表 2-2 所示。

表 2-1　工艺拉杆状态的计算和试验结果

| 阶次 | 试验值/Hz | 计算值/Hz | 振型描述 |
|---|---|---|---|
| 1 | 7.49 | 7.39 | 沿垂直摇摆方向摆动（偏斜），节点在常平座顶端 |
| 2 | 7.74 | 7.75 | 沿摇摆方向摆动，节点在常平座顶端，机架基本不动 |
| 3 | 13.15 | 13.90 | 扭转摆动 |

表 2-2　伺服机构零位维持状态的计算和试验结果

| 阶次 | 试验值/Hz | 计算值/Hz | 振型描述 |
|---|---|---|---|
| 1 | 6.81 | 6.62 | 沿摇摆方向摆动，节点在常平座顶端，机架基本不动 |
| 2 | 7.23 | 7.39 | 沿垂直摇摆方向摆动，节点在常平座顶端，机架基本不动 |
| 3 | 11.88 | 13.70 | 扭转摆动 |

注：表中的试验值是在伺服机构零位维持状态下得到的，零位锁死状态下识别出的模态和工艺拉杆状态相似，冷摆试验得到的第 1 阶共振频率为 6.6 Hz。

分析以上两表数据可得，仿真计算结果与模态试验值吻合程度较高，表明建立的模型能够反映发动机结构的低频特性，建模过程中对结构进行的简化是合理的，以此模型为基础进行结构动力学分析与设计是可行的。同时发现，整机第 1 阶模态频率在 9.5 Hz 以下，因此需要对发动机结构进行动力学修改。

（2）结构动力学修改

从灵敏度分析入手，分析发动机系统各组成部分对结构低阶模态的影响。结果表明，工艺拉杆/伺服机构刚度及其倾斜角度、常平座刚度对发动机系统低频特性影响最大，而且通过分析认识到，仅改变原有常平座和工艺拉杆的结构已很难满足总体部对发动机系统的低频要求。因此，提出产品机架的设计过程和常平座的改进进行综合考虑，即机架和常平座一体化设计，并尽可能增大工艺拉杆倾斜角度，以整机的低频动特性作为设计的一个重要约束条件，将提高低阶模态频率的动力学设计思路贯穿于发动机结构的整个改进过程。仿真分析表明，改进后的发动机结构低阶模态频率已达到要求，并与整机模态试验结果取得了较好的一致性，获得了良好的动力特性预示作用。

### 2.2.5.2　泵后摆单机动力学建模分析

与泵前摆方案相比，泵后摆发动机由于其摇摆部分的质量、惯性更小，更易于实现发动机的摆动动作，如图 2-19 所示。泵后摆发动机在燃气路增加了燃气摇摆装置，该组件除了适应摇摆、输送燃气介质，同时集成了常平座的功能。泵后摆发动机涡轮泵与燃气摇摆装置之间通过燃气弯管固连在一起，燃气摇摆装置与推力室法兰连接，推力通过燃气摇摆装置上法兰传递至机架。燃料一级泵出口与推力室燃料入口连接管路中设置两个燃料摇摆装置，以补偿变形。与泵前摆发动机相比，组件增加、管路增长、走向变化较大。本例对某型泵后摆发动机的整机低频特性进行分析，获得了发动机在零位状态下的低阶模态特性。

图 2 - 19　泵后摆发动机

考虑到当前的实际情况，以某次试车发动机为基础建立分析模型。

对发动机进行动力学建模，整机动力学模型将主要部件的质量按实际称重进行了修正，主涡轮泵部分采用集中质量模型，另外将燃气摇摆装置的摇摆轴与轴承孔之间的接触设置改为中心点刚性连接，并释放相应转动自由度模拟，燃气和燃料摇摆软管采用线性等效摇摆刚度的单层壳模型，零位状态摇摆刚度取值如表 2 - 3 所示，增加工艺拉杆/伺服机构模型，采用杆单元模拟。

表 2 - 3　燃气/燃料摇摆装置刚度和模型中摇摆软管单层壳等效厚度

| | | 摇摆刚度/[ kN·m/(°)] | 摇摆软管单层壳等效厚度/mm |
| --- | --- | --- | --- |
| 空载 | 燃气摇摆装置 | 0.77 | 3.42 |
| | 燃料摇摆装置 | 0 | — |
| 有工作压力 | 燃气摇摆装置 | 2.28 | 4.97 |
| | 燃料摇摆装置 | 0.16 | 2.18 |

建立的整机低频动力学分析模型如图 2-20 所示。

图 2-20　泵后摆单机发动机动力学模型

工艺拉杆状态前 3 阶模态计算结果及振型如表 2-4 及图 2-21 所示。

表 2-4　工艺拉杆状态前 3 阶模态计算结果

| 摇摆装置刚度取值 | 阶次 | 频率/Hz | 振型描述 |
|---|---|---|---|
| 有工作压力 | 1 | 19.67 | 推力室 $Y$ 向摆 |
| | 2 | 22.83 | 推力室 $X$ 向摆（偏逆时针扭） |
| | 3 | 23.78 | 推力室 $X$ 向摆（偏顺时针扭） |

(a) 第1阶　　　　　　　　　(b) 第2阶　　　　　　　　　(c) 第3阶

图 2-21　工艺拉杆状态前 3 阶模态振型

伺服机构状态前 3 阶模态计算结果及振型如表 2-5 及图 2-22 所示，伺服机构刚度取为 $2.5 \times 10^7$ N/m。

表 2-5　伺服机构状态前 3 阶模态计算结果

| 摇摆装置刚度取值 | 阶次 | 频率/Hz | 振型描述 |
| --- | --- | --- | --- |
| | 1 | 14.45 | 推力室 Y 向摆 |
| 有工作压力 | 2 | 15.73 | 推力室 X 向摆 |
| | 3 | 23.59 | 发动机顺时针扭转 |

(a) 第1阶　　　　　　　(b) 第2阶　　　　　　　(c) 第3阶

图 2-22　伺服机构状态前 3 阶模态振型

燃气/燃料摇摆装置刚度按有工作压力条件，工艺拉杆状态下整机第 1 阶频率约为 19.67 Hz，伺服机构状态下整机第 1 阶频率约为 14.46 Hz，振型均为推力室 Y 向摆动。

### 2.2.5.3　四机并联发动机结构动力学特性研究[24]

某大型火箭二级整机由四台相同的单机并联组成，四台发动机均为泵前摆并共用一个机架，每台发动机结构高度集成，如图 2-23 所示，对其进行整体建模及动力学分析难度极大。

采用多重动态子结构技术，对发动机结构进行了动力学建模及模态特性分析。考虑到子结构划分对计算精度、效率的影响，其中精度主要受模型准确性、模态截断误差及求解累积误差等的影响。随着子结构调用层次的增多，计算过程中的误差不受调用方式的影响，从量级上大幅度缩减整体结构的自由度而不改变问题的本质，可以精确计算出结构的模态。同时，子结构数增加，可更大程度减小求解模型规模，提高计算效率，但是模型处理、数据管理的工作量也随之增加。另外，在子结构划分完成后，残余结构的规模一般以不超过整体模型自由度的 1/10 为宜。因此，按实际结构几何形状和装配边界条件等子结构划分原则进行子结构划分，其中，Ⅰ级子结构包括机架及 A1、A2、B1 和 B2 分机；Ⅱ级子结构为四个分机包括的推力室、涡轮泵系统、燃气发生器、氧化剂泵前后主管路及燃料泵前后主管路，子结构划分如图 2-24 所示。

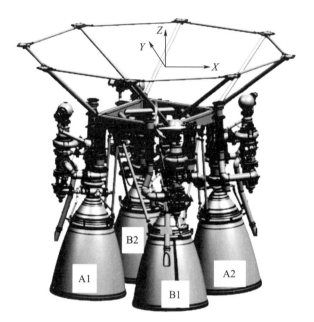

图 2-23　四机并联发动机三维模型

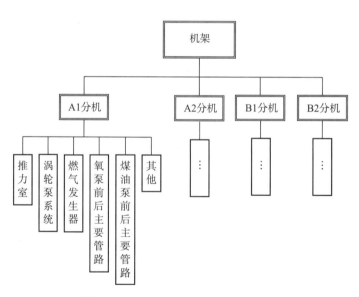

图 2-24　四机并联发动机子结构划分

**（1）单机子结构质量特性试验**

质量、质心和转动惯量是描述发动机结构动力学特征的基本参数，对火箭的总体布局、弹箭控制、伺服机构正常工作、结构动力学修改等起着至关重要的作用，是总体部以及伺服机构、控制系统研究单位必须准确掌握的数据。由于发动机结构复杂，理论计算很难准确地确定该产品的质量、质心位置及转动惯量，而且从工程实用和可靠性角度出发，单靠理论计算的风险较大。

采用 ZGT‑5000 一体化气浮式质量特性自动测量系统，如图 2‑25 所示，在同一测试台上可完成发动机质量、三维质心位置、三个方向转动惯量、三个方向惯性积的测量。该测试设备采用先进的测量原理，只需一次装夹即可在同一测试台上完成发动机所有质量特性参数的测量，克服了传统的"三线摆"或"复摆"等测量方法的不足，减少了中间测试环节及人为干预误差，使测试时间大大缩短，同时达到较高的测量精度。

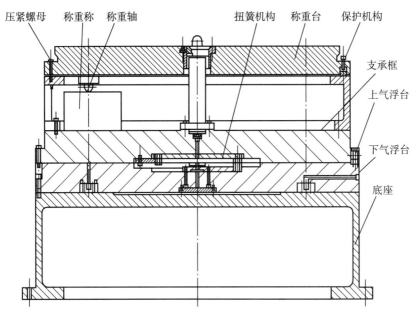

图 2‑25　一体化气浮式质量特性自动测量系统

试验时，质量与质心测量是基于三点测力原理，先进行 X、Y 向（水平方向）的质心测量，将发动机倾斜 $\theta$ 角后，可测量 Z 向的（竖直方向）质心。转动惯量采用扭摆法进行测量，通过测量扭摆系统的自由摆动周期来计算，$I = KT^2(1 - \xi^2)/(4\pi^2)$，式中，$K$ 为扭摆刚度系数（N·m/rad），$T$ 为系统自由扭摆周期（s），$\xi$ 为阻尼系数。

发动机质量特性试验如图 2‑26 所示。

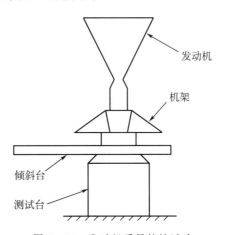

图 2‑26　发动机质量特性试验

通过发动机质量特性试验，测量得结构的质量特性参数值，如表 2-6 所示。坐标系定义：以摇摆十字轴中心为坐标原点，+Z 指向推力方向，X 轴与发动机其中一个摇摆轴中心线重合，指向氧化泵一侧为正。

**表 2-6　单机发动机质量特性参数测量结果**

| 质量/kg | 质心坐标/mm | | | 转动惯量（相对于质心位置）/(kg·m²) | | |
|---|---|---|---|---|---|---|
| | $m_X$ | $m_Y$ | $m_Z$ | $I_X$ | $I_Y$ | $I_Z$ |
| 557.091 | −113.651 | −140.199 | −571.417 | 278.665 | 275.461 | 96.865 |

（2）单机子结构动力学理论建模分析

采用发动机低频动力学建模方法，分别建立了机架、推力室、涡轮泵、燃气发生器、主要管路、集中质量、连接和非结构质量等典型组部件的有限元模型，组合得到单机有限元模型，模型共 68 035 个节点，如图 2-27 所示。

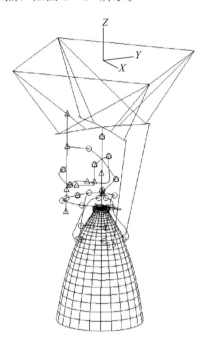

图 2-27　单机子结构有限元模型

对单机进行固定约束正则模态分析，振型如图 2-28 所示，模态频率列于表 2-7 中。

**表 2-7　单机发动机模态预示结果与模态试验值比较**

| 阶次 | 试验频率/Hz | 计算频率/Hz | 频率相对误差/(%) | 模态振型 |
|---|---|---|---|---|
| 1 | 12.41 | 12.35 | −0.48 | 推力室绕 Z 轴扭转 |
| 2 | 14.25 | 14.36 | 0.77 | 整机 Y 向摆动 |
| 3 | 17.37 | 17.58 | 1.21 | 整机 X 向摆动 |
| 4 | 39.41 | 39.17 | −0.61 | 喷管 2 节径 |

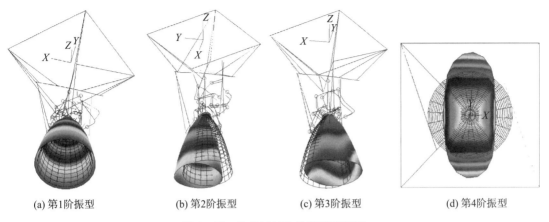

(a) 第1阶振型　　　(b) 第2阶振型　　　(c) 第3阶振型　　　(d) 第4阶振型

图 2-28　单机子结构计算模态振型

对比模态分析结果与模态测试结果发现，仿真、试验频率最大相对误差小于 1.21%，说明单机子结构数学模型能准确反映实际结构的动力学特性，模型准确性满足工程设计要求。

（3）四机并联发动机结构系统模态综合分析

在对单机进行准确模态分析的基础上，根据四机并联发动机的实际物理作用关系，将单机扩展到四机并联状态。在模态域进行子结构综合，把所有子结构不独立的模态坐标变换到系统耦联广义坐标上，组装成整体的运动方程；然后根据固定界面模态综合法，对连接界面坐标进行模态减缩，缩聚连接界面处的自由度，对并联发动机进行固定界面模态综合分析。图 2-29 为仿真振型，表 2-8 给出了模态综合分析与模态测试结果。

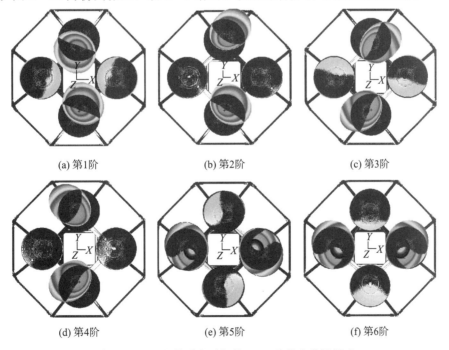

(a) 第1阶　　　　　(b) 第2阶　　　　　(c) 第3阶

(d) 第4阶　　　　　(e) 第5阶　　　　　(f) 第6阶

图 2-29　四机并联发动机第 1～6 阶模态分析振型

为了验证模态综合分析结果的正确性,开展了四机并联发动机结构的模态试验研究。在模态试验中,将发动机机架通过承力柱块固定于实验室地轨上以模拟机架的固支边界。通过模态测试,识别出发动机结构的前 6 阶模态参数,结果见表 2-8。

**表 2-8　四机并联发动机模态综合分析与模态试验结果对比**

| 阶次 | 试验频率/Hz | 计算频率/Hz | 频率相对误差/(%) | MAC | 模态振型 |
|------|-----------|-----------|----------------|-------|----------|
| 1 | 9.56 | 9.38 | 1.87 | 0.986 | B1、B2 单机发动机 $Y$ 方向反向摆动 |
| 2 | 9.73 | 9.42 | 3.19 | 0.934 | B1、B2 单机发动机 $Y$ 方向同向摆动 |
| 3 | 9.85 | 10.08 | −2.34 | 0.978 | B1、B2 单机发动机 $X$ 方向反向摆动 |
| 4 | 10.03 | 10.34 | −3.09 | 0.995 | B1、B2 单机发动机 $X$ 方向同向摆动 |
| 5 | 12.17 | 12.71 | −4.44 | 0.907 | A1、A2 单机发动机同向扭摆 |
| 6 | 12.38 | 12.62 | −1.94 | 0.923 | A1、A2 单机发动机反向扭摆 |

对比表中数据可得,计算前 6 阶模态频率与试验值的误差在 5% 以内,且模态置信因子 MAC≥0.9,预示模态振型和试验结果基本一致,说明了在低频范围内预示结果具有较高的精度,满足 NASA、ECSS 的模型有效性评价标准,并验证了模态综合分析方法的正确性。

由于振型斜率是飞行器姿态控制的重要数据,对发动机的振型斜率进行了分析。在直角坐标下,振型斜率为结构在固有振动频率下相对振型的变化率,是振型和相对转角沿着飞行器总体轴线的相对变化量,即 $\Phi' = dV(x, y)/dL(z)$,$dV(x, y)$ 为横向振动 $x$、$y$ 向相对振型变化量,$dL(z)$ 为纵轴 $z$ 几何坐标变化量。分析振型斜率发现,斜率最大位置位于摇摆十字轴附近,说明该处为整体刚度最弱位置,单机一阶弯曲、扭转模态对该位置非常敏感。

对比多重动态子结构法与整体有限元方法分析结果的精度发现,结果的准确性主要受模型精确性、模态截断误差和求解累积误差的影响。如果子结构模型、子结构间连接和边界模拟准确,计算过程中的误差不受调用方式的影响,从量级上大幅度缩减整体结构的自由度而不改变问题的本质,可以精确计算出结构的模态。随着子结构数量的增加,可更大程度地减小模型规模,提高计算效率,但模型处理、数据管理的工作量也随之增加。反之,如果减少子结构数,求解效率将降低,但模型处理、数据管理的工作减少,对分析精度的影响并不大。多重动态子结构法对模型进行最大程度的自由度缩聚,其模型自由度数仅为后者的 3‰,从而最大幅度降低求解模型规模,得到的结构总质量、总刚度阵的阶次将比常规整体有限元法大大降低,而求解线性方程组的工作量基本上与方程阶次的立方成正比,故采用多重子结构技术可比常规有限元法极大地减少计算量,从而提高了分析效率。因此,多重子结构与完整有限元模型的计算精度相当,说明了多重动态子结构法在保证分析精度的前提下,可大大提高计算效率。

## 2.3　发动机结构模态测试

模态测试为各种产品的结构设计和性能评估提供了一个强有力的工具，可靠的试验结果往往作为产品性能评估的有效标准，而围绕其结果开展的各种动态设计更使模态分析成为结构设计的基础。目前，模态分析广泛应用于结构动态性能评价、故障诊断与状态监测、声控及动态设计中，在载荷识别、灵敏度分析、物理参数识别、物理参数修改、结构优化设计等领域发挥着重要作用。

发动机振动结构模态测试主要分为三个阶段：试验激振、信号分析、参数识别，如图 2 - 30 所示。

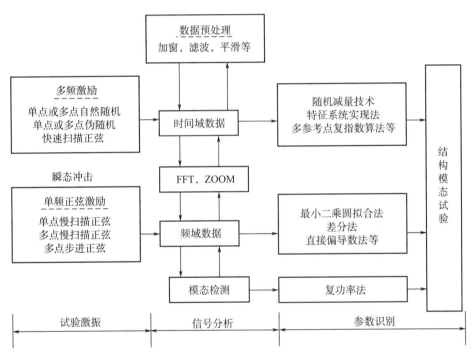

图 2 - 30　结构模态试验流程

图 2 - 30 描述了从激励力谱形式、参考域（时域和频域）和参数辨识算法考虑的各种模态试验方法和它们之间的相互关系。针对具体的发动机结构模态试验，试验方法的选取很大程度上取决于试验目的、现有的试验设备条件和试验人员的工程经验。

发动机模态试验实质上是对一个给定模型进行模态参数辨识的过程[25-26]。通过模态试验，可以从所测量的激励输入和响应输出数据中去辨识试验结构的数学模型，并用以描述该模型的动态特性参数。用模态试验结果去验证和修改数学模型，校核动力学分析结果的有效性，弥补理论建模的不足。

发动机模态试验可分为两种类型。第一种是正则模态或纯模态试验法（NMT），此法用多个激振器对结构同时进行正弦激励，当激励力矢量正比于某一振型时，就可激励出某一个纯模态振型，直接测出相应的模态参数，不必再进行计算，但是这种方法需要高精度的测试仪器，而且用时长，成本高，一般不采用。第二种方法是频响函数法（FRF），此法可在结构的某一选定点上进行激励，同时在多个选定点上依次测量其响应信号，将激励和响应的时域信号，经 FFT 分析仪转换成频域的频谱。频响函数为激励与响应的复数比，通过对已建立的频响函数进行曲线拟合，就可以从频响函数中求得模态参数。该方法的优点是可以同时激励出多个模态，测试时间短，设备简单，测试方便。

### 2.3.1　模态试验技术[27-28]

结构模态试验所涉及的内容较多，图 2 - 31 给出了利用锤击法进行模态测试的整个流程。

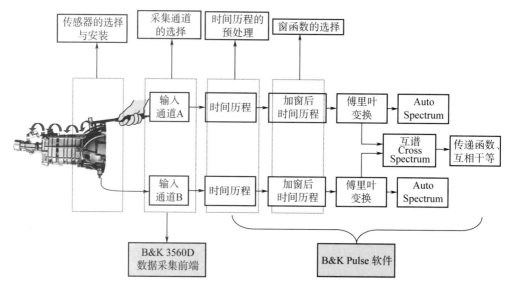

图 2 - 31　力锤激励模态测试示意图

#### 2.3.1.1　支撑方式

进行模态试验时，试验件支撑形式应尽量与实际工作状态相同。一般情况下，将支撑形式简化为固定支撑、自由支撑及原装支撑三种形式。

固定支撑形式用于结构承受刚性约束的情形，支撑系统质量一般要求是试验质量的 10 倍以上，才能减小支撑系统对试验件高阶模态的影响。通常以实测支撑系统的最低固有频率大于所关心的试验件最高固有频率的 3 倍为参考标准。在发动机整机模态试验中，一般采用固定支撑形式，这样有利于试验的开展。为了研究某单机发动机低频段的结构动力学特性，需要将发动机通过机架固定在刚性边界上进行模态试验，所以将发动机倒扣固定于实验室地轨上，以此来模拟试验所需的发动机固支边界，如图 2 - 32 所示。

图 2 - 32　整机模态试验固定支撑约束状态

　　自由支撑形式是指采用的支撑系统有较低的支撑刚度和阻尼。经常采用的方式有橡皮绳悬挂、弹簧悬挂、气垫支撑、空气弹簧支撑、螺旋弹簧支撑等。采用这种支撑方式时，要求支撑系统的共振频率应远低于试验件的第 1 阶共振频率，一般小于第 1 阶模态频率的 1/10 时，就可认为是自由支撑。如果将自由支撑点选在结构上相应模态的节点附近，并使支撑体系与该阶模态主振型方向正交，则自由支撑对该阶模态的影响将达到最理想的效果。

　　在模态试验中，要尽量模拟现场的安装条件，原装支撑是广泛应用的一种支撑形式，对于完整结构来说，原装支撑与实际情况最为相符。在现场模态试验中，实际安装中的结构原型便具有最优原装支撑，无需做任何变动。在发动机整机模态试验中，由于对发动机和箭体尾舱段的连接难以做到真实的模拟，所以一般较少采用，但是对发动机的某个部件如摇摆软管、常平座、涡轮泵等的模态试验则采用原装支撑形式。

#### 2.3.1.2 激励方式

发动机结构比较复杂，而且多是非对称结构，因此激励方法的选择受到了很多因素的制约。总体而言，所选择的激励方式应具有以下几个特点：

1）激励的带宽适当可调；

2）力的量级可调，既不引起结构的非线性，又能输入足够的激励能量；

3）能够确保激励力的方向、位置满足要求；

4）激励系统及相应的响应测量系统对结构的附加质量要尽量小；

5）能够在紧凑空间内对发动机结构实施激励。

常用的激励设备有：力锤、电磁激振器、液压激振器和声学激振器等，如图 2 - 33 所示。

(a) 力锤　　　　　　　　　(b) 电磁激振器　　　　　　(c) 液压激振器

图 2 - 33　激振设备

不同的激励方法各有优缺点，对于发动机这样的结构，通常采用锤击法。锤击法激励附加质量影响小，实施激励所占空间小，易于在发动机结构上实施，目前已成为发动机结构模态试验的首选激励手段。力锤施加的脉冲力在很宽的可用频率范围内产生近似为常数的脉冲力，所以能激起在该频率范围内的所有共振点。较大型结构如发动机喷管、贮箱等需用大号力锤，而诸如细导管、涡轮叶片等细小结构最好采用小型力锤。

在对发动机进行锤击试验时特别注意施力的大小。施力过大可能会造成传感器的过载，引起测量信号的畸变，还可能造成结构和锤帽材料的永久性损坏。施力过小，则信噪比低，测试误差大，导致频响函数变差，无法激发试件的全部模态。另外，要避免力锤的双击，双击的力脉冲频谱不再平直，直接导致频响函数的测量有明显的误差。

为了减小噪声污染，在测试时一般采用多次敲击，用总体平均的方法来计算频响函数

$$H(\omega) = \frac{\sum\limits_{i=1}^{m} X(\omega) \cdot F(\omega)}{\sum\limits_{i=1}^{m} F(\omega) \cdot F(\omega)} = \frac{G_{xf}(\omega)}{G_{ff}(\omega)} \qquad (2-24)$$

式中，$m$ 表示一次测量中每个方向的敲击次数。式（2-24）中由功率谱密度函数求频响函数的方法具有更普遍的实用意义。由于使用功率谱密度函数时用到集合平均，故可最大程度地消除噪声影响，比直接由傅里叶变换求得的频响函数更精确。

### 2.3.1.3　激励点及测点选择

激励点的选择要根据试验前的预分析结果、所采用的模态试验方法、激振器安装的可能位置、预试验的结果和试验人员的经验来确定。单纯从结构激励的角度来看，在许多激励点布置的方案中应选择能激起试验频带内全部模态，而且平均的模态位移（或传递函数中的留数）最大的激励方案。因此，需要通过频响函数分析去验证所选择的激励点位置是否合适。对于发动机整机试验，试验使用较大的力锤进行敲击，以便产生较大的能量来激励起结构的响应。结合试验经验，激励点位于下集液环，沿两个垂直方向激励集液环。这是因为集液环与喷管相比刚度较大，不易产生局部变形，而且力锤脉冲时间能得到较好控制；在低阶模态振型上，集液环不会存在节点；而且各阶模态振幅较大，激励效果较好。

原则上，响应测点应选择在能反映试验件结构主模态特性的点上。测量自由度的数目、布置和方向取决于结构的复杂程度和试验目的，与试验频带上模态阶数和振型有关，需要根据试验前的先验知识（预分析结果和工程经验）和工程需要来确定。通常，要求测量自由度的设计足以表征试验频带内结构主模态的振型和结构特征控制点的响应特征，具有足够的空间分辨能力，不产生振型之间的空间混淆。对于简单结构，有经验的工程试验人员可以较容易地确定测点位置，而对复杂结构，测点的数目和位置的选择就相当困难，须寻找一种方法，能指导测点位置与数目的选择，并具有判断所选择的测点位置、数目与方向是否恰当的功能。近年来，发展起了多种模态试验中的传感器优化布置方法，如灵敏度分析法、Guyan 模型减缩法、模态动能法、有效独立法（EI）、信号子空间相干技术、信息熵和其他智能优化方法等。对于整机模态试验，试验布点的一般原则是：在能准确辨识发动机模态参数的前提下，尽量减少测点数目，节约试验时间和试验经费。一般的布点方法是：在喷管两条相对的母线上布置测点，即可描述喷管摆动和扭转振型；在常平座靠近摇摆轴位置和燃烧室上布置测点，能够准确观察燃烧室与常平座的相对振幅，可用于考察常平座的刚度强弱；在机架上端面和试验夹具上布置测点，可以考察发动机固支是否充分。

### 2.3.1.4　结构非线性检测

实际结构往往呈现出一定程度的非线性，这是由于刚度和阻尼的非线性引起的，如接头摩擦连接的滑动、受载界面上的间隙、材料回滞的非线性效应、构件的弹性屈曲、大挠度或非线性支承边界等。如果这种结构仍采用线性模型去近似模拟，在非线性影响不严重的情况下结果是可接受的，但对非线性影响不可忽视的结构，就难以得到准确的定量结果，也无法判断和解释非线性引起的本质现象（如混沌、分叉等）。

结构若存在较明显的非线性特征，会出现如下的一些特性：

　　1）叠加原理不适用，模态之间耦合，模态参数与激励输入的量级有关；

　　2）互易定理不成立，模态参数与激励点的位置和激励方向有关；

　　3）频响函数畸变，与激励输入的类型有关；

　　4）响应输出数据不稳定、不复现。

　　这些不服从线性模型的力学特征会造成模态参数识别困难，因此需要对结构进行线性化程度检测。由于结构非线性特征多种多样，无法建立统一的数学模型描述，因此，结构非线性的检验方法也各异。有的结构可通过机理分析去确认结构非线性的特征，而对复杂空间结构，往往没有有效的模型可借鉴，结构处于"黑箱"状态，只好根据输入输出数据和简单的非参数方法去检验结构非线性影响。常用的结构非线性检测方法有时域方法（时间序列检验、平稳性检验和输出均值检验等）、频域方法（频响函数检验、Hilbert 变换检验和 Lissajous 检验）、幅值域方法等。

　　采用 Hilbert 变换法检验，Hilbert 变换的重要意义在于它揭示了可实现的系统实部与虚部之间的相互依赖关系，即

$$\mathrm{Re}(H(\mathrm{j}\omega)) = HI\,[\mathrm{Im}(H(\mathrm{j}\omega))] \tag{2-25}$$

　　采用喷管响应点的频响函数，可得 $X$、$Y$ 方向激励下非线性检测结果，如图 2-34、图 2-35 所示。

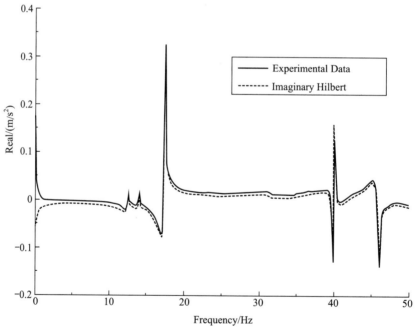

图 2-34　$X$ 向激励下频响函数检测

　　从图 2-34、图 2-35 中可以看出，测量的频响函数实部（实线）和虚部的 Hilbert 变换（虚线）之间完全重合，这表明该发动机结构具有线性系统的特征，可以进行后续的模态参数识别。

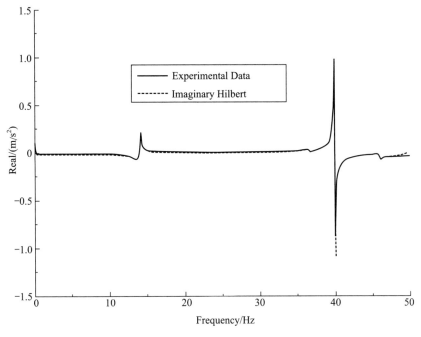

图 2 - 35　Y 向激励下频响函数检测

### 2.3.2　模态参数识别方法

实验模态分析是从结构的某些测点上测量系统的动态输入和输出数据出发，使用一些信号处理手段和模态参数识别方法来识别模态参数[29]。最终目的就是识别出系统的模态参数，为结构的动态特性分析、振动故障的诊断和预报以及结构动态特性的优化设计提供依据，因而模态参数识别方法的研究是模态分析理论的核心内容。模态参数识别方法的理论研究和应用目前仍然是结构动力学研究的主要内容。

#### 2.3.2.1　模态参数识别频域法

在模态参数识别的频域法中，分为单模态识别法、多模态识别法、分区模态综合法和频域总体识别法。单模态识别法包括最小二乘圆拟合法和差分法等。多模态识别法包括非线性加权最小二乘法、直接偏导数法、Levy 法、正交多项式拟合法、分区模态综合法、频域总体识别法等。其中，最小二乘法一般指最小二乘法估计（LSE）和加权最小二乘估计（WLSE）两种方法，是目前模态参数估计最基本、最重要的方法。

频域法借鉴信号处理领域的信号滤波思想，将线性多自由度系统的多个固有频率看作是一个多频信号，使用变换或做数据相关分析，相当于包含指定模态频率的带通滤波，也称模态滤波。对于小阻尼且各阶模态耦合较小的系统，用单模态识别法可达到满意的识别精度，而对于模态耦合较大的系统，必须用多模态法。对于密集模态参数识别问题，这类方法无能为力。然而，这类方法概念简单明了，相当于信号分析，没有计算上的困难，因此比较适用于模态参数自动化提取软件包的基本算法，以及在线模态分析。近些年来，频域法在参数识别精度与效率方面有了很大的提高。

#### 2.3.2.2 模态参数辨识时域法

在结构模态参数辨识领域，目前频域法仍是模态分析的主流方法。频域法的最大优点是利用频域平均技术，最大限度地抑制了噪声影响，使模态定阶问题容易解决。但是该方法也存在若干不足，如功率泄漏、频率混叠、离线分析，且需要复杂激振设备等，对于大型结构，尽管可采用多点激振技术，但有些情况下仍难以实现有效激振，无法同时测得有效激励和响应信号。

针对频域法的上述不足，从 20 世纪 70 年代起，基于响应信号的时域模态参数识别技术发展较为迅速。该方法的主要优点是只使用实测响应信号，无需进行 FFT，因而可以在线分析，使用设备简单。

对于大型复杂构件，它们在工作中承受的载荷很难测量，但响应信号很容易测得，直接利用响应的时域信号进行参数识别是很有意义的。常用的方法有 Ibrahim 时域法（ITD）、最小二乘复指数法（LSCE）、多参考点复指数法（PRCE）、特征系统实现法（ERA）和 ARMA 时序分析法。

1973 年提出的 Ibrahim 时域法是以黏性多自由度系统的自由响应为基础，根据对各测点测得的自由振动响应信号，以适当的方式采样，建立自由振动响应矩阵及数学模型，求出系统的特征值和特征向量，最终识别出各阶模态参数。但该方法要求激励能量足够大，测试工作量也很大。

ITD 法[30]属于 SIMO 参数识别法。该方法的基本思想是使用各测点的位移、速度或加速度三者之一的信号，通过三次不同延时的采样，构造自由响应采样数据的增广矩阵，根据自由响应的数学模型建立特征方程，求解出特征值后再估算各阶模态参数。

最小二乘复指数法是另一类时域识别方法，也称 Prony 法，属于 SISO 参数识别法。该方法的基本思想是以 Z 变换因子中包含待识别的复频率，构造 Prony 多项式，使其零点等于 Z 变换因子的值。这样就将求解 Z 变换因子转化为求解 Prony 多项式的系数。为了求解这一组系数，构造脉冲响应数据序列的自回归（AR）模型，自回归系数即 Prony 多项式的系数，通过在不同起始点采样，得到关于自回归系数的线性方程组，用最小二乘法可得到自回归系数的解，于是可求得 Prony 多项式的根，再由脉冲响应数据序列构造该测点各阶脉冲响应幅值（留数）的线性方程组，用最小二乘法求解。

在上述单参考点复指数法的基础上，提出了多参考点复指数法（PRCE），它源于单点激励下的最小二乘复指数法，属于 MIMO 整体识别法。该方法的数学模型为基于 MIMO 的脉冲响应函数矩阵。

ARMA 时间序列分析法[31]属于 SISO 参数识别法。该方法直接使用随机激励和响应信号，利用差分方程和 Z 变换，分别建立强迫振动方程与 ARMA 模型、传递函数与 ARMA 模型的等价关系，由 ARMA 模型识别模态参数。

#### 2.3.2.3 其他方法

借鉴移植现代控制理论、信号处理领域的思想，探索使用新的数学工具，发展了新的模态参数识别方法，如子空间类方法，基于模糊、神经网络的识别方法等。另外，探索研究用于有时变或非线性特性结构系统的模态参数识别新理论和新方法。

　　非线性时变系统的辨识问题近年来已经有一些学者开始涉猎，在结构系统上如何进行，目前国内外研究还不够深入。非线性时变系统是最具一般性的系统，其系统辨识问题是一个具有很大挑战性的科学问题。它不仅是力学中的反问题，也是控制理论、系统科学等学科关注的前沿研究问题。另外，由于科技的快速进步，现代工程结构都在向大型化、微型化两极发展，同时还具有轻质、高速、智能化的趋势，这些结构系统的时变性和非线性不能再被忽略。此外，这类结构系统因其复杂而都带有一定的灰箱甚至黑箱性质，非线性时变系统识别就成为该类结构系统建模的主要手段之一。因此，非线性时变结构系统识别方法的研究具有非常重要的理论意义和广泛的工程应用价值。

　　经验模态分析（Empirical Mode Decomposition，EMD）是当前迅速发展并得到广泛应用的时间序列分析方法，包括分解（展开）与重构（恢复）两个过程，它把一个时间序列分解为有限个本征模态函数分量，但分解的思路和方法与小波分析有很大的不同。表现在经验模态分解没有基底函数系，也就是说，它不是把原序列在某种基底上展开，而是把原序列分解成有限个内在的、固有的本征模态函数分量；然后对每一个分量实行 Hilbert 变换[32]，得到相应的 Hilbert 谱，通过分析各个分量及其 Hilbert 谱，揭示原序列的多尺度振荡变化的特征。反过来，还可以根据需要把本征模态函数分量相加，得到不同平滑程度的派生序列，分析不同时间尺度的演变趋势。EMD 法既能对线性稳态信号进行分析，还能对非线性和非平稳信号进行分析，具有很高的信噪比，是常见时频分析方法的有效补充。

### 2.3.3　环境激励模态参数识别法

　　基于环境激励的模态试验方法是对激励信号进行理想化假设，如假设激励信号是白噪声或各态历经过程，根据动力学方程建立数学识别模型，通过识别模型目标函数，求取系统模态参数。

　　自然激励法（Natural Excitation Technique，NExT）是目前基于环境激励的时域模态参数识别工作中较为常用的一种方法。其基本思想是，在白噪声环境激励下，结构上两点之间响应的互相关函数和脉冲响应函数有相似的表达式，因此可以用两点之间响应的互相关函数来替代自由振动响应或者脉冲响应函数，以进行模态参数识别。

　　振动方程为

$$\boldsymbol{M}\ddot{x}(t) + \boldsymbol{C}\dot{x}(t) + \boldsymbol{K}x(t) = \boldsymbol{f}(t) \tag{2-26}$$

　　假定阻尼为比例阻尼，可以将上式转换到模态坐标系，得到如下的解耦方程

$$\ddot{q}^r + 2\zeta^r \omega_n^r \dot{q}^r + (\omega_n^r)^2 q^r = \frac{1}{m^r} \{\varphi^r\}^{\mathrm{T}} f(t) \tag{2-27}$$

其中，$q$、$\zeta$、$m$、$\varphi$ 和 $f$ 分别为模态位移、模态阻尼比、模态质量、模态矢量及模态力，上标 $r$ 表示与第 $r$ 阶模态相关的量。假定初值为零，利用卷积或 Duhamel 积分可得上式的解，并转换到原始坐标，可得

$$x = \sum_{r=1}^{n} \varphi^r \int_{-\infty}^{t} \{\varphi^r\}^{\mathrm{T}} \{f(\tau)\} g^r(t-\tau) \, \mathrm{d}\tau \qquad (2-28)$$

其中，$g(t)$ 表示与第 $r$ 阶模态相关的脉冲响应函数。当 $t < 0$ 时，$g^r(t) = 0$；当 $t \geqslant 0$ 时，$g^r(t) = (1/m^r \omega_d^r) \mathrm{e}^{-\zeta^r \omega_n^r t} \sin(\omega_d^r t)$，$\omega_d^r = \omega_n^r (1-\zeta^{r2})^{1/2}$ 表示有阻尼固有频率。

这样，在 $k$ 点激励，可以得到 $i$ 点的响应

$$x_{ik} = \sum_{r=1}^{n} \phi_i^r \phi_k^r \int_{-\infty}^{t} f_k(\tau) g^r(t-\tau) \, \mathrm{d}\tau \qquad (2-29)$$

当 $f_k(\tau)$ 为狄拉克 $\delta$ 函数时，$k$ 点脉冲激励下 $i$ 点的响应为

$$x_{ik} = \sum_{r=1}^{n} \frac{\phi_i^r \phi_k^r}{m^r \omega_d^r} \mathrm{e}^{-\zeta^r \omega_n^r t} \sin(\omega_d^r t) \qquad (2-30)$$

在 $k$ 点白噪声激励下，$i$ 点和 $j$ 点响应的互相关函数 $R_{ijk}(t)$ 可以表示为

$$R_{ijk}(T) = E[x_{ik}(t+T) x_{jk}(t)] \qquad (2-31)$$

其中，$E[\ ]$ 表示数学期望。

将式（2-29）代入式（2-31），注意 $f_k(t)$ 是唯一的随机变量，可得

$$R_{ijk}(T) = \sum_{r=1}^{n} \sum_{s=1}^{n} \phi_i^r \phi_k^r \phi_j^s \phi_k^s \int_{-\infty}^{t} \int_{-\infty}^{t+T} g^r(t+T-\sigma) g^s(t-\tau) E\{f_k(\sigma) f_k(\tau)\} \, \mathrm{d}\sigma \, \mathrm{d}\tau$$
$$(2-32)$$

假定 $f(t)$ 为白噪声激励，利用自相关函数的定义，可以建立如下关系

$$E\{f_k(\sigma) f_k(\tau)\} = \alpha_k \delta(\tau - \sigma) \qquad (2-33)$$

式中，$\alpha_k$ 为常数，$\delta(\tau - \sigma)$ 为狄拉克 $\delta$ 函数。

将式（2-33）代入式（2-32），改变积分变量为 $\lambda = t - \tau$，可得

$$g^r(\lambda + T) = [\mathrm{e}^{-\zeta^r \omega_n^r T} \cos(\omega_d^r T)] \frac{\mathrm{e}^{-\zeta^r \omega_n^r \lambda} \sin(\omega_d^r \lambda)}{m^r \omega_d^r} + [\mathrm{e}^{-\zeta^r \omega_n^r T} \sin(\omega_d^r T)] \frac{\mathrm{e}^{-\zeta^r \omega_n^r \lambda} \cos(\omega_d^r \lambda)}{m^r \omega_d^r}$$
$$(2-34)$$

变换上式有

$$R_{ijk}(T) = \sum_{r=1}^{n} [A_{ijk}^r \mathrm{e}^{-\zeta^r \omega_n^r T} \cos(\omega_d^r T) + B_{ijk}^r \mathrm{e}^{-\zeta^r \omega_n^r T} \sin(\omega_d^r T)] \qquad (2-35)$$

其中

$$\begin{Bmatrix} A_{ijk}^r \\ B_{ijk}^r \end{Bmatrix} = \sum_{s=1}^{n} \frac{\alpha_k \phi_i^r \phi_k^r \phi_j^s \phi_k^s}{m^r \omega_d^r m^s \omega_d^s} \int_{0}^{\infty} \mathrm{e}^{(-\zeta^r \omega_n^r - \zeta^s \omega_n^s)\lambda} \sin(\omega_d^s \lambda) \begin{Bmatrix} \sin(\omega_d^s \lambda) \\ \cos(\omega_d^s \lambda) \end{Bmatrix} \mathrm{d}\lambda \qquad (2-36)$$

可以看出，在一个未知的白噪声激励下，两个响应的互相关函数有着衰减正弦信号的形式，且这些衰减正弦信号与系统的脉冲响应函数有着同样的特征。因此，使用脉冲响应函数的时域系统识别技术，均可使用互相关函数识别共振频率及模态阻尼。整理式（2-36）得

$$\begin{cases} A_{ijk}^r = \sum_{s=1}^{n} \frac{\alpha_k \phi_i^r \phi_k^r \phi_j^s \phi_k^s}{m^r m^s \omega_d^r} \left[ \frac{I_{rs}}{J_{rs}^2 + I_{rs}^2} \right] \\ B_{ijk}^r = \sum_{s=1}^{n} \frac{\alpha_k \phi_i^r \phi_k^r \phi_j^s \phi_k^s}{m^r m^s \omega_d^r} \left[ \frac{J_{rs}}{J_{rs}^2 + I_{rs}^2} \right] \end{cases} \qquad (2-37)$$

其中，$I_{rs} = 2\omega_d^r (\zeta^r \omega_n^r + \zeta^s \omega_n^s)$，$J_{rs} = [(\omega_d^s)^2 - (\omega_d^r)^2] + (\zeta^r \omega_n^r + \zeta^s \omega_n^s)^2$。为了进一步说明上述结果的作用，定义

$$\tan\gamma_{rs} = \frac{I_{rs}}{J_{rs}} \qquad\qquad (2-38)$$

则式（2-37）变为

$$\begin{cases} A_{ijk}^r = \dfrac{\phi_i^r}{m^r \omega_d^r} \sum_{s=1}^{n} \beta_{jk}^{rs} \ (J_{rs}^2 + I_{rs}^2)^{-1/2} \sin\gamma_{rs} \\[3mm] B_{ijk}^r = \dfrac{\phi_i^r}{m^r \omega_d^r} \sum_{s=1}^{n} \beta_{jk}^{rs} \ (J_{rs}^2 + I_{rs}^2)^{-1/2} \cos\gamma_{rs} \end{cases} \qquad (2-39)$$

其中，$\beta_{jk}^{rs} = \alpha_k \phi_k^r \phi_j^s \phi_k^s / m^s$。将式（2-39）代入式（2-35），则考虑 $m$ 个输入所产生的互相关函数为

$$R_{ij}(T) = \sum_{r=1}^{n} \frac{\phi_i^r}{m^r \omega_d^r} \sum_{s=1}^{n} \sum_{k=1}^{m} \beta_{jk}^{rs} \ (J_{rs}^2 + I_{rs}^2)^{-1/2} \mathrm{e}^{-\zeta^r \omega_n^r T} \sin(\omega_d^r T + \gamma_{rs}) \qquad (2-40)$$

上式内层关于 $s$ 及 $k$ 的求和，仅仅是一个确定时间、相同频率以及不同相位的正弦函数之和，所以可以用一个相位为 $\vartheta^r$、幅值为 $G_j^r$ 的正弦函数表示

$$R_{ij}(T) = \sum_{r=1}^{n} \frac{\phi_i^r G_j^r}{m^r \omega_d^r} \mathrm{e}^{-\zeta^r \omega_n^r T} \sin(\omega_d^r T + \vartheta^r) \qquad (2-41)$$

从式（2-41）可以清楚地看出，互相关函数是一系列衰减正弦信号之和，与原始结构的脉冲响应函数形式相同。

利用自然激励法进行模态参数识别主要包括以下四个步骤：

1）采集工作状态下的结构响应数据。可以是应变、位移、速度或加速度响应，尽量采集较长时间的响应数据，以保证这些响应是相对平稳的。

2）计算这些时域响应的自相关及互相关函数。可以根据所需要的模态来选择计算互相关函数的参考点；在使用 NExT 进行模态识别时，通常是用特征系统实现法（ERA）进行模态识别。

3）响应的相关函数与系统的脉冲响应函数的形式相同，因而可以利用某种时域模态识别的曲线拟合法（如多输入系统的 ERA、PRCE 法，单输入系统的 LSCE、ITD 法）对响应的相关函数进行分析，进而得到结构的频率及阻尼。

4）利用识别出来的频率及阻尼提取结构的模态振型。

## 2.3.4　发动机模态测试

### 2.3.4.1　单机结构模态测试

为了研究某单台发动机在低频段的结构动力学特性，开展了发动机的模态试验研究。在试验时，需要模拟发动机的固定支撑边界条件。由于实验室条件所限，无法提供绝对刚性支撑，所以将发动机倒扣于大吨位承力平台上，并通过工装将机架与承力平台进行固定，承力平台与试验室承力地基紧固连接，以此来模拟试验所需的发动机固支边界，如图 2-36 所示。

图 2-36　发动机固支边界条件

　　根据发动机结构的特点，把机架、燃烧室、喷管、涡轮泵、燃料入口管、氧入口管等结构作为此次试验的主要研究对象，试验模型如图 2-37 所示。发动机结构上共设置 46 个测点，在试验中采用固定激励点、移动加速度传感器的方法。为了保证结果的完备性，试验进行两个垂直方向的激励，即沿 22 号点的 $X$、23 号点的 $Y$ 方向。在试验时，激励设备及加速度传感器如图 2-38 所示。

　　采用锤击法进行模态试验，试验设备为 B&K Pulse 和 ME'scope VES 模态测量分析系统，主要依靠频响函数 FRF、模态振型和模态置信准则 MAC 值等来识别模态参数，如图 2-39 所示。分析频率范围为 0～64 Hz，分析线数为 512。

　　利用模态分析系统同步采集激振力和加速度响应信号，计算得到频响函数。通过对试验结果的分析，可得 $X$、$Y$ 方向激励时频响函数的幅频/相频图，如图 2-40、图 2-41 所示。

　　采用复模态拟合法（Complex MLF），可得 $X$、$Y$ 方向激励时发动机的模态指示函数，如图 2-42、图 2-43 所示。

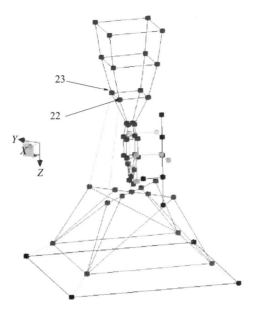

图 2 - 37　单机模态试验模型

图 2 - 38　力锤及加速度传感器

图 2 - 39　Pulse 采集前端及模态分析系统

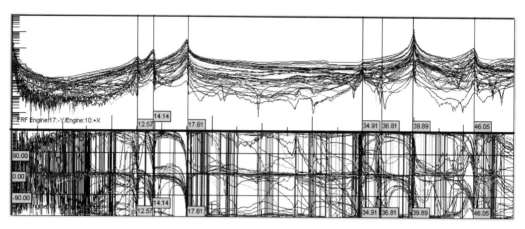

图 2-40　X 方向激励时发动机的频响函数幅频/相频图

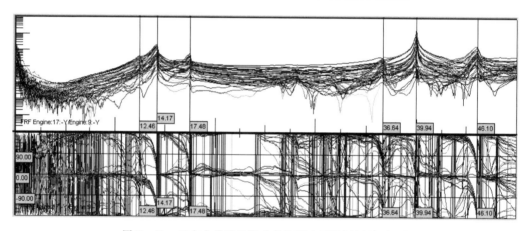

图 2-41　Y 方向激励时发动机的频响函数幅频/相频图

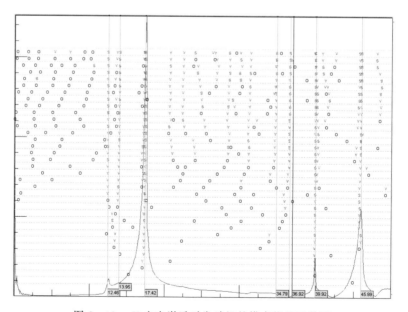

图 2-42　X 方向激励时发动机的模态指示函数图

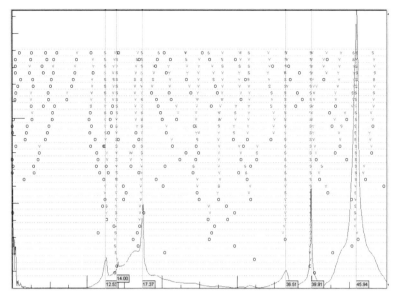

图 2 - 43　$Y$ 方向激励时发动机的模态指示函数图

在获得整个模型的频响函数后，经分析得到结构的模态频率、阻尼及振型。发动机整机前四阶模态试验振型如图 2 - 44 所示，结果如表 2 - 8 所示。

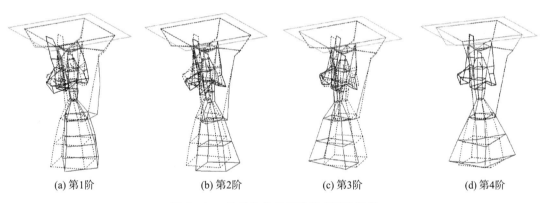

(a) 第1阶　　　　　　　(b) 第2阶　　　　　　　(c) 第3阶　　　　　　　(d) 第4阶

图 2 - 44　单机结构前四阶模态试验振型

表 2 - 8　单机结构模态测试结果

| 阶次 | 频率/Hz | 振型描述 |
|---|---|---|
| 1 | 12.50 | 发动机机架以下部分绕 $Z$ 轴做扭转运动 |
| 2 | 14.00 | 发动机沿 $Y$ 方向的单摆运动 |
| 3 | 17.40 | 发动机沿近似 $X$ 方向的单摆运动 |
| 4 | 34.90 | 发动机沿近似轴向（$Z$ 向）的运动 |
| 5 | 36.60 | 发动机沿 $Y$ 方向的二阶摆动 |
| 6 | 39.90 | 喷管的一阶呼吸模态 |
| 7 | 46.00 | 发动机沿 $X$ 方向的二阶摆动 |

2.3.4.2　四机并联发动机结构模态测试

　　某型火箭二级发动机由四台相同的发动机和一个共用机架组成，四台发动机为二台摇摆（第二、第四台，两台摇摆发动机为安装伺服机构状态）、二台不摇摆（第一、第三台，两台固定发动机为安装工艺拉杆状态）。为对发动机进行动力学设计，需要开展模态试验研究。但四机并联发动机模型规模大、结构复杂，对其进行模态试验存在一定的难度。

　　试验时，将二级发动机通过四个工装与地轨固支连接，以模拟对机架的固定支撑状态，如图 2-45 所示。

图 2-45　四机并联发动机模态试验

　　为获取发动机的空间模态，建立如图 2-46 所示的测试模型。一、三分机连线定义为 $Y$ 方向，二、四分机连线定义为 $X$ 方向，竖直向上定义为 $Z$ 方向。二三分机喷管布置两条母线，每台发动机布置 26 个测点。为了更好地观察喷管的振型，一四分机喷管布置四条母线，每台发动机布置 34 个测点。为了考察固支是否牢靠，在地面固定工装、地轨上各布置 8 个测点。整机模型共有 148 个测点。激励点位于机架的 10、11 号点，每个测点激励 $X$、$-Y$ 方向。

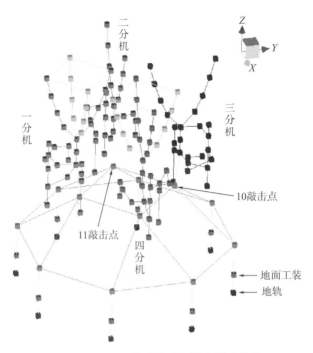

图 2 - 46　四机并联发动机模态测试模型

试验采用固定激励点，移动测量点，利用 LMS Test Lab 模态试验系统（如图 2 - 47 所示）和 B&K 4524B 振动加速度传感器，试验频带范围为 0～256Hz，平均激励次数为 8 次。

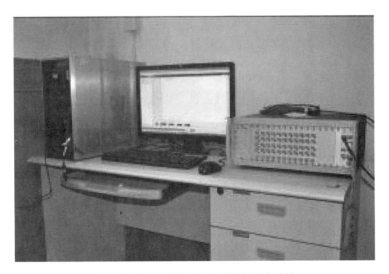

图 2 - 47　LMS Test Lab 模态试验系统

通过模态测试，成功识别出发动机结构的前 6 阶模态参数，试验结果如表 2 - 9 所示，发动机前 6 阶模态试验振型如图 2 - 48 所示。四机并联发动机结构模态特性非常复杂，主要表现为四台发动机的相对运动及其运动的组合。其中，整机前 4 阶模态为一、三分机在

$X$ 或 $Y$ 方向上的相对摆动，这主要是由于对固定发动机的约束相对较弱所引起的。第 5、6 阶模态为二、四分机的相对扭摆，这主要是受摇摆发动机伺服机构的影响。前 6 阶模态为两固定、两摇摆发动机的相对运动，整机的三维空间模态十分丰富，并可能会出现横、扭运动相互耦合，从而构成一个复杂的模态族。

表 2-9　四机并联发动机结构模态试验结果

| 阶次 | 试验频率/Hz | 模态振型 |
| --- | --- | --- |
| 1 | 9.56 | 一、三分机发动机 $Y$ 方向反向摆动 |
| 2 | 9.73 | 一、三分机发动机 $Y$ 方向同向摆动 |
| 3 | 9.85 | 一、三分机发动机 $X$ 方向反向摆动 |
| 4 | 10.03 | 一、三分机发动机 $X$ 方向同向摆动 |
| 5 | 12.17 | 二、四分机发动机同向扭摆 |
| 6 | 12.38 | 二、四分机发动机反向扭摆 |

### 2.3.4.3　涡轮泵转子结构系统模态测试

本节利用非接触激光测振系统对发动机涡轮泵转子系统开展模态试验研究。

激光测振技术是近年发展起来的一种非接触式振动测试方法，它基于激光多普勒效应，其测量系统及原理如图 2-49、图 2-50 所示[33]。激光多普勒干涉技术用于振动测量的原理是：光源发射一束频率为 $f_0$ 的光照射到物体表面上，根据多普勒原理，运动物体接收到光信号后把它反射出来，在 $\theta_2$ 的方向光接收器接收到频率为 $f$ 的光波信号，其频率将随运动物体速度增加而增加，即速度为 $v$ 的运动物体产生的多普勒频移为 $\mathrm{d}f$，定义

$$\mathrm{d}f = f - f_0 = \frac{v}{c} f_0 (\cos\theta_1 + \cos\theta_2) = \frac{v}{\lambda_0} (\cos\theta_1 + \cos\theta_2) \qquad (2-42)$$

式中，$\theta_1$，$\theta_2$ 分别为入射光、反射光与物体运动方向的夹角；$c$ 为真空中的光速；$\lambda_0$ 为光在真空中的波长。激光干涉仪的工作过程为：激光器发出的激光经过透镜分成两束光，光束 1 是参考光束，直接被光检测器接收；另一束光经过一对可摆动的透镜照射到物体表面上，受运动物体表面粒子散射或反射的光为光束 2，它被集光镜收集后由光检测器接收，经过干涉产生正比于运动物体速度的多普勒信号，通过频率和相位解调便可得到运动物体速度和位移的时间历程信号。

目前，激光多普勒测振技术已被广泛应用于国防以及基础研究领域。该测试系统适用范围包括结构振动加速度、速度和位移测量，在网状、薄壁、小体积、轻质等结构和高精度、极大动态范围、极低频、微振动、干扰、高温高压、放射、腐蚀等特殊试验的非接触动力学测量中具有广阔的应用前景，并可广泛应用于冲击、旋转机械、压电陶瓷、阻尼材料等领域的非接触测量。而且，通过与机器人智能移动测量平台结合，可实现对被测物体的 $360°$ 自动化扫描测量。Polytec PSV400-3D 激光测振系统技术指标如表 2-10 所示。

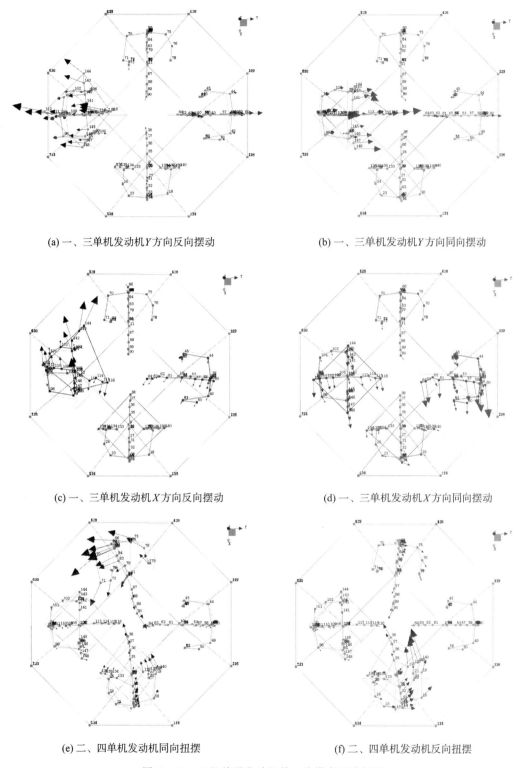

(a) 一、三单机发动机 $Y$ 方向反向摆动

(b) 一、三单机发动机 $Y$ 方向同向摆动

(c) 一、三单机发动机 $X$ 方向反向摆动

(d) 一、三单机发动机 $X$ 方向同向摆动

(e) 二、四单机发动机同向扭摆

(f) 二、四单机发动机反向扭摆

图 2-48　四机并联发动机前 6 阶模态试验振型

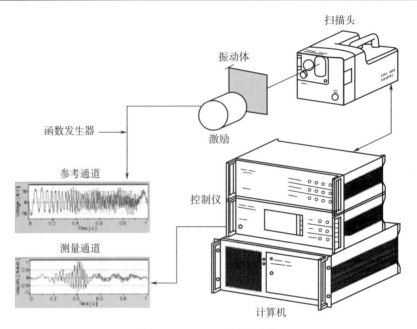

图 2 - 49　Polytec 测量系统

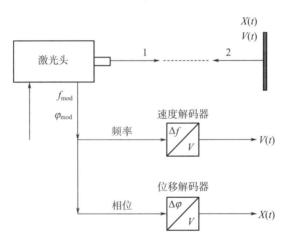

图 2 - 50　激光多普勒干涉测量原理

**表 2 - 10　Polytec PSV400 - 3D 激光测振系统主要性能指标**

| 性能 | 指标 |
| --- | --- |
| 通道 | 4 通道 16 bit A/D |
| 采样率 | 最大 80 kHz |
| 速度范围 | 最大 ±10 m/s |
| 工作距离 | 0.5～30 m |
| 分辨率 | 0.1 mm/s |
| 扫描点 | (1～512)×512 个 |
| 变焦 | 18 倍光学变焦,4 倍数字变焦 |

为模拟对转子结构的原装支撑状态，转子系统被装配到涡轮泵壳体上。在试验时，对产品采用弹簧绳悬挂以模拟自由支撑状态，如图 2-51 所示。

图 2-51　涡轮泵结构模态测试支撑状态

由于壳体遮挡，壳体内部无法布置测点，因此只能在裸露在外的转子系统上布置测点，包括氧泵诱导轮、氧泵离心轮、轴和涡轮盘，整个系统共布置 41 个测点，被测部件和测点位置如图 2-52、图 2-53 所示。

图 2-52　涡轮泵结构模态测试测点位置

在试验时，采用电磁激振器进行固定点激励，运用基于 KUKA 机器人的三维扫描激光测振系统进行扫描式拾振，分析频率范围为 0～2 000 Hz，频率分辨率为 0.5 Hz。

通过试验，获得了转子系统、壳体及整体的模态参数，结果如表 2-11 及图 2-54、图 2-55 所示。

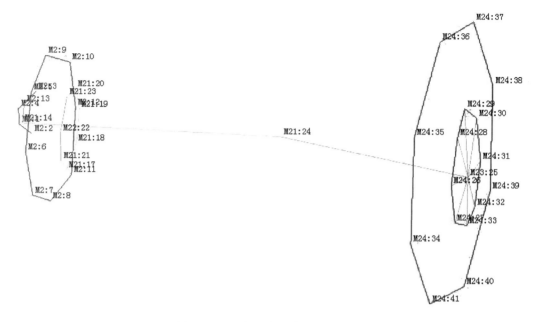

图 2-53　涡轮泵结构模态试验模型

表 2-11　涡轮泵结构模态测试结果

| 序号 | 固有频率/Hz | 振型描述 |
| --- | --- | --- |
| 1 | 498 | 局部模态 |
| 2 | 626 | 局部模态 |
| 3 | 660 | 局部模态 |
| 4 | 795 | 轴系一阶弯曲模态(垂直) |
| 5 | 841 | 轴系一阶弯曲模态(水平) |
| 6 | 1085 | 局部模态 |
| 7 | 1134 | 局部模态 |
| 8 | 1460 | 局部模态 |

　　通过模态试验得到转子系统垂直方向第 1 阶弯曲模态为 795 Hz,水平方向第 1 阶弯曲模态为 841 Hz,在垂直、水平两个方向上转子第 1 阶弯曲模态存在差异,这主要是由壳体刚度的不对称及转子的重力所引起。

## 2.3.4.4　燃烧室结构工作模态测试[34]

　　由于发动机结构在工作时受到强振动、大预应力、附加质量效应及热环境等影响,其工作模态特性与实验模态(静模态)或有限元分析模态(计算模态)有较大差别,故需要开展发动机结构的工作模态特性研究。在发动机热试车时,开展了燃烧室结构的工作模态测试,以此来掌握燃烧室在工作环境下的结构动态特性。

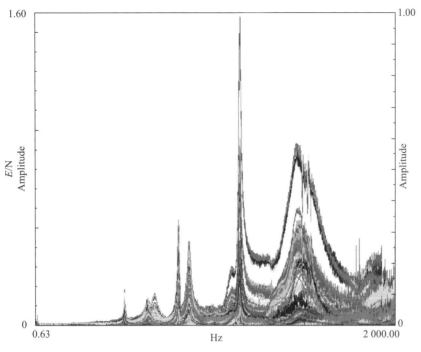

图 2-54　涡轮泵结构模态试验频响函数曲线

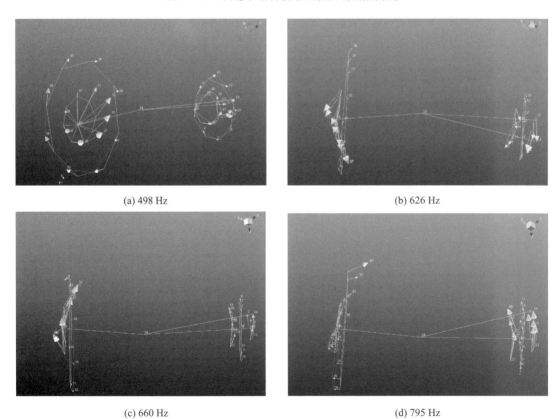

(a) 498 Hz　　　　　　　　　　　　　　(b) 626 Hz

(c) 660 Hz　　　　　　　　　　　　　　(d) 795 Hz

图 2-55　涡轮泵结构模态试验振型

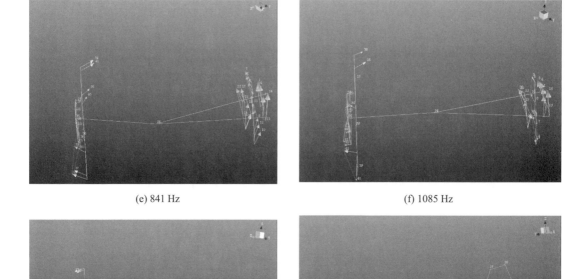

(e) 841 Hz　　　　　　　　　　　　　　(f) 1085 Hz

(g) 1134 Hz　　　　　　　　　　　　　　(h) 1460 Hz

图 2 - 55　涡轮泵结构模态试验振型（续）

工作模态测试基于自然激励法理论，其基本思想是认为在发动机试车时燃烧产生零均值高斯白噪声，通过环境噪声自然激励结构振动，测量结构相应位置的加速度数据，根据模态参数的时域分析方法（OMA 或 ODS）、模态判据及加强谱峭度法（Spectral Kurtosis）识别出结构的工作模态参数。

为保证结构在周向和轴向有较高的振型分辨率，分别建立了燃烧室周向和轴向试验模型。在燃烧室圆柱段中部沿周向均匀设置 27 个测点，从燃烧室头部到收扩段出口沿母线设置 15 个测点，每个测点粘贴 CA - YD - 102 加速度传感器（如图 2 - 56 所示），采用 LMS Test Lab 系统进行加速度数据采集与分析。

通过工作模态测试研究，成功识别出燃烧室圆柱段结构的三节径模态。燃烧室结构存在 986Hz 的工作模态，振型为沿燃烧室周向三节径，如图 2 - 57 所示。

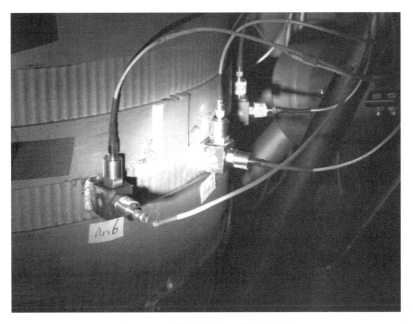

图 2 - 56　燃烧室结构工作模态测试

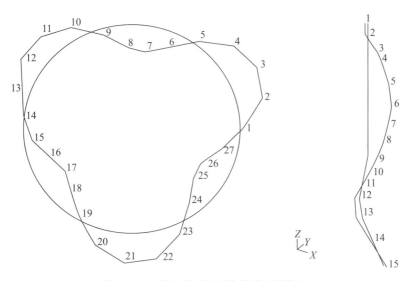

图 2 - 57　燃烧室结构工作模态试验振型

# 第 3 章　发动机结构动力学模型修正

## 3.1　引言

伴随着越来越恶劣的动力学服役环境，大型复杂装备结构的动力学问题愈来愈突出，对其动力学分析结果的准确性要求不断提高。数学模型的有效性决定着仿真结果的准确度，建立精准的发动机结构有限元模型正是发动机动力学设计的核心内容之一。为了得到准确表征发动机结构动特性的数值模型，需要有合理的建模方法、可靠的试验数据及有效的模型修正方法。

然而，由于发动机结构复杂，连接与约束形式多样，加上材料、工艺、安装误差及非线性因素的影响，无法定量确定阻尼耗能机制，各种理论假设的引入、边界条件的近似、大量的简化及不确定因素等，使得理论有限元模型与实际结构动力学行为之间存在较大差异，难以准确建立其动力学模型。有限元建模过程中的误差主要来自三个方面[35]：1）模型结构误差，这类误差产生于模型控制方程的不确定因素，结构有限元模型不能反映结构真实的固有特性；2）模型参数误差，由于环境和生产条件等不确定因素造成模型物理参数的误差，这些参数的不确定性将是有限元模型修正的主要对象；3）模型阶次误差，是指在有限元建模时将实际连续的结构离散成有限个单元所带来的误差。为了消除这些差异，需要采用模型修正技术对初始建立的有限元模型进行修正，进而得到与实际结构一致的分析模型。

有限元模型修正技术采用静/动态试验结果修改理论有限元模型的刚度、质量、边界约束条件、几何尺寸等参数，使修正后的有限元模型的数值分析结果与实测结果一致[36]。通常，模型修正最终都要转化为一个优化问题，模型修正成功与否取决于以下因素：所选择的优化变量是否合理、所建立的优化目标是否正确、所采取的优化算法是否高效且具有全局寻优能力等。

本章主要介绍结构有限元模型修正技术的基本理论、模型修正软件开发，并给出在火箭发动机中的应用实例。

## 3.2　基于模态参数的有限元模型修正

结构模型修改的一般步骤为：1）分析模态试验、模态分析结果数据的相关性；2）数学模型误差定位；3）用试验数据修改与验证数学模型。

模态参数主要包括模态频率、振型及阻尼等，然而由于模态阻尼受测量条件及环境的

影响较大,目前基于模态参数的模型修正研究,主要集中在以固有频率及模态振型为目标
函数的修正方法。基于模态参数的结构模型修正流程如图 3-1 所示。

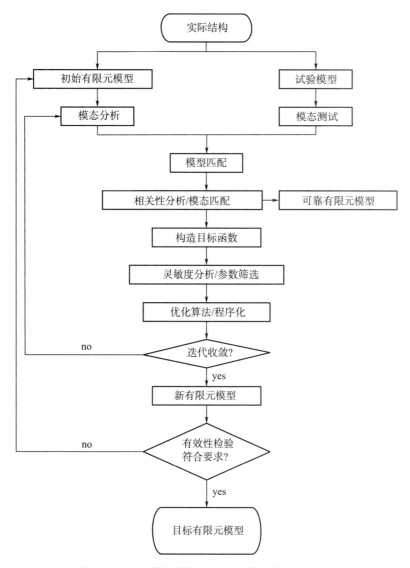

图 3-1 基于模态参数的有限元模型修正基本流程

### 3.2.1 模型匹配

为进行相关性分析,首先需要对理论模型、试验模型的自由度进行完全匹配,要求二
者具有相同的自由度[37]。试验时有限的测量点导致了试验模型是不完备的,而有限元模
型的自由度远大于试验模型的自由度,这种自由度的不匹配可以通过两种办法解决:缩减
理论模型和扩展试验模型[38]。

#### 3.2.1.1 物理型模型缩聚

模型缩聚的对象是理论有限元模型,把理论模型的自由度数减缩到试验模态测量自由

度上形成一个"试验分析模型"。与扩展试验模型相比，理论模型缩减不需要处理模态试验数据，避免了模态试验测量干扰和数据分析误差的影响，能得到更准确的模型修正结果。因此，一般对理论模型进行自由度缩聚并进行相关性分析，以获得一个满足工程应用精度要求的有效理论模型。缩减技术可分为物理型、模态型及混合型，下面先介绍物理型模型缩聚技术。

典型的 Guyan 静力缩聚法，整体结构特征方程为

$$(\boldsymbol{K} - \lambda \boldsymbol{M}) \boldsymbol{x} = \boldsymbol{0} \tag{3-1}$$

式中，$\boldsymbol{K}$，$\boldsymbol{M}$ 分别为结构刚度阵和质量阵；$\lambda$ 为结构特征值；$\boldsymbol{x}$ 为结构特征向量。将位移矢量分为主（保留）坐标 $\boldsymbol{x}_{\mathrm{m}}$ 和副（删除）坐标 $\boldsymbol{x}_{\mathrm{o}}$ 两部分，改写上式得

$$\begin{bmatrix} \boldsymbol{K}_{\mathrm{mm}} & \boldsymbol{K}_{\mathrm{mo}} \\ \boldsymbol{K}_{\mathrm{om}} & \boldsymbol{K}_{\mathrm{oo}} \end{bmatrix} \begin{bmatrix} \boldsymbol{x}_{\mathrm{m}} \\ \boldsymbol{x}_{\mathrm{o}} \end{bmatrix} = \lambda \begin{bmatrix} \boldsymbol{M}_{\mathrm{mm}} & \boldsymbol{M}_{\mathrm{mo}} \\ \boldsymbol{M}_{\mathrm{om}} & \boldsymbol{M}_{\mathrm{oo}} \end{bmatrix} \begin{bmatrix} \boldsymbol{x}_{\mathrm{m}} \\ \boldsymbol{x}_{\mathrm{o}} \end{bmatrix} = \begin{bmatrix} \boldsymbol{f}_{\mathrm{m}} \\ \boldsymbol{f}_{\mathrm{o}} \end{bmatrix} \tag{3-2}$$

忽略副坐标上的惯性力，并根据缩减前后系统的动能与势能不变原则对模型的质量阵、刚度阵进行缩聚，由式（3-2）第 2 行得

$$\boldsymbol{x}_{\mathrm{o}} = -\boldsymbol{K}_{\mathrm{oo}}^{-1} \boldsymbol{K}_{\mathrm{om}} \boldsymbol{x}_{\mathrm{m}} = \boldsymbol{D}_{\mathrm{G}} \boldsymbol{x}_{\mathrm{m}} \tag{3-3}$$

将位移缩聚到主坐标上，有

$$\boldsymbol{x} = \begin{bmatrix} \boldsymbol{x}_{\mathrm{m}} \\ \boldsymbol{x}_{\mathrm{o}} \end{bmatrix} = \begin{bmatrix} \boldsymbol{I}_{\mathrm{m}} \\ \boldsymbol{D}_{\mathrm{G}} \end{bmatrix} \boldsymbol{x}_{\mathrm{m}} = \boldsymbol{T}_{\mathrm{G}} \boldsymbol{x}_{\mathrm{m}} \tag{3-4}$$

式中，$\boldsymbol{T}_{\mathrm{G}}$ 为 Guyan 缩聚阵。通过坐标变换，大幅度降低了刚度矩阵 $\boldsymbol{K}$ 的维数。当所选择的副坐标上惯性力较大时，该方法的精度会降低。

O'Callahan 对 Guyan 缩聚法进行了改进，提出了改进减缩系统法（Improved Reduced System Method，IRS）。考虑了副坐标上的惯性力，并将 Guyan 缩聚结果作为一级近似解代入特征方程中，IRS 法坐标变换式为

$$\boldsymbol{x}_{\mathrm{o}} = [\boldsymbol{D}_{\mathrm{G}} + \boldsymbol{K}_{\mathrm{oo}}^{-1} (\boldsymbol{M}_{\mathrm{om}} + \boldsymbol{M}_{\mathrm{oo}} \boldsymbol{D}_{\mathrm{G}}) \boldsymbol{M}_{\mathrm{G}}^{-1} \boldsymbol{K}_{\mathrm{G}}] \boldsymbol{x}_{\mathrm{m}} = \boldsymbol{T}_{I} \boldsymbol{x}_{\mathrm{m}} \tag{3-5}$$

式中，$\boldsymbol{K}_{\mathrm{G}} = \boldsymbol{K}_{\mathrm{mm}} + \boldsymbol{K}_{\mathrm{mo}} \boldsymbol{D}_{\mathrm{G}}$，$\boldsymbol{M}_{\mathrm{G}} = \boldsymbol{M}_{\mathrm{mm}} + \boldsymbol{D}_{\mathrm{G}}^{\mathrm{T}} \boldsymbol{M}_{\mathrm{om}} + \boldsymbol{M}_{\mathrm{mo}} \boldsymbol{D}_{\mathrm{G}} + \boldsymbol{D}_{\mathrm{G}}^{\mathrm{T}} \boldsymbol{M}_{\mathrm{oo}} \boldsymbol{D}_{\mathrm{G}}$。IRS 缩聚阵 $\boldsymbol{T}_{I}$ 不仅含有刚度项，还包含质量项，结果的精度将更高。

逐级近似缩聚法运用逐级逼近的思想和一种新的推导方法，以 Guyan 缩聚作为一级近似解去逼近 $\boldsymbol{x}_{\mathrm{o}}$ 坐标上的惯性力，从而导出二级近似缩聚解；再以二级近似解去逼近 $\boldsymbol{x}_{\mathrm{m}}$ 坐标上的惯性力，依此类推，便可推导出 $k$ 级近似缩聚式；一级近似缩聚为 Guyan 缩聚，二级近似缩聚为 IRS 缩聚，而新的三级近似解精度最高。

对于逐级近似缩聚法，其一级近似缩聚的精度与 Guyan 缩聚相当。改进的 Guyan 递推减缩法[39]可以改善在逐级逼近缩聚法中一级近似解的精度，建立的第 $k$（$k \geqslant 1$）级缩聚方程为

$$\begin{cases} \boldsymbol{K}_{(k)} \boldsymbol{x}_{\mathrm{m}} = \omega^2 \boldsymbol{M}_{(k)} \boldsymbol{x}_{\mathrm{m}} \\ \boldsymbol{M}_{(k)} = \boldsymbol{M}_{\mathrm{mm}} + \boldsymbol{M}_{\mathrm{mo}} \boldsymbol{D}_{(k)} + \boldsymbol{D}_{(k)}^{\mathrm{T}} \boldsymbol{M}_{\mathrm{om}} + \boldsymbol{D}_{(k)}^{\mathrm{T}} \boldsymbol{M}_{\mathrm{oo}} \boldsymbol{D}_{(k)} \\ \boldsymbol{K}_{(k)} = \boldsymbol{K}_{\mathrm{mm}} + \boldsymbol{K}_{\mathrm{mo}} \boldsymbol{D}_{(k)} + \boldsymbol{D}_{(k)}^{\mathrm{T}} \boldsymbol{K}_{\mathrm{om}} + \boldsymbol{D}_{(k)}^{\mathrm{T}} \boldsymbol{M}_{\mathrm{oo}} \boldsymbol{D}_{(k)} \end{cases} \tag{3-6}$$

改进 Guyan 递推减缩法的计算精度远高于 Guyan 缩聚法，且求解效率也较高。

### 3.2.1.2　模态型模型缩聚[40]

模态型缩聚法（MR 法）的基本思想是将位移用原模型的前 $k$ 阶模态线性表示，$\boldsymbol{\varphi}_k \in \mathbf{R}^{N \times k}$，将 $\boldsymbol{\varphi}_k$ 分为主坐标分量 $\boldsymbol{\varphi}_m$ 与副坐标分量 $\boldsymbol{\varphi}_o$，则位移矢量、主副坐标位移分量分别为

$$\boldsymbol{x} = \begin{bmatrix} \boldsymbol{x}_m \\ \boldsymbol{x}_o \end{bmatrix} = \begin{bmatrix} \boldsymbol{\varphi}_m \\ \boldsymbol{\varphi}_o \end{bmatrix} \boldsymbol{q} = \boldsymbol{\varphi}_k \boldsymbol{q} \tag{3-7}$$

$$\boldsymbol{x}_m = \boldsymbol{\varphi}_m \boldsymbol{q}, \quad \boldsymbol{\varphi}_m \in \mathbf{R}^{m \times k} \tag{3-8}$$

$$\boldsymbol{x}_o = \boldsymbol{\varphi}_o \boldsymbol{q}, \quad \boldsymbol{\varphi}_o \in \mathbf{R}^{o \times k} \tag{3-9}$$

变换式（3-8）得

$$\boldsymbol{q} = \boldsymbol{\varphi}_m^+ \boldsymbol{x}_m \tag{3-10}$$

式中，$\boldsymbol{\varphi}_m^+$ 为主坐标子矩阵的广义逆，$\boldsymbol{\varphi}_m^+ = (\boldsymbol{\varphi}_m^T \boldsymbol{\varphi}_m)^{-1} \boldsymbol{\varphi}_m^T$。将式（3-10）代入式（3-8）、式（3-9），经整理得缩聚模型

$$\boldsymbol{T}_K = \begin{bmatrix} \boldsymbol{\varphi}_m \\ \boldsymbol{\varphi}_o \end{bmatrix} \boldsymbol{\varphi}_m^+ \tag{3-11}$$

将式（3-11）写成主副坐标缩聚形式

$$\boldsymbol{T}_K = \begin{bmatrix} \boldsymbol{I} \\ \boldsymbol{\varphi}_o \boldsymbol{\varphi}_m^+ \end{bmatrix} \tag{3-12}$$

式（3-11）也可写成 SEREP 缩聚式

$$\boldsymbol{T}_K = \begin{bmatrix} \boldsymbol{\varphi}_m \boldsymbol{\varphi}_m^+ \\ \boldsymbol{\varphi}_o \boldsymbol{\varphi}_m^+ \end{bmatrix} \tag{3-13}$$

MR 法是基于非完备模态空间建立的，存在严重的模态截断误差。在"使用频段"（指建立缩聚阵时使用的原模型模态所跨频率范围）内几乎是准确的，而在"使用频段"外缩聚模型的误差较大。

### 3.2.1.3　试验模型自由度扩展

由于模态试验测点数远小于有限元模型的节点数，在进行相关性分析之前，需要将试验模态自由度扩展到理论模型的自由度上。另外，也可通过试验模态扩展振型实现，模态扩展主要通过插值技术实现，其中比较有代表性的方法有 Berman 等和 Farhat 等提出的迭代插值法和最优拟合法。自由度扩展主要利用插值扩阶的方法，就是将测量模态中未测量点的值通过插值技术实现，方法主要有几何插值、物理插值和附加质量法，下面介绍基于物理插值法的极小误差法。

结构特征方程可表示为

$$(\boldsymbol{K}_a - \lambda_t \boldsymbol{M}_a) \begin{bmatrix} \boldsymbol{\varphi}_M \\ \boldsymbol{\varphi}_N \end{bmatrix} = \boldsymbol{0} \tag{3-14}$$

式中，$\boldsymbol{M}_a$，$\boldsymbol{K}_a$ 分别为理论有限元模型的质量阵和刚度阵；$\lambda_t$ 为通过模态试验测得的特征值；$\boldsymbol{\varphi}_M$，$\boldsymbol{\varphi}_N$ 分别为通过模态试验测量、未测量到的特征向量。令

$$\boldsymbol{B} = \boldsymbol{K}_a - \lambda_t \boldsymbol{M}_a = \begin{bmatrix} \boldsymbol{B}_{11} & \boldsymbol{B}_{12} \\ \boldsymbol{B}_{21} & \boldsymbol{B}_{22} \end{bmatrix} \tag{3-15}$$

变换式（3-14），将理论有限元模型的残差写成

$$\boldsymbol{\varepsilon} = \begin{bmatrix} \boldsymbol{B}_{11} & \boldsymbol{B}_{12} \\ \boldsymbol{B}_{21} & \boldsymbol{B}_{22} \end{bmatrix} \begin{bmatrix} \boldsymbol{\varphi}_M \\ \boldsymbol{\varphi}_N \end{bmatrix} \tag{3-16}$$

构建目标函数

$$J = \boldsymbol{\varepsilon}^T \boldsymbol{\varepsilon} = \begin{bmatrix} \boldsymbol{\varphi}_M^T & \boldsymbol{\varphi}_N^T \end{bmatrix} \begin{bmatrix} \boldsymbol{B}_{11}^T & \boldsymbol{B}_{12} \\ \boldsymbol{B}_{21} & \boldsymbol{B}_{22}^T \end{bmatrix} \begin{bmatrix} \boldsymbol{B}_{11} & \boldsymbol{B}_{12} \\ \boldsymbol{B}_{21} & \boldsymbol{B}_{22} \end{bmatrix} \begin{bmatrix} \boldsymbol{\varphi}_M \\ \boldsymbol{\varphi}_N \end{bmatrix} \tag{3-17}$$

假设模型自由度扩展插值误差最小，即 $\dfrac{\partial J}{\partial \boldsymbol{\varphi}_N} = 0$，可得

$$\boldsymbol{\varphi}_N = -(\boldsymbol{B}_{21}\boldsymbol{B}_{12} + \boldsymbol{B}_{22}^T\boldsymbol{B}_{22})^{-1}(\boldsymbol{B}_{21}\boldsymbol{B}_{11} + \boldsymbol{B}_{22}^T\boldsymbol{B}_{21})\boldsymbol{\varphi}_M \tag{3-18}$$

利用式（3-18）可实现对试验模型自由度的扩展。

### 3.2.2 相关性分析

进行理论模型与试验模型相关性分析是模型修正的第一步，相关性分析是指按照相应判断准则对理论模型和试验模型的分析和比较。一般认为试验模型的可信度较高，可以作为分析评价、验证理论模型的依据。若理论模型与试验模型之间的误差满足判断准则，认为理论模型是准确的；否则，需要对理论模型进行修正。

相关性分析的标准有很多，如频率相关性、模态比例因子（MSF）、振型相关性（包括模态置信因子 MAC、坐标模态置信因子 COMAC）、（交叉、混合）正交性、不平衡力、频率响应函数置信因子 FRAC、频率响应函数差、有效质量准则等，应用较多的是频率相关性与振型相关性准则。

（1）模态频率相关性

一种方法是视觉比较，将计算、试验结果分别作为横坐标和纵坐标，在坐标平面上标出经匹配后的各阶模态频率；如果模态频率点落在 45°线上或附近，表明计算和试验结果符合较好，否则说明理论模型与试验模型之间存在一定的偏差。另一种方法是计算频率相对误差

$$E_f = \frac{f_t - f_a}{f_a} \times 100\% \tag{3-19}$$

式中，$f_t$ 为试验测试模态频率，$f_a$ 为理论模型模态分析频率。一般将 $E_f \leqslant \pm 5\%$ 作为模型质量的评价标准。

（2）模态振型相关性

计算振型 $\boldsymbol{\varphi}_a$ 与试验振型 $\boldsymbol{\varphi}_t$ 的相关性通过模态置信准则来计算

$$\text{MAC}(\boldsymbol{\varphi}_a, \boldsymbol{\varphi}_t) = \frac{|\boldsymbol{\varphi}_a^T \boldsymbol{\varphi}_t|^2}{(\boldsymbol{\varphi}_a^T \boldsymbol{\varphi}_a)(\boldsymbol{\varphi}_t^T \boldsymbol{\varphi}_t)} \tag{3-20}$$

MAC 的取值范围为 $[0,1]$，如果模态完全相关，MAC=1；如果模态完全不相关，则 MAC=0；MAC 越接近 1，则理论模型和试验模型的相关性就越高。值得注意的是，当有限元模型存在系统误差或局部模态时，MAC 值可能会对模型相关程度带来误判。

由于 MAC 忽略了振型坐标信息，引入坐标模态置信因子（COMAC）用于衡量结构

某个自由度振型分量的测试值与计算值在选定模态坐标下的相关性

$$\mathrm{COMAC}(\boldsymbol{\varphi}_a, \boldsymbol{\varphi}_t) = \frac{\left(\sum\limits_{i=1}^{n} \boldsymbol{\varphi}_a^i \boldsymbol{\varphi}_t^i\right)^2}{\sum\limits_{i=1}^{n} (\boldsymbol{\varphi}_a^i)^2 \sum\limits_{i=1}^{n} (\boldsymbol{\varphi}_t^i)^2} \quad\quad (3-21)$$

式中，$\boldsymbol{\varphi}_a^i$，$\boldsymbol{\varphi}_t^i$ 分别为计算、实测第 $i$ 阶振型；$n$ 是测量振型阶次。

### 3.2.3　目标函数构建

目标函数是描述理论模型与试验模型相关程度的一个表达式，表示试验模型与理论模型之间的误差，一般的有限元模型修正归结为一个目标函数的最小化问题。近年来在结构动力学有限元模型修正研究中，目标函数所使用的动力学参数主要包括模态参数、频响函数以及动力学响应等。

基于模态参数的模型修正方法，用于构造目标函数的动力学参数有：模态频率、模态振型、模态阻尼、MAC、模态曲率、应变模态和传递函数等。目前，基于模态参数的模型修正研究中，主要集中在以模态频率、振型为目标函数的修正方法。

模态频率反映结构的整体信息，特征频率残差是一个非常重要的目标函数

$$J(p) = \sum_{j=1}^{n} W_{\mathrm{freq},j} \left[1 - \frac{f_{a,j}(p)}{f_{t,j}}\right]^2 \quad\quad (3-22)$$

式中，$p$ 为设计变量；$f_{a,j}$，$f_{t,j}$ 分别为第 $j$ 阶计算频率和与之对应的试验频率；$n$ 表示待修正的模态阶数；$W_{\mathrm{freq},j}$ 为第 $j$ 阶模态频率权重。

振型包含结构振动行为的空间信息和局部信息，模态振型各点位移向量的残差可作为目标函数

$$J(p) = \sum_{j=1}^{n} W_{\mathrm{shape},j} \left[1 - \mathrm{MAC}_j(p)\right]^2 \qu\quad (3-23)$$

式中，$\mathrm{MAC}_j$ 为理论分析与试验的第 $j$ 阶模态振型的 MAC 值，$W_{\mathrm{shape},j}$ 为第 $j$ 阶 MAC 值权重。

在实际的模态测试和识别中，结构的高阶模态频率很难测得或识别的结果并不够准确，对振型的量化或标准化也是将模态振型向量作为目标函数的一个关键问题。因此，仅仅用一个动力学参数残差作为目标函数是不够的，为了使目标函数包含更多的结构信息，一个更加合理的方法是联合使用频率与振型作为目标函数，以提高模型修正的准确性。选取多目标优化构造的复合目标函数为

$$J(p) = \min\left\{\sum_{j=1}^{n} W_{\mathrm{freq},j} \left[1 - \frac{f_{a,j}(p)}{f_{t,j}}\right]^2 + \sum_{j=1}^{n} W_{\mathrm{shape},j} \left[1 - \mathrm{MAC}_j(p)\right]^2\right\} \quad (3-24)$$

当对单个目标之间通过加权的形式组合成复合目标函数时，权重的分配常常成为修正过程的难题。为了克服各个目标之间如何加权的问题，并减小试验数据误差带来的影响，人们提出了统计的方法，典型的有基于 Bayesian 估计的模型修正方法。

各加权系数值应根据模态参数测量精度的不同进行适当选择。对结构进行模态测试，

当各阶模态频率及振型测试精度均较高时，不考虑权重的作用，取一致的加权系数或平均分配各加权系数，一般取为 1.0 或 1/3；也可以采用自定义加权，即对参与修正的特征值、模态振型、振型相关系数采用不同的加权系数。

### 3.2.4　基于灵敏度分析的修正参数选取

在结构有限元模型修正时，一般可选择的修正参数较多，如结构的质量、刚度、阻尼、几何参数和物理参数等，而修正结果的好坏、修正效率的高低与所选取的修正参数密切相关。因此，修正参数的选择对于提高模型修正的质量和效率就显得尤为重要，如何从大量的优化变量中选取修正参数是模型修正的一个非常重要的问题。

当前，常见的修正参数选取方法有两种：一种是经验法，依靠工程师的经验选取；二是基于灵敏度的方法。根据经验选择修正参数往往存在盲目性，而基于灵敏度分析与优化方法的修正参数选择则具有针对性、目的性和经济性，可提高修正结果的准确性和优化的高效性。设计变量的选取原则多基于灵敏度分析，并兼顾初始模型的误差来源。因此，进行灵敏度分析与误差定位，使修改更具针对性和有效性，从而提高模型修正的质量与效率。

对于一般比例阻尼、黏性阻尼系统，实测模态实际上是复模态，而目前大多数模型修正是基于实模态理论，需要从复模态中提取主模态。本节主要介绍实模态参数的灵敏度分析理论。

第 $k$ 个特征量 $\boldsymbol{F}^{(k)}$ 对理论模型设计变量 $p$ 的一阶 Taylor 展开式为

$$\boldsymbol{F}^{(k)}(p+\Delta p)=\boldsymbol{F}^{(k)}(p)+\sum_{j=1}^{n}\frac{\partial \boldsymbol{F}^{(k)}}{\partial p_j}\Delta p_j \tag{3-25}$$

改写上式得一阶灵敏度公式

$$\boldsymbol{S}=\frac{\Delta \boldsymbol{F}}{\Delta \boldsymbol{p}}=\begin{bmatrix} \dfrac{\partial F_1}{\partial p_1} & \dfrac{\partial F_1}{\partial p_2} & \cdots & \dfrac{\partial F_1}{\partial p_n} \\ \vdots & \vdots & \ddots & \vdots \\ \dfrac{\partial F_m}{\partial p_1} & \dfrac{\partial F_m}{\partial p_2} & \cdots & \dfrac{\partial F_m}{\partial p_n} \end{bmatrix} \tag{3-26}$$

式中，$m$ 为特征向量数；$n$ 为设计变量数。$F$ 可以是模态频率、振型、MAC 等各特征量及组合，如采用模态频率和 MAC 组合时，其一阶灵敏度矩阵为

$$\boldsymbol{S}=\begin{bmatrix} \dfrac{\partial \omega_1}{\partial p_1} & \cdots & \dfrac{\partial \omega_1}{\partial p_n} \\ \vdots & \ddots & \vdots \\ \dfrac{\partial \omega_m}{\partial p_1} & \cdots & \dfrac{\partial \omega_m}{\partial p_n} \\ \dfrac{\partial \mathrm{MAC}_1}{\partial p_1} & \cdots & \dfrac{\partial \mathrm{MAC}_1}{\partial p_n} \\ \vdots & \ddots & \vdots \\ \dfrac{\partial \mathrm{MAC}_m}{\partial p_1} & \cdots & \dfrac{\partial \mathrm{MAC}_m}{\partial p_n} \end{bmatrix} \tag{3-27}$$

为对灵敏度矩阵式（3-27）进行求解，下面将推导特征值、特征向量和 MAC 关于设计参数的灵敏度公式。

（1）模态频率灵敏度矩阵

无阻尼系统的自由振动微分方程为

$$\boldsymbol{M\ddot{u}} + \boldsymbol{Ku} = 0 \qquad (3-28)$$

其中，$\ddot{u}$，$u$ 分别为振动加速度、位移列阵。特征方程为

$$\boldsymbol{K\varphi} = \boldsymbol{\omega}^2 \boldsymbol{M\varphi} \qquad (3-29)$$

式中，$\boldsymbol{\varphi}$ 为振型向量；$\boldsymbol{\omega}$ 为模态频率。将式（3-29）对设计变量 $p_j$ 求偏导得

$$\frac{\partial \boldsymbol{K}}{\partial p_j}\boldsymbol{\varphi} + \boldsymbol{K}\frac{\partial \boldsymbol{\varphi}}{\partial p_j} - \frac{\partial \boldsymbol{\omega}^2}{\partial p_j}\boldsymbol{M\varphi} - \boldsymbol{\omega}^2\frac{\partial \boldsymbol{M}}{\partial p_j}\boldsymbol{\varphi} - \boldsymbol{\omega}^2\boldsymbol{M}\frac{\partial \boldsymbol{\varphi}}{\partial p_j} = 0 \qquad (3-30)$$

对上式等号两边均左乘 $\boldsymbol{\varphi}^{\mathrm{T}}$，代入式（3-29）并整理得

$$\frac{\partial \boldsymbol{\omega}^2}{\partial p_j} = \frac{\boldsymbol{\varphi}^{\mathrm{T}}\left(\dfrac{\partial \boldsymbol{K}}{\partial p_j} - \boldsymbol{\omega}^2\dfrac{\partial \boldsymbol{M}}{\partial p_j}\right)\boldsymbol{\varphi}}{\boldsymbol{\varphi}^{\mathrm{T}}\boldsymbol{M\varphi}} \qquad (3-31)$$

利用振型向量的正交性和 $\boldsymbol{M}$、$\boldsymbol{K}$ 的实对称性（$n \times n$ 维），对质量矩阵进行归一化，可得结构系统第 $i$ 阶模态频率 $f_i$ 关于设计变量 $p_j$ 的灵敏度关系式

$$\frac{\partial f_i}{\partial p_j} = \frac{\boldsymbol{\varphi}_i^{\mathrm{T}}\left(\dfrac{\partial \boldsymbol{K}}{\partial p_j} - 4\pi^2 f_i^2\dfrac{\partial \boldsymbol{M}}{\partial p_j}\right)\boldsymbol{\varphi}_i}{8\pi^2 f_i} \qquad (3-32)$$

式（3-32）反映了模态频率随设计变量的变化关系。灵敏度为正值时，表明增加相应变量的值可以提高频率，反之则应减小变量值来提高频率。灵敏度的绝对值越大，说明对结果的影响就越显著。

（2）模态振型灵敏度矩阵

模态振型 $\boldsymbol{\varphi}$ 构成 $n \times n$ 维向量空间的一组基，所以第 $i$ 个特征量 $\boldsymbol{\varphi}_i$ 对设计变量 $p_j$ 求偏导就是这些特征向量的线性组合

$$\frac{\partial \boldsymbol{\varphi}_i}{\partial p_j} = \sum_{k=1}^{N} c_{ik}\boldsymbol{\varphi}_k \qquad (3-33)$$

将式（3-33）代入式（3-30），改写并两边左乘 $\boldsymbol{\varphi}_k^{\mathrm{T}}$，令 $\boldsymbol{\lambda} = \boldsymbol{\omega}^2$，有

$$c_{ik} = \frac{1}{\lambda_i - \lambda_k}\boldsymbol{\varphi}_i^{\mathrm{T}}\left(\frac{\partial \boldsymbol{K}}{\partial p_j} - \lambda_k\frac{\partial \boldsymbol{M}}{\partial p_j}\right)\boldsymbol{\varphi}_k, (i \neq k) \qquad (3-34)$$

对质量矩阵的归一化式 $\boldsymbol{\varphi}_k^{\mathrm{T}}\boldsymbol{M\varphi}_k = 1$ 关于 $p_j$ 求偏导有

$$\frac{\partial \boldsymbol{\varphi}_k^{\mathrm{T}}}{\partial p_j}\boldsymbol{M\varphi}_k + \boldsymbol{\varphi}_k^{\mathrm{T}}\frac{\partial \boldsymbol{M}}{\partial p_j}\boldsymbol{\varphi}_k + \boldsymbol{\varphi}_k^{\mathrm{T}}\boldsymbol{M}\frac{\partial \boldsymbol{\varphi}_k}{\partial p_j} = \boldsymbol{0} \qquad (3-35)$$

将式（3-33）代入式（3-35）得

$$c_{ii} = -\frac{1}{2}\boldsymbol{\varphi}_i^{\mathrm{T}}\frac{\partial \boldsymbol{M}}{\partial p_j}\boldsymbol{\varphi}_i, (i = k) \qquad (3-36)$$

将式（3-34）或式（3-36）代入式（3-33），可求解得模态振型对设计变量的解析灵敏度。

（3）MAC 灵敏度矩阵

将第 $i$ 阶试验振型 $\boldsymbol{\varphi}_i^t$ 与第 $k$ 阶计算振型 $\boldsymbol{\varphi}_k^a$ 的相关系数表示为

$$\mathrm{MAC}_{ik} = \frac{(\boldsymbol{\varphi}_i^t \boldsymbol{\varphi}_k^a)^2}{[(\boldsymbol{\varphi}_i^t)^{\mathrm{T}} \boldsymbol{\varphi}_i^t][(\boldsymbol{\varphi}_k^a)^{\mathrm{T}} \boldsymbol{\varphi}_k^a]} \qquad (3-37)$$

假设试验是正确的，试验模态振型是准确的，对式（3-37）的 $\boldsymbol{\varphi}_k^a$ 关于 $p_j$ 求偏导，可得 $\mathrm{MAC}_{ik}$ 对修正参数 $p_j$ 的灵敏度

$$\frac{\partial \mathrm{MAC}_{ik}}{\partial p_j} = \frac{2(\boldsymbol{\varphi}_i^t)^{\mathrm{T}} \boldsymbol{\varphi}_k^a \boldsymbol{\varphi}_i^t}{[(\boldsymbol{\varphi}_i^t)^{\mathrm{T}} \boldsymbol{\varphi}_i^t][(\boldsymbol{\varphi}_k^a)^{\mathrm{T}} \boldsymbol{\varphi}_k^a]} \frac{\partial \boldsymbol{\varphi}_k^a}{\partial p_j} - \frac{2[(\boldsymbol{\varphi}_i^t)^{\mathrm{T}} \boldsymbol{\varphi}_k^a]^2 (\boldsymbol{\varphi}_k^a)^{\mathrm{T}}}{[(\boldsymbol{\varphi}_i^t)^{\mathrm{T}} \boldsymbol{\varphi}_i^t][(\boldsymbol{\varphi}_k^a)^{\mathrm{T}} \boldsymbol{\varphi}_k^a]^2} \frac{\partial \boldsymbol{\varphi}_k^a}{\partial p_j} \qquad (3-38)$$

### 3.2.5　模型修正有效性评价标准

在模型修正结束后，需要依据一定的标准对模型修正的有效性进行检验。模型修正有效性评价的主要工作是检验修正后有限元模型的合理性，检验修正后有限元模型与试验模型之间的关联性。从理论上讲，模型修正是一个多目标非线性规划问题，采用不同的方法得到的修正结果往往不同，因此需要有一个严格的评价标准。

根据经验总结出了三条数值标准[41]，可以对修正方法的正确性进行判断：

1）频率，修正后的有限元模型与试验模型之间的频率误差不超过 ±5%；

2）正交性，在误差矩阵 $\boldsymbol{E} = (\boldsymbol{\varphi}^t)^{\mathrm{T}} \boldsymbol{M}^t \boldsymbol{\varphi}^t$ 中，$\boldsymbol{M}^t$ 为修正后的质量阵，$\boldsymbol{\varphi}^t$ 为试验测得的特征向量，当 $\boldsymbol{E}$ 的对角元素归一化到 1.0 时，非对角元素小于 0.1；

3）交叉正交性，当 $\boldsymbol{E}$ 的对角元素大于 0.9 时，非对角元素小于 0.1，对于考察模型修正前后的关联性，主要是进行模型确认。

根据实际经验，提出了评价模型修正方法及模型修正效果的准则[42]：

1）修正后有限元模型必须能以一定精度预测有效频率范围内试验模态数据或频响函数，有效频率范围即参与有限元模型修正的频率范围，此为模型修正的最低要求；

2）修正后有限元模型须能预测有效频率范围之外的模态频率、振型及频响函数；

3）修正后有限元模型须能获得除使用荷载工况外的其他频响函数；

4）修正后有限元模型须能预测结构局部修改后模态数据或频响函数，局部修改可以是局部增加质量或改变边界条件而不涉及模型重新修正。

在此基础上，提出了液体火箭发动机结构动力学模型修正与评估要求。

（1）模型修正要求

修正后的模型一般应满足以下要求：

1）模型质量与实际产品的质量相对误差应在 1% 以内，模型质心位置与实际产品的偏差与对应方向尺寸比值应在 1% 以内，模型惯性张量与实际产品偏差的比值应在 1% 以内。

2）模型自由—自由模态，前 6 阶刚体模态频率绝对值应不大于 0.005 Hz。

3）模型的重要模态频率（如前 5 阶模态、重点关注的模态或"热"模态等）修正结果与试验结果相对误差应在 ±5% 以内，高阶模态修正的相对误差应在 ±10% 以内。

4）模型的重要模态（如前 5 阶模态、重点关注的模态等）修正结果与试验结果的模态置信指标（MAC 值）对角项应大于 0.9，非对角项应小于 0.1。

5）模型的重要模态（如前 5 阶模态、重点关注的模态等）正则化质量矩阵对角项为1，非对角项应小于 0.1。

6）模型的重要模态（如前 5 阶模态、重点关注的模态等）共振频率点结构加速度响应值与试验结果误差低于 25％，或 2 000 Hz 内的加速度响应均方根值误差小于 20％。

7）对缩聚模型，基本的纵向、横向及扭转向的模态频率及模态质量要求，有效质量小于 5％，频率偏差小于 3％；缩聚有限元模型模态，总的有效质量应大于 90％的刚体质量。

（2）模型评估要求

通过动力学分析得到的应力、应变、位移、模态等结果，对其进行评估：

1）对模态分析结果，应输出模态频率及振型，获得发动机结构的模态特性，判断结构是否满足设计要求，是否与振源频率耦合发生共振，并给出安全裕度。

2）对正弦振动分析结果，应给出载荷从激励点传递至各个部位的放大倍数，并根据分析结果，给出结构是否满足结构设计要求，结构设计安全裕度，结构的薄弱环节等结论。

3）对随机振动分析结果，应给出分析参数（如加速度、应力、应变等）随频率的变化曲线，获得加速度、应力、应变等分布及均方根值，并判断各部位的响应是否满足设计要求，结构设计安全裕度，结构的薄弱环节等结论。

4）对冲击分析结果，应给出分析参数（如加速度、应力、应变等）随时间的变化曲线，获得加速度、应力、应变等分布及最大值，并判断各部位的响应是否满足设计要求，结构设计安全裕度，结构的薄弱环节等结论。

5）综合分析加速度响应、应力、应变等参数，为结构方案选择、结构改进方案设计、薄弱环节识别、故障监测等方面提供依据。

## 3.3　基于频响函数的有限元模型修正

模态参数只表示了结构在共振频率附近的动力学特性，而频响函数则表示了结构在一个较宽的频带范围内的动力学特性。因而，直接使用频响函数进行模型修正可以利用到更为丰富的结构信息，且与模态参数相比，直接使用频响函数还避免了模态参数识别过程中的误差。基于频响函数的模型修正方法主要有：频响函数残差法、设计参数型频响函数法、摄动型频响函数法三大类。

结构系统在拉氏域的运动方程为

$$s^2[m]\{X(s)\} + s[c]\{X(s)\} + [k]\{X(s)\} = \{F(s)\} \qquad (3-39)$$

记

$$[Z(s)] = s^2[m] + s[c] + [k] \qquad (3-40)$$

令 $s = j\omega$，频响函数为

$$[H(\omega)] = [Z(\omega)]^{-1} = ([k] - \omega^2[m] + j\omega[c])^{-1} \qquad (3-41)$$

$$\frac{\partial [H(\omega)]}{\partial b_j} = -[H(\omega)]^{\mathrm{T}} \frac{\partial [Z(\omega)]}{\partial b_j}[H(\omega)] \tag{3-42}$$

当 $[H(\omega)]$ 为对称阵时，有

$$\frac{\partial H_{rs}}{\partial b_j} = -\{H_r\}^{\mathrm{T}} \frac{\partial [Z(\omega)]}{\partial b_j}\{H_s\} \quad r,s,j=1,2,\cdots,n \tag{3-43}$$

如果 $b_j$ 是刚度阵中的元素，$b_j = k_{ij}$，则

$$\frac{\partial [Z(\omega)]}{\partial k_{ij}} = [e_{ij}] \tag{3-44}$$

式中，$[e_{ij}]$ 表示仅第 $i$ 行第 $j$ 列元素为 1，其他元素均为零的方阵。将其代入式（3-42），得

$$\frac{\partial H_{rs}}{\partial k_{ij}} = -\{H_r\}^{\mathrm{T}}[e_{ij}]\{H_s\} = -H_{ri}H_{js} \tag{3-45}$$

同理可得 $\dfrac{\partial H_{rs}}{\partial m_{ij}}$，$\dfrac{\partial H_{rs}}{\partial c_{ij}}$。由此得到频域的位移响应为

$$\{X(\omega)\} = [H(\omega)]\{F(\omega)\} \tag{3-46}$$

故有

$$\frac{\partial \{X\}}{\partial b_j} = \frac{\partial [H]}{\partial b_j}\{F\} = -[H]^{\mathrm{T}} \frac{\partial [Z(\omega)]}{\partial b_j}[H]\{F\} \tag{3-47}$$

$$\frac{\partial X_r}{\partial b_j} = -\{H_r\}^{\mathrm{T}} \frac{\partial [Z(\omega)]}{\partial b_j}\{X\} \tag{3-48}$$

## 3.4　喷管结构有限元模型修正[43]

　　某大型发动机的再生冷却喷管结构十分复杂，其动特性对摇摆发动机伺服控制、动力学设计等均有着重要的影响，研究喷管结构动力学建模与模型修改的相关技术将具有重要意义。

　　为了获得喷管高精度的结构动力学有限元模型，采用基于改进模拟退火算法（ISAA）的有限元模型修正方法对喷管动力学模型进行修正。首先，将复杂的薄壁夹层板喷管等效为复合材料层合壳，建立了喷管的参数化有限元模型；在此基础上，以结构模态参数为参考基，构造出联合使用模态频率及模态振型的目标函数，并运用灵敏度分析提取设计变量，从而建立其优化模型；采用带记忆、局部搜索功能的改进模拟退火优化算法，在设计空间进行多目标全局寻优；最后，采用基于 MSC Patran/Nastran 软件平台二次开发的结构动力学修正软件 ZDXZ V1.0 进行模型修正，并对模型修正方法的有效性进行检验。

### 3.4.1　模型修正软件开发

　　现已有一些模型修正软件的应用，如比利时 LMS 公司开发的软件 LMS Virtual Lab 的优化模块 GATEWAY、比利时 Dynamic Design Solutions 公司开发的 FEMtools、法国

的 SDTtools、美国 SDRC 公司开发的 I - DEAS、德国 Schedlinski 开发的模型确认软件 Sys Val 和中国空间技术研究院开发的航天领域模型修正软件 MUSS1.0、南京航空航天大学开发的模型修正软件 N - Updating 等。虽然模型修正软件得到了飞速发展，但是目前的商业软件仍不能满足要求。现有的模型修正软件大多依赖于成熟的大型商业软件，以设计参数为修正对象，利用灵敏度分析确定待修正的参数，在构造目标函数后运用优化算法求解。然而，这些软件在使用上具有很大的局限性，如有些工况需要进行大量迭代运算才能获得满意的结果，或者有时会面临迭代不收敛且计算时间过长等问题，需要研制能够将有限元建模、模态分析、响应预示及模型修正等综合在一起的通用软件。

在大型有限元分析软件 MSC Patran/Nastran 平台上，基于 MSC Nastran 的灵敏度分析与优化功能，利用 DMAP 语言对修正算法进行程序编制并嵌入到 MSC Patran 中，运用 PCL（Patran Command Language）二次开发语言在 Patran 中建立模型修正操作界面，整个过程是通过编写 PCL 程序以及调用外部算法自动进行的，从而二次开发出发动机振动动力学分析模型修正软件 ZDXZ V1.0。该模型修正软件可对已建立的特定振动动力学模型在材料属性、几何参数等方面进行修正，从而实现了基于灵敏度分析的模型修正技术的软件化。

程序整体框架和软件主界面分别如图 3 - 2、图 3 - 3 所示。

图 3 - 2　有限元模型修正程序流程图

图 3 - 3　有限元模型修正软件主界面

### 3.4.2　喷管结构参数化建模及模态分析

喷管采用再生冷却形式的薄壁夹层板结构，由带螺旋铣槽内壁和外壁钎焊而成，内外壁材料不同，并在冷却环带附近设计了冷却套集液器，尺寸较大，刚度相对较小，其整体及局部截面如图 3 - 4 所示。

采用波纹板夹芯复合结构的建模方法，建立的喷管参数化初始有限元模型如图 3 - 5 所示。

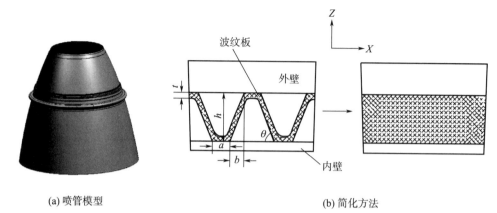

(a) 喷管模型　　　　　　　　　　　　　　　　(b) 简化方法

图 3-4　喷管结构及等效建模方法

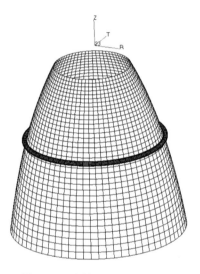

图 3-5　喷管结构有限元模型

对喷管进行自由约束状态正则模态分析，提取前 3 阶非刚体模态，得到喷管结构的模态频率及振型，其结果在表 3-1 中列出。

### 3.4.3　喷管结构模态测试

（1）喷管模态测试方法

采用三维扫描激光测振系统（3-D SLDV）测量喷管结构的模态参数。

考虑到喷管上其他连接结构对其模态特性的影响，且只需要得到喷管结构的模态参数，故只采用喷管"纯"结构进行自由约束状态模态试验，如图 3-6 所示。

自由支撑形式是指采用的支撑系统有较低的支撑刚度和阻尼。如果将自由支撑点选在结构上相应模态的节点附近，并使支撑体系与该阶模态主振型方向正交，则自由支撑对该阶模态的影响最小，从而达到最理想的效果。

图 3 - 6　基于 3 - D SLDV 的喷管结构模态试验

试验时，设计了 $8 \times 4 = 32$ 个测点，采用 LMS Q - ISH 电磁激振器（推力 6 N）进行固定点激励，并运用 3 - D SLDV 测振系统进行扫描式拾振。分析频率范围为 $0 \sim 100$ Hz，频率分辨率为 0.125 Hz。

（2）喷管模态试验结果

通过模态测试识别出喷管结构高精度的模态频率、振型等参数，喷管结构前 4 阶弹性模态见表 3 - 1，频响函数（FRF）如图 3 - 7 所示，前 4 阶振型如图 3 - 8 所示。

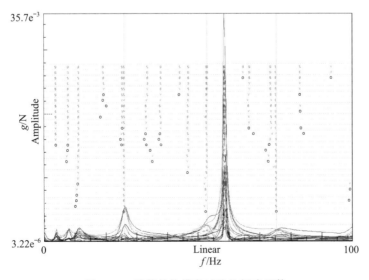

图 3 - 7　喷管结构模态试验的频响函数

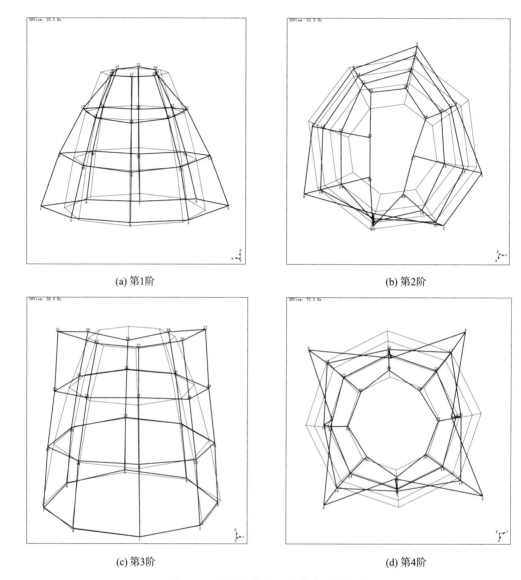

(a) 第1阶　　　　　　　　　　　　　　　　(b) 第2阶

(c) 第3阶　　　　　　　　　　　　　　　　(d) 第4阶

图 3 - 8　喷管结构前 4 阶模态试验振型

### 3.4.4　模型修正过程

#### 3.4.4.1　模型匹配与动力相关性分析

试验与理论分析结果比较如表 3 - 1 所示。

表 3 - 1　喷管有限元模型修正前计算模态与试验模态匹配表

| 阶次 | $f$ /Hz | | $E_f$ /(%) | MAC | 振型描述 |
| --- | --- | --- | --- | --- | --- |
| | 计算 | 试验 | | | |
| 1 | 22.8 | 25.3 | 11.2 | 0.73 | 整体二节径 |
| 2 | 49.4 | 53.2 | −7.1 | 0.82 | 整体三节径 |

**续表**

| 阶次 | $f$ /Hz | | $E_f$ /（%） | MAC | 振型描述 |
|------|------|------|------|------|------|
| | 计算 | 试验 | | | |
| 3 | 53.6 | 58.7 | 9.6 | 0.87 | 小端二节径 |
| 4 | 88.2 | 75.4 | −14.5 | 0.61 | 整体四节径 |

试验、计算前 4 阶模态频率的最大相对误差达 14.5%，MAC 最小仅为 0.61，不满足有限元模型与试验模型之间的频率误差不超过 ±5%、MAC 大于 0.9 为相关性好的评价标准。因此，所建立的模态分析模型不能准确反映实际结构的动力学特性，必须对其进行修正，使模型误差降低到可接受的水平。

#### 3.4.4.2　目标函数确定及修正参数选择

选取多目标优化构造的复合目标函数式（3-24）作为目标函数。

由于喷管外壁参数的确定性较高，故主要针对内壁选择设计变量，初选的修正参数有内壁厚度 $\delta$、密度 $\rho_e$ 及 $\mu_{XY}$、$\mu_{YX}$、$G_{XZ}$、$G_{YZ}$、$G_{XY}$、$E_{XX}$、$E_{YY}$、$E_{ZZ}$ 共 10 个参数。设计参数的初值由式（2-1）至式（2-4）计算得到。结合发动机喷管内壁结构尺寸、材料的实际情况与工程经验，同时为便于参数的灵敏度分析与模型修正迭代优化，本例给出参数一致的变化范围，将参数上下限定为原值的 ±20%，即 $p_{\min} \leqslant p \leqslant p_{\max}$，$p_{\min} = (1-20\%)p$，$p_{\max} = (1+20\%)p$；对设计参数也可取不同的限值，但增加了分析工作的复杂性。

调用计算/试验数据，进行相关性分析（MAC）→特征量、目标函数构造→参数选择→灵敏度分析（DSA）→确定最终设计变量。分析得目标函数关于设计参数的灵敏度如图 3-9 所示，$\mu_{XY}$、$\mu_{YX}$、$G_{XZ}$、$G_{YZ}$ 和 $G_{XY}$ 对目标函数的影响较小，因此在利用优化技术对模型进行修正时将这些参数从设计变量中剔除，最终确定的设计变量只有 $\delta$、$\rho_e$、$E_{XX}$、$E_{YY}$ 及 $E_{ZZ}$。

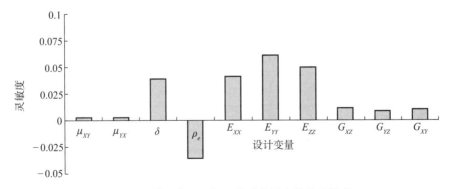

图 3-9　模型修正目标函数对设计参数的灵敏度

#### 3.4.4.3　修正结果分析及有效性检验

采用改进模拟退火算法（ISAA）、多目标达到法进行迭代优化，收敛准则设定为目标函数收敛容差小于 1%，初始迭代步设为 1 000，优化程序在第 403 步收敛结束，最佳设计序列为第 352 步。模型优化前后的结果对比如表 3 - 2 所示，设计变量及状态变量迭代历程分别如图 3 - 10、图 3 - 11 所示。

表 3 - 2　喷管有限元模型修正前后结果比较

| 阶次 | $f$ /Hz | | | $E_f$ /(%) | | MAC | |
|---|---|---|---|---|---|---|---|
| | 修前 | 修后 | 试验 | 修前 | 修后 | 修前 | 修后 |
| 1 | 22.8 | 25.0 | 25.3 | 11.20 | 1.24 | 0.73 | 0.96 |
| 2 | 49.4 | 53.1 | 53.2 | $-7.10$ | $-0.19$ | 0.82 | 0.94 |
| 3 | 53.6 | 58.2 | 58.7 | 9.60 | 0.83 | 0.87 | 0.98 |
| 4 | 88.2 | 74.1 | 75.4 | $-14.50$ | 1.76 | 0.64 | 0.91 |

　　由表 3 - 2 可得，模型修正后，喷管结构的前 4 阶模态频率最大相对误差从 14.5% 下降至 1.76%，最小 MAC 值从 0.64 提高到 0.91，本例所得结果的精度较高。计算结果与模态试验结果的一致性较好，最终所得的喷管结构动力学模型可以真实反映产品的实际动力学特性，修正后模型准确性可满足工程应用要求。

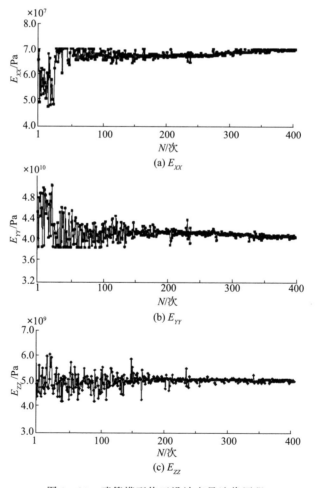

图 3 - 10　喷管模型修正设计变量迭代历程

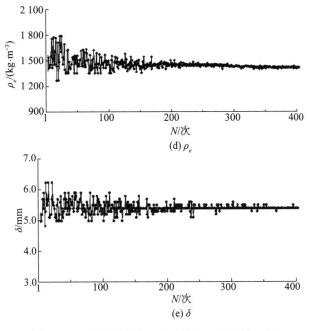

(d) $\rho_e$

(e) $\delta$

图 3 - 10　喷管模型修正设计变量迭代历程（续）

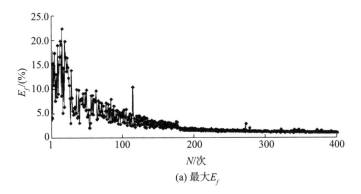

(a) 最大 $E_f$

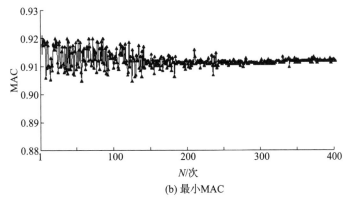

(b) 最小 MAC

图 3 - 11　喷管模型修正状态变量迭代历程

对本例的修正方法及分析结果的有效性进行检验。为防止该结果并非全局最优解，选择其他起始序列重新进行优化，同样得到本例的结果，说明该解确实是本优化问题的全局最优解，而非局部最优解。其次，选择试验测得的前三阶频率参与模型修正，试验测得的第 4 阶频率作为对修正后有限元模型的验证。第 4 阶试验、计算模态频率接近，模型的动力学计算结果与模态试验实测值基本吻合，从而证明了该方法的有效性。

另外，对模型修正的效率进行分析。文中的有限元模型规模为节点数 2592、梁单元数 71 和四边形壳单元数 2591，采用在大范围粗略和局部精细的随机搜索＋记忆功能的改进模拟退火优化算法进行多目标全局迭代优化，具有优化质量高、稳定性好、收敛速度快及执行高效等优点。

# 第4章　发动机结构动力学分析及优化设计

## 4.1　引言

在液体火箭发动机的研制历史中，结构疲劳、断裂、碰磨、泄漏等为主要故障模式，且以推力室、涡轮泵、管路及连接支撑的故障最为常见，其中对结构动载荷认识不足、动力学设计不合理、动强度试验考核不充分是主要原因。一方面，是因为发动机结构复杂、服役环境极端。另一方面，发动机受重量和尺寸限制，结构设计布局紧凑；燃烧室、涡轮泵及燃气发生器等主要振源位置集中，各振源能量成份复杂、载荷表现为作用在空间多方向的宽频随机和简谐叠加的形式，振源与振源间相互影响，振动在结构间的传递特性复杂；零部组件的工作安全性除受自身内部载荷影响外，还受到外部相邻结构或系统传递过来的机械振动载荷的影响。因此，发动机结构设计除需满足静强度要求外，还需要考虑高应力水平下振动导致的疲劳破坏等动强度问题，要进行全面深入的疲劳动强度设计与试验考核。结构动力学问题成为制约发动机工作可靠性及安全性的重要因素，是发动机研制工作中非常关键的问题之一。

因此，为弄清并解决发动机结构的动力学问题，以对发动机结构进行模态管理、振动响应控制等动力学设计，需要开展发动机结构的动力学特性、动态响应与动力优化设计研究。

本章首先阐述发动机结构动力学分析的相关理论，并给出相关发动机的应用实例，然后论述发动机动力学优化设计技术。

## 4.2　结构动力学分析

### 4.2.1　模态分析

模态分析，以线性振动理论为基础，主要是运用有限元方法对结构进行离散后，建立结构振动数学模型，再用适当的方法求解特征值、特征向量等。如果在分析中忽略阻尼，特征值则为实数，实特征值分析就是求解无阻尼下运动方程的特征值与特征向量。复特征值分析用于计算一般粘性阻尼、非比例粘性阻尼系统的模态。

模态分析的主要目的是研究结构动力学特性与动态响应，以指导实验策划、动力学设计等。模态分析为各种产品的结构设计和性能评估提供了一个强有力的工具，其可靠的分析结果往往作为产品性能评估的有效标准，而围绕其结果开展的各种动态设计更使模态分析成为结构设计的重要基础。

### 4.2.2　频率响应分析

频率响应分析主要研究结构在稳态简谐激励下的动态响应，例如偏心旋转部件在一组转动频率下的响应分析。在频率响应分析中，激励的形式可以是外力，也可以是强迫运动（位移、速度、加速度等）。计算的响应结果通常包括节点位移、速度、加速度、单元应力和应变等。

液体火箭发动机频率响应分析通常分为定频正弦振动分析和扫频正弦振动分析。定频正弦振动分析一般用于模拟发动机及其零部组件在特定激励频率下的振动，扫频正弦振动分析用于模拟泵转速升高过程随频率变化载荷所产生的振动。

### 4.2.3　随机振动分析

随机振动是一种只能在统计意义下描述的振动。在任何给定的时刻，其振动的幅值都不是确切可知的，而是由其振动幅值的统计特性（例如平均值、标准偏差以及超出某一特定值的概率）给定的，一般以功率谱密度函数的形式描述。响应输出结果为响应的功率谱密度、自相关函数及响应的 RMS 值等。

在随机振动分析中，通常分为窄带随机振动分析和宽带随机振动分析。窄带随机振动一般用于模拟发动机及其零部组件在较窄频带范围内的振动响应，宽带随机振动用于模拟发动机及其零部组件在试车、飞行及运输等持续宽频振动环境中的响应。分析时，通常先进行频响分析，然后在频响分析的基础上进行随机振动分析（或频谱分析）。

### 4.2.4　瞬态响应分析

瞬态响应分析是受迫振动问题中最常用的方法。瞬态分析的目的就是计算在时变载荷激励作用下结构的动力学行为。瞬态激励载荷在时域内显式定义，所有加载到结构上的载荷在每一时刻都是已知的。外载可以是外力，也可以是强迫运动。瞬态动力响应分析的典型结果是节点位移、加速度以及单元应力、应变。根据结构和载荷特性的不同，有两种不同的数值方法可用于瞬态响应分析，直接法和模态法。在直接瞬态响应分析中，通过用直接数值积分方法求解耦合方程来计算结构响应。模态法利用结构振型减缩及解耦运动方程，然后将各个模态响应迭加得到瞬态响应结果。

对于冲击分析，通常分为经典冲击分析和冲击响应谱分析。经典冲击采用在实验室里复现一种瞬态振动时域波形，如半正弦波、锯齿波、梯形波、三角波等经典波形。冲击响应谱是以时域冲击为基础激励，计算单自由度系统的响应与频率关系的函数表达式。冲击分析一般用于模拟发动机起动、关机、变工况、转级和火箭级间分离等工况下发动机及其零部组件所承受的冲击载荷。在分析时，通常将冲击响应谱转化为时域谱，采用直接积分法或者模态叠加法进行瞬态分析，获得加速度、位移、应力或应变等响应参数随时间的变化。

### 4.2.5　求解振动响应的直接积分法[44]

对结构动力学基本方程

$$[M]\{\ddot{U}\} + [C]\{\dot{U}\} + [K]\{U\} = \{P(t)\} \tag{4-1}$$

进行直接积分，其含义是指在对方程进行积分之前，不对其进行任何形式的变换。在积分中，实际上是按时间步长逐步积分的，这样做的实质是基于如下考虑：

1）只在相隔 $\Delta t$ 的一些离散时间区间上而不是在整个时间区间上的任一时刻 $t$ 上满足方程，即平衡是在求解区间上的一些离散时刻上获得的。

2）假定位移、速度、加速度在每一个时间区间 $\Delta t$ 内按一定规律变化，也正是采用不同的变化形式，决定了各种直接积分解的精度、稳定性和求解速度。

首先，设 $\{U_0\}$、$\{\dot{U}_0\}$ 和 $\{\ddot{U}_0\}$ 表示初始时刻（$t=0$）的位移、速度和加速度已知向量，要求出从 $t=0$ 到 $t=T$ 的解，则把时间段 $T$ 均分为 $n$ 个间隔 $\Delta t = T/n$，所用的积分是在 $\Delta t$，$2\Delta t$，$\cdots$，$T$ 上求方程的近似解，即要在 $\Delta t$，$2\Delta t$，$\cdots$，$T$ 的解已知的情况下，求解 $t + \Delta t$ 时刻的解。

常用的直接积分法有中心差分法、Runge - Kutta 法、Houbolt 法、Newmark 法、Wilson $\theta$ 法和广义 $\alpha$ 法等。

## 4.2.5.1　中心差分法

若基本方程式的平衡关系作为一个常系数微分方程组，则可以用任一种差分格式通过位移来表示速度和加速度。通常采用中心差分格式，这是一个行之有效的求解微分方程的格式

$$\begin{cases} \{\ddot{U}_t\} = \dfrac{1}{\Delta t^2}(\{U_{t-\Delta t}\} - 2\{U_t\} + \{U_{t+\Delta t}\}) \\[2mm] \{\dot{U}_t\} = \dfrac{1}{2\Delta t}(\{U_{t+\Delta t}\} - \{U_{t-\Delta t}\}) \end{cases} \tag{4-2}$$

假定 $\{U_t\}$ 及前一时刻的位移 $\{U_{t-\Delta t}\}$ 已经求得，可得

$$\left(\frac{1}{\Delta t^2}[M] + \frac{1}{2\Delta t}[C]\right)\{U_{t+\Delta t}\}$$
$$= \{P_t\} - ([K] - \frac{2}{\Delta t^2}[M])\{U_t\} - (\frac{1}{\Delta t^2}[M] - \frac{1}{2\Delta t}[C])\{U_{t-\Delta t}\} \tag{4-3}$$

由此式可求出 $\{U_{t+\Delta t}\}$。

上述格式是一个显式格式。具体计算时，还有一个步进递推格式的问题，即 $\{U_0\}$、$\{\dot{U}_0\}$ 和 $\{\ddot{U}_0\}$ 已知时，$\{U_{-\Delta t}\}$ 的求解问题。由 $\{\ddot{U}_t\}$、$\{\dot{U}_t\}$ 的差分表达式，可求出

$$\{U_{-\Delta t}\} = \{U_0\} - \Delta t\{\dot{U}_0\} + \frac{\Delta t^2}{2}\{\ddot{U}_0\} \tag{4-4}$$

中心差分法的具体求解步骤为：

1）用有限元素法形成结构的刚度矩阵 $[K]$、质量矩阵 $[M]$、阻尼矩阵 $[C]$；

2）计算初始值 $\{U_0\}$、$\{\dot{U}_0\}$ 和 $\{\ddot{U}_0\}$；

3）选择步长 $\Delta t$，并计算积分常数

$$a_0 = \frac{1}{\Delta t^2}, \quad a_1 = \frac{1}{2\Delta t}, \quad a_2 = 2a_0, \quad a_3 = \frac{1}{a^2} \tag{4-5}$$

4）计算

$$\{U_{-\Delta t}\} = \{U_0\} - \Delta t\{\dot{U}_0\} + a_3\{\ddot{U}_0\} \tag{4-6}$$

5）形成

$$[\hat{M}] = a_0[M] + a_1[C] \tag{4-7}$$

6）分解

$$[\hat{M}] = [L][D][L]^{\mathrm{T}} \tag{4-8}$$

对每一步长，进行如下计算：

1）求 $t$ 时刻的有效载荷

$$\{\hat{P}_t\} = \{P_t\} - ([K] - a_2[M])\{U_t\} - (a_0[M] - a_1[C])\{U_{t-\Delta t}\} \tag{4-9}$$

2）求解在时刻 $t + \Delta t$ 的位移

$$[L][D][L]^{\mathrm{T}}\{U_{t+\Delta t}\} = \{\hat{P}_t\} \tag{4-10}$$

3）如果需要，计算 $t$ 时刻的加速度和速度

$$\begin{aligned}
\{\ddot{U}_t\} &= a_0(\{U_{t-\Delta t}\} - 2\{U_t\} + \{U_{t+\Delta t}\}) \\
\{\dot{U}_t\} &= a_1(-\{U_{t-\Delta t}\} + \{U_{t+\Delta t}\})
\end{aligned} \tag{4-11}$$

在中心差分格式的使用中，一个重要的问题是步长必须小于临界步长 $\Delta t_{cr} = \dfrac{T_n}{n}$，以保证步进递推的数值稳定性。这里 $n$ 为系统的阶数，$T_n$ 为系统最小自然周期，即

$$\Delta t \leqslant \Delta t_{cr} = \frac{T_n}{n} \tag{4-12}$$

因此，中心差分格式是条件稳定的。

中心差分法作为显式算法的优点是，当质量阵为对角阵而阻尼阵也可以对角化时，可以避免矩阵求逆运算，而矩阵的分解运算非常简单，特别在进行非线性系统的响应分析时，由于需要在每个时间增量步修改刚度矩阵，采用中心差分法可以避免每一增量步对刚度矩阵的分解。

### 4.2.5.2　Newmark 方法

1959 年，Newmark 为了解决冲击波和地震载荷下的结构动力响应问题，提出了一种逐步积分方法，也可以认为 Newmark 方法是线性加速度方法的推广。其假定如下

$$\{\dot{U}_{t+\Delta t}\} = \{\dot{U}_t\} + [(1-\delta)\{\ddot{U}_t\} + \delta\{\ddot{U}_{t+\Delta t}\}]\Delta t \tag{4-13}$$

$$\{U_{t+\Delta t}\} = \{U_t\} + \{\dot{U}_t\}\Delta t + [(\frac{1}{2} - \alpha)\{\ddot{U}_t\} + \alpha\{\ddot{U}_{t+\Delta t}\}]\Delta t^2 \tag{4-14}$$

其中，$\delta$，$\alpha$ 为积分常数，根据积分精度和计算的稳定性来确定。

为保证算法的无条件稳定，通常取 $\delta \geqslant 0.5$，$\alpha = 0.25(0.5 + \delta)^2$。当 $\delta = \dfrac{1}{2}$，$\alpha = \dfrac{1}{6}$

时，就是线性加速度法。

其具体方法为，根据 $t + \Delta t$ 时刻的平衡方程

$$[M]\{\ddot{U}_{t+\Delta t}\} + [C]\{\dot{U}_{t+\Delta t}\} + [K]\{U_{t+\Delta t}\} = \{P_{t+\Delta t}\} \tag{4-15}$$

由最初的两个假定式（4 - 13）、式（4 - 14），求出用 $\{U_{t+\Delta t}\}$ 表示的 $\{\ddot{U}_{t+\Delta t}\}$ 和 $\{\dot{U}_{t+\Delta t}\}$ 的表达式，代入上述方程求出 $\{U_{t+\Delta t}\}$，然后回代求出 $\{\ddot{U}_{t+\Delta t}\}$ 和 $\{\dot{U}_{t+\Delta t}\}$。

具体步骤为：

1）用有限元素法形成结构的刚度矩阵 $[K]$、质量矩阵 $[M]$、阻尼矩阵 $[C]$；

2）计算初始值 $\{U_0\}$、$\{\dot{U}_0\}$ 和 $\{\ddot{U}_0\}$；

3）取步长 $\Delta t$ 以及参数 $\alpha$，$\delta[\alpha = 0.25(0.5 + \delta)^2, \delta \geqslant 0.5]$，计算

$$\begin{cases} a_0 = \dfrac{1}{\alpha \Delta t^2}, a_1 = \dfrac{\delta}{\alpha \Delta t}, a_2 = \dfrac{1}{\alpha \Delta t}, a_3 = \dfrac{1}{2\alpha} - 1, \\ a_4 = \dfrac{\delta}{\alpha} - 1, a_5 = \dfrac{\Delta t}{2}\left(\dfrac{\delta}{\alpha} - 2\right), a_6 = \Delta t(1 - \delta), a_7 = \delta \Delta t \end{cases} \tag{4-16}$$

4）形成

$$[\hat{K}] = [K] + a_0[M] + a_1[C] \tag{4-17}$$

5）矩阵分解

$$[\hat{K}] = [L][D][L]^{\mathrm{T}} \tag{4-18}$$

6）对每一步长 $\Delta t$，计算时刻 $t + \Delta t$ 的有效载荷

$$\{\hat{P}_{t+\Delta t}\} = \{P_{t+\Delta t}\} + [M](a_0\{U_t\} + a_2\{\dot{U}_t\} + a_3\{\ddot{U}_t\}) + \\ [C](a_1\{U_t\} + a_4\{\dot{U}_t\} + a_5\{\ddot{U}_t\}) \tag{4-19}$$

7）求解 $t + \Delta t$ 的位移

$$[L][D][L]^{\mathrm{T}}\{U_{t+\Delta t}\} = \{\hat{P}_{t+\Delta t}\} \tag{4-20}$$

8）计算在 $t + \Delta t$ 时刻的速度、加速度

$$\{\ddot{U}_{t+\Delta t}\} = a_0(\{U_{t+\Delta t}\} - \{U_t\}) - a_2\{\dot{U}_t\} - a_3\{\ddot{U}_t\} \tag{4-21}$$

$$\{\dot{U}_{t+\Delta t}\} = \{\dot{U}_t\} + a_6\{\ddot{U}_t\} + a_7\{\ddot{U}_{t+\Delta t}\} \tag{4-22}$$

Newmark 法在应用中通常取 $\delta = \dfrac{1}{2}$、$\alpha = \dfrac{1}{4}$，该方法也是一种无条件稳定的隐式积分格式。

对一个具体问题，究竟采用何种积分格式，要根据各自的经验来选择。从使用上看，当在求解振动响应时，Newmark 法应用较多一些。另外，求解微分方程的积分格式，常用的还有四阶 Runge－Kutta 方法。

对于非线性系统的振动响应分析，严格地讲，不能用模态坐标对方程进行解耦，因而直接积分方法成为一种求解非线性系统振动响应的有效方法。

### 4.2.6　求解振动响应的精细积分法[44]

将结构强迫振动方程写成状态方程的形式，利用现代控制理论中对状态方程的求解方法，引入状态转移矩阵的概念，进行逐步的递推求解，就形成了对动力学响应求解的精细积分方法。

精细积分方法适合于处理形如

$$\{\dot{u}\} = [H]\{u\} + \{r(t)\} \tag{4-23}$$

的微分方程，称为系统的状态方程。因此在应用精细积分方法之前，要先将结构振动的微分方程化成式（4-23）的形式。

#### 4.2.6.1　自由振动响应

对于自由振动，相应的运动状态方程形式为

$$\{\dot{u}\} = [H]\{u\} \tag{4-24}$$

其中，$\{u\}$ 称为系统的状态向量。

根据矩阵微分方程解的理论，其通解为

$$\{u\} = \exp([H]t)\{u_0\} \tag{4-25}$$

令时间步长为 $\tau$，记

$$[T] = \exp([H\tau]) \tag{4-26}$$

称为状态转移矩阵，则在一系列等步长的时刻

$$t_0 = 0, t_1 = \tau, t_2 = 2\tau, \cdots, t_k = k\tau, \cdots \tag{4-27}$$

系统在 $\tau$ 时刻的状态与初始状态之间有如下关系

$$\{u(\tau)\} = \{u_1\} = [T]\{u_0\} \tag{4-28}$$

且有状态递推公式

$$\{u_{k+1}\} = [T]\{u_k\} \tag{4-29}$$

因此，精细积分的计算归结于对状态转移矩阵 $[T]$ 的计算。只要能精确计算出状态转移矩阵，就可以得到各个时刻系统状态的高精度解。

将积分步长 $\tau$ 划分为 $m = 2^N$ 等分，即

$$\Delta t = \tau/m = 2^{-N}\tau \tag{4-30}$$

一般取 $N = 20$，于是 $\Delta t = 2^{-20}\tau \approx 10^{-6}\tau$，从而

$$[T] = \exp([H]\tau) = [\exp([H]\tau/m)]^m = [\exp([H]\Delta t)]^m \tag{4-31}$$

展开成泰勒幂级数形式并取前四项得到

$$\begin{aligned}
\exp([H]\Delta t) &\approx [I] + [H]\Delta t + ([H]\Delta t)^2/2! + ([H]\Delta t)^3/3! + ([H]\Delta t)^4/4! \\
&= [I] + [H]\Delta t + ([H]\Delta t)^2 \times ([I] + ([H]\Delta t/3) + ([H]\Delta t)^2/12)/2 \\
&= [I] + [T_a]
\end{aligned} \tag{4-32}$$

$$[T_a] = [H]\Delta t + ([H]\Delta t)^2 \times ([I] + ([H]\Delta t/3) + ([H]\Delta t)^2/12)/2 \tag{4-33}$$

从而

$$[T] = ([I] + [T_a])\, 2^N$$

$$= ([I] + [T_a])^{2^{(N-1)}} \times ([I] + [T_a])^{2^{(N-1)}}$$

$$= ([I] + [T_a])^{2^{(N-2)}} \times ([I] + [T_a])^{2^{(N-2)}} \times ([I] + [T_a])^{2^{(N-2)}} \times ([I] + [T_a])^{2^{(N-2)}}$$

$$= \cdots$$

$$(4 - 34)$$

由于

$$([I] + [T_a]) \times ([I] + [T_a]) = [I] + 2[T_a] + [T_a] \times [T_a] \qquad (4 - 35)$$

因此，令

$$[T_a] = 2[T_a] + [T_a] \times [T_a] \qquad (4 - 36)$$

迭代计算上式 $N$ 次，就可得到

$$[T] = [I] + [T_a] \qquad (4 - 37)$$

泰勒展开中，略去的高阶项为 $O(\Delta t^5)$，即 $10^{-30} O(\tau^5)$，显然，这样得到的 $[T]$ 已经具有很高的精度。

#### 4.2.6.2　强迫振动响应

强迫振动响应的运动方程也可以写成状态方程的形式

$$\{\dot{u}\} = [H]\{u\} + \{r(t)\} \qquad (4 - 38)$$

假定在时间步 $(t_k, t_{k+1})$ 内，$\{r(t)\}$ 是线性的，即

$$\{\dot{u}\} = [H]\{u\} + \{r_0\} + \{r_1(t - t_k)\} \qquad (4 - 39)$$

当 $t = t_k$ 时，$\{u\} = \{u_k\}$。令 $\Phi(t - t_k)$ 是对应齐次方程的解，即

$$[\dot{\Phi}] = [H][\Phi] \qquad [\Phi(0)] = [I] \qquad (4 - 40)$$

从而，方程（4 - 38）的解为

$$\{u\} = [\Phi(t - t_k)][\{u_k\} + [H]^{-1}\{r_0\} + $$
$$[H]^{-1}\{r_1\} - [H]^{-1}(\{r_0\} + [H]^{-1}\{r_1\} + \{r_1(t - t_k)\})] \qquad (4 - 41)$$

由于

$$[\Phi(t_{k+1} - t_k)] = [\Phi(\tau)] = [T] \qquad (4 - 42)$$

所以

$$\{u_{k+1}\} = [T][\{u_k + [H]^{-1}\{r_0\} + $$
$$[H]^{-1}\{r_1\} - [H]^{-1}(\{r_0\} + [H]^{-1}\{r_1\} + \{r_1(\tau)\})] \qquad (4 - 43)$$

### 4.2.7　求解振动响应的模态法

利用模态变换方法解耦运动方程，使数值求解效率更加高效。模态瞬态响应分析是主模态的自然扩展，将变量从物理坐标 $\boldsymbol{u}(t)$ 变换到模态坐标 $\boldsymbol{\xi}(t)$ 为

$$\boldsymbol{u}(t) = \boldsymbol{\Phi}\boldsymbol{\xi}(t) \qquad (4 - 44)$$

式中，$\boldsymbol{\Phi}$ 为振型矩阵。如果利用到所有模态，上式是等效变换；由于很少运用到所有模态，故上式通常是近似变换。

将式（4-1）写成模态坐标下的运动方程

$$M\boldsymbol{\Phi}\ddot{\boldsymbol{\xi}}(t) + C\boldsymbol{\Phi}\dot{\boldsymbol{\xi}}(t) + K\boldsymbol{\Phi}\boldsymbol{\xi}(t) = F(t) \tag{4-45}$$

上式仍然是耦合的，为了解耦方程，对上式等号两边均左乘 $\boldsymbol{\Phi}^{\mathrm{T}}$，有

$$\boldsymbol{\Phi}^{\mathrm{T}}M\boldsymbol{\Phi}\ddot{\boldsymbol{\xi}}(t) + \boldsymbol{\Phi}^{\mathrm{T}}C\boldsymbol{\Phi}\dot{\boldsymbol{\xi}}(t) + \boldsymbol{\Phi}^{\mathrm{T}}K\boldsymbol{\Phi}\boldsymbol{\xi}(t) = \boldsymbol{\Phi}^{\mathrm{T}}F(t) \tag{4-46}$$

式中，$\boldsymbol{\Phi}^{\mathrm{T}}M\boldsymbol{\Phi}$、$\boldsymbol{\Phi}^{\mathrm{T}}C\boldsymbol{\Phi}$ 及 $\boldsymbol{\Phi}^{\mathrm{T}}K\boldsymbol{\Phi}$ 分别为模态质量阵、模态阻尼阵和模态刚度阵，$\boldsymbol{\Phi}^{\mathrm{T}}F(t)$ 为模态力向量。

### 4.2.7.1　无阻尼系统

利用振型正交性的特点，模态质量阵和模态刚度阵为对角矩阵，只有对角元素为非零，而模态阻尼阵一般为非对角阵，为了处理方便，暂不考虑阻尼的影响。因此，可采用模态质量阵、模态刚度阵表示的一系列解耦的单自由度系统无阻尼运动方程

$$m_i\ddot{\xi}_i(t) + k_i\xi_i(t) = f_i(t) \tag{4-47}$$

式中，$m_i$，$k_i$，$f_i$ 分别为第 $i$ 阶模态质量、模态刚度和模态力。上式可采用 Duhamel 积分求解。

由于模态法无需所有模态参与计算，对于 $n$ 自由度系统，取前 $m$ 阶模态，则 $\boldsymbol{\Phi}$ 的大小为 $n \times m$，需要求解的方程数仅为 $m$ 个，若不采取模态法，需要求解的方程数则为 $n$ 个，因 $m \ll n$，故大大降低了求解规模，提高了分析效率。

### 4.2.7.2　阻尼系统

若考虑阻尼的影响，且阻尼为非瑞利阻尼，由于 $\boldsymbol{\Phi}^{\mathrm{T}}C\boldsymbol{\Phi}$ 为非对角阵，瞬态响应分析可采用直接法求解，数值积分求解一个用模态坐标表示的耦合方程

$$\boldsymbol{B}_1\boldsymbol{\xi}_{n+1} = \boldsymbol{B}_2 + \boldsymbol{B}_3\boldsymbol{\xi}_n + \boldsymbol{B}_4\boldsymbol{\xi}_{n-1} \tag{4-48}$$

式中，$\boldsymbol{B}_1 = \boldsymbol{\Phi}^{\mathrm{T}}\left(\dfrac{M}{\Delta t^2} + \dfrac{C}{2\Delta t} + \dfrac{K}{3}\right)\boldsymbol{\Phi}$，$\boldsymbol{B}_2 = \dfrac{1}{3}\boldsymbol{\Phi}^{\mathrm{T}}(F_{n+1} + F_n + F_{n-1})\boldsymbol{\Phi}$，$\boldsymbol{B}_3 = \boldsymbol{\Phi}^{\mathrm{T}}\left(\dfrac{2M}{\Delta t^2} - \dfrac{K}{3}\right)\boldsymbol{\Phi}$，$\boldsymbol{B}_4 = \boldsymbol{\Phi}^{\mathrm{T}}\left(-\dfrac{M}{\Delta t^2} + \dfrac{C}{2\Delta t} - \dfrac{K}{3}\right)\boldsymbol{\Phi}$。

由于在求解式（4-48）中使用的模态数比物理变量数少很多，所以用模态坐标表示的运动方程的直接积分，比用物理坐标表示的方程的直接积分的效率更高。

另一种方法是采用瑞利阻尼，这时 $\boldsymbol{\Phi}^{\mathrm{T}}C\boldsymbol{\Phi}$ 为对角阵，运动方程为非耦合方程。每个模态下的运动方程为

$$m_i\ddot{\xi}_i(t) + c_i\dot{\xi}_i(t) + k_i\xi_i(t) = f_i(t) \tag{4-49}$$

或

$$\ddot{\xi}_i(t) + 2\zeta_i\dot{\xi}_i(t) + \omega_i^2\xi_i(t) = \frac{1}{m_i}f_i(t) \tag{4-50}$$

式中，模态阻尼比 $\zeta_i = c_i/(2m_i\omega_i)$，模态频率 $\omega_i^2 = k_i/m_i$。对于式（4-50），可运用非耦合的解析积分算法来求解解耦的单自由度系统的模态响应，用 Duhamel 积分求解模态响应

$$\xi(t) = \mathrm{e}^{-ct/2m}\left(\xi_0\cos\omega_c t + \frac{\xi_0 + b\xi_0/(2m)}{\omega_c}\sin\omega_c t\right) + \mathrm{e}^{-ct/2m}\frac{1}{m\omega_c}\int_0^t \mathrm{e}^{c\tau/2m}f(\tau)\sin\omega_c(t-\tau)\,\mathrm{d}\tau$$

$$(4-51)$$

### 4.2.8　发动机热试车起动冲击响应分析[45]

在大推力发动机的动态工作过程中，起动过程直接关系到航天运载器的发射成败。发动机在起动过程中，一般处于大应力、高低温、高压和强冲击的恶劣工作环境，参数大范围急剧变化，呈现出非稳态的动力学特征。国内外大量研究资料表明，发动机在工作过程中发生的故障，绝大多数发生在起动段，如喷注器变形、约束支撑组件失效、导管断裂、焊缝开裂及泵爆裂等故障。发动机结构对起动强冲击环境的适应性对于发动机自身及火箭的可靠性与安全性均有着直接的影响。由于发动机起动过程非常复杂，对其进行研究是发动机研制过程中的重点和难点之一。

本节将对某大推力发动机结构起动冲击动力学响应特性展开研究。首先，采用第 2 章建模方法建立发动机整机结构初始有限元模型，运用第 3 章模型修正方法对所建模型进行修正，从而得到高保真的冲击动力学分析模型，如图 4 - 1 所示；其次，对发动机的起动冲击载荷环境进行分析，得到瞬态响应计算的载荷输入条件；再次，基于 MSC Patran/Nastran 软件进行发动机热试车起动冲击响应仿真分析，研究结构的冲击响应特性；最后，对结构的冲击安全性进行评估，并给出相应的结构设计改进措施。

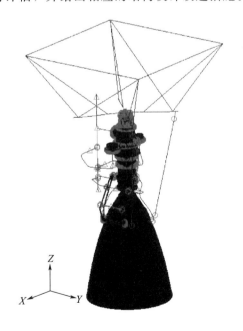

图 4 - 1　发动机整机有限元模型

发动机的起动冲击为高速动力学事件，载荷的作用形式及结构的动力学响应十分复杂，属于高度非线性瞬态动力学问题[46-47]。由于非线性及时间效应的影响，给响应求解带来很大的困难。为简化分析，做如下假定：

1）不考虑金属材料发生的所谓相变；

2）认为发动机的材料属性对应变率效应不敏感，可以近似采用准静态弹塑性本构关系。

在推力室喷注器盘、燃烧室上施加燃气瞬变压力 $\Delta p_c$，以模拟瞬态推力的作用。对于大模型和大量计算时间步，采用 MSC Nastran SOL112 求解器的模态法进行瞬态动力学分析，计算总时间为 15 ms，时间步长设为 0.01 ms。

### 4.2.8.1　模态截断及阻尼对分析结果准确性的影响

模态截断会对模态法瞬态响应分析结果的精度产生重要的影响。对于模态截断问题，截断原则是假定用一个减缩的模态集合可以计算得到精确的结果，截断不会对结果的精度产生影响。所有模态 $n$ 的有效质量的总和等于结构的总质量，可作为如何选取独立模态响应的数目来准确地反映结构响应的依据。用一系列模态 $m$ 表示系统的总响应，如果各阶模态 $m$ 的有效质量的总和大于结构总质量的预设百分比，那么模态 $m$ 的数目在分析中就被认为是足够的。否则，就需要考虑额外的模态。一般地，在每个主方向的响应都要至少包含 90% 的结构参与质量。

对发动机进行结构模态分析，分析不同阶模态在不同方向上有效质量的参与度，模态法、直接法计算结果对比如图 4-2 所示。

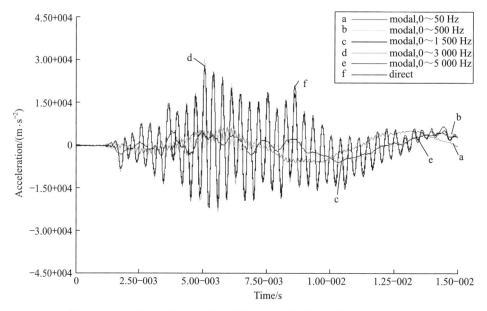

图 4-2　模态法（不同模态截断频率）与直接法计算加速度响应曲线

由图 4-2 可见，当模态截断在 0～50 Hz、0～500 Hz 及 0～1 500 Hz 时，模态法计算结果与直接法相差较大，说明忽略 1 500 Hz 以上的高频模态会对计算结果产生较大的影响，截断频率选择是错误的。当模态截断在 0～3 000 Hz、0～5 000 Hz 时，两种方法得到的计算结果几乎接近，表明模态截断频率选取在 3 000 Hz 对于计算结果的精度来说已足够。对于模态截断问题，应根据载荷的频谱特性和空间分布、结构的重要特征频率和响应特性来估计截断。也可在初步截断、试算的基础上，再确定合适的截断范围。

　　另外，为分析阻尼对瞬态响应分析结果准确性的影响，分别在 0～3 000 Hz 范围内取一致的临界阻尼比 0.01、0.02 和 0.03，对比振动监测点上的加速度响应，如图 4-3 所示。分析可得，同一监测点同一方向不同阻尼比的加速度响应曲线相差较大，说明阻尼对计算结果有着重要的影响。因此，为了提高分析结果的准确性，需开展模态测试，或进一步进行基础激励振动试验和热试车搭载测试，得到结构在真实工作环境下的关键模态阻尼参数。

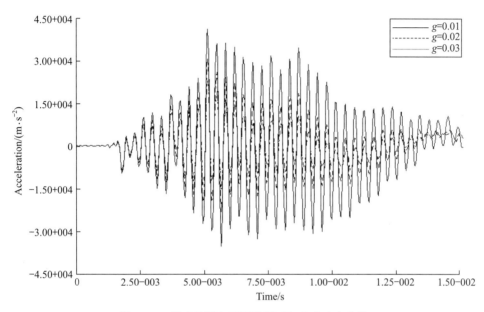

图 4-3　振动监测点不同阻尼下加速度响应曲线

### 4.2.8.2　发动机起动冲击响应分析

　　选取推力室振动传感器的安装位置为监测点，对比该点的振动响应计算数据与试验测量值之间是否有差异，如图 4-4 所示。分析发现，发动机起动瞬变过程仿真结果与实测数据吻合较好，验证了动力学模型、瞬变过程仿真分析方法的有效性。

　　冲击容易引起大位移响应，从而导致零部组件间摩擦或零件之间干涉引起破坏，因此结构需要满足部件或总体的刚度要求。发动机典型位置的变形随冲击过程的变化如图 4-5 所示。最大变形发生在氧化剂入口管上，计算时间 10.527 ms 时的变形约 6.0 mm（如图 4-6 所示），这主要是因入口管上有氧隔离阀、预压泵等大集中质量和对该管段的约束较弱（支板和波纹软管）所引起的。其次，涡轮泵上的最大变形约 3.7 mm。通过运动、变形分析，发动机结构的动态位移满足结构总体干涉和运动包络的要求。

　　在起动时，结构可能因瞬态应力超过允许极限（过应力）而引起结构永久变形或强度破坏，要求应力/应变在材料的许用范围内。许多金属材料在快速加载条件下，屈服极限 $\sigma_s$ 有明显提高（$\sigma_s$ 随 $\dot{\varepsilon}$ 的增大而升高）。本例认为材料的应变率效应不敏感，故采取静态屈服条件及与之相关联的塑性流动法则作为强度判据。

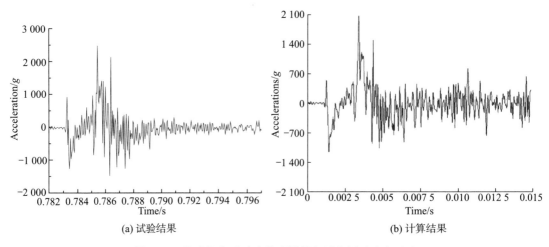

(a) 试验结果 　　　　　　　　　　　　　(b) 计算结果

图 4 - 4　发动机起动冲击仿真计算与试车振动响应对比

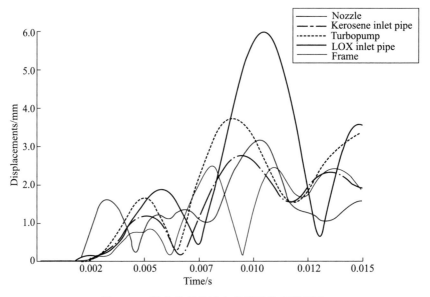

图 4 - 5　发动机起动冲击仿真结构变形历程

　　分析图 4 - 7 可得，机架、管路等梁单元上的应力水平均较低（最大 151 MPa），结构具有较高的强度安全裕度。发动机的最大应力发生在氧入口管约束支板处（如图 4 - 8 所示，约 671 MPa），支板材料为 1Cr18Ni9Ti，在起动过程中，材料出现大面积屈服，等效塑性应变达到 35%，Von Mises 应力超过了材料的抗拉强度极限，该结构为设计的薄弱环节，需要对结构进行改进。根据实际情况与工程经验进行结构设计优化改进，将支板材料更换为高强度钢，并增加了板厚度，以满足结构强度设计的要求，改进后的结构顺利通过了多次发动机热试车考核，从而证明了改进措施的有效性。

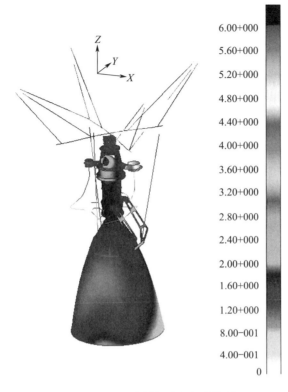

图 4 - 6　10.52 ms 时刻发动机变形情况（mm）

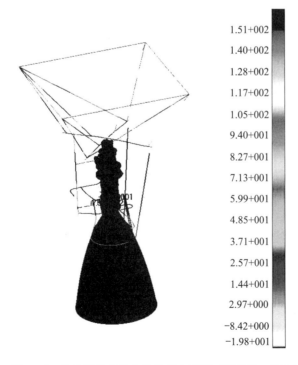

图 4 - 7　发动机起动冲击仿真应力云图（梁单元，MPa）

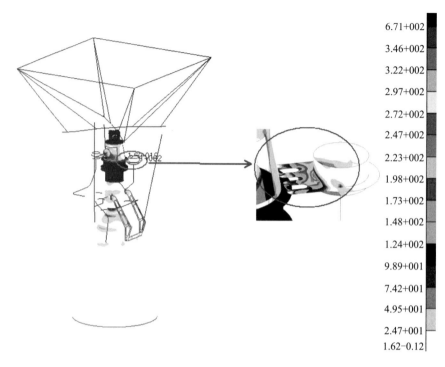

| 6.71+002 |
| 3.46+002 |
| 3.22+002 |
| 2.97+002 |
| 2.72+002 |
| 2.47+002 |
| 2.23+002 |
| 1.98+002 |
| 1.73+002 |
| 1.48+002 |
| 1.24+002 |
| 9.89+001 |
| 7.42+001 |
| 4.95+001 |
| 2.47+001 |
| 1.62-0.12 |

图 4-8　发动机起动冲击仿真应力云图（壳单元，MPa）

## 4.3　结构动力学优化设计

所谓的结构动力学设计，是指按照对结构动力学指标的要求，对结构进行设计，以满足对振动特性、振动响应以及振动稳定性边界的要求。一般来讲，所谓的结构动力学设计，实际上是结构动力学优化设计[44]。优化设计是将设计问题的物理模型转化为数学模型，运用最优化数学理论，选用适当的优化方法，并借助计算机求解该数学模型，从而得到最佳设计方案的一种设计方法，通过优化驱动产品设计。

结构动力学设计主要包括以下三方面的研究内容：

1）在给定频率和响应控制设计要求下，对结构构型或布局进行设计优选；

2）在确定结构布局或构型后，对有关的结构设计参数进行设计优选；

3）在基本结构设计确定后，如有必要，还应进行附加质量、附加刚度及附加阻尼的设计优选，或附加其他类型的振动控制措施。

动态优化设计的一般流程：初步设计→应用 FEM 对初步设计结果进行动态性能校核和修改→实验模态分析→结构动态修改→结构优化设计→生产正式产品，如图 4-9 所示。

不同的结构和工作环境对结构动力学设计指标有不同要求，结构动力学设计指标可以归结为如下三点：

1）避免有害的共振，即根据工作环境的激励频率，对结构的振动频率进行控制，使之具有预期的固有频率，从而提出了固有频率管理/设计要求。

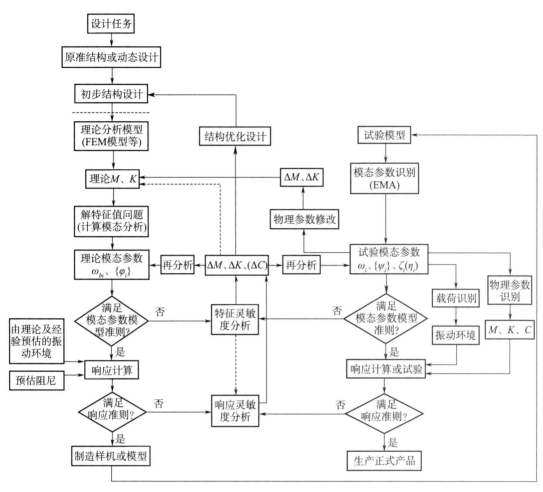

图 4-9　结构动态设计流程[25]

2）避免结构的过度振动，降低振动水平。即对结构的动力学响应进行控制，从而提出了动力学响应设计要求，包括对固有振型（节点或节线）的设计要求。

3）对动稳定性的设计要求，以保证结构在动力学稳定边界内工作。如管路流致振动稳定性设计、气动结构气弹稳定性设计等。

结构优化设计涉及的内容广泛而丰富，优化设计的等级从低至高，由结构的尺寸优化、形状优化、拓扑优化到最高层次的布局优化。优化的数学模型亦将逐渐多样化和复杂化，除传统的确定性参数模型之外，近年来人们也在考虑不确定因素的影响，研究基于可靠度、健壮性的优化设计[48]。此外，结构动力灵敏度分析、动力学设计修改、振动最优控制、优化算法以及功能强、界面好、具有通用性的结构动力学优化设计软件的开发等等，都将是被给予关注的热点问题。

本节主要介绍结构动力学优化设计的相关理论、多频及频响优化设计方法，并给出动力学优化设计的应用实例。

### 4.3.1 优化设计基础理论[44]

结构动力学设计的过程是，将结构系统构造成一个带有设计变量的数学模型，通过对设计变量的选取，来实现动力学设计的要求，并满足设计中所受到的限制。从数学上讲，结构动力学设计构成数学上的约束非线性规划问题，即约束优化问题。

#### 4.3.1.1 目标函数

结构系统的动力学优化设计目标函数可以用结构的实际性能数据与其目标值之差的平方和来构造，也可以用结构动力学变分原理形成的性能函数来构造。由它们的极值条件（通常是极小值）给出最优解，来获得具有良好的动力学性能的结构系统。结构系统的振动特性，主要由它的固有频率和固有振型等模态参数来表示。为了避免共振，必须使结构的固有频率避开激振力的频率（频带），特别是对最低的前几阶频率。对于一般结构，要求各阶模态频率远离工作频率，或工作频率不落在某阶模态的半功率带宽内；对结构振动贡献较大的振型，应使其不影响结构的正常工作为佳。

设结构的前 $m$ 阶频率是 $\omega_i (i=1, 2, \cdots, m)$，要求经过动力学设计后相应频率的目标值是 $\omega_i^* (i=1, 2, \cdots, m)$，按其偏差的加权平方和最小来构造如下的目标函数

$$J_f(P_r) = \sum_{i=1}^{m} W_i (\omega_i - \omega_i^*)^2 \qquad (4-52)$$

式中，$W_i$ 为频率权函数。

结构的动态响应特性，可以用它的频率响应函数或脉冲响应函数来表示。由于频域内结构动态响应 $X(\Omega_j)$ 通常采用模态叠加法进行计算，引入模态频率响应函数 $H_i(\Omega_j)$ 后，系统频域响应为

$$X(\Omega_j) = \sum_{i=1}^{m} H_i(\Omega_j) f(\Omega_j) \qquad (4-53)$$

为了使结构系统在一个给定频带范围内 $[\Omega_l, \Omega_h]$ 的动态响应幅值趋近于目标值 $X^*(\Omega_j)$，可构造如下的目标函数

$$J_r(P_r) = \int_{\Omega_l}^{\Omega_h} W(\Omega_j) [X(\Omega_j) - X^*(\Omega_j)]^2 \mathrm{d}\Omega_j \qquad (4-54)$$

式中，$W(\Omega_j)$ 为响应权函数。

当然，对于不同的动力学设计问题，还可以构造出其他的目标函数。结构动力学设计就是要求上述的目标函数有最小值，即使得

$$\min \quad J(P_r) \qquad (4-55)$$

#### 4.3.1.2 约束条件

动力学设计过程中，要受到各种条件的制约，构成它的约束条件。约束条件分为两类：性能约束和边界约束。

性能约束是指结构所必须具有的某些性能要求，如在结构动力学设计时，仍应保证结构有足够的静强度，即满足应力约束准则

$$\sigma_b - \sigma_{\max}(P_r) \geqslant 0 \qquad\qquad (4-56)$$

还有其他的动力学特性要求，如为保证动力稳定性要求的阻尼准则

$$\eta_0 - \eta(P_r) < 0 \qquad\qquad (4-57)$$

以及对结构重量的要求，特别是对于飞行器，优化设计的结果不能降低其飞行的性能，就要求结构在设计后不应超过重量的允许值

$$\sum m_i(P_r) + m_0 \leqslant M \qquad\qquad (4-58)$$

边界约束是指对设计参数变化的上、下界进行限制，防止在设计中出现不切实际的量值

$$P_r^{(L)} \leqslant P_r \leqslant P_r^{(U)} \qquad\qquad (4-59)$$

带有约束条件的非线性规划问题，称为约束非线性规划。一般约束条件有等式约束和不等式约束两种

$$\begin{cases} g_i(P_r) \leqslant 0 & (i=1,2,\cdots,q) \\ h_i(P_r) = 0 & (i=q+1,q+2,\cdots,Q) \end{cases} \qquad (4-60)$$

### 4.3.1.3　设计变量

对于一个结构，在采用有限元方法离散后，得到其有限元动力学模型。对于该模型来说，所具有的参数是刚度参数、质量参数和阻尼参数，而这些参数从物理上讲，又是通过结构的几何参数、材料参数等所构成。而这些参数在设计中，有些是不能修改的，有些是可以修改的。那些可以修改的参数称为设计变量。

设计变量数决定了非线性规划的设计自由度，每个等式约束给予变量之间一个必须满足的关系式，减少了设计变量。但对于约束非线性规划问题，要用等式约束消去因变量是很复杂的，甚至是不可能的，往往是保留因变量，把等式约束引入目标函数。

在设计过程中，设计变量越少，设计效率就越高。因此删除一些次要的设计变量是有益的，这一工作通常是通过灵敏度分析来对设计变量进行取舍。灵敏度是目标函数对设计变量的偏导数，显然应该选取灵敏度大的设计变量参与设计。

### 4.3.1.4　可行域

既满足等式约束又满足不等式约束的设计变量称之为可行点，可行点的集合称为可行域。对于等式约束 $h_i(P_r)=0$，可行点落在等式约束表达式给出的变量空间的超几何曲面上。对于不等式约束 $g_i(P_r) \leqslant 0$，满足 $g_i(P_r) < 0$ 的变量称为内点，满足 $g_i(P_r)=0$ 的变量称为边界点，当然它们都是可行点。

### 4.3.1.5　最优解

从上述内容看到，结构动力学设计属于约束非线性规划问题，它的数学描述为

$$\min \quad J(P_r)$$
$$\text{s.t.} \begin{cases} g_i(P_r) \leqslant 0 & (i=1,2,\cdots,q) \\ h_i(P_r) = 0 & (i=q+1,q+2,\cdots,Q) \end{cases} \qquad (4-61)$$

满足上述条件的设计变量 $\boldsymbol{P}_r^*$ 称为最优点，对应的目标函数值称为最优值。最优点与最优值构成最优解。由于非线性规划往往不只有一个极值解，因此它往往给出的是局部最优解，即设计变量可行域内的一个局部极小值。

### 4.3.1.6　函数逼近

非线性规划中，目标函数、约束条件等都是设计变量 $\boldsymbol{P}_r$ 的非线性函数。现以目标函数为例，将其展开成泰勒级数

$$J(\boldsymbol{P}_r)=J(\boldsymbol{P}_r^{(k)})+\nabla^{\mathrm{T}}J(\boldsymbol{P}_r^{(k)})(\boldsymbol{P}_r-\boldsymbol{P}_r^{(k)})+\frac{(\boldsymbol{P}_r-\boldsymbol{P}_r^{(k)})^{\mathrm{T}}\nabla^2J(\boldsymbol{P}_r^{(k)})(\boldsymbol{P}_r-\boldsymbol{P}_r^{(k)})}{2}+\cdots$$

$$(4-62)$$

其中，$\nabla J(\boldsymbol{P}_r^{(k)})$ 是目标函数在 $\boldsymbol{P}_r^{(k)}$ 点处的梯度，表示了函数增加最快的方向，它是目标函数对设计变量的 1 阶偏导数

$$\nabla J(\boldsymbol{P}_r^{(k)})=\left\{\begin{array}{c}\dfrac{\partial J(\boldsymbol{P}_r^{(k)})}{\partial \boldsymbol{P}_1}\\\vdots\\\dfrac{\partial J(\boldsymbol{P}_r^{(k)})}{\partial \boldsymbol{P}_r}\end{array}\right\}\tag{4-63}$$

从而目标函数的一次近似表达式为

$$J(\boldsymbol{P}_r)=J(\boldsymbol{P}_r^{(k)})+\nabla^{\mathrm{T}}J(\boldsymbol{P}_r^{(k)})(\boldsymbol{P}_r-\boldsymbol{P}_r^{(k)})\tag{4-64}$$

式（4-62）中的 $\nabla^2J(\boldsymbol{P}_r^{(k)})\equiv\boldsymbol{H}(\boldsymbol{P}_r^{(k)})$ 称为目标函数的 Hessian 矩阵，它是目标函数对设计变量的 2 阶偏导数

$$\boldsymbol{H}(\boldsymbol{P}_i^{(k)})=\left[\begin{array}{ccc}\dfrac{\partial^2J(\boldsymbol{P}_r^{(k)})}{\partial \boldsymbol{P}_1^2}&\cdots&\dfrac{\partial^2J(\boldsymbol{P}_r^{(k)})}{\partial \boldsymbol{P}_1\partial \boldsymbol{P}_r}\\\vdots&\vdots&\vdots\\\dfrac{\partial^2J(\boldsymbol{P}_r^{(k)})}{\partial \boldsymbol{P}_r\partial \boldsymbol{P}_1}&\cdots&\dfrac{\partial^2J(\boldsymbol{P}_r^{(k)})}{\partial \boldsymbol{P}_r^2}\end{array}\right]\tag{4-65}$$

目标函数的二次近似表达式为

$$J(\boldsymbol{P}_r)=J(\boldsymbol{P}_r^{(k)})+\nabla^{\mathrm{T}}J(\boldsymbol{P}_r^{(k)})(\boldsymbol{P}_r-\boldsymbol{P}_r^{(k)})+\frac{(\boldsymbol{P}_r-\boldsymbol{P}_r^{(k)})^{\mathrm{T}}\nabla^2J(\boldsymbol{P}_r^{(k)})(\boldsymbol{P}_r-\boldsymbol{P}_r^{(k)})}{2}$$

$$(4-66)$$

上式是进行约束非线性规划分析的重要公式。

### 4.3.1.7　约束非线性规划方法

（1）罚函数法

对约束非线性规划问题

$$\begin{aligned}&\min J(\boldsymbol{P}_r)\\&\text{s. t.}\quad\begin{cases}\boldsymbol{g}_i(\boldsymbol{P}_r)\leqslant 0&(i=1,2,\cdots,q)\\\boldsymbol{h}_i(\boldsymbol{P}_r)=0&(i=q+1,q+2,\cdots,\boldsymbol{Q})\end{cases}\end{aligned}\tag{4-67}$$

对这类问题的一种解法是，采用线性逼近的方法，把约束非线性规划问题变换为约束线性规划问题。另一种算法是，采用罚函数方法，把约束非线性规划问题变换为无约束非线性规划问题。这里介绍后一种方法。

引入权因子 $\rho_i \geqslant 0$，把约束条件构成的约束函数加给目标函数，形成广义的增广函数，通常称之为罚函数。即

$$F(\boldsymbol{P}_r, \rho_i) = J(\boldsymbol{P}_r) + \sum_{i=1}^{q} \rho_i \boldsymbol{G}[\boldsymbol{g}_i(\boldsymbol{P}_r)] + \sum_{i=q+1}^{Q} \rho_i \boldsymbol{H}[\boldsymbol{h}_i(\boldsymbol{P}_r)] \tag{4-68}$$

其中，$\boldsymbol{G}[\boldsymbol{g}_i(\boldsymbol{P}_r)]$ 和 $\boldsymbol{H}[\boldsymbol{h}_i(\boldsymbol{P}_r)]$ 是约束条件的泛函，从而将约束非线性规划问题转换成了一系列无约束极小化问题。

（2）序列无约束极小化方法（SUMT 法）

序列无约束方法是一种混合罚函数法，它把非线性约束规划问题转化为一系列无约束极小化问题。定义广义增广函数

$$F(P_r^{(k)}, r^{(k)}) = J(P_r^{(k)}) + r^{(k)} \sum_{i=1}^{q} \frac{w_i}{g_i(P_r^{(k)})} + (r^{(k)})^{1/2} \sum_{i=q+1}^{Q} w_i h_i^2(P_r^{(k)}) \tag{4-69}$$

其中，$w_i$ 是权系数，一般取为 1。$r^{(k)}$ 为响应系数，它的取值有很重要的作用，对于它的初值 $r^{(0)}$ 的选取，建议采用如下方法：

1）$r^{(0)} = 1$，这是最适用的一种方法。

2）对于不等式约束的增广函数可写为

$$F_g(P_r^{(k)}, r^{(k)}) = J(P_r^{(k)}) + r^{(k)} \sum_{i=1}^{q} \frac{w_i}{g_i(P_r^{(k)})} \tag{4-70}$$
$$= J(P_r^{(k)}) + r^{(k)} R(P_r^{(k)})$$

取其梯度的模对 $r$ 的极小化来选取初值，即由

$$\frac{\mathrm{d}}{\mathrm{d}r}(\nabla J(P_r^{(0)}) + r^{(0)} \nabla R(P_r^{(k)}))^{\mathrm{T}} \cdot (\nabla J(P_r^{(0)}) + r^{(0)} \nabla R(P_r^{(k)})) = 0 \tag{4-71}$$

给出

$$r^{(0)} = \frac{-\nabla^{\mathrm{T}} J(P_r^{(0)}) \nabla R(P_r^{(k)})}{\nabla^{\mathrm{T}} R(P_r^{(0)}) \nabla R(P_r^{(k)})} \tag{4-72}$$

确定初值 $r^{(0)}$ 后，响应系数构成一个递减序列，用一个简单的递推关系给出

$$r^{(k)} = \frac{r^{(k-1)}}{C} \tag{4-73}$$

其中，$C$ 是一个大于 1 的常数，一般取 $C = 4 \sim 50$。

序列无约束极小化算法的一般步骤是：

1）选择一个初始点 $P_r^{(0)}$，它必须是可行域内的一个内点。

2）对当前的 $P_r^{(k)}$，$r^{(k)}$，构造广义增广函数 $F(P_r^{(k)}, r^{(k)})$，确定它的搜索方向 $S^{(k)}$。

3）在确定的搜索方向上，用一维搜索法确定它的搜索步长 $\lambda^{(k)}$，求出

$$P_r^{(k+1)} = P_r^{(k)} + \lambda^{(k)} S^{(k)} \tag{4-74}$$

4）用外推方法加速收敛。可从 $P_r^{(k-1)}$、$P_r^{(k)}$ 到 $P_r^{(k+1)}$ 外推到一个近似极值点。当 $r^{(k)} \to 0$，可按下式估计

$$P_r(r^{(k)} = 0) \approx \frac{C^{1/2} P_r(\frac{r^{(k)}}{C}) - P_r(r^{(k)})}{C^{1/2} - 1} \qquad (4-75)$$

5）序列无约束极小化过程向约束非线性规划解收敛，根据

$$E(P_r^{(k)}, U_i^{(k)}, W_i^{(k)}, V_i^{(k)}) \leqslant J(P_r^{(k)}) \leqslant P(P_r^{(k)}, r^{(k)}) \qquad (4-76)$$

其收敛准则可选用下列之一

$$\frac{J(P_r^{(k)})}{E(P_r^{(k)}, U_i^{(k)}, W_i^{(k)}, V_i^{(k)})} - 1 \leqslant \theta_0 \qquad (4-77)$$

$$r^{(k)} \sum_{i=1}^{q} \frac{1}{g_i(P_r^{(k)})} \leqslant \theta_0 \qquad (4-78)$$

$$\frac{J(P_r^*)}{E(P_r^{(k)}, U_i^{(k)}, W_i^{(k)}, V_i^{(k)})} - 1 \leqslant \theta_0 \qquad (4-79)$$

其中，$J(P_r^*)$ 为约束非线性规划的 1 阶近似估计。$E(P_r^{(k)}, U_i^{(k)}, W_i^{(k)}, V_i^{(k)})$ 是非线性规划问题的对偶问题的目标函数，$\theta_0$ 是控制收敛的常数。

当上面的准则之一满足时，计算结束，否则转向下一步。

6）生成响应系数递减序列的下一个值 $r^{(k)}$。

7）对缩小的响应系数 $r^{(k)}$，用第 4）步的外推法估计广义增广函数 $F(P_r^{(k)}, r^{(k)})$ 的极小值。

8）转向第 2）步继续迭代。

### 4.3.2 多频优化的动力学设计

#### 4.3.2.1 多频优化问题的数学表示

结构动力学设计的一个主要原则是避免有害的共振，通过对结构的固有频率做出控制设计，避开外部激励的主要频带，或者将频率限制在某些特定的频率附近。在工程设计中，难以对各阶固有频率同时做出合适的调整，据此提出了结构多频优化设计的要求。一般是对结构的前 $m$ 阶低阶固有频率进行优化。设前 $m$ 阶低阶固有频率为：$\omega_1$，$\omega_2$，…，$\omega_m$，其目标值为：$\omega_1^*$，$\omega_2^*$，…，$\omega_m^*$，则目标函数可表述为

$$J_f = \sum_{i=1}^{m} W_i (\omega_i - \omega_i^*)^2 \qquad (4-80)$$

频率权系数 $W_i$ 是根据在设计过程中，对各阶频率要求接近目标值的程度不同而加以选取的，可取 $W_i = 1/\omega_i^*$。

在进行结构动力学设计时，必须服从一定的约束条件，即应考虑边界约束或对参与设计的设计变量的上、下界加以限制。

设计变量上、下界的选取原则是：防止在优化过程中出现不切实际的量值，如考虑材料和工艺上的可实现性。特别是结构动力学设计一般是全局性的而静强度设计是局部

性的，考虑到这种原则上的差异，为了保证动力学设计时不至于造成结构静强度的不足，可以针对静强度设计过程中的薄弱部位，限制其设计变量的下限来保证。此外，还要根据结构具体的工作环境、工作条件以及实际设计上的各种限制，引入相应的约束条件。

多频优化设计的数学提法为

$$\min J_f = \sum_{i=1}^{m} \frac{(\omega_i - \omega_i^*)^2}{\omega_i^*} \tag{4-81}$$
$$\text{s.t.} \quad P_r^{(L)} \leqslant P_r \leqslant P_r^{(U)}$$

显然，上式构成一个约束非线性规划问题。

### 4.3.2.2　构造罚函数

先构造如下的"障碍"函数

$$G_1 = r^{(k)} \sum_{r=1}^{R} W_r \left[ (P_r^{(U)} - P_r)^2 (P_r - P_r^{(L)})^2 \right]^{-1} \tag{4-82}$$

其中，$W_r$ 是设计变量权函数。一般地，当设计变量落在可行域内时取 $W_r = 1$；当设计变量落在可行域之外时，取 $W_r = J(P_r^{(k)})[(P_r^{(U)} - P_r)^2 (P_r - P_r^{(L)})^2]/r^{(k)}$，以迫使它满足不等式约束的要求。于是构造的广义增广函数为

$$F(P_r, r^{(k)}) = \sum_{i=1}^{m} \frac{(\omega_i - \omega_i^*)^2}{\omega_i^*} + \tag{4-83}$$
$$r^{(k)} \sum_{r=1}^{R} W_r \left[ (P_r^{(U)} - P_r)^2 (P_r - P_r^{(L)})^2 \right]^{-1}$$

### 4.3.2.3　设计变量的选取

用摄动法分析参与优化的 $m$ 阶模态频率 $\omega_i$ 对设计变量 $P_r$ 的灵敏度，取设计变量增量为原始值的 $1\%$，即

$$\Delta P_r = 0.01 P_r \tag{4-84}$$

定义频率灵敏度系数为

$$(S_f)_{ir} = \frac{\Delta \omega_i}{\Delta P_r} \tag{4-85}$$

将灵敏度系数按绝对值排序，根据设计需要和实际可能，选择其绝对值很大的前面几个，作为实际参与设计的设计变量。

### 4.3.2.4　无约束极小化方法

在应用序列无约束极小化方法时，应该选择合适的步长，目标函数的梯度是

$$\nabla J(P_r) = \sum_{i=1}^{m} 2 \frac{\Delta \omega_i}{\Delta P_r} \cdot \frac{(\omega_i - \omega_i^*)}{\omega_i^*} \tag{4-86}$$

约束函数的梯度是

$$\nabla G_i(P_r) = r^{(k)} \cdot 2 W_r \cdot \frac{2 P_r - (P_r^{(U)} + P_r^{(L)})}{\left[ (P_r^{(U)} - P_r)(P_r - P_r^{(L)}) \right]^3} \tag{4-87}$$

#### 4.3.2.5　收敛准则

算法的收敛性检验选取下列三个准则：

1）目标函数的收敛性检验

$$J(P_r^{(k+1)}) - J(P_r^{(k)}) < \varepsilon J(P_r^{(k)}) \tag{4-88}$$

2）最优点的收敛性检验

$$P_r^{(k+1)} - P_r^{(k)} < \varepsilon P_r^{(k)} \tag{4-89}$$

3）梯度的收敛性检验

$$\nabla F(P_r^{(k+1)}) - \nabla F(P_r^{(k)}) < \varepsilon \nabla F(P_r^{(k)}) \tag{4-90}$$

通常收敛容差 $\varepsilon$ 取为 $10^{-4}$。

最后需要对优化结果进行精度检验，用优化所得到的固有频率值与其目标值的偏差来评价结果是否满足工程要求。检查准则为

$$|\omega_i - \omega_i^*| < \varepsilon_{fi} \tag{4-91}$$

其中，$\varepsilon_{fi}$ 是给定的精度要求。

### 4.3.3　频响优化的动力学设计

结构动力学设计的另一个重要指标是降低结构的振动响应水平，即要求结构的某些指定部位处的振动响应水平被控制在一定的量级之下。降低结构的振动水平与结构所受到的激励直接相关，动响应的性质和大小都受到激励的制约。

#### 4.3.3.1　频率响应

对具有 $n$ 个自由度的系统，其振动方程为

$$[M]\{\ddot{x}\} + [C]\{\dot{x}\} + [K]\{x\} = \{f(t)\} \tag{4-92}$$

当外激励力是简谐力 $\{f(t)\} = \{F\}\exp(j\omega t)$ 时，稳态频率响应是

$$\begin{aligned}
\{x\} &= \{X\}\exp(j\omega t)\\
&= (-\omega^2[M] + j\omega[C] + [K])^{-1}\{F\}\exp(j\omega t)
\end{aligned} \tag{4-93}$$

频率响应函数矩阵为

$$[H(\omega)] = (-\omega^2[M] + j\omega[C] + [K])^{-1} \tag{4-94}$$

假定系统是比例阻尼，则频响函数矩阵的模态叠加形式为

$$[H(\omega)] = \sum_{i=1}^{n} \{\phi_i\}(A_i + jB_i)\{\phi_i\}^{\mathrm{T}} \tag{4-95}$$

其中

$$\begin{cases}
A_i = \dfrac{\omega_i^2 - \omega^2}{(\omega_i^2 - \omega^2)^2 + (2\zeta_i\omega_i\omega)^2}\\[4mm]
B_i = \dfrac{2\zeta_i\omega_i\omega}{(\omega_i^2 - \omega^2)^2 + (2\zeta_i\omega_i\omega)^2}
\end{cases} \tag{4-96}$$

结构在 $p$ 点处的响应为

$$X_p = \sum_{k=1}^{n} H_{pk}(\omega)F_k \tag{4-97}$$

**4.3.3.2　频响优化设计的数学表示**

频响优化动力学设计的目的是，要求将响应控制在给定的值 $X_p^*(p=1,2,\cdots,P)$。

频响优化的目标函数定义为

$$J_r = \sum_{p=1}^{P} W_p (X_p - X_p^*)^2 = \sum_{p=1}^{P} W_p \left[ \sum_{k=1}^{n} H_{pk}(\omega) F_k - X_p^* \right]^2 \tag{4-98}$$

$$= \sum_{p=1}^{P} W_p \left[ \sum_{k=1}^{n} \sum_{i=1}^{m} \phi_{ip}(A_i + jB_i) \phi_{ik} F_k - X_p^* \right]^2$$

由于高阶模态对响应的贡献很小，故可以忽略不计。在计算响应时，仅取结构的前 $m$ 阶固有模态。$W_p$ 是响应权系数，根据各种响应的重要性而取不同的量值。在优化设计中，设计变量应考虑满足一定的边界条件，防止出现不切实际的和与静强度设计要求不一致的量值

$$P_r^{(L)} \leqslant P_r \leqslant P_r^{(U)} \tag{4-99}$$

从而，频响优化设计对应的数学问题变成

$$\min J_r = \sum_{p=1}^{P} W_p \left[ \sum_{k=1}^{n} \sum_{i=1}^{m} \phi_{ip}(A_i + jB_i) \phi_{ik} F_k - X_p^* \right]^2 \tag{4-100}$$

$$\text{s. t.} \quad P_r^{(L)} \leqslant P_r \leqslant P_r^{(U)}$$

它构成一个约束非线性规划问题。

**4.3.3.3　频响优化设计方法**

与多频优化设计一样，采用罚函数方法，构造函数

$$G_i = r^{(k)} \sum_{r=1}^{R} W_r \left[ (P_r^{(U)} - P_r)^2 (P_r - P_r^{(L)})^2 \right]^{-1} \tag{4-101}$$

构造的广义增广函数为

$$F(P_r, r^{(k)}) = \sum_{p=1}^{P} W_p \left[ \sum_{k=1}^{n} \sum_{i=1}^{m} \phi_{ip}(A_i + jB_i) \phi_{ik} F_k - X_p^* \right]^2 + \tag{4-102}$$

$$r^{(k)} \sum_{r=1}^{R} W_r \left[ (P_r^{(U)} - P_r)^2 (P_r - P_r^{(L)})^2 \right]^{-1}$$

设计变量选取是根据频响灵敏度系数按大小排序后，取较大的几个来确定的。将 $p$ 点频响灵敏度系数定义为

$$(S_r)_{pr} = \frac{\Delta H_p}{\Delta p_r}$$

$$= \sum_{i=1}^{m} \left[ \frac{\Delta \phi_{ip}}{\Delta p_r}(A_i + jB_i)\{\phi_i\}^{\mathrm{T}} + \phi_{ip}\left(\frac{\Delta A_i}{\Delta p_r} + j\frac{\Delta B_i}{\Delta p_r}\right)\{\phi_i\}^{\mathrm{T}} + \phi_{ip}(A_i + jB_i)\frac{\Delta\{\phi_i\}}{\Delta p_r} \right]\{F\}$$

$$\tag{4-103}$$

综合的频响灵敏度系数定义为

$$(S_r)_r = \sum_{p=1}^{P} W_p (S_r)_{pr} \tag{4-104}$$

与多频优化一样，可以应用序列无约束极小化（SUMT）方法来求最优解。当选择了合适的步长 $\Delta P_r$ 后，目标函数的梯度是

$$\nabla J_r(P_r) = 2\sum_{p=1}^{P} W_p \left[ \sum_{k=1}^{n} H_{pk}(\omega) F_k - X_p^* \right] \cdot \left[ \sum_{k=1}^{n} \frac{\Delta H_{pk}(\omega)}{\Delta P_r} F_k \right] \qquad (4-105)$$

约束函数的梯度、最优化过程收敛准则与多频优化设计时完全一样。

### 4.3.4 大规模优化问题处理技术

#### 4.3.4.1 模型分解

一个问题的求解效率与其复杂度密切相关，而实际的工程优化一般是设计变量、约束条件和优化目标繁多的复杂优化问题，为了提高优化效率，需要研究针对大规模复杂优化问题的处理办法。常规优化方法对于低维问题总是可解的，但随着优化模型的大型复杂化，如多学科优化（Multidisciplinary Design Optimization，MDO）[50] 和协同优化（Collaborative Optimization，CO）[51]，需要研究有效的模型处理技术。一种常见的处理方法是采用模型（或系统）分解技术，在保证合理性的前提下，将其转化为一系列小问题，并利用多层优化算法对问题进行求解。

模型分解是按照一定的准则，将复杂系统分解成一系列子系统，各子系统间应保持必要的联系与协调，不失去原系统的主要耦合与协同关系，这些子系统应易于进行分析设计，提高并行计算能力和计算效率，使分解后的系统能够得到满足设计要求的优化结果。系统分解应以尽量减少各子系统间的耦合关系为出发点，降低整个系统的复杂性。系统分解的主要工作为：如何采用简便的方法表述设计信息流以清楚地反映系统分析过程中的信息传递；如何对系统分析过程本身进行优化以提高效率；如何选择合适的分解方法以有效地进行复杂系统的分解等。

#### 4.3.4.2 分层优化

对于大规模优化问题，优化策略可分为单级优化和多级优化两类[52]。单级优化方法主要有一次法（All at Once，AAO）、单学科可行法（Individual Disciplinary Feasible，IDF）和多学科可行法（Multidisciplinary Feasible，MDF）等，仅在各学科之间的耦合情况非常简单时才有效。目前对于耦合情况复杂的系统进行多学科优化时，基本上均采用多级优化法。多级优化方法是指将系统分为系统级和学科级，分别进行优化策略，主要包括协同优化（CO）、两级集成系统合成（Bi-level Integrated System Synthesis，BLISS）和并行子空间优化（Concurrent Subspace Optimization，CSSO）[53]。

在 CO 分析中，假设系统设计问题可分解为 $n$ 个学科，则 CO 的系统级优化数学表达式可表示为

$$\begin{cases} \min J(\boldsymbol{p}) \\ \text{s.t.} \quad J_i^*(\boldsymbol{p}) = \sum_{j=1}^{si} (p_j - x_{ij}^*)^2 = 0, \quad i = 1, 2, \cdots, n \end{cases} \qquad (4-106)$$

式中 $J_i^*(\boldsymbol{p})$ ——系统级一致性等式约束；

$p$ ——系统级优化设计向量；

$p_j$ ——第 $j$ 个系统级设计变量；

$s_i$ ——学科 $i$ 的设计变量个数；

$x_{ij}^*$ ——学科 $i$ 的第 $j$ 个设计变量的优化结果；

$n$ ——子学科数目。

学科 $i$ 的优化模型为

$$\begin{cases} \min J_i(\boldsymbol{x}_i) = \sum_{j=1}^{s_i} (x_{ij} - p_j^*)^2 \\ \text{s. t.} \quad c_i(\boldsymbol{x}_i) \leqslant 0 \end{cases} \tag{4-107}$$

式中　$\boldsymbol{x}_i$ ——子学科 $i$ 的设计向量；

$x_{ij}$ ——子学科 $i$ 的第 $j$ 个设计变量；

$z_j^*$ ——系统级分配给子学科 $i$ 的第 $j$ 个设计变量的期望值；

$c_i(\boldsymbol{x}_i)$ ——学科级约束。

## 4.3.5　大规模优化问题代理模型技术

代理模型方法和近似模型方法是一种通过数学模型方法逼近一组输入变量与输出变量的方法，在 20 世纪 70 年代由 L A Schmit 等在结构优化设计中首次提出。代理模型方法不仅可大大提高优化效率，降低优化难度，而且有利于滤除数值噪声、组成更好的优化策略和实现并行优化设计等。目前，常用的代理模型有多项式响应面模型（RSM）、径向基函数（RBF）、人工神经网络（ANN）、支持向量回归（SVR）、多变量插值/回归（MIR）、多项式混沌展开（PCE）等，其中源于地质统计学的 Kriging 模型具有代表性，是一种非常具有应用潜力的代理模型方法。

基于 Kriging 代理模型的优化过程如图 4-10 所示。

### 4.3.5.1　Kriging 模型理论

Kriging 模型是插值方法的近似模型，此模型可以在小样本情况下保证拟合精度，它是一种基于随机过程的线性无偏、最小方差统计预测方法，不仅能给出对未知函数的预估值，还能给出预估值的误差估计，具有平滑效应、全局近似与局部随机误差估计相结合的特点，对非线性程度较高和局部响应突变的问题具有较好的拟合效果[54]。

对于一个有 $m$ 个设计变量的优化问题，要建立未知性能函数 $y: \mathbf{R}^m \rightarrow \mathbf{R}$ 欧式空间对设计变量 $\boldsymbol{x} = [x_1, x_2, \cdots, x_m]^\mathrm{T} \in \mathbf{R}^m$ 的近似模型，首先在设计空间进行抽样得到 $n$ 个训练样本：$\boldsymbol{S} = [\boldsymbol{x}^{(1)}, \boldsymbol{x}^{(2)}, \cdots, \boldsymbol{x}^{(n)}]^\mathrm{T} \in \mathbf{R}^{n \times m}$，则响应值与设计变量之间的关系可以表示为：$\boldsymbol{y}_S = [y^{(1)}, y^{(2)}, \cdots, y^{(n)}]^\mathrm{T} = [y(\boldsymbol{x}^{(1)}), y(\boldsymbol{x}^{(2)}), \cdots, y(\boldsymbol{x}^{(n)})]^\mathrm{T} \in \mathbf{R}^n$，所有样本点及对应的函数响应值构成了样本集 $(\boldsymbol{S}, \boldsymbol{y}_S)$。

将 Kriging 模型表示为回归多项式与随机过程两部分，假设响应值与自变量之间的函数关系可以近似为如下形式

$$y_l(\boldsymbol{x}) = F(\boldsymbol{\beta}_{i,l}, \boldsymbol{x}) + z_l(\boldsymbol{x}) \tag{4-108}$$

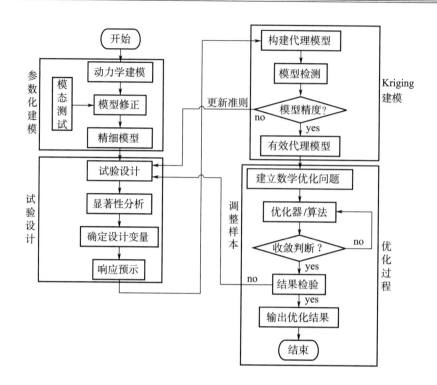

图 4 - 10　基于 Kriging 模型的动力学优化设计流程

式中，$z_l(\boldsymbol{x})$ 是第 $l$ 个响应分析对应的 Gaussian 随机过程函数（$l=1, 2, \cdots, m$），体现响应的随机性，表示全局模型的局部偏差，可通过插值得到（采用 Kriging 模型在解决非线性程度较高的问题时，容易取得理想的效果）；$\boldsymbol{\beta}_{i,l} = [\beta_{1,l}, \beta_{2,l}, \cdots, \beta_{n,l}]^T$ 为回归多项式系数；$F(\boldsymbol{\beta}_{i,l}, \boldsymbol{x})$ 为回归模型，常用的回归模型有三种，$i=1$ 常数型，$i=n+1$ 线性型，$i=(n+1)(n+2)/2$ 二次型（$n$ 为变量 $\boldsymbol{x}$ 的维数），由所选择的 $i$ 个函数的线性组合来拟合

$$
\begin{aligned}
F(\boldsymbol{\beta}_{i,l}, \boldsymbol{x}) &= \beta_{1,l} f_1(\boldsymbol{x}) + \beta_{2,l} f_2(\boldsymbol{x}) + \cdots + \beta_{i,l} f_i(\boldsymbol{x}) \\
&= [f_1(\boldsymbol{x}) + f_2(\boldsymbol{x}) + \cdots + f_i(\boldsymbol{x})] \boldsymbol{\beta}_{i,l} \\
&= \boldsymbol{f}^T(\boldsymbol{x}) \beta_{i,l}
\end{aligned} \tag{4-109}
$$

其中，$i=1, 2, \cdots, n$；$\boldsymbol{f}(\boldsymbol{x}) = [f_1(\boldsymbol{x}), f_2(\boldsymbol{x}), \cdots, f_n(\boldsymbol{x})]^T$ 为回归多项式基函数向量，为确定性函数，提供对设计空间的全局近似，代表对 $y_l(\boldsymbol{x})$ 的数学期望。于是式（4 - 108）可写为

$$
y_l(\boldsymbol{x}) = \sum_{i=1}^{n} \beta_{i,l} \boldsymbol{f}_i(\boldsymbol{x}) + z_l(\boldsymbol{x}) = \boldsymbol{f}(\boldsymbol{x})^T \boldsymbol{\beta}_{i,l} + z_l(\boldsymbol{x}) \tag{4-110}
$$

　　另外，也可将回归部分看成是某个高斯静态随机过程的具体体现，随机部分已经有足够的能力捕捉对象响应的变化趋势，因此用一个常数 $\beta_0$ 来代替 $\sum_{i=1}^{n} \beta_{i,l} \boldsymbol{f}_i(\boldsymbol{x})$ 项，为了推导及书写方便，假设 $l=1$，即响应值是一维的，得到 Kriging 模型的静态随机过程表示

$$y(\boldsymbol{x}) = \beta_0 + z(\boldsymbol{x}) \tag{4-111}$$

$z(\boldsymbol{x})$ 在设计点 $\boldsymbol{x}^{(i)}$ 和 $\boldsymbol{x}^{(j)}$（$i$，$j=1$，2，$\cdots$，$n$）满足如下的统计特征

$$\begin{cases} E\left[z(\boldsymbol{x})\right] = 0 \\ \mathrm{Var}\left[z(\boldsymbol{x})\right] = \sigma^2 \\ \mathrm{Cov}\left[z(\boldsymbol{x}^{(i)}), z(\boldsymbol{x}^{(j)})\right] = \sigma^2 \boldsymbol{R}(\theta, \boldsymbol{x}^{(i)}, \boldsymbol{x}^{(j)}) \end{cases} \tag{4-112}$$

式中，$\boldsymbol{R}$ 是带有参数 $\theta$、任意两个样本点 $\boldsymbol{x}^{(i)}$ 和 $\boldsymbol{x}^{(j)}$ 之间的相关函数，是 $n \times n$ 阶正定对角阵，它与数据点之间的空间分布有关，并满足距离为零时等于 1，距离无穷大时为零，相关性随着距离的增大而减小。假设设计空间是连续的，当空间的两个点距离很近时，即 $\| \boldsymbol{x}^{(i)} - \boldsymbol{x}^{(j)} \|$ 很小时，这两点处的实际评估值应该是相近的，因此 $\boldsymbol{R}$ 表示的是设计空间中样本点相关程度的一个矩阵。相关函数类型众多，包括高斯函数、指数函数、幂指数、球函数、三次函数及样条函数等，目前应用较多的是"高斯指数模型"，即

$$\boldsymbol{R}(\boldsymbol{\theta}, \boldsymbol{x}^{(i)}, \boldsymbol{x}^{(j)}) = \prod_{k=1}^{m} R_k(\theta_k, x_k^{(i)} - x_k^{(j)}) = \prod_{k=1}^{m} \exp(-\theta_k \left| x_k^{(i)} - x_k^{(j)} \right|^{p_k}) \tag{4-113}$$

式中，$x_k^{(i)}$ 为样本点 $\boldsymbol{x}^{(i)}$ 对应的设计变量。参数 $\boldsymbol{p} = [p_1, p_2, \cdots, p_m]^{\mathrm{T}} \in \mathbf{R}^m$ 是决定光滑程度的各向异性参数，$p_k \in [1, 2]$；当 $p_k = 2$ 时，相关函数具有全局性，且无穷阶可导；当 $p_k < 2$ 时，相关函数仅 1 阶可导。起初，研究者大都直接采用高斯函数，即

$$\boldsymbol{R}(\boldsymbol{\theta}, \boldsymbol{x}^{(i)}, \boldsymbol{x}^{(j)}) = \prod_{k=1}^{m} \exp(-\theta_k \left| x_k^{(i)} - x_k^{(j)} \right|^2) \tag{4-114}$$

运用上式虽然可获得光滑的插值结果，然而由于相关矩阵条件数较大，容易出现奇异性，从而导致计算不稳定，后来研究者将 $p_k$ 也作为模型参数进行优化，从而大大提高了模型的鲁棒性。

在式（4-112）~式（4-114）中，$\boldsymbol{\theta} = [\theta_1, \theta_2, \cdots, \theta_m]^{\mathrm{T}} \in \mathbf{R}^m$（$\theta_k > 0$，$k = 1$，2，$\cdots$，$m$）为待定模型参数或超参数，是拟合模型的未知参数，其值的大小反映了优化空间在第 $k$ 个坐标上的非线性程度，其值越大表示非线性程度超高。当 $\theta_k$ 值相同时，$\boldsymbol{R}$ 各向同性，即样本点 $\boldsymbol{x}^{(i)}$ 的所有分量具有相同的权重，此时模型的预测精度会降低，因此为提高 Kriging 模型的精度，一般 $\theta_k$ 取值各不相同。

Kriging 模型是一种插值模型，在设计空间内任意设计方案的性能预估值可定义为已知样本函数响应值的线性加权，即

$$\hat{y}(\boldsymbol{x}) = \sum_{i=1}^{n} w^{(i)} y(\boldsymbol{x}^{(i)}) = \boldsymbol{w}^{\mathrm{T}} \boldsymbol{Y} \tag{4-115}$$

式中，加权系数 $\boldsymbol{w} = [w_1(\boldsymbol{x}), w_2(\boldsymbol{x}), \cdots, w_m(\boldsymbol{x})]^{\mathrm{T}}$，$\boldsymbol{Y} = \boldsymbol{y}_S = [y_1, y_2, \cdots, y_m]^{\mathrm{T}}$ 为试验设计点 $\boldsymbol{S}$ 处对应的响应。分析式（4-110）和式（4-115），在预测点处预测值与真实值之间的误差为

$$\begin{aligned} \hat{y}(\boldsymbol{x}) - y(\boldsymbol{x}) &= \boldsymbol{w}^{\mathrm{T}} \boldsymbol{Y} - y(\boldsymbol{x}) \\ &= \boldsymbol{w}^{\mathrm{T}}(\boldsymbol{F}\boldsymbol{\beta} + \boldsymbol{Z}) - [f(\boldsymbol{x})^{\mathrm{T}}\boldsymbol{\beta} + z] \\ &= \boldsymbol{w}^{\mathrm{T}}\boldsymbol{Z} - z + [\boldsymbol{w}^{\mathrm{T}}\boldsymbol{F} - f(\boldsymbol{x})^{\mathrm{T}}]\boldsymbol{\beta} \end{aligned} \tag{4-116}$$

式（4 - 116）中，基于样本点的系数矩阵 $F = [f(S_1), f(S_2), \cdots, f(S_n)] =$
$\begin{bmatrix} f_1(x^{(1)}) & \cdots & f_n(x^{(1)}) \\ \vdots & \ddots & \vdots \\ f_1(x^{(n)}) & \cdots & f_n(x^{(n)}) \end{bmatrix}$，样本点误差 $Z = [z_1, z_2, \cdots z_n]^T$。式（4 - 115）满足无

偏插值条件（即无偏估计假设），则 $E[\hat{y}(x) - y(x)] = 0$，有

$$\begin{aligned} E[\hat{y}(x) - y(x)] &= w^T E(Z) - E(z) + E\{[w^T F - f(x)^T]\beta\} \\ &= E\{[w^T F - f(x)^T]\beta\} \\ &= 0 \end{aligned} \quad (4 - 117)$$

$\forall \beta$ 上式均成立，则有

$$F^T w = f(x) \quad (4 - 118)$$

在未知点 $x$，式（4 - 115）的预测均方差为

$$\begin{aligned} \varphi(x) &= E[(\hat{y}(x) - y(x))^2] \\ &= E[(w^T y_S(x) - y_l(x))^2] \\ &= E[(w^T Z - z)^2] \\ &= E[z^2 + w^T Z Z^T w - 2w^T Z z] \\ &= \sigma^2 (1 + w^T R w - 2w^T r) \end{aligned} \quad (4 - 119)$$

为提高预测精度及模型的泛化能力，可靠的 Kriging 模型要求预测误差的均值为零（预测无偏）、预测误差的均方差最小，问题转化为寻找最优加权系数 $w$。$w$ 的求解是式（4 - 119）的最优化问题，还必须满足式（4 - 118）的约束条件。引入加权系数的 Lagrangian 方程

$$L(w, c) = \sigma^2 (1 + w^T R w - 2w^T r) - c^T (F^T w - f) \quad (4 - 120)$$

式中，$c$ 为拉格朗日乘子。对式（4 - 120）求导可得

$$\frac{\partial L(w, c)}{\partial w} = 2\sigma^2 (Rw - r) - Fc \quad (4 - 121)$$

整理式（4 - 121）及考虑优化约束条件，得到以最优加权系数 $w$ 描述的线性方程组

$$\begin{bmatrix} R & F \\ F^T & 0 \end{bmatrix} \begin{bmatrix} \omega \\ \tilde{c} \end{bmatrix} = \begin{bmatrix} r \\ f \end{bmatrix} \quad (4 - 122)$$

其中，$\tilde{c} = -\dfrac{c}{2\sigma^2}$，相关矩阵 $R = \begin{bmatrix} R(x^{(1)}, x^{(1)}) & \cdots & R(x^{(1)}, x^{(n)}) \\ \vdots & \ddots & \vdots \\ R(x^{(n)}, x^{(1)}) & \cdots & R(x^{(n)}, x^{(n)}) \end{bmatrix} \in \mathbf{R}^{n \times n}$ 表示所有已

知样本点之间的相关性，相关矢量 $r = \begin{bmatrix} R(x^{(1)}, x) \\ \vdots \\ R(x^{(n)}, x) \end{bmatrix} \in \mathbf{R}^{n \times 1}$ 表示预测点 $x$ 与其他所有已

知样本点之间的相关性。求解式（4 - 122）得到

$$\begin{cases} \omega = R^{-1} (r - F\tilde{c}) \\ \tilde{c} = (F^T R^{-1} F)^{-1} (F^T R^{-1} r - f) \end{cases} \quad (4 - 123)$$

将式（4-123）代入式（4-115），得到在预测点处的估计值为

$$\hat{y}(\boldsymbol{x}) = \boldsymbol{f}^{\mathrm{T}}(\boldsymbol{x})\hat{\boldsymbol{\beta}} + \boldsymbol{r}^{\mathrm{T}}(\boldsymbol{x})\boldsymbol{R}^{-1}(\boldsymbol{Y} - \boldsymbol{F}\hat{\boldsymbol{\beta}}) \tag{4-124}$$

式中，$\hat{\boldsymbol{\beta}} = (\boldsymbol{F}^{\mathrm{T}}\boldsymbol{R}^{-1}\boldsymbol{F})^{-1}\boldsymbol{F}^{\mathrm{T}}\boldsymbol{R}^{-1}\boldsymbol{Y}$，式（4-124）为一维问题的 Kriging 模型无偏估计。

当 $f(x)$ 为常数，可简化为单位列向量，$\boldsymbol{F} = \boldsymbol{I} \in \mathbf{R}^{n \times n}$ 为单位阵，$\boldsymbol{I}$ 是 $n_s \times 1$ 维列向量，于是式（4-122）可转化为

$$\begin{bmatrix} \boldsymbol{R} & \boldsymbol{I} \\ \boldsymbol{I}^{\mathrm{T}} & 0 \end{bmatrix} \begin{bmatrix} \boldsymbol{\omega} \\ \tilde{c} \end{bmatrix} = \begin{bmatrix} \boldsymbol{r} \\ 1 \end{bmatrix} \tag{4-125}$$

Kriging 模型预估值为

$$\hat{y}(\boldsymbol{x}) = \begin{bmatrix} \boldsymbol{r}(\boldsymbol{x}) \\ 1 \end{bmatrix}^{\mathrm{T}} \begin{bmatrix} \boldsymbol{R} & \boldsymbol{I} \\ \boldsymbol{I}^{\mathrm{T}} & 0 \end{bmatrix} \begin{bmatrix} \boldsymbol{y}_S \\ \boldsymbol{0} \end{bmatrix} \tag{4-126}$$

对式（4-125）分块求逆，预测模型最终可写为

$$\hat{y}(\boldsymbol{x}) = \tilde{\mu} + \boldsymbol{r}^{\mathrm{T}}(\boldsymbol{x}) \underbrace{\boldsymbol{R}^{-1}(\boldsymbol{y}_S - \boldsymbol{I}\tilde{\mu})}_{=:V_{\mathrm{Kriging}}} \tag{4-127}$$

式中，$\tilde{\mu} = (\boldsymbol{I}^{\mathrm{T}}\boldsymbol{R}^{-1}\boldsymbol{I})^{-1}\boldsymbol{I}^{\mathrm{T}}\boldsymbol{R}^{-1}\boldsymbol{y}_S$，列向量 $\boldsymbol{V}_{\mathrm{Kriging}}$ 只与已知样本点有关。

在建立模型时，采用"极大似然估计"或"交叉验证"的方法，对模型参数（或超参数）进行训练或优化，大大增加了模型的灵活性，从而可获得最优代理模型。Jones D R 给出了 $g(x)$ 在 $\boldsymbol{x} = \boldsymbol{x}^{(i)}$ 处的极大似然函数

$$L(\beta_0, \sigma^2, \boldsymbol{\theta}) = \frac{1}{\sqrt{(2\pi\sigma^2)^n |\boldsymbol{R}|}} \cdot \exp\left(-\frac{(\boldsymbol{y}_S - \boldsymbol{F}\hat{\boldsymbol{\beta}})^{\mathrm{T}}\boldsymbol{R}^{-1}(\boldsymbol{y}_S - \boldsymbol{F}\hat{\boldsymbol{\beta}})}{2\sigma^2}\right) \tag{4-128}$$

使似然函数最大，$\sigma^2$ 须满足条件

$$\hat{\sigma}^2 = \frac{(\boldsymbol{y}_S - \boldsymbol{F}\hat{\boldsymbol{\beta}})^{\mathrm{T}}\boldsymbol{R}^{-1}(\boldsymbol{y}_S - \boldsymbol{F}\hat{\boldsymbol{\beta}})}{n} \tag{4-129}$$

将式（4-129）代入式（4-128），得到似然函数只与 $\boldsymbol{\theta}$ 相关，可使用优化的方法确定 $\boldsymbol{\theta}$ 的估计值 $\hat{\boldsymbol{\theta}}$。对于式（4-128），$\hat{\boldsymbol{\beta}}$ 和 $\sigma^2$ 的最优解可以解析地给出

$$\begin{cases} \hat{\boldsymbol{\beta}}(\boldsymbol{\theta}) = (\boldsymbol{F}^{\mathrm{T}}\boldsymbol{R}^{-1}\boldsymbol{F})^{-1}\boldsymbol{F}^{\mathrm{T}}\boldsymbol{R}^{-1}\boldsymbol{y}_S \\ \sigma^2(\hat{\boldsymbol{\beta}}, \boldsymbol{\theta}) = \dfrac{1}{n}(\boldsymbol{y}_S - \hat{\boldsymbol{\beta}}F)^{\mathrm{T}}\boldsymbol{R}^{-1}(\boldsymbol{y}_S - \hat{\boldsymbol{\beta}}F) \end{cases} \tag{4-130}$$

同样地，将式（4-129）代入极大似然估计（MLE）式（4-128），取对数，并消去常数项，从而将优化问题转化为使下式最大

$$\ln(L) = -\frac{1}{2}[n\ln(\sigma^2) + \ln|\boldsymbol{R}|] \tag{4-131}$$

至此，通过求解式（4-131）的一个半区间约束的非线性最优化问题即可构造一个 Kriging 代理模型，从而用来替代原始有限元分析模型。最终，将求解超参数 $\theta_k$ 的值转化为求解下述约束优化问题

$$\max_{\theta_k} - \frac{n\ln(\sigma^2) + \ln|\boldsymbol{R}|}{2}$$

s. t. $10^{-3} < \theta_k < 10^2$（对于实际工程问题）

同时，模型还能给出预测值的均方差估计

$$\varphi(\boldsymbol{x}) = \sigma^2\left[1 - \boldsymbol{r}^\mathrm{T}\boldsymbol{R}^{-1}\boldsymbol{r} + \frac{(1 - \boldsymbol{I}^\mathrm{T}\boldsymbol{R}^{-1}\boldsymbol{r})^2}{\boldsymbol{I}^\mathrm{T}\boldsymbol{R}^{-1}\boldsymbol{I}}\right] \tag{4-132}$$

式（4-132）可用于指导新样本点的加入，以提高代理模型的精度或逼近优化问题的最优解。

相比响应面模型，采用 Kriging 模型进行优化时，不存在缺少随机误差项的问题。由于模型在确定性的有限元计算中仍然存在随机项，进而可以采用各种基于概率统计理论的方法进行模型可信度检验。

### 4.3.5.2　层次 Kriging 模型

在工程优化设计中，采用高精度、高成本的分析模型会导致计算量大，而采用低精度、低成本的分析模型会导致优化结果的可信度偏低，难以满足实际工程的要求。为了平衡高精度与低成本之间的矛盾，解决问题的方法是采用自适应地更新变复杂度近似模型，通过建立层次 Kriging 模型融合高/低精度数据，采用大量低成本、低精度的样本点反映高精度分析模型的变化趋势，并采用少量高成本、高精度的样本点对低精度分析模型进行校正，以实现对优化目标的高精度预测。本节介绍了一种更简单、更实用、变可信度的分层 Kriging 模型（Hierarchical Kriging，HK，亦称层次 Kriging 模型）[55]。HK 模型有两层或多层之分，为表述方便，以两层 Kriging 模型为例阐述其原理。

首先，利用低可信度样本数据集 $(\boldsymbol{S}_1, \boldsymbol{y}_1)$ 构建低精度分析模型的预测模型

$$\hat{\boldsymbol{y}}_1(\boldsymbol{x}) = \boldsymbol{f}^\mathrm{T}(\boldsymbol{x})\hat{\boldsymbol{\beta}} + \boldsymbol{r}^\mathrm{T}(\boldsymbol{x})\boldsymbol{R}^{-1}(\boldsymbol{y}_1 - \boldsymbol{F}\hat{\boldsymbol{\beta}}) \tag{4-133}$$

以 $\hat{\boldsymbol{y}}_1$ 为全局趋势模型的输出来协助预测高精度分析模型的输出，在高可信度样本数据集 $(\boldsymbol{S}_2, \boldsymbol{y}_2)$ 的基础上建立高质量的代理模型 $\hat{\boldsymbol{y}}_2$。假设 $\boldsymbol{y}_2$ 对应的随机过程为

$$\boldsymbol{y}_2(\boldsymbol{x}) = \alpha\hat{\boldsymbol{y}}_1(\boldsymbol{x}) + \boldsymbol{Z}(\boldsymbol{x}) \tag{4-134}$$

其中，$\alpha$ 为自适应因子，反映高/低可信度函数之间的相关性，$\alpha = 0$ 时表明高/低可信度函数之间没有相关性。引入 $\alpha$ 可有效地避免引入低可信度样本后代理模型精度反而变差的风险。经过推导可得 HK 模型预测公式为

$$\hat{\boldsymbol{y}}_2(\boldsymbol{x}) = \alpha\hat{\boldsymbol{y}}_1(\boldsymbol{x}) + \boldsymbol{r}^\mathrm{T}(\boldsymbol{x})\boldsymbol{R}^{-1}(\boldsymbol{y}_2 - \alpha\boldsymbol{F}) \tag{4-135}$$

式中，$\alpha = (\boldsymbol{F}^\mathrm{T}\boldsymbol{R}^{-1}\boldsymbol{F})^{-1}\boldsymbol{F}^\mathrm{T}\boldsymbol{R}^{-1}\boldsymbol{y}_S$，$\boldsymbol{F} = [\hat{\boldsymbol{y}}_1(\boldsymbol{x}^{(1)}), \hat{\boldsymbol{y}}_2(\boldsymbol{x}^{(2)}), \cdots, \hat{\boldsymbol{y}}_n(\boldsymbol{x}^{(n)})]^\mathrm{T}$。预测值的均方差为

$$\varphi[\hat{\boldsymbol{y}}_2(\boldsymbol{x})] = \sigma_2^2\left[1 - \boldsymbol{r}^\mathrm{T}\boldsymbol{R}^{-1}\boldsymbol{r} + \frac{(\hat{\boldsymbol{y}}_1(\boldsymbol{x}) - \boldsymbol{F}^\mathrm{T}\boldsymbol{R}^{-1}\boldsymbol{r})^2}{\boldsymbol{F}^\mathrm{T}\boldsymbol{R}^{-1}\boldsymbol{F}}\right] \tag{4-136}$$

### 4.3.5.3　其他代理模型的适用性

响应面法（Response Surface Methodology，RSM）是一种全局近似方法，通过对试验设计构造的输入与输出样本点进行多项式回归分析，构建响应值 $\boldsymbol{y}$ 与设计变量 $\boldsymbol{x}$ 之间的

关系，即 $y = f(x) + \varepsilon$，$\varepsilon$ 为误差项。其主要特点为：响应面模型构造简单，计算量小且模型曲线光滑，可滤除数值噪声，收敛速度快，容易求得全局最优解；通过增加模型拟合阶次以提高近似精度，但需要更多的样本点与训练时间；鲁棒性不好，在处理高度非线性及多峰问题时，近似精度较差，且当其阶数较高时，容易出现过拟合现象。

人工神经网络（Artificial Neural Network，ANN）是一种模拟人类神经元传递现实系统复杂的输入/输出信息的运算模型。人工神经网络主要由输入层、隐含层和输出层组成，其中隐含层可以为一层或多层。其主要优缺点为：较强的逼近复杂非线性函数的能力；较强的自组织性、自学习能力和容错性，具有极好的泛化能力；无须数学假设，具有"黑箱"效应；较强的容错能力；构建模型所需时间要比响应面时间长很多。

径向基函数（RBF）是一类以待测点与样本点之间欧氏距离为自变量的函数，以径向函数为基函数，通过线性叠加构造出的模型即为径向基函数模型。RBF 具有使用灵活，构造简单，计算量少等特点，可处理非线性程度较高和多峰问题。

响应面、Kriging 及人工神经网络三种代理模型的性能对比如下：

1）响应面模型，采用最小二乘法求解模型系数，模型适合于考虑结构输入、输出关系具有随机误差的情况和输入、输出关系非线性程度不高的情况。

2）Kriging 模型，相对于响应面模型更加复杂，不易编程实现；模型适合于输入、输出关系为确定性的且非线性程度较高的情况和解决中等模型规模的问题。

3）人工神经网络模型[56]，适合于输入、输出关系为确定性且具有高度非线性的情况和解决大规模模型的问题。

## 4.3.5.4　试验设计

（1）试验设计算法介绍

在基于代理模型的优化方法中，试验设计（Design of Experiment，DoE）是相当关键的一环，在明确所要考察的（可控）因子及其水平后对试验进行总体安排。构建 Kriging 模型的基础是样本信息，均匀分布的样本可以提供设计空间的全部信息，使所构建的模型能够真正捕捉到对象函数的趋势和变化。目前，常用的试验设计方法主要有全因子设计、部分因子设计、正交试验设计、均匀试验设计、中心组合设计（CCD）、Box - Behnken 设计、拉丁超立方设计（LHD）及最优拉丁超立方设计（Opt LHD）等。

拉丁超立方采样（LHS）[57]是一种基于随机、多维分层抽样的试验设计方法，具有有效的空间填充、非线性响应拟合能力等特点，极大减少设计点数量，但其缺点是不可重复性以及设计空间的不均匀性。抽样时假设试验空间的维数为 $n$，取样规模为 $n_0$，某一维度上的坐标点 $x_i \in [l_i, u_i]$（$i = 1, 2, \cdots, n$），其中 $l_i$ 和 $u_i$ 分别为此维度上的下限和上限。采样主要步骤如下：

1）确定取样规模 $n_0$；

2）将每一维变量 $x_i$ 的定义域区间 $[l_i, u_i]$ 分成 $n_0$ 份，于是整个试验空间被分为 $n_0^n$ 个超立方体；

3）随机产生一个 $n \times n$ 阶矩阵 $U$，$U$ 的每一列均为一个 $\{1, 2, \cdots, n\}$ 的随机全排

列，$U$ 称为拉丁超立方阵；

4）$U$ 的每一行对应被选中的一个小超立方体，在这个小超立方体中随机抽取一个样本点，即可得到 $n_0$ 个样本点，取样过程结束。

最优拉丁超立方设计通过外加一个准则大大改进了拉丁超立方设计的均匀性，使因子和响应的拟合更加精确、真实，特别适合于确定性因子组合设计问题的多因素多水平试验和系统模型完全未知的情况。

由于缺乏对目标函数特性的足够了解，很难用较少的样本点准确地捕捉到目标函数的全局特性，但是当样本点数目太多又会造成计算资源的巨大消耗，直接影响到优化设计的效率，所以一般的做法是在构建 Kriging 模型时，为了满足精度需求，通常需要样本点数（或试验次数）不少于 $(m+1)(m+2)/2$，$m$ 为变量数。同时，采用初始样本点建立初始代理模型，然后利用加点策略产生的新样本点更新代理模型，以达到改进模型精度的目的，当模型精度满足优化设计要求时，加点终止。另外，为了提高 Kriging 模型的精度、效率及鲁棒性，需要对样本点进行归一化，也就是将样本点各设计变量的取值均转化到某个统一的区间

$$x_{k,\text{normalized}}^{(i)} = \frac{(x_k^{(i)} - x_{k,\text{min}})}{d_k} \qquad (4-137)$$

式中，$x_{k,\text{min}} = \min(x_k^{(i)})$ 为所有样本点在第 $i$ 维设计变量上的最小值（$i=1,2,\cdots,n$；$k=1,2,\cdots,m$），$d_k = \max(x_k^{(i)}) - \min(x_k^{(i)})$ 为第 $k$ 维设计变量上样本点之间的最大距离。

（2）参数显著性分析

灵敏度分析法是通过比较响应对设计变量的灵敏度来确定是否选用该参数，是一个复杂的迭代过程，并且该方法只计算了特征量的局部灵敏度，最终不一定能得到全局最优解，有时甚至无法求解。为了克服灵敏度分析方法的缺陷，避免结构动力学修改的盲目性，提高优化设计的准确性与效率，可采用显著性分析的参数筛选方法，即运用数理统计 F 检验法（ANOVA）分析所选设计变量对目标量的显著性。在整个设计空间选取对优化目标影响显著的参数和参数交叉项，找出对目标函数影响大的因素作为优化设计变量。

将样本数据的总偏差平方和 SST 分解为回归平方和 SSR 及误差平方和 SSE，即 SST＝SSR＋SSE，设回归模型包括 $(m-1)$ 个自变量（$x_1,x_2,\cdots,x_{m-1}$），如果增加一个变量 $x_m$ 到这个模型上，则检验的统计量 $F$ 为

$$F_m = \frac{\text{SSE}(x_1,x_2,\cdots,x_{m-1}) - \text{SSE}(x_1,x_2,\cdots,x_{m-1},x_m)}{\text{SSE}(x_1,x_2,\cdots,x_{m-1},x_m)/(n-m-1)} \qquad (4-138)$$

式中，$\text{SSE}(x_1,x_2,\cdots,x_{m-1})$ 为包括 $(m-1)$ 个自变量（$x_1,x_2,\cdots,x_{m-1}$）的回归模型的误差平方和；$\text{SSE}(x_1,x_2,\cdots,x_{m-1},x_m)$ 为包括 $m$ 个自变量（$x_1,x_2,\cdots,x_m$）的回归模型的误差平方和；$n$ 为回归模型所有自变量总个数。在给定显著性水平 $\alpha$（一般取 $\alpha=0.05$）下，取 $P\{F_j \geqslant F_{1-\alpha}(1,n-m-1)\}=\alpha$，$F_j$ 由上式计算得到，$F_{1-\alpha}$ 表示 F 检验临界值，$(1,n-m-1)$ 表示单个变量 $(n-m-1)$ 个自由度，$P$ 表示概率。检

验方法为：

1）若 $F_j \geqslant F_{1-\alpha}(1, n-m-1)$，即 $P \leqslant \alpha$，则拒绝 $H_{0j}$，认为在显著性水平 $\alpha$ 下，变量对响应的影响显著，则应该增加该变量。

2）若 $F_j < F_{1-\alpha}(1, n-m-1)$，即 $P > \alpha$，则接受 $H_{0j}$，认为在显著性水平 $\alpha$ 下，变量对响应的影响不显著，则应不考虑该变量。

### 4.3.5.5    模型有效性验证与更新

（1）模型质量检验

要使所建立的代理模型能准确地反映输入与输出之间的关系，代理模型的精度及泛化能力必须满足一定的要求，因此对代理模型要按照一定的标准进行评价。模型检验是在给定的精度范围内，代理模型表述有限元模型（概念模型）的证实过程。

检验的重点是识别和量化计算模型表述概念模型的误差，计算模型数值解与概念模型精确解的比较是主要的研究方法之一。以有限元模型和代理模型的计算比较为基础，检验代理模型精度的标准有：残差正态分布检验、残差均值检验、EISE 检验、判定系数 $R^2$ 检验和相对均方根误差（RMSE）检验等，对于含有多个响应的代理模型和比较复杂的模型，通常采用最后两种标准

$$
\left\{
\begin{array}{l}
\mathrm{RMSE} = \dfrac{1}{N\bar{y}} \sqrt{\displaystyle\sum_{j=1}^{N} [y(j) - \hat{y}(j)]^2} \\[4mm]
R^2 = 1 - \dfrac{\displaystyle\sum_{j=1}^{N} [\hat{y}(j) - y(j)]^2}{\displaystyle\sum_{j=1}^{N} [y(j) - \bar{y}]^2}
\end{array}
\right.
\tag{4-139}
$$

式中，$N$ 为设计空间上样本数；$\bar{y}$ 为设计空间上各点响应（有限元计算结果）的均值；$y(j)$ 为有限元分析结果或试验值；$\hat{y}(j)$ 表示代理模型预测值。RMSE 代表设计空间各点试验值和代理模型计算值之间差异占平均幅值的百分比，表示代理模型与有限元模型之间的差异程度；$R^2$ 表示代理模型在设计空间内描述响应与参数之间关系的准确程度，为试验值和代理模型值之间的总体差异程度。$R^2$、RMSE 均在 $0 \sim 1$ 之间取值，$R^2$ 值越接近于 1，表明代理模型在设计空间内越能准确地描述系统输入与输出的关系，则近似模型的可信度越高；而 RMSE 值则相反，其值越接近 0，表明模型越准确。

这里介绍三级检验法：

1）在初始样本空间内，计算 $R^2$、RMSE，检验建模方法对初始点的建模精度。

2）在初始样本空间内插一些试验点，计算这些点处的 $R^2$、RMSE 来评价代理模型的精度。

3）使用试验设计方法重新生成一系列试验点，计算新生成试验点处的评价指标 $R^2$、RMSE 的值，这种方法可以检验代理模型的泛化能力。一般可以对所建代理模型先进行第一级检验，如果能满足精度要求，则可以进行后续检验；如不满足要求，则需要尝试新的建模方法。

（2）模型更新准则

当模型精度不满足要求时，为了有效地提高模型精度，有指导性地选择关注的区域再抽样，加入初始样本重新拟合模型直至精度满足要求。

优化加点准则是指如何由所建代理模型去产生新样本点的法则。动态 Kriging 模型主要采用两种样本更新策略：MP 更新策略及 EI 更新策略。通过合理构造加点策略，可保证所产生的样本点序列精确收敛于优化问题的真实最优解；同时，复杂多维问题的代理模型不必在整个设计空间内具有高的近似精度，而只需在关注的区域特别是最优解附近具有高的近似精度。对于最小化问题，EI 函数定义为

$$E[I(x)] = (f_{\min} - \hat{y})\, \Phi\left(\frac{f_{\min} - \hat{y}}{\hat{s}}\right) + \hat{s}\, \Psi\left(\frac{f_{\min} - \hat{y}}{\hat{s}}\right) \qquad (4-140)$$

式中　$\Phi$ ——标准正态分布函数；

　　　$\Psi$ ——标准正态分布概率密度函数；

　　　$f_{\min}$ ——可行域中最小的目标函数值；

　　　$\hat{y}$，$\hat{s}$ —— $x$ 处代理模型的预测值与预测标准差。

### 4.3.5.6　优化算法

（1）组合优化策略

目标函数往往具有较高的非线性，其优化结果具有多个局部最优点。因此，如何有效地跳出局部最优点而到达全局最优点对优化结果的好坏至关重要。同时，随着结构的大型化、复杂化，优化变量的数量呈几何级数增长，目标函数曲面变得非常复杂，从而要求优化算法又要具有高效性。尽管已有多种不同的优化方法用于解决优化问题，但还无法确定哪种方法最有效。不同的算法还只适用于解决不同的具体优化问题，不具有普适性。因此，高性能优化算法的开发与应用仍是优化设计需要解决的一个重要问题。

根据搜索方法类别的不同，优化算法分为基于梯度搜索的优化算法、基于随机搜索的优化算法、人工神经网络法和多目标优化方法。根据优化算法的发展分为：

1）经典优化算法，包括序列二次规划（SQP）、信赖域方法、基于增广的拉格朗日乘子的 Powell 方法，此类算法成熟、寻优效率一般较高，但不具备全局寻优的能力；

2）全局优化算法，包括隧道函数方法、山丘函数方法和填充函数方法，算法具备全局寻优能力，但算法不成熟；

3）现代优化算法/启发式优化算法，包括进化算法（EA）、模拟退火算法（SA）、神经网络算法（NN）、粒子群算法（PSO）、禁忌搜索算法（TS）等，具备全局寻优能力，易于并行与混合，鲁棒性好，但计算效率较低；

4）混合优化算法，按照一定的方式将两种或多种优化算法结合起来使用所形成的搜索策略。

鉴于大规模优化问题的复杂性，为提高优化效率与精度，要求优化算法具有高搜索精度、高效性及稳定性，近年来多种算法协同的优化算法得到了快速发展。协同优化，即把不同类型的优化算法组合起来，这样可以充分发挥各种算法的优点，同时避免各自的缺

点，以期达到更好的优化效果。

多岛遗传算法（Multi - Island Genetic Algorithm，MIGA）＋非线性二次规划法（Nonlinear Quadratic Programming，NLPQL）的组合优化策略[58]，可联合运用 MISA 的全局性和 NLPQL 的高效性进行优化设计。首先应用全局优化算法快速定位目标极值在设计空间中所处的区域，再应用梯度优化算法对该区域进行精确寻优，最终获得最佳的设计结果。该策略的优势在于：

1）能发挥全局优化算法在整体设计空间遍历方面的优势，能够快速对设计敏感区域进行定位；

2）仅应用全局优化算法对设计空间进行粗略定位，避免了全局算法在细节优化方面效率低的问题；

3）发挥了梯度优化算法在局部优化方面的优势，能够精确地找到设计最优解；

4）避免了梯度优化算法在高度非线性或离散设计空间中直接寻优往往会陷入局部最优解，可能给用户带来的困难。

算法流程如图 4 - 11 所示。

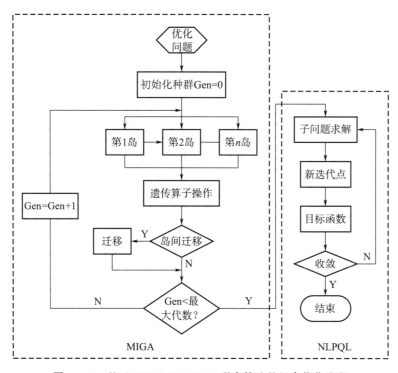

图 4 - 11　基于 MIGA＋NLPQL 联合算法的组合优化流程

（2）MIGA[59]

遗传算法模拟生物界中的自然选择和自然遗传过程，是一种自适应、全局优化、概率搜索的智能优化算法，将代理模型转化为遗传算法的适应度函数，经过编码、解码、交叉、变异等寻优搜索后，种群进化，得到代理模型的预测最优解。它具有良好的鲁棒性、全局性和高效并行性，在当今工程技术领域求解复杂的最优化问题中得到了广泛应用。然而，传统遗传算法存在"早熟"、局部搜索能力差、计算效率低、收敛速度慢等缺点，这将严重地影响算法的应用效果。

MIGA 从本质上对并行分布遗传算法加以改进，算法将待优化的大种群分成若干个子种群（Subpopulation），称之为"岛"，在每个岛上独立地进行选择、交叉、变异等传统 GA 算法操作，通过定期对各岛内先进个体的迁移（交换操作），从而确保了进化过程中在保持种群多样性的同时，可进行高效的全局寻优，从而有效地抑制了早熟现象的发生。具体流程如下：

  1）初始化群体；

  2）计算群体上每个个体的适应度函数值；

  3）按由个体适应度值确定的某种规则选择进入下一代的个体；

  4）按概率 $P_c$ 进行交叉操作；

  5）按概率 $P_m$ 进行变异操作；

  6）若未满足停止条件，则转入第 2）步，否则进入第 7）步；

  7）输出种群中适应度值最优的染色体作为问题的最优解。

进化流程如图 4 - 12 所示。

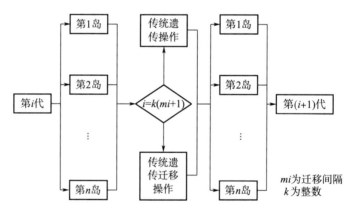

图 4 - 12　MIGA 算法流程

（3）NLPQL[60]

NLPQL 算法将目标函数以 2 阶 Taylor 级数展开，并把约束条件线性化，将非线性问题转化为二次规划问题，通过求解二次规划问题得到下一个极值点。然后根据两个可供选择的优化值执行一次线性搜索。其中，通过联立线性搜索需要因数逼迫和扩张的 Lagrange 函数来确定线性搜索的参数，其中 Hessian 矩阵由 BFGS 公式更新。该方法能有效地探索初始设计点周围局部区域，如果设计空间是连续单峰的形态，能够沿最速下降方向快速搜索。因此 NLPQL 有较强的边界搜索能力，在解决约束非线性问题时，具有收敛快、稳定和易于得到全局最优解等优点。

将约束非线性规划问题描述为

$$\min f(\boldsymbol{x}), \qquad \boldsymbol{x} \in \mathbf{R}^n$$
$$\text{s. t.} \quad c_i(\boldsymbol{x}), \quad i = 1, 2, \cdots, m \tag{4 - 141}$$

其中，$x$ 为自变量，$x = [x_1, x_2, \cdots x_n]^T$，$f(x)$ 为目标函数，$c_i(x)$ 为约束条件。将优化问题转变为一个二次规划子问题 $QP$

$$\min QP(s) = [\nabla f(x^{(k)})]^T s + 0.5 s^T B^{(k)} s$$
$$\text{s. t.} \quad c_i x^{(k)} + [\nabla c_i(x^{(k)})]^T s = 0 \tag{4-142}$$

式中，$s$ 为搜索方向，$\beta_k s^{(k)} = x^{(k+1)} - x^{(k)}$，$\beta_k$ 为步长因子；$B^{(k)}$ 为 Hessian 矩阵逼近，$B^{(k+1)} = B^{(k)} + \nabla B^{(k)}$，$\nabla B^{(k)}$ 为校正矩阵。求解过程如下：

1）选取初始点 $x^{(0)} \in \mathbf{R}^n$、$\beta_0$ 及 $B^{(0)}$，允许误差 $\varepsilon_1$、$\varepsilon_2$ 及 $\varepsilon_3$；

2）求解二次规划子问题 $QP$，确定新的 Lagrange 乘子矢量 $\lambda^{(k+1)}$ 和 $s^{(k)}$；

3）确定 $\beta_k$，求新迭代点 $x^{(k+1)} = x^{(k)} + \beta_k s^{(k)}$；

4）判断是否满足收敛准则，若满足 $\| \nabla_x L(x^{(k+1)}, \lambda^{(k+1)}) \| < \varepsilon_1$，$L$ 为 Lagrange 函数，又或同时满足 $c_i(x^{(k+1)}) < \varepsilon_2$ 和 $| f(x^{(k+1)}) - f(x^{(k)}) | / | f(x^{(k)}) | < \varepsilon_3$，则终止计算，得到最优解，否则转向 5）；

5）采用 BFGS 公式修正 $B^{(k)}$，$k = k + 1$，返回步骤 2）。

### 4.3.6　基于 HK 模型的火箭发动机结构动力学优化[61]

在某大型液体火箭助推发动机冷摆试验和摇摆热试车中，均出现了 7.53 Hz 的低频谐振现象，存在与箭体结构、推进系统及控制系统耦合的风险。发动机结构动力学特性不满足火箭总体部 POGO 振动设计的要求，对运载系统的安全造成威胁，亟待解决。因此，在发动机性能不变、质量增加最小的前提下，对发动机结构进行动力学修改，使发动机固有频率远离箭体结构、推进系统模态及控制系统的敏感区，以达到火箭总体模态频率设计的要求（即要求发动机的第 1 阶模态频率 $f_1 > 9.5$ Hz）。

本例根据发动机结构模态频率优化设计的工程需要，提出一种适合于大型复杂结构动力学的快速优化设计技术。通过建立参数化有限元模型，研究了试验设计方法、层次 Kriging 模型构建及样本更新策略，采用多岛遗传算法和改进序列二次规划法的组合优化算法，通过对发动机结构进行动力学修改，从而解决了发动机的结构低频动力学设计问题。

#### 4.3.6.1　低频动力学参数化建模与标定

某型大推力发动机是由机架、推力室、涡轮泵、发生器、气/液管路和自动器等组件有机地联系在一起的大型复杂动态系统，如图 4-13 所示。

因所关注的频率为低频段，本例在对发动机结构进行合理简化的基础上，采用参数化建模方法建立整机结构的低频动力学有限元分析模型，如图 4-14 所示。有限元模型前处理在 MSC Patran 内实现，模态分析在 MSC Nastran 中进行，如图 4-15 所示。为检验所建数值仿真模型的有效性，开展了整机固支约束状态模态试验，利用模态测试结果对数值模型进行标定。通过模型匹配及动力相关性分析，进行了模态计算与试验结果对比，如表 4-1 所示。

前 3 阶模态频率的相对误差小于 ±5%，MAC 最小为 0.91，表明所建有限元模型具有较高的精度并能准确反映实际结构的动力学特性，运用该有限元模型可进行相关的动力学分析。发动机整机（机架、常平座、主机及伺服摇摆的组合回路）的第 1 阶模态频率仅为 7.53 Hz，不满足火箭总体对发动机结构系统第 1 阶固有频率大于 9.5 Hz 的要求，需要对发动机结构模态进行优化设计。

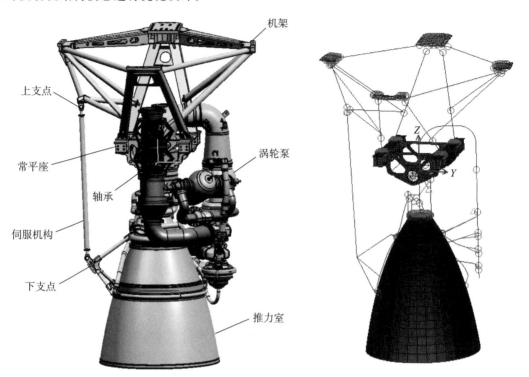

图 4 - 13　助推发动机结构系统　　　图 4 - 14　发动机结构低频动力学有限元模型

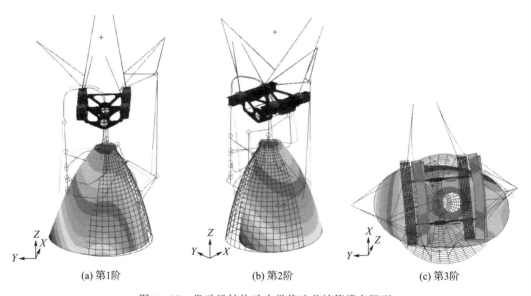

(a) 第1阶　　　　　　　(b) 第2阶　　　　　　　(c) 第3阶

图 4 - 15　发动机结构动力学修改前计算模态振型

表 4 - 1　发动机结构动力学修改前计算与试验模态匹配表

| 阶次 | $f$ /Hz | | $E_f$ /(%) | MAC | 振型描述 |
| --- | --- | --- | --- | --- | --- |
| | 计算 | 实测 | | | |
| 1 | 7.53 | 7.48 | 0.67 | 0.94 | 摇摆方向 1 阶弯曲,图 4 - 15(a) |
| 2 | 7.86 | 7.74 | −1.53 | 0.93 | 垂直摇摆方向 1 阶弯曲,图 4 - 15(b) |
| 3 | 10.65 | 10.47 | 1.72 | 0.91 | 发动机整体扭转,图 4 - 15(c) |

#### 4.3.6.2　HK 模型构造

（1）试验设计

最优拉丁超立方设计其随机性导致算法有一定的不稳定性，为避免随机性导致的采样不均匀，本例选用基于迭代局部搜索算法的带有极大极小准则的中心拉丁超立方采样方法。

以发动机机架高度 $H$、摇摆伺服机构安装角 Beta、常平座尺寸 $B$、摇摆部分质量 $M$、伺服机构刚度 $K_1$、摇摆轴承水平方向刚度 $K_{21}$、摇摆轴承竖直方向刚度 $K_{22}$ 及伺服机构上下支点组合刚度 $K_3$ 为设计变量，进行尺寸优化及布局优化，并在结合工程实际经验并经多次试算的基础上，确定出比较合理的参数变化范围，如表 4 - 2 所示。

表 4 - 2　发动机结构动力学优化设计变量取值范围

| 变量 | $H$ /m | Beta/(°) | $B$ /mm | $M$ /kg | $K_1$ / (N·m$^{-1}$) | $K_{21}$ / (N·m$^{-1}$) | $K_{22}$ / (N·m$^{-1}$) | $K_3$ / (N·m$^{-1}$) |
| --- | --- | --- | --- | --- | --- | --- | --- | --- |
| 取值 | 1 000～2 000 | 0～12 | 20～60 | 1 368.7～ 1 382.5 | (2.5～7.5) ×10$^7$ | (1～9) ×10$^7$ | (6～18) ×10$^7$ | (18～22) ×10$^7$ |

为构建层次 Kriging 模型，首先在设计变量的整个取值范围内设计训练样本点 60 个；其次，在初步优化的基础上，在变量的初步优化解附近重新设计 12 个高可信度样本，并取其中的 6 个作为测试样本。在设计完 8 因子样本数据后，由 iSIGHT 驱动 MSC Patran 修改参数化有限元模型，再驱动 MSC Nastran 进行模态分析，最终生成试验设计矩阵。

（2）参数显著性分析

对 8 个参数进行显著性分析，评价各设计变量对整机第 1 阶模态频率 $f_1$ 的影响程度，绘制如图 4 - 16 所示的 Pareto 图。由图可得，$H$、$M$ 对于 $f_1$ 产生负效应，而其他参数均产生正效应，$H$、$B$、Beta 和 $K_1$ 对 $f_1$ 的影响显著，而其他参数对 $f_1$ 的影响不显著，为提高优化效率，忽略其影响从而简化模型。因此，最终选择的设计参数为 $H$、$B$、Beta 和 $K_1$。

（3）模型质量检验

采用式（4 - 139）计算 $R^2$、RMSE 值，结果如表 4 - 3、图 4 - 17 所示。$R^2$ 值接近于 1，且 RMSE 值接近于 0，表明所构建的代理模型具有较高的预测精度和良好的泛化能力，即模型能很好地反映实际特征量与参数之间的关系，故可以用拟合模型代替有限元模型进行优化分析。

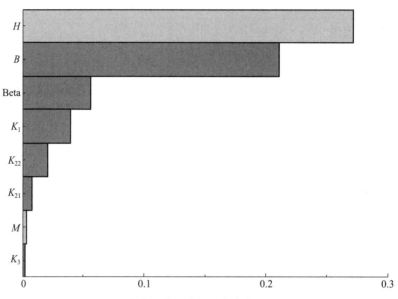

图 4-16 参数显著性分析，各参数对 $f_1$ 的影响

（深色表示正效应，浅色表示负效应）

**表 4-3 代理模型质量检测结果**

| 参数 | RMSE | $R^2$ |
|------|------|-------|
| 数值 | 0.034 41 | 0.987 46 |

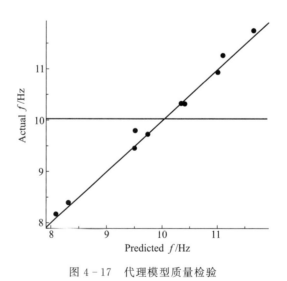

图 4-17 代理模型质量检验

### 4.3.6.3 数学模型及优化算法

（1）优化数学模型

在本例中，主要考虑的是结构的模态频率储备，优化数学模型可描述为：

Find　$\boldsymbol{X}=[x_1,\ x_2,\ \cdots,\ x_n]^{\mathrm{T}}$，$\boldsymbol{X}\in\mathbf{R}^n$，$\mathbf{R}^n$ 表示 $n$ 维欧氏空间，为结构的尺寸参数与布局参数。

Min $J(x)=\min(-f_1)$，即要求第 1 阶模态频率最高。考虑到发动工作时结构、状态的一些不确定性因素和推进剂质量效应、力热载荷等影响，即发动机工作状态下的模态特性与室温静模态试验结果有一定差异，要求频率裕度在 20% 以上，故第 1 阶模态频率要求高于 11.5 Hz。

（2）MIGA 及 NLPQL 组合优化策略

本例基于 iSIGHT 优化平台进行由全局到局部的组合优化。先采用 MIGA 找到多个局部近似的最优点，然后以这些局部最优点为初始点，采用 NLPQL 算法进行优化，从而得到全局最优点。组合优化流程如图 4-18 所示。

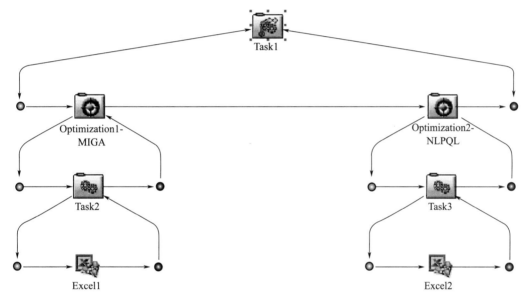

图 4-18　MIGA＋NLPQL 组合优化算法

（3）优化终止迭代条件

根据 Kriging 模型的收敛程度来判断，因为随着其不断优化迭代，新样本点被不断添加到原样本集中，模型的预测精度也随之提高，当精度达到一定标准后，可认为模型是收敛的，此时便可终止迭代。根据代理模型在最优点附近的近似精度来定义

$$\frac{|\hat{y}-y|}{|y|}\leqslant\varepsilon_{\text{error}} \tag{4-143}$$

式中，$\hat{y}$ 为代理模型预测值；$y$ 为真实值。也就是说，当代理模型在最优点处的相对误差小于某一阈值时，如 $\varepsilon=1\times10^{-6}$，优化即可终止；如果不满足收敛条件，则将此次数值计算得到的真实数据点添加到初始数据点中，重新构造代理模型，再次应用优化算法对更新后的代理模型进行优化，直至问题收敛，最终完成优化。

**4.3.6.4　整机模态频率优化结果及分析**

（1）优化结果及分析

对于优化模型，通过 MIGA＋NLPQL 的组合寻优方案，在大型商业软件 iSIGHT 平台上完成整个优化工作。对于 MIGA 算法，设置子群规模为 10，岛数为 10，总进化代数为 20，交叉率为 1.0，变异率和迁移率为 0.01；对于 NLPQL 算法，最大迭代步数设为 200，终止精度取为 $10^{-6}$。经过 2 014 次迭代计算（其中 MIGA 算法迭代 2 000 次，NLPQL 算法迭代 14 次），优化目标收敛则终止计算，最终得到全局最优解，迭代过程如图 4－19 所示。另外，对优化后结构进行整机结构强度、刚度、稳定性分析及其他技术状态检验，计算结果均满足设计要求。

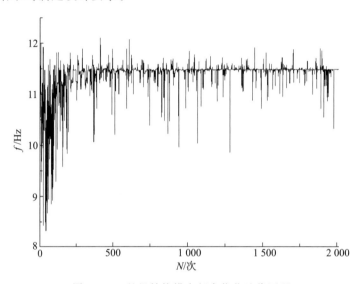

图 4－19　整机结构模态频率优化迭代历程

变量 $B$、Beta、$H$ 及 $K_1$ 对第 1 阶模态频率的影响如图 4－20 所示。由于发动机结构十分复杂、影响因素众多，代理模型的非线性特征显著。

优化后经过圆整（考虑实际情况）的结构尺寸及布局参数如表 4－4 所示，从而确定了最终的设计方案。结构改进主要采取以下 5 条措施：

1）采取机架、常平座一体化设计思路，即综合考虑机架的设计和常平座的改进，兼顾传递推力和摇摆的结构，同时保证满足发动机低频动力学特性的要求，结构动力学修改结果表明，提高伺服机构和常平座的刚度是解决低频问题的关键之一；

2）降低机架高度，机架与箭体的对接面至摇摆轴中心的距离由 1 977 mm 减为 1 300 mm；

3）增加伺服机构轴线与推力室轴线之间的夹角，由 0°增加到 3.5°；

4）增加常平座摇摆方向的刚度，摇摆梁宽度从原来 37.5 mm 增加至 58.0 mm；

5）提高伺服机构及其上下支点的串联刚度，其中上支点固定在机架上，下支点设置在喷管二、三环带集合器上。

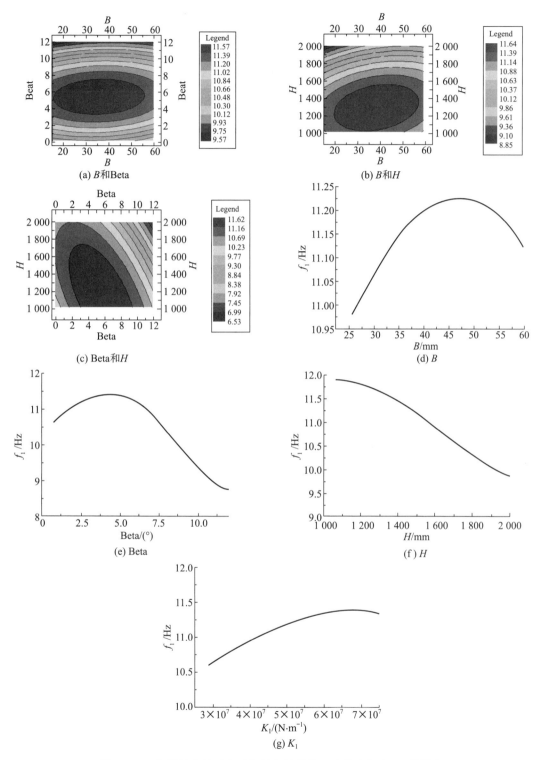

(a) $B$和Beta

(b) $B$和$H$

(c) Beta和$H$

(d) $B$

(e) Beta

(f) $H$

(g) $K_1$

图 4-20 各设计变量对发动机整机结构第 1 阶模态频率 $f_1$ 的影响

**表 4-4　发动机结构动力学优化设计变量数值**

| 设计变量 | 取值范围 | 优化值 | 最终设计值 |
|---|---|---|---|
| $B$ /mm | $[20,60]$ | 57.31 | 58.0 |
| Beta/(°) | $[0,12]$ | 3.49 | 3.5 |
| $H$ /mm | $[1\,000,2\,000]$ | 1 293.26 | 1 300.0 |
| $K_1$ /( N·m$^{-1}$) | $[2.5,7.5]\times10^7$ | $4.63\times10^7$ | $4.6\times10^7$ |

目标函数值在优化前后的结果对比如表 4-5 所示。发动机整机结构第 1 阶模态频率由原方案的 7.53 Hz 提高到改进后的 11.5 Hz，发动机结构模态特性满足总体设计的要求。代理模型仿真结果与有限元计算结果吻合得非常好，表明了本例所建立的代理模型具有较好的预测性和精度，同时也说明了 Kriging 模型和组合算法的优化结果具有较高的可信度。

**表 4-5　发动机结构动力学优化目标函数数值**

| 目标函数 | 优化前 | 优化后,固支,干状态 | | |
|---|---|---|---|---|
| | | Kriging 模型 | FE | 模态测试 |
| $f_1$ | 7.53 Hz | 第 1 次:11.499 999 8 Hz<br>第 2 次:11.500 001 6 Hz<br>第 3 次:11.500 000 7 Hz | 11.41 Hz | 11.32 Hz |

（2）结果正确性及精度检验

为了研究该优化方法的有效性，需要对分析结果进行精度检验。

将优化后最优参数值反代入精确有限元模型中再次进行模态分析，并针对改进后结构开展了模态测试研究。对于整机结构第 1 阶模态频率，代理模型结合组合优化算法的预测值和有限元模型模态分析结果之间的最大相对误差为 0.96%，代理模型计算结果与模态试验值之间的最大相对误差为 2.04%。由此可见，Kriging 方法对模态特性参数的预测具有较好的适用性。

另外，考虑到遗传算法具有随机性的特点，进行了 3 次计算，可以看出所得到的结果都与真实解或试验值接近，均可以看作近似最优解，由此可见基于本例方法构建的代理模型具有较高的精度，利用 Kriging 模型可以替代传统精细的有限元模型进行优化设计。因此，本例提出的方法所求得的近似最优解非常可靠，能满足实际工程的需要。

（3）优化效率分析

下面将进一步验证基于 Kriging 模型优化方法的高效性。对于复杂结构的大规模优化问题而言，其输入输出的函数关系式无法直接给出，往往通过有限元分析得到，而有限元分析时间占整个优化设计时间的 90% 左右，因此认为调用有限元分析的次数直接关系到优化效率，调用次数越少，则效率越高。

采用 Kriging 模型及组合算法进行优化，时间成本由三部分构成：1) 设计样本的时间成本，主要为结构模态分析，设计样本数量为 72，进行一次模态分析需时间大约为

2.5 min，共耗时 180 min；2）建立代理模型的时间成本，建立模型的时间较短，约为 8 min；3）基于代理模型优化的时间成本，由 iSIGHT 集成近似模型并采用算法进行优化，共耗时 3 min；因此，基于 Kriging 模型的组合优化总耗时 191 min。然而，如果直接调用精细有限元模型进行优化设计，计算总时间为 2 019×2.5 min＝5 047.5 min，计算代价非常大。由此可见，基于 Kriging 模型和组合优化方法可以显著提高优化效率。

### 4.3.7　发动机管路断裂失效分析及动力学优化[62]

某型火箭在首飞中，出现了发动机降温器燃料出口管接头断裂的故障。在之前的地面热试车中，该接头部位也多次出现开裂现象，虽经结构改进，但效果并不明显，该结构的可靠性已严重影响到型号研制与飞行任务。

在国外，管路的动强度问题早已引起从事航空航天等科研部门的充分重视，他们对管路进行了系统性研究；在各种标准规范、结构完整性大纲、设计准则中，对管路明确提出了各种设计、试验和考核要求，如美军标《发动机结构完整性大纲》（MIL‐STD‐1783）指出，导管必须满足其结构完整性要求。

近年来，国内学者围绕管路的流固耦合问题进行了一些研究。然而，目前我国在对发动机管路研究中，尤其是管路故障问题的处理中，大多采取加卡箍、改走向和增加壁厚等"综合治理"措施，导致管路的动强度设计裕度不明、偏保守、整体性能偏低等，这给型号研制工作带来了深刻的教训；另外，对火箭发动机管路在非平稳随机强振动下的动强度分析与可靠性评估方面尚未进行深层次的研究，缺乏有效的动态优化设计与可靠性增长技术等。

因此，针对管路疲劳断裂强度问题，进行故障机理分析、问题复现、结构改进与试验验证，重点开展了管路结构的动强度分析与动力优化设计技术研究。

#### 4.3.7.1　问题概述

某型号发动机燃气降温器及其燃料出口管路结构如图 4‐21 所示。该火箭发动机在飞行过程中，发生了出口管接头断裂的故障。通过对残骸断口宏观观察发现，断口较平齐，无明显塑性变形痕迹，有轻微淡黄色氧化色泽，断口约 2/3 区域位于管内表面台阶位置；对断裂面微观检查，认为断裂属起源于管内壁台阶位置（如图 4‐22 所示）的低周疲劳断裂。

#### 4.3.7.2　机理分析

对管路最近测点的振动数据分析发现，在飞行中振动存在一个持续 987 Hz 的突频（如图 4‐23 所示），且沿箭体轴向加速度的 RMS 值（20～2 000 Hz）达 65g，振动偏大。

对降温器结构系统进行充液加压条件下的模态测试，出口管第 6 阶模态频率为 985 Hz，落在推力室燃烧主频 987 Hz 的半功率带宽内，有可能发生耦合共振；该阶模态振型为沿导管平面法向的弯曲振动，接头内台阶部位靠近节点，台阶位置应变响应较大，这与断裂部位及起裂位置一致，表明 985 Hz 振型是导致故障的主导振型。

图 4 - 21　燃气降温器燃料出口故障管路

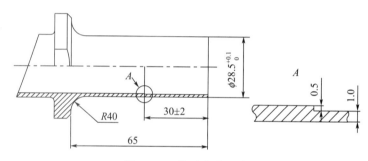

图 4 - 22　管路接头尺寸

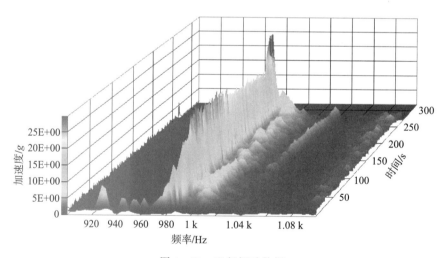

图 4 - 23　飞行振动数据

采用修正后动力学模型进行动强度分析，使用发动机热试车振动数据包络谱进行基础三向激励，接头最大 Von Mises 动应力在台阶处达 230 MPa，该处静应力为 107 MPa。依据随机振动疲劳寿命估算方法，在大振动、管路频率与发动机燃烧频率相耦合的最恶劣情况下，接头存在内台阶导致严重的应力集中，Miner 损伤 $D$ 大于 1.0，可能出现大应力低周动态疲劳破坏。

通过仿真计算及试验分析，认为降温器出口管接头断裂的机理为，发动机工作时推力室在 987 Hz 的振动幅值偏大，在该频率下降温器管路发生共振，此量级下管接头内壁台阶处（因应力集中）应力较大，疲劳强度裕度不足，出现初始疲劳裂纹，随着裂纹从内向外扩展，最终导致了管接头断裂。

### 4.3.7.3　故障复现

在发动机试车或飞行中，推力室有较低的几率出现分频幅值偏大的情况，且频率均在 987 Hz 附近。虽然对此现象开展了大量的研究工作，但目前对"粗糙燃烧"机理尚未完全突破，不能准确预测和控制发动机工作时推力室的振动情况，因此难以通过热试车来进行故障复现。策划了通过地面振动试验的方式进行故障复现的方案，复现试验按拟真程度分接头状态试验和推力室状态试验。

对于管路接头状态的复现试验，其实现难度最小，且能说明问题。采用真实的管接头，接头出口端加配重，将试验件固定于振动台上，如图 4-24 所示。试验模拟准则为模拟试验件考核截面的应力/应变与真实产品工作时相应部位的应力/应变一致。振动加载条件为 350～450 Hz 白噪声（覆盖了试件的第 1 阶模态），量级为 19.53 $g$。试验进行到 90 s 左右，台阶位置断裂，说明接头内壁台阶处是结构最薄弱环节。

图 4-24　接头状态故障复现试验

对于推力室身部试验件复现试验（如图 4-25 所示），采用了真实的降温器及燃料出口管路，故障管路结构边界为原装支撑状态，其拟真程度得到进一步提高。利用 35 t 振动台以 91$g$ 驻留激振，充水加压 10 MPa。最大动应变在接头内台阶（台阶外壁最大动应变为 910 $\mu\varepsilon$，换算到台阶内壁为 1 365 $\mu\varepsilon$），且应变最大部位也与振型分析结果一致。在动静应力的联合作用下，等效应变与计算疲劳破坏时的应变水平接近。通过上述两种试验，复现了故障发生的关键环节，有效验证了故障机理。

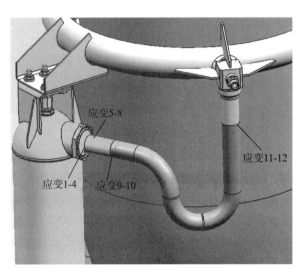

图 4 - 25　推力室身部状态故障复现试验

#### 4.3.7.4　管路振动控制技术

根据对产品失效机理的分析，策划了以下改进方案：优化结构降低最大应力；提高故障部位材料疲劳强度；降低出口管对推力室主频的响应，包括改管路走向及尺寸、在管路外壁增加阻尼、金属软管、加卡箍四个方向；减少推力室向降温器的振动传递，包括对降温器支撑结构加强、在降温器支撑增加阻尼两个子方案。通过对结构的振动控制，提高结构在发动机振动偏大情况下的疲劳寿命。

考虑到产品实际使用情况及风险分析，继承发动机原有整体结构的可靠性，以局部改进为主，尽量减小对发动机其他结构的影响，最终确定了通过结构局部优化降低最大应力的方案，更换材料为备选方案。

#### 4.3.7.5　管路结构动力学优化设计

对降温器出口管接头进行动强度分析与结构优化，重点是消除内台阶，减小应力集中，使接头应力分布尽量均匀化。降低关键部位的振动响应与动应力水平，提高结构的动强度裕度，以满足动强度设计和延寿设计的要求。

（1）动力学参数化建模及模型修正

本例中的动力学建模分析工作采用 MSC Patran/Nastran 软件完成。对降温器及管路的 CAD 模型进行合理简化，接头用实体单元（考核位置网格密度足够，并经网格无关性检验），导管、降温器身部、卡箍采用壳单元，壳、体单元之间用 RBE2 连接，从而建立参数化有限元初始模型。

进行锤击法模态测试，获得试验模态频率、振型及阻尼比，为模型的第一步修正提供试验数据。进行振动台基础激励下的模态测试，掌握不同激振量级下结构工作模态特性，得到振动量级、加水加压对模态参数的影响规律，获取对结构动态响应有着重要影响的关键模态阻尼参数，为进一步修正模型提供试验依据。

　　依据模态特性和动态响应数据对模型进行两轮修正。重点对出口管在燃烧主频
985 Hz 附近的模态进行修正，要求计算、试验模态频率相对误差 $E_\omega \leqslant 2\%$，振型相关
性最小 MAC$>$0.9，振型对比如图 4 - 26 所示。对修正后模型进行验证或确认，加载
91$g$ 的正弦载荷进行频响分析，分析共振频率点处的应变响应，并与试验结果进行对
比，考核截面位置计算、试验应变值相对误差为 11%，表明修正后的动力学模型具有
较高的精度。

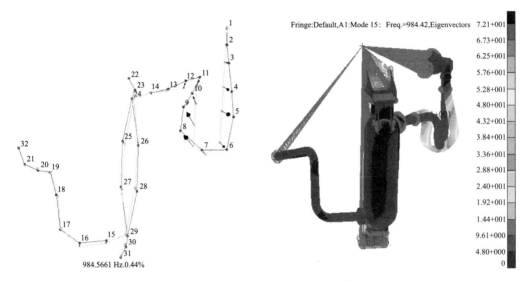

图 4 - 26　降温器管路有限元模型修正

（2）动力优化设计

　　在掌握结构的载荷数据、模型及动力信息后，开展管路接头的动力优化设计及动响应
控制技术研究。

　　基于 MSC Patran/Nastran 软件平台对管路接头进行形状优化，将优化的重点放在根
部倒圆角 $R_1$ 及台阶外表面圆滑过渡 $R_2$（将接头内流道设计为等径，即无内台阶），如
图 4 - 27 所示。

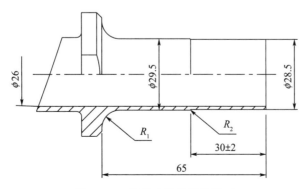

图 4 - 27　管接头优化结构模型

定义：

1）设计变量（DV）：Find $R = [R_1，R_2]，R_i \in [3，40]$。

2）目标函数（OBJ）：满足强度性能指标要求，s. t. $R_1$、$R_2$ 处动应力 $\min S(R) = [S(R_1)，S(R_2)]$。

3）约束条件（CC）：满足频率管理设计要求，要求该阶模态的共振裕度 $K = \left| \dfrac{f_固 - f_激}{f_激} \right| \times 100\% > (5 \sim 10)\%$。

采取修正后的参数化有限元模型作为优化设计基础模型，运用动力学优化模块进行动力响应优化。优化时考虑了推进剂质量效应、流体压力的影响，但对流速影响不作考虑，采用大振动试车包络谱进行基础三向激振（如图 4 - 28 所示），依据基础激励模态试验结果，模态阻尼取值 0.003，优化过程如图 4 - 29 所示。

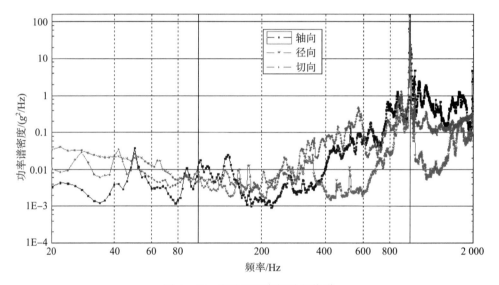

图 4 - 28　发动机试车振动包络谱

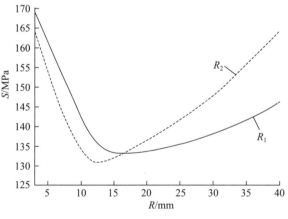

图 4 - 29　管接头优化过程

经分析，倒角 $R_1=15$、$R_2=12$ 的方案，在根部及变径处的综合应力水平均最低，应力最大位置出现在根部倒角局部 $R_1$ 处（133 MPa），外变径 $R_2$ 处最大应力为 130 MPa。接头部位接近于等强度设计，提高了结构抗疲劳断裂破坏的强度裕度，从而认为该倒角方案为最优。

（3）疲劳寿命预估

认为结构的动强度破坏模式为疲劳损伤累积机制，即随机振动引发的交变载荷低于材料的失效阈值，但它可在多次波动下引起结构损伤的累积，当累积的总量达到某一确定值时就发生破坏。通过 1Cr18Ni9Ti 材料的低周应变循环疲劳试验结果，低周疲劳循环寿命与对应的轴向总应变 $\Delta\varepsilon_1$ 的关系为

$$\Delta\varepsilon_1 = 0.445\,0N_f^{-0.481\,1} + 0.016\,6N_f^{-0.193\,9} \tag{4-144}$$

基于随机振动不具有重复模式的理论，采用了一种以快速方式估计暴露于随机载荷的结构疲劳寿命的分步程序，即三区间法。本例运用基于高斯分布的三区间法对接头结构的随机振动疲劳寿命进行估算。利用 Miner 线性累积损伤定律，从下式确定结构承受持续时间 $T$ 的振动疲劳累积损伤

$$D = f_n T\left(\frac{0.683}{N_{1\sigma}} + \frac{0.271}{N_{2\sigma}} + \frac{0.043\,3}{N_{3\sigma}}\right) \tag{4-145}$$

取振动主频 $f_n=1\,000$ Hz，$T=120$ s。根据式（4-144）及式（4-145）可计算得改进结构的总损伤 $D_a=0.085\,8$，原结构的总损伤 $D_b=0.227\,7$，考虑台阶应力集中效应，总累积损伤量 $D_{b'}=1.261\,7>100\%$，改进后结构总损伤远低于改前结构。

（4）有效性试验验证

开展了改前、改后、改后＋换材料（出现故障的管接头材料为 1Cr18Ni9Ti，考虑到继承性及成熟性，选取 1Cr21Ni5Ti 作为替代材料）三种接头状态的基础激励下的疲劳寿命对比试验，以检验改进措施的有效性，并获得了改进结构的"应变-寿命曲线"，为评估改进结构的寿命提供依据。试件共 23 件，改前 3 件，改进状态 17 件，改进＋换材料 3 件。试件为出口管接头状态，根部与底板焊接，头部焊接配重块，配重块中心预留 M12 螺孔，通过增减配重调整试件频率。

试验在振动台上进行。以试件的第 1 阶弯曲模态频率 $f_0$ 为中心频率，控制振动台面加速度，在 $f_0\pm50$ Hz 范围进行白噪声激励，测量考核截面应变。鉴于在应变梯度较大（或变化剧烈）位置应变测量精度不高的情况，本例采用试验与仿真分析相结合方法得到考核截面的动应变；首先建立试验件的有限元模型，进行模型修正；再以振动台面控制点的加速度数据作为试验件的基础激励载荷输入条件，通过随机振动仿真分析得到考核截面的应变值。

试验共得到 15 个有效数据，如图 4-30 所示。从寿命曲线可得，改进结构寿命是改前的 3.38 倍，改进＋换材料的寿命是改前的 5.60 倍，验证了结构改进措施的有效性。

对于提高材料疲劳强度的方案，通过试验验证改进＋换材料的疲劳寿命最高，且对 1Cr21Ni5Ti 材料进行工艺性试验验证，管接头的强度较高，焊接工艺试验也未见异常。

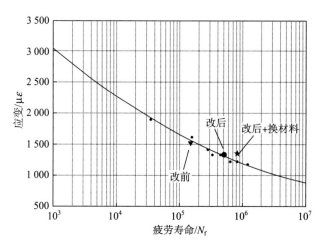

图 4 - 30　管接头疲劳寿命试验结果

# 第5章　发动机涡轮泵转子系统动力学特性研究

## 5.1　引言

大型液体火箭发动机均采用泵压式供应系统，其所需压力和泵的扬程都很高，为了提高效率、减少泵的级数，工作转速都设计得很高。转子设计的基本问题是防止同步共振和次同步共振。

随着旋转机械向高转速方向发展以及新型材料和结构的不断应用，转子系统的非线性振动现象异常突出，由此引发的非线性动力学行为日益引起关注，尤其对于复杂转子系统的研究已成为现代转子动力学的研究热点。在实际问题的处理中，合理的线性化能显著减少分析与计算的工作量，降低理论和技术的难度，且结果与试验结果基本相符[63-64]。然而当真实的转子系统的非线性较为显著，若再采用线性化方法，将会忽略对系统具有重要影响的非线性因素，以及与之相关的系统固有的非线性动力学现象，例如稳态响应对于初始条件的依赖性、解的多样性和稳定性、振动状态的突变、超谐波与次谐波共振、分岔与混沌以及系统长期性态（混沌吸引子）对于参数的依赖性等[65]。近年来国内外学者针对不同的对象，从不同角度，用不同的方法对转子系统的非线性动力学问题进行了研究，揭示了转子系统丰富的非线性动力学行为和物理机制，目前转子系统的非线性动力学研究仍处于发展阶段，需进一步开展研究。

液体火箭发动机的研制历史表明，泵压式发动机中转子系统结构故障概率最大[66-67]，且其故障往往具有瞬变、突发性等特点，能够在短时间内迅速发展，使结构发生剧烈振动，降低结构部件可靠性，导致发动机破坏，甚至爆炸等灾难性事故。与其他类型的动力机械相比，发动机是在极端物理条件（高低温、高压、高速和高能量密度释放）下运行的动力系统，转子系统的动力学特性直接影响发动机的性能，并且若工作介质中存在低温液氧，振动过大发生碰摩，极易导致起火爆炸的灾难性事故发生。综上所述，对发动机轴承-转子系统振动引起的结构动力学问题的研究显得非常重要。

本章详细阐述基于有限元法的转子系统动特性的分析方法，建立了某型发动机涡轮氧泵转子系统的有限元模型，获得了涡轮氧泵转子系统的瞬态响应，研究了临界转速的变化规律以及相应的瞬态响应和不平衡响应，同时简要介绍了发动机转子动力学基本理论和模态试验方法。对柔性转子动力学设计方法进行阐述，包括安全裕度、弯曲应变能、弹性支撑设计以及稳定性裕度等，并给出了应用实例。

## 5.2　基于有限元法的转子系统动特性分析

转子系统动力学的研究对象是横向位移远小于轴径（0.1%量级）的转子，其振动包括转轴扭转振动和弯曲振动、圆盘振动或盘片抖动等多种形式，其中转轴弯曲振动是最复杂，也是涉及因素最多的一种，而转子系统动力学正是以转轴横向弯曲振动为主要研究对象。

随着旋转机械朝高转速、大功率及轻质量的方向发展，转子系统的非线性振动现象异常突出，复杂转子系统（含多自由度和强非线性）已成为现代转子动力学的主要研究对象[68]。转子系统中同时存在多种非线性因素，如滚动轴承动刚度、密封阻尼和刚度、不平衡质量等，这些非线性因素会产生一定程度的耦合，导致自激振动、多解现象、拟周期运动和混沌运动的发生。这些运动状态是不平衡激励引起的强迫振动与非线性因素引发的低频运动的合成。

对于复杂的非线性转子系统，完全采用解析方法求解十分困难[69-71]。随着计算方法的改进和发展，数值计算方法已经广泛应用于非线性振动系统的研究，也是解决高维非线性动力学方程的最有效的方法。现代转子系统动力学的计算方法可分为传递矩阵法和有限元法：传递矩阵法的特点是矩阵阶数不随系统自由度数的增大而增加，具有编程简单、内存占用小、运算速度快等优点，尤其适用于转子这样的链式系统，但缺点是模拟轴承支承、密封等结构时存在困难，有时会出现漏根现象；有限元法的特点是表达式规范，适用于转轴、轴承和密封等组成的复杂结构的分析，缺点是自由度数多，计算速度慢。

鉴于此，本节主要阐述了利用有限元法求解轴承-转子系统动特性的过程和数值算法流程。滚动轴承支承的转子系统如图 5-1 所示，其中，$O_1$、$O_3$ 为滚动轴承支撑处的轴颈中心，$O_2$ 为圆盘处的转子中心，转轴任意截面处的的位置可由轴心坐标 $x$、$y$，截面转角 $\theta_x$、$\theta_y$ 以及自转角 $\varphi$。

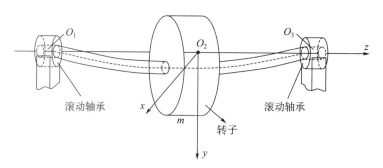

图 5-1　滚动轴承支承的转子系统示意图

### 5.2.1　圆盘运动方程

设圆盘轴心与质心重合，其轴心的位移向量为 $\{u_{1d}\} = [x, \theta_y]^T$ 和 $\{u_{2d}\} = [y, -\theta_x]^T$，则其动能为

$$T_d = \frac{1}{2} \begin{Bmatrix} \dot{x} \\ \dot{y} \end{Bmatrix}^{\mathrm{T}} \begin{bmatrix} m_d & 0 \\ 0 & m_d \end{bmatrix} \begin{Bmatrix} \dot{x} \\ \dot{y} \end{Bmatrix} + \frac{1}{2} \begin{Bmatrix} \omega_\xi \\ \omega_\eta \\ \omega_\zeta \end{Bmatrix}^{\mathrm{T}} \begin{bmatrix} J_d & 0 & 0 \\ 0 & J_d & 0 \\ 0 & 0 & J_p \end{bmatrix} \begin{Bmatrix} \omega_\xi \\ \omega_\eta \\ \omega_\zeta \end{Bmatrix} \qquad (5-1)$$

式中，$m_d$，$J_d$ 和 $J_p$ 分别为刚性圆盘的质量、直径转动惯量和极转动惯量，$O_2 \xi \eta \zeta$ 是以轴心节点为原点，$O_2 \zeta$ 轴与圆盘平面垂直，固结于圆盘的动坐标系。

根据欧拉角转动变换矩阵，可得

$$\begin{Bmatrix} \omega_\xi \\ \omega_\eta \\ \omega_\zeta \end{Bmatrix} = \begin{bmatrix} \cos\varphi & \cos\theta_\xi \sin\varphi & 0 \\ -\sin\varphi & \cos\theta_\xi \cos\varphi & 0 \\ 0 & -\sin\theta_\xi & 1 \end{bmatrix} \begin{Bmatrix} \dot{\theta}_x \\ \dot{\theta}_y \\ \dot{\varphi} \end{Bmatrix} \qquad (5-2)$$

式中，$\dot{\theta}_x$，$\dot{\theta}_y$，$\dot{\theta}_\xi$ 和 $\dot{\varphi}$ 分别表示圆盘中心绕 $O_2 x$，$O_2 y$，$O_2 \xi$ 以及 $O_2 \zeta$ 轴的转动角速度，$\dot{\varphi}$ 等于圆盘转动角速度 $\Omega$。

将式（5-2）代入式（5-1），略去二阶及以上微量，可得

$$T_d = \frac{1}{2} \{\dot{u}_{1d}\}^{\mathrm{T}} [M_d] \{\dot{u}_{1d}\} + \frac{1}{2} \{\dot{u}_{2d}\}^{\mathrm{T}} M_d \{\dot{u}_{2d}\} + \Omega \{\dot{u}_{1d}\}^{\mathrm{T}} [J] \{\dot{u}_{2d}\} + \frac{1}{2} J_p \Omega^2 \qquad (5-3)$$

式中，$[M_d] = \begin{bmatrix} m_d & 0 \\ 0 & J_d \end{bmatrix}$，$[J] = \begin{bmatrix} 0 & 0 \\ 0 & J_p \end{bmatrix}$。

对于具有 $n$ 个自由度的动力系统，其 Lagrange 方程为

$$\frac{\mathrm{d}}{\mathrm{d}t} \left( \frac{\partial T}{\partial \dot{q}_i} \right) - \frac{\partial T}{\partial q_i} = F_i \qquad (i = 1, 2, \cdots, n) \qquad (5-4)$$

式中，$T$ 为系统的动能；$q_i$，$\dot{q}_i$ 分别为广义位移和广义速度；$F_i$ 为对应于广义位移 $q_i$ 的广义力。

根据 Lagrange 方程式（5-4），将式（5-3）改写为

$$\begin{cases} [M_d] \{\ddot{u}_{1d}\} + \Omega [J] \{\dot{u}_{2d}\} = \{Q_{1d}\} \\ [M_d] \{\ddot{u}_{2d}\} + \Omega [J] \{\dot{u}_{1d}\} = \{Q_{2d}\} \end{cases} \qquad (5-5)$$

式中，$\{Q_{1d}\} = [F_x, M_y]^{\mathrm{T}}$，$\{Q_{2d}\} = [F_y, M_x]^{\mathrm{T}}$。

## 5.2.2 弹性轴运动方程

弹性轴段单元如图 5-2 所示，该单元的广义坐标是两节点的位移，即

$$\begin{cases} \{u_{1z}\} = [x_A, \theta_{yA}, x_B, \theta_{yB}]^{\mathrm{T}} \\ \{u_{2z}\} = [y_A, -\theta_{xA}, y_B, -\theta_{xB}]^{\mathrm{T}} \end{cases} \qquad (5-6)$$

因为轴段单元任一截面处的位移 $x$、$\theta_y$、$y$ 和 $\theta_x$ 是位置 $z$ 和时间 $t$ 的函数，可通过位移插值函数和轴段单元节点的位移来表示

$$\begin{cases} x(z,t) = N_1(z) x_A(t) + N_2(z) \theta_{yA}(t) + N_3(z) x_B(t) + N_A(z) \theta_{yB}(t) \\ \theta_y(z,t) = \dfrac{\partial x(z,t)}{\partial z} = N_1'(z) x_A(t) + N_2'(z) \theta_{yA}(t) + N_3'(z) x_B(t) + N_4'(z) \theta_{yB}(t) \end{cases}$$

$$(5-7)$$

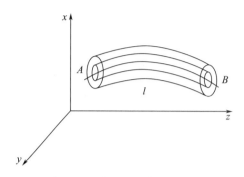

图 5 - 2　弹性轴段单元示意图

其中，$[N] = [N_1(z)\quad N_2(z)\quad N_3(z)\quad N_4(z)]$ 为 $1 \times 4$ 阶的位移插值函数矩阵。

　　根据轴段单元的端点条件

$$x(0,t) = x_A(t), x(l,t) = x_B(t), x'(0,t) = \theta_{yA}(t), x'(l,t) = \theta_{yB}(t) \tag{5-8}$$

可知插值函数满足

$$\begin{cases} N_1(0) = 1 & N_1'(0) = 0 & N_1(l) = 0 & N_1'(l) = 0 \\ N_2(0) = 0 & N_2'(0) = 1 & N_2(l) = 0 & N_2'(l) = 0 \\ N_3(0) = 0 & N_3'(0) = 0 & N_3(l) = 1 & N_3'(l) = 0 \\ N_4(0) = 0 & N_4'(0) = 0 & N_4(l) = 0 & N_4'(l) = 1 \end{cases} \tag{5-9}$$

设位移插值函数为

$$\begin{cases} N_1(z) = 1 - 3\left(\dfrac{z}{l}\right)^2 + 2\left(\dfrac{z}{l}\right)^3, & N_2(z) = z - 2l\left(\dfrac{z}{l}\right)^2 + l\left(\dfrac{z}{l}\right)^3 \\ N_3(z) = 3\left(\dfrac{z}{l}\right)^2 - 2\left(\dfrac{z}{l}\right)^3, & N_4(z) = -l\left(\dfrac{z}{l}\right)^2 + l\left(\dfrac{z}{l}\right)^3 \end{cases} \tag{5-10}$$

综合以上结果，可得

$$\begin{cases} x(z,t) = [N]\{u_{1z}\}, & \theta_y(z,t) = \dfrac{\partial x(z,t)}{\partial z} = [N']\{u_{1z}\} \\ y(z,t) = [N]\{u_{2z}\}, & -\theta_x(z,t) = \dfrac{\partial y(z,t)}{\partial z} = [N']\{u_{2z}\} \end{cases} \tag{5-11}$$

　　因此轴段单元任意点的位移可以用该单元节点的位移来表示，单元的动能和势能也可以表示为节点位移和速度的函数。根据式（5-3），可得轴段微元的动能为

$$\mathrm{d}T_z = \frac{1}{2}\begin{Bmatrix} \dot{x} \\ \dot{y} \end{Bmatrix}^{\mathrm{T}} \begin{bmatrix} \mathrm{d}m & 0 \\ 0 & \mathrm{d}m \end{bmatrix} \begin{Bmatrix} \dot{x} \\ \dot{y} \end{Bmatrix} \mathrm{d}z + \frac{1}{2} \begin{Bmatrix} \dot{\theta}_y \\ -\dot{\theta}_x \end{Bmatrix}^{\mathrm{T}} \begin{bmatrix} j_d & 0 \\ 0 & j_d \end{bmatrix} \begin{Bmatrix} \dot{\theta}_y \\ -\dot{\theta}_x \end{Bmatrix} \mathrm{d}z +$$
$$\Omega \begin{Bmatrix} \dot{x} \\ \dot{\theta}_y \end{Bmatrix}^{\mathrm{T}} \begin{bmatrix} 0 & 0 \\ 0 & j_p \end{bmatrix} \begin{Bmatrix} \dot{y} \\ -\dot{\theta}_x \end{Bmatrix} \mathrm{d}z + \frac{1}{2} j_p \Omega^2 \mathrm{d}z \tag{5-12}$$

式中，$\mathrm{d}m$，$j_d$，$j_p$ 分别表示轴段微元的质量、直径转动惯量和极转动惯量。

　　将式（5-11）对时间求导数，并代入式（5-12），可得

$$\mathrm{d}T_z = \frac{1}{2} \{\dot{u}_{1z}\}^{\mathrm{T}} (\mathrm{d}m\ [N]^{\mathrm{T}} [N] + j_d\ [N']^{\mathrm{T}} [N']) \{\dot{u}_{1z}\} \mathrm{d}z + \frac{1}{2} \{\dot{u}_{2z}\}^{\mathrm{T}} \cdot$$

$$(\mathrm{d}m\ [N]^{\mathrm{T}} [N] + j_d\ [N']^{\mathrm{T}} [N']) \{\dot{u}_{2z}\} \mathrm{d}z + j_p \Omega \{\dot{u}_{1z}\}^{\mathrm{T}} \cdot$$

$$[N']^{\mathrm{T}} [N'] \{\dot{u}_{2z}\} \mathrm{d}z + \frac{1}{2} j_p \Omega^2 \mathrm{d}z$$

$$(5-13)$$

轴段微元的弯曲势能为

$$\mathrm{d}V_z = \frac{1}{2} EI \begin{Bmatrix} \ddot{x} \\ \ddot{y} \end{Bmatrix}^{\mathrm{T}} \begin{Bmatrix} \ddot{x} \\ \ddot{y} \end{Bmatrix} \mathrm{d}z$$

$$= \frac{1}{2} EI (\{u_{1z}\}^{\mathrm{T}} [N'']^{\mathrm{T}} [N''] \{u_{1z}\} + \{u_{2z}\}^{\mathrm{T}} [N'']^{\mathrm{T}} [N''] \{u_{2z}\}) \mathrm{d}z$$

$$(5-14)$$

式中，$E$ 为材料的弹性模量；$I$ 为材料横截面对弯曲中性轴的惯性矩。

对于长为 $l$，半径为 $R$ 的圆形截面转轴，将式（5-13）、式（5-14）沿全长积分，可以得到

$$T_z = \frac{1}{2} \{\dot{u}_{1z}\}^{\mathrm{T}} ([M_{zT}] + [M_{zR}]) \{\dot{u}_{1z}\} + \frac{1}{2} \{\dot{u}_{2z}\}^{\mathrm{T}} ([M_{zT}] + [M_{zR}]) \{\dot{u}_{2z}\} +$$

$$\Omega \{\dot{u}_{1z}\}^{\mathrm{T}} [J_z] \{\dot{u}_{1z}\} + \frac{1}{2} j_p l \Omega^2$$

$$(5-15)$$

$$V_z = \frac{1}{2} \{u_{1z}\}^{\mathrm{T}} [K_z] \{u_{1z}\} + \frac{1}{2} \{u_{2z}\}^{\mathrm{T}} [K_z] \{u_{2z}\} \tag{5-16}$$

$$[M_{zT}] = \int_0^l \mathrm{d}m\ [N]^{\mathrm{T}} [N] \mathrm{d}z = \frac{l\,\mathrm{d}m}{420} \begin{bmatrix} 156 & 22l & 54 & -13l \\ 22l & 4l^2 & 13l & -3l^2 \\ 54 & 13l & 156 & -22l \\ -13l & -3l^2 & -22l & 4l^2 \end{bmatrix} \tag{5-17}$$

$$[M_{zR}] = \int_0^l j_d\ [N']^{\mathrm{T}} [N'] \mathrm{d}z = \frac{r^2\,\mathrm{d}m}{120l} \begin{bmatrix} 36 & 3l & -36 & 3l \\ 3l & 4l^2 & -3l & -l^2 \\ -36 & -3l & 36 & -3l \\ 3l & -l^2 & -3l & 4l^2 \end{bmatrix} \tag{5-18}$$

$$[J_z] = \int_0^l j_p\ [N']^{\mathrm{T}} [N'] \mathrm{d}z = \frac{r^2\,\mathrm{d}m}{60l} \begin{bmatrix} 36 & 3l & -36 & 3l \\ 3l & 4l^2 & -3l & -l^2 \\ -36 & -3l & 36 & -3l \\ 3l & -l^2 & -3l & 4l^2 \end{bmatrix} = 2 [M_{zR}]$$

$$(5-19)$$

$$[K_z] = \int_0^l EI \ [N'']^{\mathrm{T}} [N''] \, \mathrm{d}z = \frac{EI}{l^3} \begin{bmatrix} 12 & 6l & -12 & 6l \\ 6l & 4l^2 & -6l & 2l^2 \\ -12 & -6l & 12 & -6l \\ 6l & 2l^2 & -6l & 4l^2 \end{bmatrix} \quad (5-20)$$

将式 (5-15)、式 (5-16) 代入 Lagrange 方程 (5-4)，可得轴段单元的运动方程为

$$\begin{cases} [M_z]\{\ddot{u}_{1z}\} + \Omega [J_z]\{\dot{u}_{2z}\} + [K_z]\{u_{1z}\} = \{Q_{1z}\} \\ [M_z]\{\ddot{u}_{2z}\} - \Omega [J_z]\{\dot{u}_{1z}\} + [K_z]\{u_{2z}\} = \{Q_{2z}\} \end{cases} \quad (5-21)$$

式中，$[M_z] = [M_{zR}] + [M_{zT}]$ 为对角矩阵；$\{Q_{1z}\}$，$\{Q_{2z}\}$ 为对应的广义力向量，包括节点处连接的圆盘或相邻轴段的作用力和力矩，还包括不平衡力。在已知偏心规律的情况下，可以得到微元不平衡力

$$\begin{Bmatrix} Q_{1z}^M \\ Q_{2z}^M \end{Bmatrix} = \int_0^l \mathrm{d}m\Omega^2 \ [N]^{\mathrm{T}} \left( \begin{Bmatrix} e_\xi(z) \\ e_\eta(z) \end{Bmatrix} \cos\Omega t + \begin{Bmatrix} -e_\eta(z) \\ e_\xi(z) \end{Bmatrix} \sin\Omega t \right) \mathrm{d}z \quad (5-22)$$

式中，$e_\xi(z)$，$e_\eta(z)$ 为轴段单元质量分布偏心距。

### 5.2.3　轴承支承运动方程

对于轴承支承，其运动方程为

$$\begin{bmatrix} M_{bx} & 0 \\ 0 & M_{by} \end{bmatrix} \begin{Bmatrix} \ddot{x}_b \\ \ddot{y}_b \end{Bmatrix} + \begin{bmatrix} c_{xx} & c_{xy} \\ c_{yx} & c_{yy} \end{bmatrix} \begin{Bmatrix} \dot{x}_b - \dot{x}_{s(j)} \\ \dot{y}_b - \dot{y}_{s(j)} \end{Bmatrix} + \begin{bmatrix} k_{xx} & k_{xy} \\ k_{yx} & k_{yy} \end{bmatrix} \begin{Bmatrix} x_b - x_{s(j)} \\ y_b - y_{s(j)} \end{Bmatrix} +$$

$$\begin{bmatrix} c_{bxx} & c_{bxy} \\ c_{byx} & c_{byy} \end{bmatrix} \begin{Bmatrix} \dot{x}_b \\ \dot{y}_b \end{Bmatrix} + \begin{bmatrix} k_{bxx} & k_{bxy} \\ k_{byx} & k_{byy} \end{bmatrix} \begin{Bmatrix} x_b \\ y_b \end{Bmatrix} = \{0\} \quad (5-23)$$

式中，$x_b$，$y_b$ 为轴承座中心的坐标；$x_{s(j)}$，$y_{s(j)}$ 为轴颈中心的坐标。

采用滚动轴承支承，基础刚性较好，不计阻尼，则滚动轴承支承可以简化为 $k_x$ 和 $k_y$ 的弹性系数，可得

$$\begin{Bmatrix} Q_{1d}^b \\ Q_{2d}^b \end{Bmatrix} = - \begin{bmatrix} k_x & 0 \\ 0 & k_y \end{bmatrix} \begin{Bmatrix} x_{s(j)} \\ y_{s(j)} \end{Bmatrix} \quad (5-24)$$

### 5.2.4　转子系统运动方程

对于具有 $n$ 个节点，$n-1$ 个轴段的转子系统，综合圆盘、轴段以及轴承的运动方程，可得转子系统的运动方程为

$$\begin{cases} [M]\{\ddot{U}_1\} + \Omega [J]\{\dot{U}_2\} + [K]\{U_1\} = \{Q_1\} \\ [M]\{\ddot{U}_2\} - \Omega [J]\{\dot{U}_1\} + [K]\{U_2\} = \{Q_2\} \end{cases} \quad (5-25)$$

式中，$\{U_1\} = [x_1, \theta_{y1}, x_2, \theta_{y2}, \cdots, x_n, \theta_{yn}]^{\mathrm{T}}$，$\{U_2\} = [y_1, -\theta_{x1}, y_2, -\theta_{x2}, \cdots, y_n, -\theta_{xn}]^{\mathrm{T}}$ 为转子系统的位移向量；$[M]$，$\Omega [J]$，$[K]$ 分别为转子系统的质量矩阵、回转矩阵以及刚度矩阵，都是半带宽为 4 的 $2n \times 2n$ 阶对称稀疏矩阵；$\{Q_1\}$，$\{Q_2\}$ 为转子系统的广

义力。

式（5-25）可以写成统一形式

$$[M]\{\ddot{U}\} + [G]\{\dot{U}\} + [K]\{U\} = \{Q\} \qquad (5-26)$$

（1）临界转速的计算

转子系统的临界转速是指转子系统在自身的不平衡激振力作用下产生共振时的转速，临界转速特性是转子系统的固有特性。

用有限元法建立了转子系统的运动方程后，可通过微分方程的齐次解，求出自转角速度为 $\Omega$ 时的涡轮频率，也可以求得当 $\Omega = \omega$ 时转子系统的临界转速及相应振型。

当支承为滚动轴承时，即 $k_{xx} \neq k_{yy}$，$k_{xy} = k_{yx} = 0$，不计阻尼影响，转子系统的运动方程齐次式为

$$[M]\{\ddot{U}\} + \Omega[J]\{\dot{U}\} + [K]\{U\} = \{0\} \qquad (5-27)$$

式中，$[M] = \begin{bmatrix} M_1 & 0 \\ 0 & M_1 \end{bmatrix}$；$[J] = \begin{bmatrix} 0 & J_1 \\ -J_1 & 0 \end{bmatrix}$；$[K] = \begin{bmatrix} K_x & 0 \\ 0 & K_y \end{bmatrix}$；$[U] = \begin{Bmatrix} U_1 \\ U_2 \end{Bmatrix}$。$[M]$，$[K]$ 分别为实对称矩阵，$[J]$ 为实反对称矩阵。

则频率方程可得

$$|-[M]\omega^2 + \Omega[J]\omega + [K]| = 0 \qquad (5-28)$$

该方程的特征值由 $4n$ 对共轭的复数组成，分别对应于 $2n$ 个正向涡动频率和 $2n$ 个反向涡动频率。

（2）不平衡响应的分析

转子系统在不平衡力或不平衡力矩的激励下所产生的振动称为不平衡响应，主要用于研究转子系统对某些位置上不平衡量的敏感程度。

对于各向同性轴承，不计阻尼和轴承座振动的影响，转子系统的不平衡响应可由式（5-25）得到

$$[M_1]\{\ddot{z}\} - i\Omega[J_1]\{\dot{z}\} + [K_1]\{z\} = \Omega^2\{Q\}\,e^{i\Omega t} \qquad (5-29)$$

式中，$\{z\} = \{U_1\} + \{U_2\}$，$\{Q\} = \{Q_{1c}\} + i\{Q_{2c}\}$ 为不平衡力。

则式（5-29）的不平衡响应特解为

$$\{z\} = \Omega^2 \, [-M_1\Omega^2 + J_1\Omega^2 + K_1]^{-1}\{Q\} \qquad (5-30)$$

转子系统不平衡响应的特解表示各圆盘中心的轨迹为圆，且轴线在空间以角速度 $\Omega$ 做同步正进动。

## 5.3  涡轮氧泵转子系统动特性仿真

随着发动机推力的增加，涡轮泵的压力和转速不断提高，合理配置转子系统的临界转速是保证发动机安全可靠运行的前提和基础。研究表明，涡轮泵的轴承支承刚度以及流体密封产生的附加刚度和阻尼对转子系统的动力特性有显著的影响[72]。

本节基于有限元法，建立了某型发动机涡轮氧泵转子系统的有限元模型，采用无条件

稳定的 Newmark-β 数值积分算法，获得了涡轮氧泵转子系统的瞬态响应，并与试验数据进行对比，验证了转子系统模型的准确性，从而进一步获得了发动机转子系统在不同影响因素下临界转速的变化规律以及相应的不平衡响应；基于 Matlab 数值计算平台和图形处理功能，研发出转子系统动特性集成软件，可以快速对转子系统进行有限元建模，以及开展转子系统的瞬态响应、临界转速和振型、不平衡响应以及参数辨识等仿真。

### 5.3.1 转子系统模型建立

某型发动机涡轮氧泵转子系统主要由主轴、诱导轮、离心轮、涡轮、轴承等构成。旋转主轴为空心轴，离心轮前端采用浮动环进行密封，支承采用深沟球轴承和角接触球轴承，其转子系统结构如图 5-3 所示。

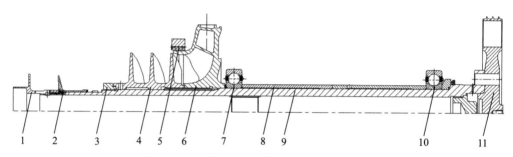

图 5-3　某型发动机涡轮氧泵转子系统结构

1—轴端螺母；2—入口端面密封组件；3—诱导轮压紧螺母；4—诱导轮；5—浮动环；6—离心轮；
7—深沟球轴承 6214；8—轴套；9—主轴；10—角接触轴承 QJS7214；11—涡轮盘

基于 Timoshenko 梁模型假设，沿轴向对该转子系统结构进行离散，其方法为：

1）诱导轮、离心轮、涡轮盘、密封和轴承的位置，单独划分节点；

2）主轴上尺寸变化的位置，单独划分节点；

3）对于较长的轴段，需使每段满足 $L/D < 1$，即轴段长度小于其直径；

4）采用集中质量圆盘近似诱导轮、离心轮，它们的质量和转动惯量通过三维实体模型计算得出；

5）转子系统中结构动环、诱导轮压紧螺母质量小，忽略不计。

经过离散简化，可以获得发动机涡轮氧泵转子系统的结构参数，如表 5-1 所示。

表 5-1　某型发动机涡轮氧泵转子系统的结构参数

| 节点 | 坐标/mm | 轴长度/mm | 轴内径/mm | 轴外径/mm | 直径转动惯量/<br>(kg·m²) | 极转动惯量/<br>(kg·m²) | 圆盘质量/<br>kg | 备注 |
|---|---|---|---|---|---|---|---|---|
| 1 | 0 | — | — | — | | | | |
| 2 | 39 | 39 | 47.5 | 55 | | | | |
| 3 | 79 | 40 | 47.5 | 55.2 | | | | |
| 4 | 94 | 15 | 47.5 | 56 | | | | |
| 5 | 113.5 | 19.5 | 47.5 | 64 | | | | |

**续表**

| 节点 | 坐标/mm | 轴长度/mm | 轴内径/mm | 轴外径/mm | 直径转动惯量/(kg·m²) | 极转动惯量/(kg·m²) | 圆盘质量/kg | 备注 |
|---|---|---|---|---|---|---|---|---|
| 6 | 117 | 3.5 | 47.5 | 61 | | | | |
| 7 | 171.11 | 54.11 | 47.5 | 64.1 | 0.006 842 | 0.008 99 | 3.025 | 诱导轮 |
| 8 | 188 | 16.89 | 47.5 | 64.1 | | | | |
| 9 | 210.7 | 22.7 | 47.5 | 65.2 | | | | 浮动环 |
| 10 | 252.18 | 22.21 | 47.5 | 65.2 | 0.027 31 | 0.050 27 | 6.978 | 离心轮 |
| 11 | 254.5 | 21.59 | 47.5 | 65.2 | | | | |
| 12 | 286.7 | 32.2 | 47.5 | 70 | | | | 深沟球轴承 |
| 13 | 323 | 36.3 | 47.5 | 70 | | | | |
| 14 | 375 | 52 | 47.5 | 69.6 | | | | |
| 15 | 427 | 52 | 47.5 | 69.6 | | | | |
| 16 | 467 | 40 | 47.5 | 70.1 | | | | |
| 17 | 514.5 | 47.5 | 47.5 | 69.8 | | | | |
| 18 | 562 | 47.5 | 47.5 | 69.8 | | | | |
| 19 | 594.5 | 32.5 | 47.5 | 70.2 | | | | 角接触球轴承 |
| 20 | 607 | 12.5 | 47.5 | 70.2 | | | | |
| 21 | 617.5 | 10.5 | 47.5 | 70.4 | | | | |
| 22 | 618.5 | 1 | 47.5 | 76.4 | | | | |
| 23 | 626.5 | 8 | 47.5 | 83.2 | | | | |
| 24 | 636.5 | 10 | 0 | 85 | | | | |
| 25 | 645.5 | 9 | 0 | 83 | | | | |
| 26 | 657 | 11.5 | 46 | 83 | | | | |
| 27 | 668 | 11 | 60 | 122 | 0.039 04 | 0.077 07 | 8.886 | 涡轮盘 |

某型发动机涡轮氧泵转子系统所采用的深沟球轴承以及角接触球轴承的结构参数，如表 5-2 所示。由于角接触球轴承的轴承座为悬臂结构，该处轴承座刚度为 $2.5 \times 10^8$ N/m，因此将该轴承座与球轴承进行串联计算。根据广义 Lagrange 乘子法，获得深沟球轴承和角接触球轴承随转速变化的接触支承刚度，代入涡轮氧泵转子系统模型中进行计算。

**表 5 - 2　深沟球轴承和角接触球轴承的结构参数**

| 轴承类型 | 轴承内径/mm | 轴承外径/mm | 轴承宽度/mm | 内圈沟道曲率半径/mm | 外圈沟道曲率半径/mm | 接触角/(°) | 滚珠直径/mm | 滚珠数目 |
|---|---|---|---|---|---|---|---|---|
| 深沟球轴承 | 70 | 125 | 24 | 8.993 2 | 9.080 5 | — | 17.462 5 | 10 |
| 角接触球轴承 | 70.2 | 125 | 24 | 8.993 2 | 9.080 5 | 18 | 17.462 5 | 12 |

浮动环结构及工作参数如表 5-3 所示。基于 Hirs 的 Bulk Flow 理论和 Childs 有限长密封的求解方法，获得浮动环密封的密封和阻尼特性系数，代入涡轮氧泵转子系统模型中进行计算。

**表 5 - 3　涡轮泵的浮动环结构及工作参数**

| 转子半径 $R$ /mm | 密封长度 $L$ /mm | 密封间隙 $C_r$ /mm | 进出口压差 $\Delta P$ /MPa | 液氧动力黏度 $\mu$ /(Pa·s) |
|---|---|---|---|---|
| 90.5 | 21 | 0.45 | 21.455 | 0.186e−3 |

　　基于 Dynamic R4.10.5 转子动力学仿真平台，根据表 5-1～表 5-3 所示的某型发动机涡轮氧泵转子系统的结构及工作参数，建立该转子系统的仿真模型，如图 5-4 所示。其中 26 个梁单元模拟主轴，3 个集中质量单元模拟诱导轮、离心轮和涡轮，3 个支承单元模拟球轴承和浮动环密封力。

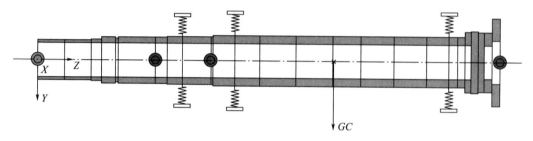

图 5-4　涡轮氧泵转子系统的仿真模型

### 5.3.2　涡轮氧泵转子系统的瞬态响应

　　涡轮氧泵的主轴材料为高强度不锈钢，密度 $\rho = 7.8 \times 10^3$ kg/m³，弹性模量 $E = 2.002 \times 10^{11}$ Pa，泊松比 $\mu = 0.3$，根据图 5-4 所示的涡轮氧泵转子系统的仿真模型，利用 Dynamic R4.10.5 转子动力学仿真平台，基于无条件稳定的 Newmark-β 数值积分算法，计算出涡轮氧泵转子系统从 0 到 20 000 r/min 的瞬态响应，其涡轮氧泵的转速变化如图 5-5 所示，主轴轴端处的垂直位移瞬态响应和轴心轨迹圆分别如图 5-6、图 5-7 所示。

　　利用该涡轮氧泵转子系统，开展转子动力学试验，通过涡轮氧泵轴端处的垂直位移响应试验数据与仿真分析误差，验证所建立的涡轮氧泵转子系统模型的准确性。转子动力学试验的动力主要来源于电动机和压缩机，通过电动机、增速齿轮箱从涡轮端驱动，试验件与增速齿轮箱间采用柔性连接，同时通过压缩机、超音声拉法尔喷嘴吹涡轮，转速可达到 19 000 r/min，试验中在轴端螺母处、离心轮前凸肩、轴套上以及涡轮前使用位移传感器测振。

　　在图 5-6 中，当转速达到 17 908 r/min 时，轴端处的最大垂直位移为 11.060 μm。将 3 000～17 000 r/min 的转速下主轴轴端处试验和仿真的垂直位移在 0～1 范围内进行无量纲归一化处理，其值如图 5-8 所示。

　　从图 5-8 中可以看出，3 000～17 000 r/min 的转速下主轴轴端处试验和仿真垂直位移的趋势一致，且实际值的最大相对误差为 8.253%，因此验证了该涡轮泵转子系统模型的准确性，以此模型为基础，进一步开展转子系统的动特性研究。

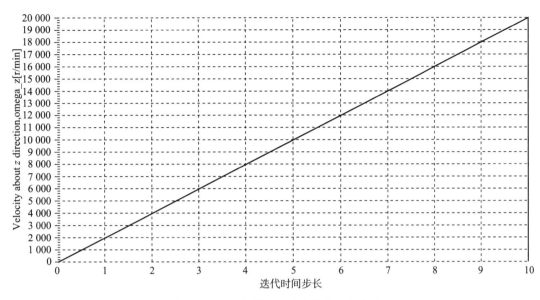

图 5-5　涡轮氧泵转子系统的转速变化图

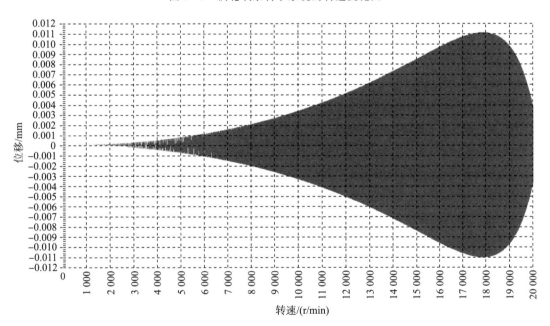

图 5-6　转子系统轴端处的垂直位移瞬态响应

离心轮处的垂直瞬态响应和轴心轨迹圆分别如图 5-9、图 5-10 所示。从图 5-9 和图 5-10 中可以获得不同转速下的涡轮氧泵离心轮处的垂直位移响应，随着转速的增加，涡轮氧泵离心轮处的垂直位移响应逐渐增加，当转速达到 18 579 r/min 时，离心轮处的最大垂直位移为 4.315 $\mu$m。

转子系统涡轮盘处的垂直瞬态响应和轴心轨迹圆分别如图 5-11、图 5-12 所示。将主轴各段进行瞬态响应计算，可获得主轴在 0～2.0s 内的三维轴心轨迹，如图 5-13 所示。

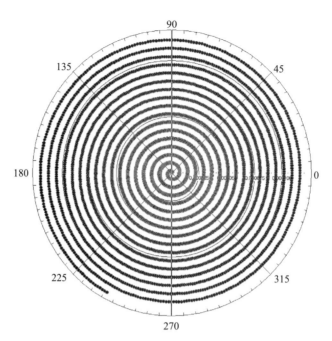

图 5 - 7   转子系统轴端处的轴心轨迹圆

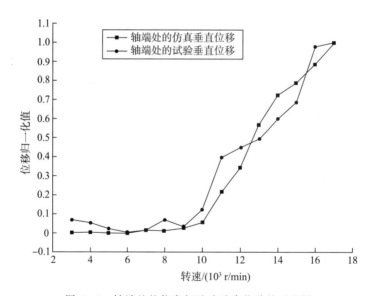

图 5 - 8   轴端处的仿真与试验垂直位移的对比图

从图 5 - 11 和图 5 - 12 中可以获得不同转速下的涡轮氧泵涡轮盘处的垂直位移响应，随着转速的增加，涡轮氧泵涡轮盘处的垂直位移响应逐渐增加，当转速达到 20 000 r/min 时，涡轮盘处的最大垂直位移为 50.947 μm。

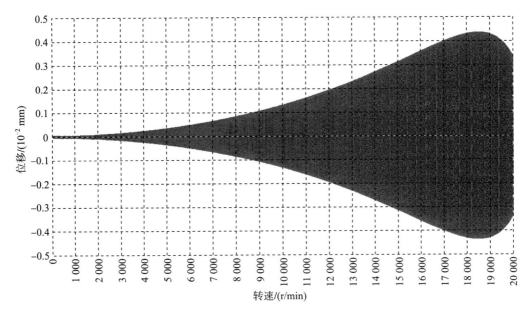

图 5 - 9　转子系统离心轮处的垂直位移瞬态响应

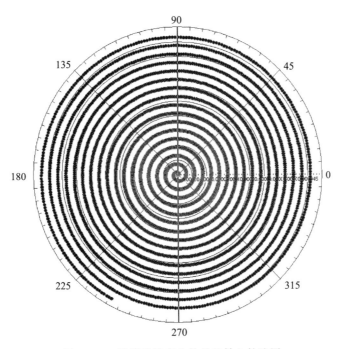

图 5 - 10　转子系统离心轮处的轴心轨迹圆

### 5.3.3　涡轮氧泵转子系统的临界转速

临界转速是指转子系统在自身的不平衡激振力作用下产生共振时的转速，是转子系统的固有特性。基于 Dynamic R4.10.5 转子动力学仿真平台，可计算出该涡轮氧泵转子系统的 Campbell 图，如图 5 - 14 所示。

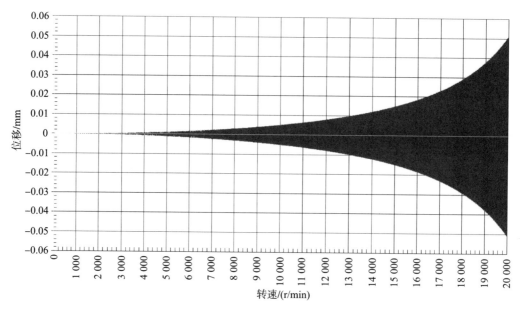

图 5-11　转子系统涡轮盘处的垂直位移瞬态响应

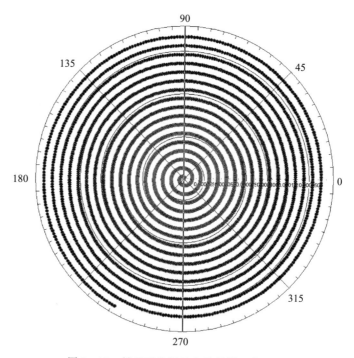

图 5-12　转子系统涡轮盘处的轴心轨迹圆

发动机实际工作时，可计算出诱导轮和离心轮内液氧的质量分别为 1.899 1 kg 和 1.812 1 kg。计算各种工况条件下涡轮氧泵转子系统的第一阶临界转速，如表 5-4 及图 5-15 ～图 5-18 所示。

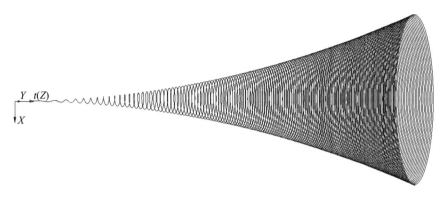

图 5 - 13　转子系统的三维轴心轨迹图

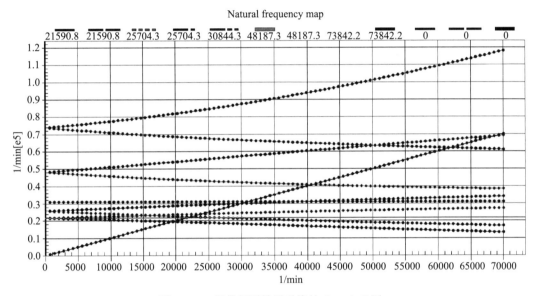

图 5 - 14　涡轮氧泵转子系统的 Campbell 图

表 5 - 4　各种工况条件下涡轮氧泵转子系统的第一阶临界转速

| 工况条件 | 工况 1（浮动环支承） | 工况 2（无浮动环支承） | 工况 3（浮动环支承，充液质量） | 工况 4（无浮动环支承，充液质量） |
|---|---|---|---|---|
| 第一阶临界转速 | 23 833.698 r/min | 22 849.500 r/min | 23 187.407 r/min | 21 087.857 r/min |
| 第一阶振型 | 弯曲,图 5 - 15 | 弯曲,图 5 - 16 | 弯曲,图 5 - 17 | 弯曲,图 5 - 18 |
| 工作转速的百分比（17 300 r/min） | 72.586% | 75.713% | 74.609% | 82.038% |

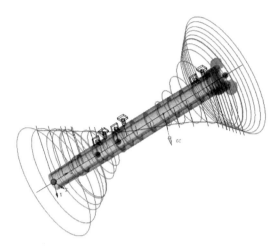

图 5-15　工况 1 的第一阶临界转速对应的振型

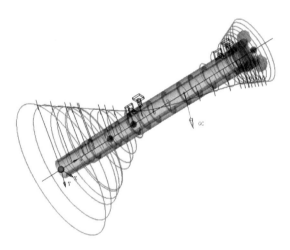

图 5-16　工况 2 的第一阶临界转速对应的振型

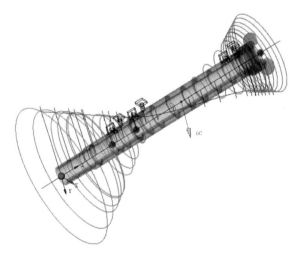

图 5-17　工况 3 的第一阶临界转速对应的振型

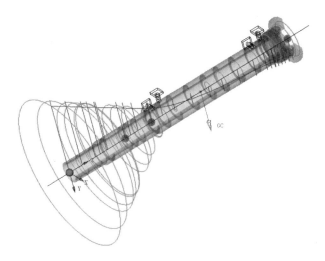

图 5 - 18 工况 4 的第一阶临界转速对应的振型

从表 5 - 4 中可以看出,无充液质量时,考虑浮动环支承得到的第一阶临界转速比不考虑浮动环支承时增加 984.198 r/min,增加比例为 4.307%;有充液质量时,考虑浮动环支承得到的第一阶临界转速比不考虑浮动环支承时增加 2 099.55 r/min,增加比例为 9.956%。浮动环支承时,不考虑充液质量得到的第一阶临界转速比考虑充液质量时增加 646.291 r/min,增加比例为 2.787%;无浮动环支承时,不考虑充液质量得到的第一阶临界转速比考虑充液质量时增加 1 761.643 r/min,增加比例为 8.354%。

对影响涡轮氧泵转子系统的第一阶临界转速的影响因素进行研究,主要分析离心轮质量、涡轮盘质量、角接触球轴承位置、轴承座刚度以及涡轮盘悬臂长度对临界转速的影响。

离心轮质量对第一阶临界转速的影响如图 5 - 19 所示,离心轮质量每减小 0.1 kg,涡轮氧泵转子系统的第一阶临界转速平均增加 7.738 r/min。

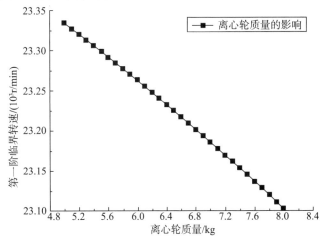

图 5 - 19 离心轮质量对第一阶临界转速的影响

涡轮盘质量对第一阶临界转速的影响如图 5 - 20 所示，涡轮盘质量每减小 0.1 kg，涡轮氧泵转子系统的第一阶临界转速平均增加 64.602 r/min。

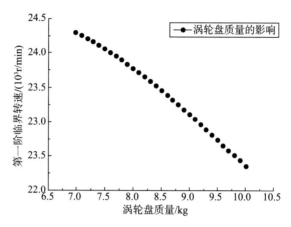

图 5 - 20　涡轮盘质量对第一阶临界转速的影响

角接触球轴承位置对第一阶临界转速的影响如图 5 - 21 所示，角接触球轴承位置每增加 1 mm，涡轮氧泵转子系统的第一阶临界转速平均增加 107.670 r/min。

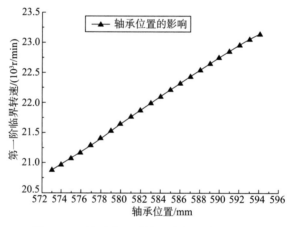

图 5 - 21　轴承位置对第一阶临界转速的影响

轴承座刚度对第一阶临界转速的影响如图 5 - 22 所示，轴承座刚度每增加 $0.5 \times 10^7$ N/m，涡轮氧泵转子系统的第一阶临界转速平均增加 46.951 r/min。

在分析涡轮盘悬臂长度对临界转速影响时，由于角接触球轴承位置与涡轮盘之间的轴段尺寸变化较大，对涡轮氧泵转子系统的第一阶临界转速的影响程度不同，因而将该段主轴划分成 4 个区域分别进行计算，如图 5 - 23 所示。

在主轴段的 4 个不同区域，涡轮盘悬臂长度对第一阶临界转速的影响分别如图 5 - 24 ～图 5 - 27 所示。从图中可以看出，区域 1、2、3 以及 4 的悬臂长度每缩短 0.5 mm 时，涡轮氧泵转子系统的第一阶临界转速分别平均增加 58.080 r/min、5.641 r/min、7.441 r/min 以及 23.726 r/min。

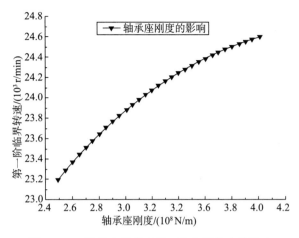

图 5 - 22　轴承座刚度对第一阶临界转速的影响

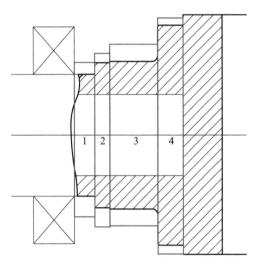

图 5 - 23　涡轮盘悬臂长度的主轴段影响区域划分

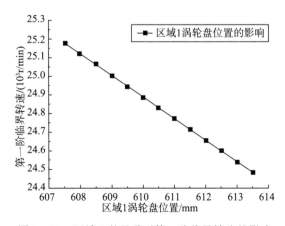

图 5 - 24　区域 1 的悬臂对第一阶临界转速的影响

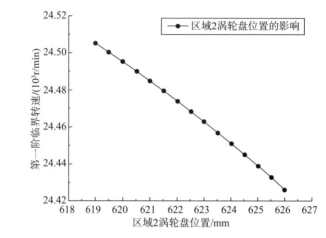

图 5-25　区域 2 的悬臂对第一阶临界转速的影响

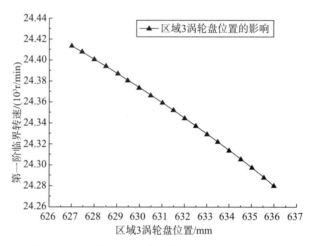

图 5-26　区域 3 的悬臂对第一阶临界转速的影响

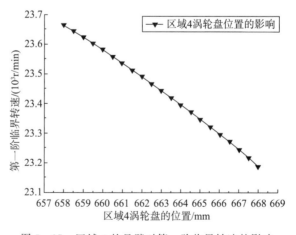

图 5-27　区域 4 的悬臂对第一阶临界转速的影响

### 5.3.4　涡轮氧泵转子系统的不平衡稳态响应

由于涡轮氧泵转子系统的转速非常高，质量不平衡带来的振动问题不容忽视，因此需要分析其不平衡响应特性。转子系统的不平衡响应与不平衡质量分布和转速均有关，根据发动机的研制特点，不平衡量取为技术要求的 20 倍，即 544 $\mu m \cdot kg$，均分到离心轮和涡轮盘上。

利用 Dynamic R4.10.5 转子动力学仿真平台，基于无条件稳定的 Newmark - β 数值积分算法，可计算出当转速从 0 增加到 18 000 r/min 时，离心轮处和涡轮盘处的不平衡响应，分别如图 5 - 28、图 5 - 29 所示。从图中可获得不同转速下的涡轮氧泵离心轮和涡轮盘处的不平衡响应，随着转速的增加，在主轴各段临界转速下其不平衡响应逐渐增加，当达到工作转速 17 295 r/min 时，离心轮和涡轮盘处的不平衡响应分别为 2.690 $\mu m$ 以及 2.538 $\mu m$。

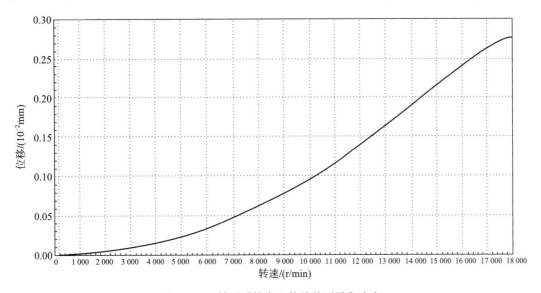

图 5 - 28　转子系统离心轮处的不平衡响应

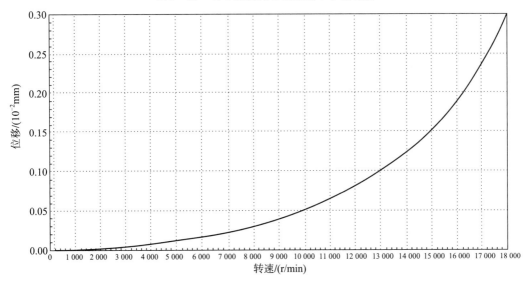

图 5 - 29　转子系统涡轮盘处的不平衡响应

### 5.3.5 转子系统动特性集成软件

在转子系统有限元建模和数值积分的基础上，基于 MATLAB 数值计算平台和图形处理功能，研发了转子系统动特性集成软件，可以快速对转子系统进行有限元建模，以及开展转子系统的瞬态响应、临界转速和振型、不平衡响应以及参数辨识等仿真。

利用软件生成的转子系统的二维模型和三维模型分别如图 5-30 和图 5-31 所示。

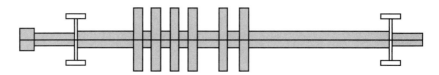

图 5-30　软件生成的转子系统二维模型

图 5-31　软件生成的转子系统三维模型

利用软件计算的转子系统临界转速的二维振型图和三维振型图分别如图 5-32 和图 5-33 所示。

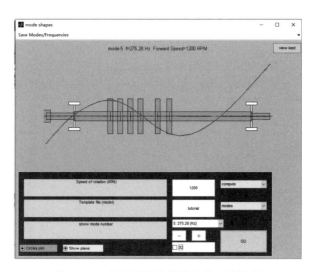

图 5-32　转子系统临界转速的二维振型

利用软件计算的转子系统 Campbell 图如图 5-34 所示，瞬态响应的仿真如图 5-35 所示。

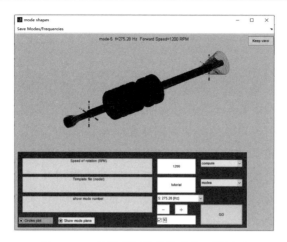

图 5-33　转子系统临界转速的三维振型

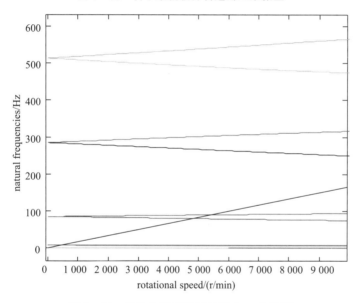

图 5-34　软件生成的转子系统 Campbell 图

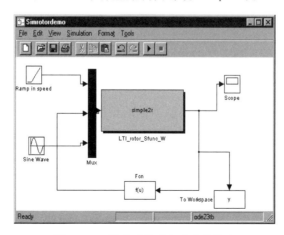

图 5-35　转子系统瞬态响应的仿真

## 5.4　涡轮氧泵转子动力学试验

发动机工作过程中，涡轮泵一直处于高速旋转状态，并伴随着自始至终的振动，过大的振动会影响涡轮泵的性能甚至对整个发动机系统产生严重的破坏。因此研究涡轮泵的振动特性、降低工作状态下涡轮泵的振动对提高液体火箭发动机的性能有着重要的意义。转子动力学试验是研究涡轮泵轴系振动特性的重要手段[73-75]。通过运转试验研究涡轮泵轴系的振动特性、明确转子的临界转速，确保其工作转速边界避开临界转速具有足够的裕度，研究并采取相应手段降低工作状态下轴系的振动量级，为涡轮泵振动抑制提供技术支持，以提高发动机涡轮泵性能。

为了获得某型发动机涡轮氧泵的转子动力学特性，在转子动力学试验台上开展了涡轮氧泵转子动力学试验。

### 5.4.1　转子系统试验状态

涡轮泵转子高速运行试验系统如图5-36所示。试验转子通过自身轴承安装于刚性支承（摆架）上，刚性摆架底部与试验台基础紧固，采用轻质柔性联轴器连接试验转子与齿轮箱高速输出端，通过高压直喷式供油对涡轮泵转子滚动轴承进行润滑和冷却，在涡轮盘和离心轮处两正交方向测量转子的径向振动位移，为转子的运行状态监测提供依据。

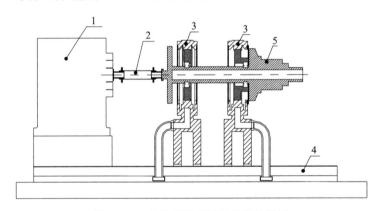

图5-36　涡轮泵转子运行现场示意图

1—驱动齿轮箱；2—柔性联轴器；3—刚性支承系统（摆架）；4—基础；5—涡轮泵转子

涡轮泵转子高速运行过程中，角接触轴承的轴向受力变化会引起不同的滚动体偏移量，导致接触角发生变化，对轴承支承刚度及转子动特性产生影响，不合理的轴向力甚至会引起转子振动量级超标而无法升至目标转速。为精确模拟转子的实际运行工况，采取图5-37所示的方式进行轴向力的加载：通过周向三点均匀加载，每一加载点采用力传感器两端连接顶载螺栓实现。

试验现场如图5-38所示。

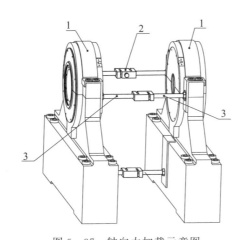

图 5 - 37　轴向力加载示意图

1—支承系统（摆架）；2—轴向力传感器；3—顶载螺栓

图 5 - 38　涡轮氧泵转子动力学试验现场

### 5.4.2　试验结果分析

转子升速过程中，若振动过大，且判别为一倍频振动（$1f$）占优，需进行转子动平衡。通过影响系数法在涡轮盘和离心轮处进行加重平衡。当轴向力为 3 000 N 时，经过多轮次平衡，转子共进行了 4 次升高速运行试验，最高运行转速分别为 22 000 rpm、22 000 rpm、23 850 rpm 及 23 000 rpm，振动位移 $1f$ 曲线对比如图 5 - 39 所示。

可看出，转速低于 22 000 rpm 时涡轮端振动位移量级较小，22 000 rpm 后量级明显增大；离心轮的振动位移在 21 000～22 000 rpm 之间有一突峰，跨过该突峰后振动量级有所减小，但转速高于 22 500 rpm 后振动量级再次增大，且增大幅度较快。

通过多次调试运行，将轴向力大小调整为 2 000 N，转子最高可升速至 25 000 rpm，振动位移变化曲线如图 5 - 40 所示。涡轮盘径向振动位移在 0～25 000 rpm 内突峰不明显，

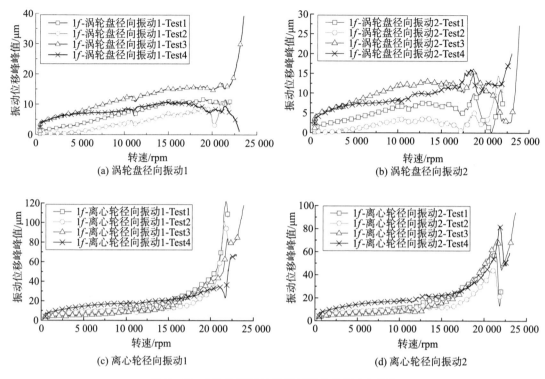

图 5 - 39  4 次升高速过程转子振动位移 $1f$ 对比

而离心轮的径向位移在 22 285 rpm 附近出现明显的突峰，该突峰处可能存在离心轮端的局部摆动模态。对比图 5 - 39 和图 5 - 40 可以看出，不同轴向力加载状态下，涡轮泵转子高速（本文转速大于 20 000 rmp 以上）时的振动具有明显的差异。

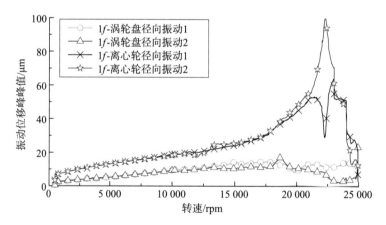

图 5 - 40  0～25 000 rpm 运行时涡轮泵转子振动位移变化曲线

由于高速下角接触轴承的滚动体接触状态会发生轻微变化，从而引起轴承支承刚度、轴承－转子系统动态响应发生改变，导致不同次运行转子响应峰值对应的转速会发生变化，因此难以通过全转速范围内的响应数据来识别转子的临界转速。但运行试验表明，低速下（转速小于 15 000 rpm）该滚动轴承—转子系统的运行稳定性（振动状态一致性）明显趋于好转，基于此，本文采用重力副临界的方法仅通过低速下的运行数据识别转子的临界转速，并通过仿真结果及全转速范围内的运行数据对临界转速的识别结果进行验证。

### 5.4.3　临界转速识别

　　临界转速是表征转子动特性最重要的一个参数，对临界转速进行分析是转子系统设计、运行状态优化及故障诊断的重要内容。在有限的结构尺寸和重量限定范围内获得尽可能大的推力，要求液体火箭发动机涡轮泵的转速尽可能高，但工作过程中恶劣的力热环境限制了某大推力液体火箭发动机涡轮泵转子需设计为准刚性结构。对于该准刚性转子，其工作转速距离临界转速的裕度较低，大范围推力调节过程中转子存在落入共振区内的风险，为了获得该涡轮泵转子的可靠性工作边界，对其临界转速进行分析十分必要。

　　临界转速的分析和确定可以通过仿真和实测两种途径。由于涡轮泵转子结构及装配状态复杂，仿真不可能完全精确模拟实际情况，误差不可避免。通过运行实测获得临界转速的方法最为可靠，由于涡轮泵转子为准刚性转子，其工作转速低于一阶临界转速，传统通过运行 Bode 图识别临界转速的方法要求运行转速必须高于工作转速，存在过试验的风险。可结合仿真研究，通过重力副临界的方法识别了涡轮泵转子的前两阶临界转速。

　　如图 5 - 41 所示的无阻尼水平安装 Jeffcott 转子，位于跨中质量为 $m$ 的圆盘只在自身平面内运动，不产生回转效应。假定在 $t$ 瞬时圆盘的状态如图 5 - 42 所示，因为无阻尼，两支承中心连线与圆盘的交点 $o_1$、圆盘几何中心 $o'$ 及质心 $c$ 点总在一直线上。根据质心运动定理，圆盘质心 $c$ 的运动微分方程为

$$\begin{cases} m\ddot{x}_c + kx_c = ke\cos\phi - mg \\ m\ddot{y}_c + ky_c = ke\sin\phi \end{cases} \tag{5-31}$$

其中，$k$ 为轴的横向弯曲刚度；$e$ 为偏心距；$\phi$ 为圆盘转动角度；$x_c$、$y_c$ 为圆盘质心坐标；$g$ 表示重力加速度。

　　对于 $oz$ 轴，由动量矩定理可得

$$m\rho^2\ddot{\phi} + m(x_c\ddot{y}_c - y_c\ddot{x}_c) = mgy_c \tag{5-32}$$

其中，$\rho$ 为圆盘回转半径。

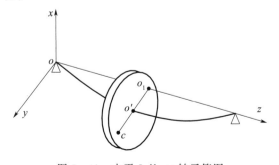

图 5 - 41　水平 Jeffcott 转子简图

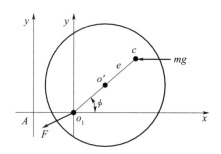

图 5-42　圆盘的瞬时位置及其所受的力

为简化方程，作坐标变换，把原点从 $o_1$ 移到 $A$，并令 $x_{cA} = x_c + mg/k$，得到新坐标系中的运动微分方程为

$$\begin{cases} m\ddot{x}_{cA} + kx_{cA} = ke\cos\phi \\ m\ddot{y}_c + ky_c = ke\sin\phi \\ m\rho^2\ddot{\phi} + m(x_{cA}\ddot{y}_c - y_c\ddot{x}_{cA}) = mge\sin\phi \end{cases} \tag{5-33}$$

若转子的临界转速为 $\omega_{cr}$，当转子在副临界转速 $\dot\phi = \omega_{cr}/2$ 下做等角速度自转时，$\ddot\phi = 0$，并令 $\phi$ 的初始值为 0，则 $\phi = \omega_{cr}t/2$。把上述假定代入式（5-33）的第三式，得到

$$m(x_{cA}\ddot{y}_c - y_c\ddot{x}_{cA}) = mge\sin\frac{\omega_{cr}}{2}t \tag{5-34}$$

可以求出同时满足式（5-33）和式（5-34）的解为

$$x_{cA} = -\delta_r\cos\omega_{cr}t + \frac{4e}{3}\cos\frac{\omega_{cr}}{2}t \tag{5-35}$$

$$y_c = -\delta_r\sin\omega_{cr}t + \frac{4e}{3}\sin\frac{\omega_{cr}}{2}t \tag{5-36}$$

式中 $\delta_r = mg/k$ 为圆盘重力作用下弹性轴在跨中产生的静挠度。

利用图 5-42 所示的几何关系，圆盘中心的运动方程为

$$x = -\delta_r(1 + \cos\omega_{cr}t) + \frac{e}{3}\cos\frac{\omega_{cr}}{2}t \tag{5-37}$$

$$y = -\delta_r\sin\omega_{cr}t + \frac{e}{3}\sin\frac{\omega_{cr}}{2}t \tag{5-38}$$

圆盘中心 $o'$ 点在副临界时的进动由两个分量组成：与偏心距 $e$ 有关的基频分量（$\omega_{cr}/2$），以及与重力引起的静挠度 $\delta_r$ 有关的倍频分量（$\omega_{cr}$），倍频分量的频率等于临界转速频率，转子在此转速下运行必然会产生与临界转速相关的共振峰。因此，可利用转子的这种响应特性，在副临界转速（$\omega_{cr}/2$）下对转子的临界转速进行识别。

图 5-43 为转子升速至 18 000 rpm 过程中的 $2f$ 曲线。$2f$ 曲线中，离心轮振动分别在 11 450 rpm、12 520 rpm 出现突峰，而涡轮处振动位移在全转速范围内只存在一个突峰点，对应的转速在 12 520 rpm 附近。通过重力副临界分析可知，在试验的安装状态及轴向力加载状态下，转子系统的前两阶临界转速分别在 22 900 rpm 及 25 040 rpm 附近。而

仿真结果获得无浮动环支承状态下转子的第一阶临界转速为 22 849.5 rpm，仿真和试验结果误差仅为 0.221%。

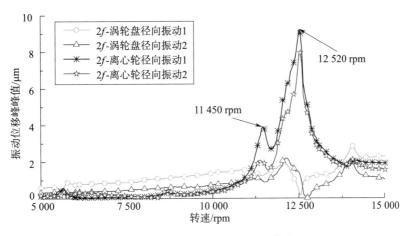

图 5 - 43　转子振动位移的 $2f$ 曲线

## 5.5　发动机柔性转子动力学设计

液氢液氧发动机涡轮泵转速较高，氢涡轮泵转速分布在 20 000～80 000 rpm 之间，氧涡轮泵转速分布在 15 000～30 000 rpm 之间，而高转速导致刚性转子设计十分困难，因此氢氧涡轮泵多采用柔性转子。在火箭发动机领域，柔性转子指工作转速超过一阶临界转速的转子。

在液氢液氧发动机研制时，需保证氢氧涡轮泵转子动态特性与工作转速以及转子通过临界转速时的瞬态响应相容，保证在所有要求的工况下都能平稳运转。

某型发动机氢泵转子系统模型简图如图 5 - 44 所示。该转子主要由轴、诱导轮、一级叶轮、二级叶轮、两级涡轮盘、轴上调整垫及拧紧螺母等组成，支承系统为双弹性支承结构，包括泵端弹性支承、涡轮端弹性支承、金属橡胶阻尼器、轴承、预紧碟簧等。

图 5 - 44　某型液氢液氧发动机氢涡轮泵转子组件简图

### 5.5.1　转子临界转速与工作转速的安全裕度

转子-支承系统通常会有多个临界转速，按照转速由低到高分别为一阶临界转速、二阶临界转速、三阶临界转速等。临界转速的大小与轴的结构、尺寸、轮盘质量及位置、轴的支承方式等因素有关。

转子的固有频率除与转子结构、支承结构等参数有关外，它还随着转子涡动转速和转子自转转速的变化而变化。而在一般结构动力学中，固有频率与结构质量、支承结构等参数有关，但与转速无关。这也是固有频率概念在转子动力学与结构动力学中的差别。研究转子临界转速时，必须考虑转子涡动时陀螺力矩产生的陀螺效应对转子临界转速的影响，这是转子临界转速计算同其他非旋转结构固有频率计算的差异所在。

众所周知，振型与临界转速密切相关。振型是指转子在通过各阶临界转速时引起的相对变形，或者说呈现出来的形状。不同的支承结构形式下，各阶临界转速对应的振型也不同，如图 5-45 所示。由于摆动和平动振型时转子近似呈现直线状态，不发生明显的弯曲，转子弯曲应变能较小，因此摆动振型和平动振型又被称为刚体振型。通常把首次出现的弯曲振型称之为一阶弯曲，第二次出现的弯曲振型称之为二阶弯曲，依次类推。

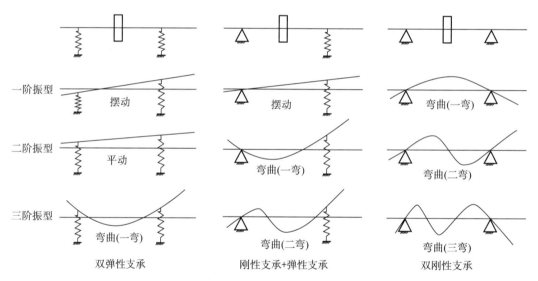

图 5-45　三种支承下转子各阶临界转速对应的振型

对于双弹性支承而言，一般一阶临界转速对应的振型为摆动，二阶临界转速对应的振型为平动，三阶临界转速对应的振型为弯曲（一弯）。对于刚性支承＋弹性支承而言，一般一阶振型为摆动，二阶振型为弯曲（一弯），三阶振型为弯曲（二弯）。对于双刚性支承而言，一般一阶振型为弯曲（一弯），二阶振型为弯曲（二弯），三阶振型为弯曲（三弯）。

每一阶临界转速都有一个与其对应的独特振型，可以用来指导如何通过改变设计使临界转速有效地远离工作转速。参照转子振型可以对转子设计进行修改，如果存在较大的相对运动，那么可以采取修改轴承、密封的刚度和阻尼的办法来实现。如果存在较大的轴偏角，那么修改轴的弯曲刚度可以很有效；如果进行质量配置时出现较大的相对运动，修改质量分布较为直接。实际应用中，转子设计通常尽量增大阻尼，控制好刚度，并且使支承尽量靠近质量大的转子部分。

需要指出的是，在工程领域，把工作转速超过一阶弯曲型临界转速的转子称为柔性转子；把工作转速低于一阶弯曲型临界转速，但高于刚体型临界转速的转子，称为准刚性转子。在泵压式火箭发动机中，要求涡轮泵柔性转子临界转速与实际工作转速之间应该有20%的间隔裕度。

通过对某氢泵转子系统进行临界转速计算，获得转子坎贝尔图（Campbell 图），如图 5-46 所示。根据定义，转速与各阶正进动曲线的交点即为各阶临界转速。图 5-46 中，圆圈分别标识出一阶、二阶和三阶临界转速。

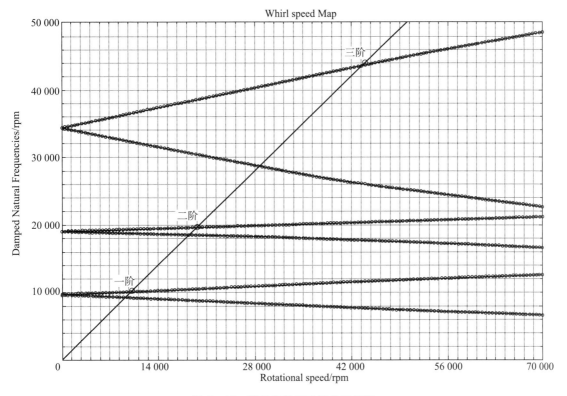

图 5-46　某氢泵转子系统坎贝尔图

该氢泵转子系统一阶、二阶和三阶临界转速及各阶振型图分别如图 5-47～图 5-49 所示。可见，一阶临界转速为 10 160 rpm，振型为摆动；二阶临界转速为 19 640 rpm，振型主要为平动（略带有弯曲）；三阶临界转速为 43 696 rpm，振型为弯曲，该振型为一阶弯曲，对应于图 5-49 中双弹性支承中的三阶振型，振型为弯曲（一弯）。该型氢涡轮泵额定工作转速为 33 000 rpm，与二阶临界转速相比安全裕度超过 20%，对三阶临界转速的安全裕度也超过 20%，满足柔性转子临界转速设计要求。

Critical Speed Mode shape，Mode No.=1
Spin/Whirl Ratio=1，Stiffness:Kxx
Critical Speed=10 160 rpm=169.33 Hz

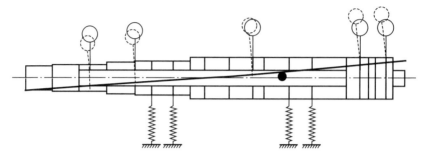

图 5 - 47　某氢泵转子系统一阶临界转速及振型图

Critical Speed Mode Shape，Mode No.=2
Spin/Whirl Ratio=1，Stiffness:Kxx
Critical Speed=19 640 rpm=327.34 Hz

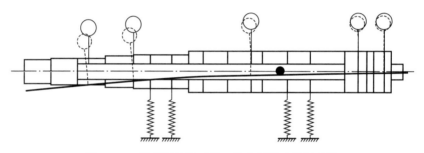

图 5 - 48　某氢泵转子系统二阶临界转速及振型图

Critical Speed Mode Shape，Mode No.=3
Spin/Whirl Ratio=1，Stiffness:Kxx
Critical Speed=43 696 rpm=728.27 Hz

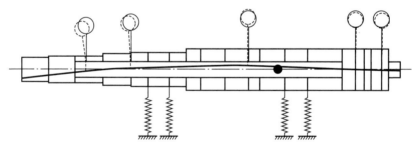

图 5 - 49　某氢泵转子系统三阶临界转速及振型图

### 5.5.2　转子弯曲应变能

转子弯曲应变能是指转子由于发生弯曲弹性变形而储存的能量。当转子通过临界转速时，变形能量一部分发生在转子本身，另一部分发生在泵端及涡轮端支承处。

已经证明，涡轮泵柔性转子弯曲应变能占比过高可能会影响到涡轮泵运转的稳定性，甚至可能造成柔性转子失稳[76-77]。因此，在涡轮泵柔性转子设计领域，转子弯曲应变能是一个必须要考虑的设计因素，须保证转子通过各阶临界转速时转子弯曲应变能不超过总应变能的 25％；如有优化设计的可能，涡轮泵柔性转子弯曲应变能占比最好不超过 20％，且让变形尽可能发生在泵端及涡轮端弹性支承处。

某氢泵转子前三阶临界转速时的应变能占比分布分别如图 5－50～图 5－52 所示。其中处于 1 号节点的 S 是指转子（Shaft），处于 7，8，14，15 号节点的 Brg（Bearing）是指轴承或支承，本转子支承结构为双列定压角接触球轴承＋鼠笼式弹性支承结构。为了与转子实际情况一致，泵端及涡轮端支承点各采用两个支承点。需要注意的是，支承刚度在施加时，每个弹性支承的总刚度需平分到两个支承点上。

如图 5－50 所示，当转子通过一阶临界转速时，转子弯曲应变能为 10.91％；泵端弹性支承处应变能为 7 号和 8 号支承点应变能之和，为 13.29％；涡轮端弹性支承处应变能为 14 号和 15 号支承点应变能之和，为 75.79％；泵端弹性支承和涡轮端弹性支承处总的应变能为 89.09％，因此转子通过一阶临界转速时，转子弯曲应变能 10.91％满足不超过 25％的设计要求。此时，应变能主要发生在涡轮端弹性支承处，占比为 75.79％。

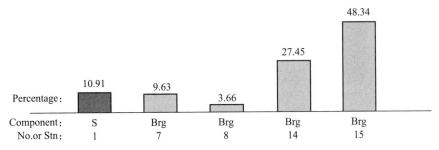

图 5－50　某氢泵一阶临界转速时转子及支承处弯曲应变能分布图

如图 5－51 所示，当转子通过二阶临界转速时，转子弯曲应变能为 19.56％；泵端弹性支承处应变能为 7 号和 8 号支承点应变能之和，为 71.32％；涡轮端弹性支承处应变能为 14 号和 15 号支承点应变能之和，为 9.12％；泵端弹性支承和涡轮端弹性支承处总的应变能为 80.44％，因此转子通过一阶临界转速时，转子弯曲应变能 19.56％满足不超过 25％的设计要求。此时，应变能主要发生在泵端弹性支承处，占比为 71.32％。

由于该型氢泵转子工作在二、三阶临界转速之间，因此不可能出现跨越三阶临界转速的情况。但为了提高对应变能的认识，给出了转子在三阶临界转速时弯曲应变能分布情况，如图 5－52 所示。从图 5－52 中可以看出，在三阶临界转速即 43 696 rpm 时，转子弯曲应变能达到 80.46％；泵端弹性支承处应变能为 7 号和 8 号支承点应变能之和，为 9.94％；涡轮端弹性支承处应变能为 14 号和 15 号支承点应变能之和，为 9.61％；泵端弹性支承和涡轮端弹性支承处总的应变能为 19.54％。此时，应变能主要发生在转子本身，占比为 80.46％。

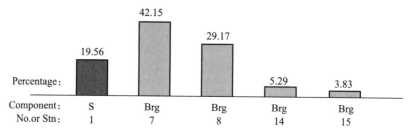

图 5 - 51　某氢泵二阶临界转速时转子及支承处弯曲应变能分布图

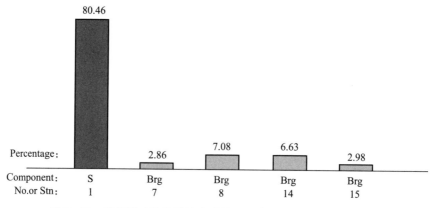

图 5 - 52　某氢泵三阶临界转速时转子及支承处弯曲应变能分布图

　　该氢泵转子在前两阶临界转速下的转子弯曲应变能占比均不超过 25%，满足动力学设计中应变能的安全裕度要求。此时弯曲变形主要发生在泵端及涡轮端弹性支承处，由弹性支承的笼条变形来承担，有利于转子安全可靠通过临界转速，并且也不会因转子弯曲应变能过大导致过临界转速后产生稳定性问题。

### 5.5.3　转子高速动态特性

　　柔性转子需开展高速动平衡试验，以保证各转速下不平衡响应满足设计要求。某柔性氢泵转子高速动特性试验时的安装如图 5 - 53 所示。图中位置 ♯3、♯2、♯1 自左至右，共装有 3 个电涡流位移传感器，可分别监测一级叶轮、二级叶轮、涡轮盘处的响应幅值。

　　该转子首次运转曲线如图 5 - 54 所示，♯2 测点一阶临界转速时的不平衡响应峰值为 89 μm，二阶临界转速时的峰值不明显。♯3 测点一阶临界转速时的不平衡响应峰值为 25 μm，二阶临界转速时的峰值为 89 μm。

　　在所有条件均不变的情况下，首次试验完成后，时隔半分钟后再次升速，进行二次动

图 5-53　某转子高速动特性试验安装图

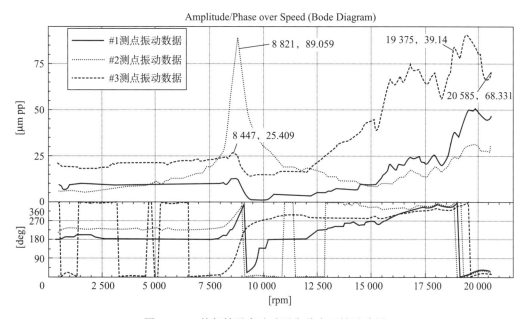

图 5-54　某氢转子高速动平衡首次运转试验图

特性运转试验，如图 5-55 所示。♯2 测点在一阶临界转速时的不平衡响应峰值降为 55 μm，与首次试验相比下降了约 38.2%；♯3 测点一阶临界转速时的不平衡响应峰值为 28 μm，二阶临界转速时的峰值为 88 μm。♯2 测点出现的不平衡响应的突变现象在以往高速动平衡试验中也曾有发生，而♯3 测点两次升速时的不平衡响应比较一致。

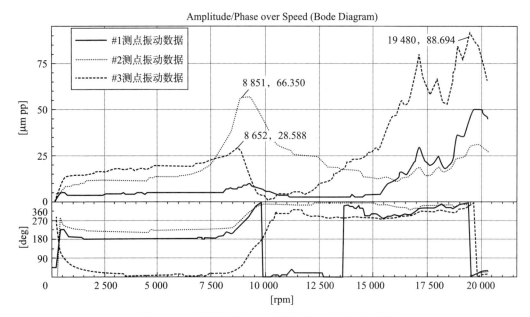

图 5-55　某氢转子高速动平衡第二次运转试验图

## 5.6　涡轮盘模态影响因素及振动安全性分析[78]

液体火箭发动机涡轮盘将燃气的动能转化为涡轮泵转子旋转的机械能，该动力源是发动机的关键部件。涡轮盘热部件结构非常复杂，服役环境极端与严苛，已成为发动机中故障率较高的组件之一。轮盘故障以低周疲劳损伤为主，高周或高低周复合疲劳也是其主要的失效模式之一[79]。因此，对涡轮盘动态响应分析与动力学设计的基础数据-轮盘模态特性开展研究非常必要[80-81]。

火箭发动机涡轮盘工作时受离心力、气动力与热负荷的多场耦合作用，耦合效应主要表现在应力场和温度场对结构刚度的影响[82-83]。以往的研究工作多关注于轮盘的结构设计、气动性能与静强度设计方面，随着结构工程师对涡轮盘动力学、疲劳强度设计等的重视，需要考虑载荷环境对结构模态的影响，并需要对轮盘的振动安全性进行准确评估。因此，本节通过建立精准的涡轮盘动力学模型，分析结构所承受的各种载荷对其振动模态特性的影响，并对轮盘结构的振动安全性进行评估。

### 5.6.1　轮盘模态特性分析

（1）轮盘耦合振动模态理论

在研究轮盘结构的振动特性时，主要方法有基于 Rayleigh 准则的能量法、用于等厚薄盘的解析法、适用于任意形状的传递矩阵法和用于复杂结构的有限元法。鉴于问题的复杂性，用前 3 种方法很难较为准确地进行分析，必须采用数值方法来预测其动态特性，目前有限元法是普遍采用、最有效和通用的方法。

　　根据轮盘厚度 $\delta$ 与半径 $r$ 比值的大小，应考虑横向剪切变形与旋转惯性的影响，横向振动方程为[84-86]

$$\boldsymbol{M}_s\ddot{\boldsymbol{X}}(t) + \boldsymbol{D}_s\dot{\boldsymbol{X}}(t) + \boldsymbol{K}_s\boldsymbol{X}(t) = \boldsymbol{F}(t) \tag{5-39}$$

式中，$\boldsymbol{M}_s$、$\boldsymbol{D}_s$ 和 $\boldsymbol{K}_s$ 分别为结构的质量矩阵、阻尼矩阵及刚度矩阵；$\boldsymbol{X}$ 为位移向量；$\boldsymbol{F}$ 为外部激振力。在轮盘工作时，需要计入应力场、温度场和流体耦合质量等的影响，轮盘耦合振动方程为

$$(\boldsymbol{M}_s + \boldsymbol{M}_c)\ddot{\boldsymbol{X}}(t) + (\boldsymbol{D}_s + \boldsymbol{D}_{cf})\dot{\boldsymbol{X}}(t) + (\boldsymbol{K}_s + \boldsymbol{K}_{cf} + \boldsymbol{K}_p + \boldsymbol{K}_{th})\boldsymbol{X}(t) = \boldsymbol{F}(t) \tag{5-40}$$

式中，$\boldsymbol{M}_c$ 为耦合质量阵；$\boldsymbol{D}_{cf}$ 为科里奥利矩阵（非对称阵）；$\boldsymbol{K}_{cf}$、$\boldsymbol{K}_p$ 及 $\boldsymbol{K}_{th}$ 分别为离心力场、气动压力场、热应力场对结构形成的附加刚度。不考虑燃气附加质量效应，则盘的无阻尼自由振动方程为

$$\boldsymbol{M}_s\ddot{\boldsymbol{X}}(t) + (\boldsymbol{K}_s + \boldsymbol{K}_{cf} + \boldsymbol{K}_p + \boldsymbol{K}_{th})\boldsymbol{X}(t) = \boldsymbol{0} \tag{5-41}$$

　　涡轮盘有高温区与低温区相邻并存的大温度梯度，温度效应对结构刚度产生三方面的影响：1）材料弹性模量降低引起初始刚度矩阵的线性变化 $\boldsymbol{K}_{TL}$；2）随温度变化的结构几何变形呈非线性变化引起的初位移刚度矩阵 $\boldsymbol{K}_{TNL}$；3）温度梯度产生热应力，热应力改变了结构的刚度和刚度分布，引入由热应力形成的初应力刚度矩阵 $\boldsymbol{K}_{T\sigma}$。在温度影响下，结构的热刚度矩阵可表示为

$$\boldsymbol{K}_{th} = \boldsymbol{K}_{TL} + \boldsymbol{K}_{TNL} + \boldsymbol{K}_{T\sigma} \tag{5-42}$$

　　只考虑第 1）和 2）方面的影响，即不考虑热应力效应，令 $\boldsymbol{K}_T = \boldsymbol{K}_{TL} + \boldsymbol{K}_{TNL}$，则初始刚度矩阵可写成

$$\boldsymbol{K}_T = \int_{\Omega} \boldsymbol{B}^{\mathsf{T}}\boldsymbol{C}_T\boldsymbol{B}\,\mathrm{d}\Omega \tag{5-43}$$

式中，$\Omega$ 为积分域；$\boldsymbol{B}$ 为几何矩阵，包括线性与非线性两部分，$\boldsymbol{B} = \boldsymbol{B}_L + \boldsymbol{B}_{NL}$；$\boldsymbol{C}_T$ 为弹性矩阵，可表示为

$$\boldsymbol{C}_T = \frac{E_T(1-\mu_T)}{(1+\mu_T)(1-2\mu_T)}\begin{bmatrix} 1 & A_1 & A_1 & 0 & 0 & 0 \\ A_1 & 1 & A_1 & 0 & 0 & 0 \\ A_1 & A_1 & 1 & 0 & 0 & 0 \\ 0 & 0 & 0 & A_2 & 0 & 0 \\ 0 & 0 & 0 & 0 & A_2 & 0 \\ 0 & 0 & 0 & 0 & 0 & A_2 \end{bmatrix} \tag{5-44}$$

其中，$A_1 = \dfrac{\mu_T}{1-\mu_T}$，$A_2 = \dfrac{1-2\mu_T}{2(1-\mu_T)}$，$E_T$、$\mu_T$ 分别为当地温度下的弹性模量与泊松比。则

$$\boldsymbol{K}_{TL} = \int_{\Omega} \boldsymbol{B}_L^{\mathsf{T}}\boldsymbol{C}_T\boldsymbol{B}_L\,\mathrm{d}\Omega \tag{5-45}$$

$$\boldsymbol{K}_{TNL} = \int_{\Omega} (\boldsymbol{B}_L^{\mathsf{T}}\boldsymbol{C}_T\boldsymbol{B}_{NL} + \boldsymbol{B}_{NL}^{\mathsf{T}}\boldsymbol{C}_T\boldsymbol{B}_L + \boldsymbol{B}_{NL}^{\mathsf{T}}\boldsymbol{C}_T\boldsymbol{B}_{NL})\,\mathrm{d}\Omega \tag{5-46}$$

由热应力引起的初应力刚度矩阵为

$$\boldsymbol{K}_{T\sigma} = -\int_{\Omega} \boldsymbol{N}^{\mathrm{T}} \boldsymbol{\sigma}_T \boldsymbol{N} \mathrm{d}\Omega \qquad (5-47)$$

式中，$\boldsymbol{N}$ 为形函数矩阵，热应力矩阵 $\boldsymbol{\sigma}_T = \boldsymbol{C}_T(\boldsymbol{\varepsilon} - \boldsymbol{\varepsilon}_0)$ 。

若令 $\boldsymbol{K} = \boldsymbol{K}_s + \boldsymbol{K}_{cf} + \boldsymbol{K}_p + \boldsymbol{K}_{th}$ ，将式（5-41）写成特征方程

$$(\boldsymbol{K} - \omega^2 \boldsymbol{M})\boldsymbol{\Phi} = \boldsymbol{0} \qquad (5-48)$$

式中，结构总质量矩阵 $\boldsymbol{M} = \int_{\Omega} \rho \boldsymbol{N}^{\mathrm{T}} \boldsymbol{N} \mathrm{d}\Omega$，$\boldsymbol{\Phi}$ 为特征矢量矩阵。求解式（5-48）得分析问题的广义特征值。

（2）结构振动模态测试

以某型发动机主涡轮轮盘为研究对象，该涡轮采用全进气、大流量、低压比、单级、轴流、反力式涡轮，整体叶盘（盘腹、叶片与围带为一体），扭转功率通过盘与轴连接的花键传递，并通过 4 个螺钉将盘紧固到传动轴上，如图 5-56 所示。采用锤击法进行轮盘模态测试，试验时将整个转子用弹性绳悬吊以模拟自由约束状态（如图 5-57 所示），并利用 LMS Test. Lab 模态分析系统、B&K4524B 三向加速度传感器与 B&K8206 力锤。通过模态测试识别出结构高精度的模态频率、振型等参数，结果见表 5-5 及图 5-58。

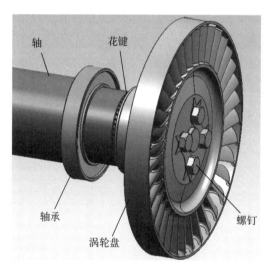

图 5-56　涡轮盘连接状态

图 5-57　涡轮盘模态试验

**表 5-5　模态试验与模态计算结果对比**

| 阶次 | 试验频率 $f_t$/Hz | 计算频率 $f_s$/Hz | 频率相对误差 $E_f$/% | 振型 |
|---|---|---|---|---|
| 1 | 1 018.5 | 1 033.9 | −1.49 | (0,1)，一节径 |
| 2 | 1 282.2 | 1 236.8 | 3.66 | (0,0)，0 节圆 |
| 3 | 1 292.6 | 1 279.0 | 1.06 | (0,2)，二节径 |
| 4 | 1 928.5 | 1 923.7 | 0.25 | (0,3)，三节径 |

续表

| 阶次 | 试验频率 $f_t$ /Hz | 计算频率 $f_s$ /Hz | 频率相对误差 $E_f$ /% | 振型 |
|---|---|---|---|---|
| 5 | 2 099.6 | 2 113.2 | -0.64 | (1,1)，一节圆一节径 |
| 6 | 2 130.1 | 2 176.1 | -2.11 | (1,0)，一节圆 |

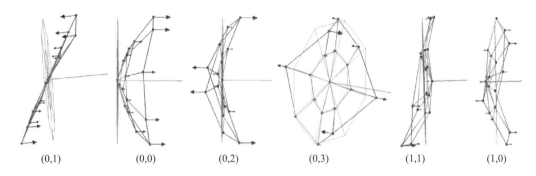

图 5-58　涡轮盘模态试验振型

（3）涡轮盘动特性分析

首先进行室温静态（非旋转）模态分析以得到基准数据 $f_s$（静频），并与模态试验结果对比以检验动力学模型的准确性，模态分析振型如图 5-59 所示。分析表 5-5 可得，计算、试验前 6 阶模态频率的最大相对误差 $E_f$ 为 3.66%，该误差主要由螺钉连接、盘轴连接刚度模拟不准确所引起，最小误差仅为 0.25%，满足 $E_f \leqslant \pm 5\%$ 模型质量的评价标准，说明了有限元模型具有较高的精度。

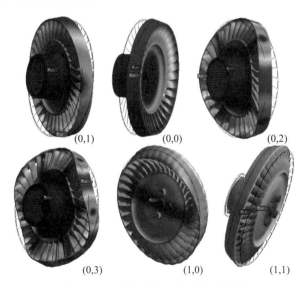

图 5-59　涡轮盘结构模态分析振型

通过建立涡轮全三维固体域与流体域模型，在考虑涡轮实际粘性气体非定常流动的基础上，选取湍流 SST 模型进行三维全流场的气-热-固耦合分析，并通过数据映射与载荷传递，获得涡轮盘固体域压力、温度分布，并以此作为预载荷进行带预应力的模态分析。对比分析各载荷对轮盘模态的影响，离心力的旋转"刚度"作用使得模态频率升高，温度效应引起结构刚度减小使得频率降低，气动力引起结构"软化"使得频率下降；在力热综合作用下，对前 6 阶模态频率影响程度的大小顺序依次是转速、与温度相关的弹性模量、热应力及气动力，且气动力的影响可以忽略不计；力热载荷影响模态频率，但不影响模态振型。

## 5.6.2　轮盘振动安全性评估

（1）动载荷分析

涡轮盘上机械激振力主要有两条传递路径，一是在泵内由液体脉动引起泵壳体振动和在燃气流路内由燃气振荡激起涡轮壳体振动，振动由壳体→轴承→轴→盘进行传递；二是在泵内由流体脉动激振引起离心轮振动，振动经叶轮→轴→盘进行传递。一般情况下，转速倍频振动经由上述路径向盘传递的可能性较小，或相比直接作用于涡轮盘上的气动激励能量很小，故通常该轴向力不会激起伞型模态；同时，节圆大于零的振动频率较高而危险程度低。因此，本文不考虑机械激振力的影响，且只对节径型振动进行分析。

对于气动激振力，通过对大量泵水力试验、发动机热试车压力脉动数据分析发现，补燃循环发动机各组件耦合作用强烈，通频特性宽，从而给涡轮盘带来频谱广泛的激振力。涡轮盘气动激振力主要来自结构因素引起的低频分量及转/静干涉、泵叶轮激励、发生器燃烧产生的高频分量。低频分量 $f_{\text{low}} = k_1 f_r$，$f_r$ 为转速基频。对于高频激励，涡轮静子扰动 $f_{\text{stator}} = k_2 Z_1 f_r$，$Z_1$ 为静子叶片数。另外，高频激励还有非定常流动引起的激励，一是在发生器内由燃烧产生燃气振荡 $f_{gg}$，燃气脉动向下游传递，经分析由于发生器燃烧质量较好，由燃烧热声振荡产生的脉动可不考虑。二是指在泵内产生的压力脉动经燃气发生器后向涡轮传播的流动扰动，在诱导轮、离心轮的高速旋转激励下，泵出口产生（较高谱峰或能量）压力脉动的频率 $f_{\text{pump}} = k_3 Z_2 f_r$，$Z_2$ 为泵诱导轮、离心轮叶片数。其中，$k_1$、$k_2$ 和 $k_3$ 分别取正整数。燃气脉动经静子叶栅后，对盘产生高速旋转的脉动压力激励，燃气绕盘的周向波速为 $a' = a + V\cos\alpha$，$a$ 为涡轮盘前腔燃气声速，$V$ 为静子出口燃气流速，$\alpha$ 为静子出口燃气流线方向与盘周向之间的夹角。可得盘腔燃气周向波数的简化计算式 $N = [2\pi R k_3 Z_2 f_r (a + V\cos\alpha)^{-1}]$，符号 [] 表示取整，$R$ 是轮盘等效半径。

（2）振动安全评估

根据行波振动理论，交变力可激起旋转轮盘行波振动，从静坐标系观察旋转轮盘前后行波的频率 $f_f$ 和 $f_b$，$f_f$、$f_b = f_d \pm m f_r$，$f_d$ 为动频，$m$ 为节径数。由于涡轮盘为带围带的整体叶盘，考虑到结构的复杂性与载荷的严苛性，并鉴于工作安全性，采用"三重点"共振条件进行振动安全性分析[87]，即当激励频率 $f_e = f_f$ 或 $f_b$，且激振力阶次 $K = m$（针对静子叶栅）或 $N = m$（针对燃气脉动压力）时可激起行波共振，此时气体激励满足对轮盘做正功的条件。此外，在 $f_b = 0$ 时出现驻波振动，该振动很容易被一个空间静止的常力激发，故该型驻波振动是最常见的故障模式之一。

　　对于 1 节径振动，一般 $f_d > f_r$，即 $f_b \neq 0$，即不可能出现 1 节径振动的驻波振动。而高节径时（$m > 5$），由于振动频率高，振动应力小，不会对轮盘产生破坏作用。另外，复合振动的频率也很高，危害性较小。因此在振动安全性分析中，应重点考虑 5 节径以内的临界转速不在工作转速的危险范围内。分析时取氧化剂泵叶片数为 $Z_2 = 7$ 或 14（泵叶片数为 7 长 7 短，即入口叶片数是 7，而出口叶片数是 14），静子叶片数为 $Z_1 = 17$，涡轮叶片数为 $Z_3 = 35$。

　　如图 5 - 60 所示，在额定工况下，因静子叶栅产生激振力的阶次较高，高阶燃气激励与轮盘结构低阶节径模态耦合振动的可能性较小（$K \gg m$）；另外，采用叶盘可能发生共振时节径数与转/静子叶片数应满足的关系式 $m = |q_1 Z_1 - q_2 Z_3|$，$q_1$ 和 $q_2$ 分别取非负整数，可得盘可能发生 1 节径或高节径耦合共振。在 $Z_2 = 7$ 时（$N = 3，6，\cdots$），泵叶轮产生的脉动压力激励与结构 $m = 3$ 后行波模态的共振频率裕度满足 NASA 规范中规定 10% 的要求；泵叶轮产生的脉动压力激励与 $m = 4$ 后行波模态的共振频率裕度仅为 8.27%，不满足 NASA 规范的要求，虽然该振动在时间上形成耦合，但在空间上是弱耦合或不耦合（$N \neq m$），故不会形成行波耦合共振或"危险"共振。同理，当 $Z_2 = 14$ 时（$N = 6，12，\cdots$），燃气脉动压力不会激励起结构低阶节径模态行波振动。同时，驻波临界转速 $n_{cr}$ 远高于工作转速 $n_w$，轮盘不会发生驻波共振。因此，本文考虑的气动激振力不会激发轮盘 5 节径以下的行波共振，涡轮盘在工作转速内与燃气激励产生行波耦合共振的风险很小。

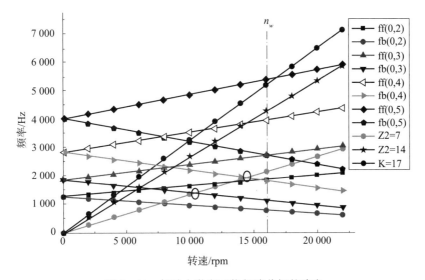

图 5 - 60　气动力激发可能行波共振的确定

# 第6章 涡轮泵流体激振特性研究

## 6.1 引言

与发生器循环发动机相比，补燃循环发动机的性能更高，但其涡轮泵的工作环境极端性和技术复杂程度也大幅提高。在某型液氧煤油高压补燃循环发动机研制过程中，涡轮泵流体激振问题突出，在发动机热试车中多次出现因流体激振引起高量级振动和压力脉动冲击，从而导致涡轮泵结构破坏。因流体激振而引发的涡轮泵故障从振动增大到发生爆炸的时间极短，具有极强的突发性和隐蔽性。

涡轮泵流体激振的危害性极大。据统计，70%的液体火箭发动机试车故障都源自涡轮泵，而其中90%与流体激振引发的结构失效有关，并且大部分故障出现前都伴随涡轮泵振动的增大。俄罗斯、美国和日本等屡次发生流体激振引起的涡轮泵故障，甚至由此导致了发动机爆炸等灾难性事故。

高压补燃循环发动机的涡轮泵在高压、低温、高速等极端环境下工作，其流体激振涉及流体力学、结构力学和转子动力学等基础学科，涉及空化动力学等前沿领域，是补燃循环发动机中理论性强、研究难度高的重大基础性课题，也一直是世界航天动力的研究难点和重点[88]。针对涡轮泵流体激振问题开展系统深入的机理性研究，有利于准确识别和分析工程实践中出现的流体激振典型特征和影响规律，从基础上突破涡轮泵流体激振的抑制技术，及时应用改进，是提高发动机可靠性的根本途径；同时有利于发展发动机有效的设计理论与涡轮泵流体激振主动抑制技术。

## 6.2 高速离心泵流体激振现象分类

离心泵主要部件包括叶轮和蜗壳，对于高速离心泵，为了提高汽蚀性能，通常在叶轮前安置轴流式诱导轮，如图6-1所示。离心泵工作期间，由于转子与静子之间的动静干涉效应、诱导轮旋转空化以及密封小间隙流动等非定常现象而引起周期性变化的力，这些非定常瞬态变化力即为离心泵流体激励力[89]。离心泵流体激励力的存在会引起流体激振现象，即离心泵部件在流体激励力的作用下所表现出来的振动特性。因此，从流体激振力来源可将流体激振现象分为以下三类：

1）动静干涉流体激振，离心泵内转动件与静止件相对位置变化产生的周期性不稳定流动引起的振动，通常表现为以叶片通过频率及其倍频为主导的振动；

2）诱导轮空化激振，诱导轮内空化诱发的流动不稳定引起的次同步或超同步振动；

3）间隙密封流体激振，离心泵内小间隙不均匀流动引起的转子失稳问题。

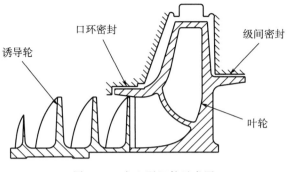

图 6-1　离心泵组件示意图

　　上述三种流体激振现象，诱导轮空化激振以及动静干涉激振统称离心泵水力激振，其振动本质相同，均属于强迫振动现象，研究对象包括转子以及壳体等全部结构；而间隙密封激振是由于间隙流体激励下转子涡动频率与转子系统低阶模态频率耦合而引起的低频大幅度涡动现象，最终导致转子失稳，其本质上属于自激振动，通常只在转速超过两倍的一阶临界转速后才会发生，因此研究对象只局限于柔性转子系统。目前间隙密封流体激振相关研究较为广泛，在航空发动机、汽轮机以及离心泵等领域均有较为深入的研究，相关成果较多，而对于离心泵水力激振的研究相对较少，近年来才成为研究的热点，因此本章主要介绍离心泵水力激振现象。

## 6.3　离心泵流体激振研究历史

　　从国内外研究历史以及研究方法来看，对离心泵流体诱导结构振动的研究主要分为两个阶段。

　　最早的研究始于 20 世纪 70 年代，美国的航天飞机主发动机（SSME）在涡轮泵设计及试验中出现了一些超预期的振动及稳定性问题，为此 NASA 资助加州理工学院[89]和得克萨斯农工大学[90]来研究这种流体引起的作用力及对叶轮转子振动及稳定性产生的影响。这个时期，以 C E Brennen 等[91]为代表的学者在近几十年时间内对作用于离心泵叶轮转子上的稳态、瞬态作用力及相应的转子动力学问题进行大量的理论和试验研究，对 NASA 的数十种叶轮及蜗壳进行试验，形成了庞大的试验数据库，用于指导航天飞机主发动机的设计。此阶段研究集中在叶轮流体激励力方面，通过建立叶轮蜗壳二维模型，将叶轮所受到的流体力考虑成为弹性支撑，将叶轮涡动假设为小扰动，基于摄动分析方法获得相应的流体激励力，以此来研究流体激励下转子动力学问题，该方法对促进认识叶轮在流体中的运动过程有重要的作用。但这种方法有其自身局限性：一方面在研究叶轮流体力时将流体简化为理想无黏流体，利用势流理论进行求解，与实际黏性流体不符；另一方面，二维模型也无法研究叶轮涡动所产生的陀螺力矩，且忽略了盖板与壳体之间的流体激励力，造成对流体激励力的低估；此外由于离心泵结构复杂，将其简化成二维模型时需要引入各种假设，如假定叶轮内流体沿着固定角度的螺旋线进行流动等，因此基于二维模型计算获得的流体激励力精度较差，只能定性地研究由此激励力引发的转子振动问题。

20 世纪 90 年代以后，随着计算机性能以及计算流体力学的快速发展，基于 CFD 的三维流场仿真技术逐渐取代了传统的二维势流法，成为离心泵流场仿真的主要方法[92]。利用 CFD 方法研究离心泵内复杂非定常流动以及由此引起的压力脉动逐渐成为研究的热点。近年来，随着有限元方法（Finite Element Method，FEM）以及流固耦合方法的逐渐完善与成熟，基于 CFD 和 CSD 的流固耦合法成为离心泵流体诱导结构振动的主要研究方法。

### 6.3.1　离心泵动静干涉研究

离心泵内转子运转过程中，转子和定子间相对位置变化产生的流动非定常现象称为动静干涉。在发动机涡轮泵离心泵内主要的动静相干结构为离心轮与扩压器。当上游离心轮通道内流动产生的通道涡、泄漏涡、叶片尾流等与下游相对运动的扩压器相互作用时，使动静交界区域在时间和空间上极不稳定，进而影响整个离心泵内部流场的不稳定性。这种流动的非定常性不仅严重影响离心泵的效率、工况范围和运行稳定性等流动性能，而且由于动静叶栅相互作用引起流动不稳定性也是离心泵结构振动产生的主要根源。在叶片通过频率及其倍频处，上游叶片的尾迹会使下游叶片出现严重的振动问题，同时泵进口、蜗壳或者泵体的非轴对称特性都会以叶片转频形式引起叶轮叶片激励，这将对离心泵的可靠性产生重要影响。目前由动静干涉引起的涡轮泵非定常激振问题约占总振动问题的 50%，主要表现为大工况振动突增、叶片倍频振动异常、泵扩压叶栅断裂、离心轮裂纹、叶片疲劳损坏等。动静干涉非定常流体激振已经造成多次试车故障，严重影响涡轮泵的运行可靠性。

离心泵内部的动静干涉非定常效应可分为两类[93-94]：对下游产生对流作用的尾流效应以及向上下游流道同时传播的势流效应。转子叶片旋转扫过定子叶片时，定子切割并冲击转子出口的尾流，转子尾流是非定常的，是下游定子的主要非定常源。尾流的周期性作用会产生复杂的非定常流场，并会影响下游叶片上边界层转化的起始特性。这将会改变叶片上的压力分布，产生升力的振荡，进而在定子叶片上产生非定常阻力和非定常压力波，尾流效应对定子叶片产生较强的叶片激励，当定子叶片正好在叶轮叶片的下游运行时尤其明显。尾流的影响是一种随流输运影响，其衰减率慢，通常在几倍弦长之后还能感受到它的影响。势流梯度的衰减与动静叶栅栅距（或弦长）有关，势流相干在动/静叶片上产生了非定常压力，目前的研究表明，动静叶片干涉引起的力随动静叶栅间栅距与叶片轴向弦长之比的变化成反比，当转子/定子间的轴向间隙小于弦长时，就会引起强的非定常效应。增加动静叶栅栅距能够降低该区域的非定常流动和力，然而这种方法通常以牺牲水力性能为代价，因此对于离心泵并不可取。势流相干纯粹是无黏的干涉，其随时间进行干涉，主要影响间隙区域内的流动模式。

总的来说，现阶段国内外学者们普遍采用商业软件及自带湍流模型对离心泵内非定常流动进行仿真，主要研究集中在不同工况、不同结构参数等条件下离心泵内非定常流动机制以及由此产生的压力脉动的变化规律，进而对原型泵进行改进设计，以降低压力脉动水平，在振动源头上降低离心泵流体激振水平。此外，先进流场处理技术（熵产分析、相关性分析、瞬态涡分析法等）的应用已成为趋势，旨在捕捉更为丰富的流动信息，以更好地解释相关物理机制。

### 6.3.2　诱导轮旋转空化研究

空化是以液体为介质的泵、水轮机以及船用螺旋桨等流体机械中一种特有流体力学问题，包含相变、非定常、湍流、可压缩等现象的复杂流动，气液交界面存在较大的密度变化，并伴随着质量与能量的交换，空化发展到一定程度会出现显著的非定常特性。在水力机械领域，空化的危害主要表现在三个方面[95]：第一，空化会导致材料表面的腐蚀破坏，因此工程中也被称为"汽蚀"；第二，空化发展至一定程度，会导致泵做功能力骤降，发生性能断裂；第三，空化不仅受泵内部流态的影响，反过来也会影响流场结构，引发流动旋转空化、空化喘振等不稳定现象，导致泵机组整体振动量级升高，这是空化最为隐蔽、也最复杂的危害。在高压补燃循环发动机涡轮泵研制过程中，存在旋转空化诱发的 1.13 倍频振动，其幅值最高可达 1 倍频的两倍以上，严重制约着涡轮泵可靠性的提升。

在发动机研制中，一般采用诱导轮提高涡轮泵的抗汽蚀性能。诱导轮是安装在涡轮泵主泵入口处的一种轴流叶轮，通过对来流液体进行增压，避免在离心轮内部发生汽蚀。由于具有载荷小、叶片流道较长、安装角很小等特点，液体绕流叶片型面时压降很小，诱导轮能在低进口压力下工作而扬程无明显下降，而且其最大的降压点发生在离叶片入口边较远、流体压力已较高的区域，因此它比离心轮、一般的轴流叶轮具有较高的抗汽蚀性能。这些特性决定了诱导轮能够工作在一定程度的空化条件下，因此在涡轮泵中空化带来的危害主要集中于诱导轮[96]。诱导轮中常见的空化不稳定主要包括旋转空化、交替叶片空化、空化喘振、回流涡空化等[97]，其中旋转空化通常与水力机械中常发生的旋转失速类比，两者又截然不同，旋转失速通常发生在流量-扬程曲线出现正斜率的工况，并与两相邻叶片间的流道堵塞情况有关。旋转空化通常发生在诱导轮的流量-扬程曲线负斜率的区域，空化系数为扬程陡降时对应的断裂工况的空化数的 2～3 倍左右，此时叶片流道内并未出现空泡堵塞现象，旋转失速的传播速度通常低于转速，而旋转空化的传播可能高于、也可能低于转速，其中前者比较常见。交替叶片空化常发生在叶片数为偶数的诱导轮中，出现的空化数范围通常高于旋转空化发生的空化数，表现为叶片上空化区长度不同，如可能交替呈"两长两短"（对四叶片诱导轮）的特征。空化喘振是空化流动过程与系统结构相耦合形成的一种低频振动，频率跟转速及结构的固有频率有关。诱导轮入口处会形成以低速沿周向传播的回流涡，涡核处压力较低容易发生空化，由此形成回流涡空化。从 20 世纪七八十年代以来，大量学者从不同角度对上述几类空化不稳定现象进行过深入研究，发现了一些新的不稳定现象，如高阶旋转空化、高阶空化喘振等[98-102]，但仍有许多问题有待澄清，受早期研究条件的限制，许多学者试图从理论建模的角度来解释各种空化不稳定现象的机理，并预测其发展规律。

　　早期基于势流理论和小扰动法的理论研究工作获得了很多有意义的结果，但是理论建模与真实复杂的空化流场有较大的差异，往往只能获得定性的结果或趋势。随着科学技术的发展，实验和数值仿真越来越成为研究诱导轮空化不稳定的重要手段。

　　由于空化流动较复杂，运用理论分析的方法往往很难获得流动的细节，而实验又面临成本、数据有限等局限，于是随着计算机技术的发展，越来越多学者将目光转向了数值模拟。

　　目前，有两种数值模型处理多相流。均相流模型可看作欧拉-欧拉多相流模型的特例，界面传输率非常大，这导致所有流体共享同样的流场，如速度场，压力场和湍动场等。非均相流模型，每种流体拥有独立的流场，流体通过相间传输相互作用。例如，两相有独立的速度场和温度场，但通过相间阻力和热传输两者有趋向平衡的倾向。由于非均相流模型设置比较复杂、对计算资源要求较高、且计算时间较长、不易收敛等，因此均相平衡流模型应用更为广泛。

　　均相流模型的空化模型大致可以分为二类：正压流体状态方程模型和输运方程模型。在状态方程模型中，混合物的密度由状态方程确定，即密度是压力与温度的函数，该模型最初于 1990 年由 Delannoy 提出[103]。基于正压关系的空化计算方法没有考虑相间传输方程，无法解释空化现象的对流和输运，这种方法仅适合模拟附着性的片状空化阶段。输运方程模型是通过建立混合介质的体积分数输运方程来反映空化区的发展，由于计算量小，求解可靠，方便进行二次开发，目前应用较广泛，不少成熟模型已经被嵌入至商业软件中。

　　总体来看，空化流动数值模拟方法至今仍在不断发展中，需要针对具体的流动条件选择相应的空化模型，甚至进行修正，例如针对低温泵考虑热力学效应修正、针对涡轮泵流道大曲率的特点进行考虑旋转曲率的修正，常规的 CFD 商业软件在捕捉诱导轮旋转空化这种复杂流动现象上仍有一定局限性，亟待进一步发展。

# 6.4　涡轮泵动静干涉流动机理研究

　　本节将以我国某型液氧煤油发动机氧涡轮泵为研究对象，开展离心泵动静干涉非定常全流场数值仿真工作，研究离心泵内叶轮/扩压器之间动静干涉流动特性，揭示诱导轮与离心轮时序效应对该动静干涉效应的影响及作用机理。

### 6.4.1　数值求解方法

　　自然界中流体流动均遵循质量守恒、动量守恒以及能量守恒三大定律。流体力学中用来表达三大定律的控制方程组为 Navier - Stokes 方程组，即 N - S 方程。离心泵中流体运动属于三维不可压缩的非定常流动，在不考虑热量传递情况下，N - S 方程可表达为

　　连续方程：
$$\frac{\partial u_i}{\partial x_i} = 0 \qquad\qquad (6-1)$$

动量方程：
$$\frac{\partial(\rho u_i)}{\partial t}+\frac{\partial(\rho u_i u_j)}{\partial x_j}=-\frac{\partial p}{\partial x_i}+\frac{\partial}{\partial x_j}\mu\left(\frac{\partial u_i}{\partial x_j}\right)+S_i \qquad (6-2)$$

式中，$\rho$ 为流体密度；$t$ 为时间；$u_i$ 为 $i$ 方向的速度；$p$ 为压力；$\mu$ 为流体动力黏性系数；$S$ 为源项。

三维 N - S 方程的求解方法主要分为直接数值模拟（Direct Numerical Simulation，DNS）以及非直接数值模拟两大类方法。非直接数值模拟又包含大涡模拟方法（Large Eddy Simulation，LES）、雷诺时均方法（Reynolds Average Navier - Stokes Simulation，RANS）以及统计平均法等。

雷诺时均方法是目前离心泵流场仿真使用最广泛的方法，其将湍流速度和压力分解为时均值和脉动值
$$u_i=\bar{u}_i+u_i' \qquad (6-3)$$
$$p=\bar{p}+p' \qquad (6-4)$$

式中，$\bar{u}$，$\bar{p}$ 分别为时均速度和时均压力；$u'$，$p'$ 分别为脉动速度和脉动压力。

将式（6-3）、式（6-4）代入式（6-1）和式（6-2）中，可得到时均 N - S 方程
$$\frac{\partial \bar{u}_i}{\partial x_i}=0 \qquad (6-5)$$

$$\frac{\partial}{\partial x_j}(\rho \bar{u}_i\bar{u}_j)=-\frac{\partial p}{\partial x_i}+\frac{\partial}{\partial x_j}\left(\mu\,\frac{\partial \bar{u}_i}{\partial x_j}-\rho\,\overline{u_i'u_j'}\right)+S_i \qquad (6-6)$$

式中，$\rho\overline{u_i'u_j'}$ 为雷诺应力项。由于雷诺应力项的引入，4 个控制方程组含有 10 个未知参数，为封闭方程组，需引入湍流模型来描述雷诺方程，进而将湍流的时均值与脉动值联系起来。

目前国内外学者已经发展了多种湍流模型以适用不同的求解问题。在离心泵非定常求解中，使用最多的为 SST $k-\omega$ 湍流模型。该模型具有 $k-\omega$ 模型计算近壁区域黏性流动的准确性以及 $k-\varepsilon$ 模型计算远场自由流动的精确性，即使在存在流动分离的情况下也能够得到较准确的结果，成为工程中使用最为广泛的湍流模型之一。然而由于 RANS 方法对流场进行了时均化处理，因此在流场流动细节方面的捕捉受到限制，很难准确预测泵内流动分离以及旋涡演化过程等。

近年来，大涡模拟方法（LES）也逐渐在离心泵流场仿真中得到应用。该方法是介于直接数值模拟和雷诺时均方法之间的一种湍流计算方法，能够较好解决 RANS 方法的上述缺点。在 RANS 方法的基础上添加一个滤波函数即可得到大涡模拟的运动方程
$$\frac{\partial \bar{u}_i}{\partial t}+\frac{\partial}{\partial x_j}(\bar{u}_i\bar{u}_j)=-\frac{1}{\rho}\,\frac{\partial \bar{p}}{\partial x_i}+\frac{\partial}{\partial x_j}\left[\nu\left(\frac{\partial \bar{u}_i}{\partial x_j}+\frac{\partial \bar{u}_j}{\partial x_i}\right)\right]+\frac{\partial \bar{\tau}_{ij}}{\partial x_j}+S_i \qquad (6-7)$$
$$\bar{\tau}_{ij}=\bar{u}_i\bar{u}_j-\overline{u_iu_j} \qquad (6-8)$$

式中，$\bar{\tau}_{ij}$ 为亚格子应力。目前使用最为广泛的亚格子模型为 Smagorinsky - Lilly 模型
$$\bar{\tau}_{ij}-\frac{1}{3}\delta_{ij}\bar{\tau}_{kk}=-2\nu_T\bar{S}_{ij} \qquad (6-9)$$

式中，$\bar{S}_{ij}$ 为应变率张量，$\nu_T$ 为亚格子涡黏黏度，可表达为

$$\begin{cases} \nu_T = (C_s\Delta)^2\,|\,\bar{S}\,| \\ |\,\bar{S}\,| = \sqrt{2\bar{S}_{ij}\bar{S}_{ij}} \end{cases} \tag{6-10}$$

式中，$\Delta$ 为过滤尺度；$C_s\Delta$ 相当于混合长度；$C_s$ 称为 Smagorinsky - Lilly 常数。

　　然而，对于高转速复杂离心泵，由于大涡模拟方法在高雷诺数下对近壁面处的网格数要求过大，直接利用 LES 方法对其进行全流场求解显然是很不现实的，目前也仅应用于一些低转速小尺寸模型泵方面。鉴于此，基于 LES 与 RANS 的混合方法如分离涡方法（Detached Eddy Simulation，DES）等得到了重视。该方法在湍流边界层采用 RANS 方法进行计算，其他区域则采用 LES 方法求解，因此结合了 LES 与 RANS 方法的优点，在能够捕捉较为精确的流场细节的基础上节省了大量求解时间。

　　本节将采用基于 SST $k$ - $\omega$ 的 DES 模型进行高速离心泵流场仿真计算。该模型定义一个湍流尺度 $\bar{l}$

$$\bar{l} = \min(l_{k-\omega}, C_s\Delta) \tag{6-11}$$

式中，$l_{k-\omega}$ 为 SST 模型中的湍流尺度。当 $l_{k-\omega} > \Delta$ 时，该模型为 SST $k$ - $\omega$ 模型；当 $l_{k-\omega} < \Delta$ 时，则转变为 LES 模型。

### 6.4.2　计算模型及设置

　　离心泵几何参数如表 6 - 1 所示，转速为 17 300 rpm，流体介质为低温液氧，温度为 90 K，密度为 1 086.9 kg/m³，黏性系数为 $1.5 \times 10^{-4}$ Pa·s。为确保仿真结果的可靠性，考虑前后泄漏流域，建立离心泵全流场仿真模型，如图 6 - 2 所示。该模型包含入口域、诱导轮域、离心轮域、扩压器域、蜗壳域、前后泄漏域以及出口管道共 8 个流域。此外为了消除进出口边界扰动的影响，将泵入口及出口管道沿直线延长一段距离。

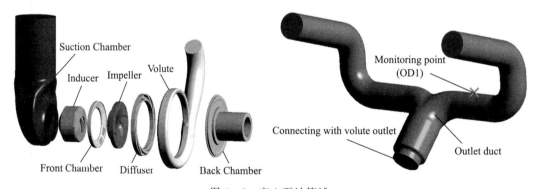

Suction Chamber

Inducer　Impeller　Volute

Monitoring point (OD1)

Front Chamber　Diffuser　Back Chamber

Connecting with volute outlet

Outlet duct

图 6 - 2　离心泵计算域

　　为了提高模型求解效率及收敛性，利用 ANSYS ICEM 软件对各流域进行六面体结构化网格划分。对各壁面区域的网格进行加密，使得叶轮以及扩压器叶片等关键壁面平均 $y^+$ 值小于 10，其余壁面平均 $y^+$ 值小于 300，以满足计算要求并且能够尽可能地捕捉关键流域边界层内的流动特性。为寻找合适的网格密度，采用 4 套网格方案进行网格无关性验证，当网格数超过 3 158 万时，计算效率基本一致，计算结果误差不超过 0.2%。为能够更为准确地捕捉流场细节，最终选取的网格数为 6 655 万。

表 6-1　离心泵几何参数

| 参数 | 值 |
| --- | --- |
| 诱导轮直径/mm | 172 |
| 叶轮入口直径(前盖板测)/mm | 168 |
| 叶轮入口直径(后盖板侧)/mm | 94 |
| 叶轮出口直径/mm | 256 |
| 扩压器出口直径/mm | 340 |
| 诱导轮叶片数目 | 3 |
| 离心轮主叶片数目 | 6 |
| 离心轮分离叶片数目 | 6 |
| 扩压器叶片数目 | 10 |

首先采用 RANS 方法对稳态流场进行求解，湍流模型选取 SST $k-\omega$ 模型，壁面处采用 Automatic Wall Function 算法，动静耦合交界面采用 Frozen Rotor 模型进行数据传递，收敛精度设置为 $1\times10^{-5}$。针对复杂模型难收敛的现象，首先以一阶格式进行计算，并且控制物理时间尺度使计算结果收敛，再以收敛的结果作为初值，选取高精度格式继续计算，直至整个定常结果收敛。

对于非定常仿真，采用 DES 方法进行求解，以便更好地捕捉流场细节，同时避免 LES 方法在壁面处网格量要求过大的限制。空间离散为二阶精度，时间离散采用二阶向后欧拉格式，动静耦合面采用 Transient Rotor Stator 模型进行模拟。时间步设置方面，所选取时间步为 $\Delta\varphi=2.5°$，即每个旋转周期对应 144 个时间步。每个时间步内设置最大迭代步数为 10，收敛精度同样设为 $1\times10^{-5}$。共进行了 20 个周期的仿真计算，计算进行 8 圈后基本可获得较为稳定的周期性收敛结果，最终选取最后 10 圈结果进行仿真分析。边界条件方面，根据涡轮泵真实试车状态测量值定义总压入口以及质量流量出口边界条件，各壁面给定无滑移边界条件。

### 6.4.3　仿真方法验证

开展了涡轮泵水力试验，试验介质为常温水，试验转速为 9 000 rpm，测量了 7 种不同流量下的扬程及效率，并通过相似准则换算到额定转速下与仿真结果进行对比，对比曲线如图 6-3 所示（图中 $Q/Q_d$ 为泵内流量与额定工况下的流量之比）。可以看出，在整个流量范围内，仿真结果与试验结果吻合较好，总体上仿真结果大于试验结果，在低工况时误差相对较大，额定工况下误差很小，扬程、效率误差分别为 1.52% 和 2.73%。

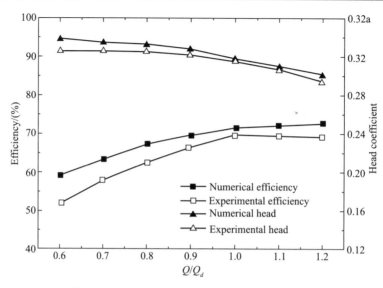

图 6 - 3　涡轮氧泵外特性曲线的仿真与试验对比

　　氧泵出口管测点（OD1）压力脉动仿真与试车对比如图 6 - 4 所示。可以看出，两者时域信号吻合较好，压力系数峰峰值大小基本相当。该测点压力脉动由 6 倍频和 12 倍频主导，这两个频率是由叶轮/扩压器之间的动静干涉效应引起，其中 6 倍频为离心轮主叶片通过频率（$f_{MBPF}$），12 倍频为离心轮总叶片通过频率（$f_{BPF}$）。由于发动机热试车环境的复杂性，其所得压力频谱与仿真结果相比更为复杂，除动静干涉频率之外，还出现了较高的 1 倍频以及高频宽频幅值。其中 1 倍频是由于真实产品装配误差导致转子偏移轴线从而破坏转子对称性所致，而仿真过程中并未考虑此因素。总体来说，仿真结果能够准确捕捉动静干涉频率特性，其中 6 倍频与 12 倍频误差分别为 32.4% 和 30.9%。考虑到发动机整机试车的复杂性（如离心泵与发动机其他部件如涡轮、管道系统等耦合引起的阻尼效应可能会对出口管测点压力脉动幅值产生影响），该误差是可以接受的。

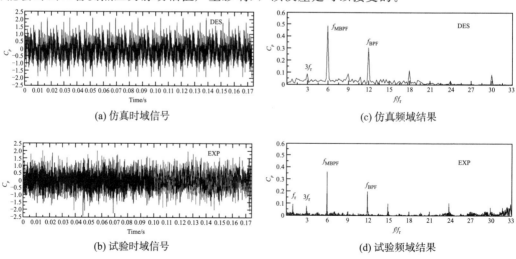

图 6 - 4　氧泵出口管测点（OD1）压力脉动仿真以及试车对比

### 6.4.4 离心泵动静干涉流动分析

#### 6.4.4.1 脉动压力分析

为了对离心泵整个旋转周期内流场压力脉动强度进行评估，引入压力脉动标准差与叶轮出口处动压进行无量纲化，定义压力脉动强度系数 $C_{psd}$ 如式（6-12）所示。该评估方法优势在于能够获得流场内压力脉动强度分布情况，较为直观地定位流场内高压力脉动发生的具体位置。

$$C_{psd} = \frac{\sqrt{\frac{1}{N}\sum_{i=1}^{N}\left(p(x,y,z,t_i) - \frac{1}{N}\sum_{i=1}^{N}p(x,y,z,t_i)\right)^2}}{\frac{1}{2}\rho U_2^2} = \frac{\sqrt{\frac{1}{N}\sum_{i=1}^{N}(p - \bar{p})^2}}{\frac{1}{2}\rho U_2^2}$$

$$(6-12)$$

式中，$N$ 为一个计算周期内的时间步数，即周期内的压力采样数；$p(x, y, z, t_i)$ 为节点 $(x, y, z)$ 在第 $i$ 个时间步的静压大小；$U_2$ 为叶轮出口圆周速度。

诱导轮内不同叶高截面的压力脉动强度分布如图6-5所示。可以看出，总体上诱导轮内压力脉动强度较小，高压力脉动仅存在于诱导轮叶片出口处以及入口叶顶附近。这可能与离心轮入口回流以及诱导轮叶顶间隙处存在的泄漏涡等现象相关。值得注意的是，压力脉动强度系数 $C_{psd}$ 分布是周期内的统计结果，它与具体的时间点以及动静部件相对位置无关。

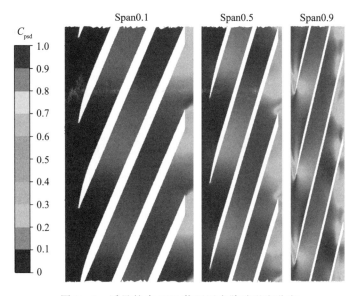

图 6-5 诱导轮内 B2B 截面压力脉动强度分布

不同叶轮叶高截面处离心轮、扩压器以及蜗壳内压力脉动强度分布如图6-6所示。与图6-5相比，这三个流域内压力脉动强度水平明显高于诱导轮流域的脉动水平，并且不同叶高处压力脉动强度分布基本一致。从图6-6还可以看出，高压力脉动区域主要分布在扩压器入口处叶片压力面附近,尤其是靠近隔舌的叶片通道内,并且距离隔舌越远,高压力脉动区域逐渐减小。

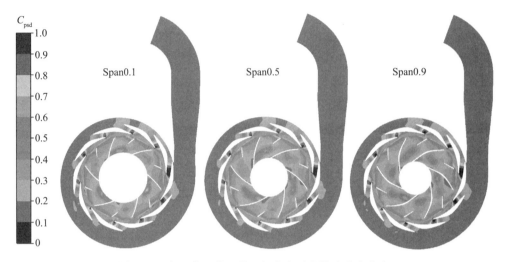

图 6 - 6 离心轮、扩压器、蜗壳内压力脉动强度分布

离心泵内压力测点布置如图 6 - 7 所示,其中离心轮内 4 个测点 IMP1~4 分别位于离心轮主叶片入口处、主叶片吸力面中心、主叶片压力面中心以及分流叶片入口处;离心轮与扩压器之间动静干涉区域 5 个测点 RS1~5 周向均布于动静间隙处并靠近扩压器叶片入口;扩压器内 6 个测点均布于靠近隔舌处的叶片四周;蜗壳域内 6 个测点中 VL1、VL5、VL6 周向均布位于螺旋管内以及 VL2~4 位于出口扩压管中线上。

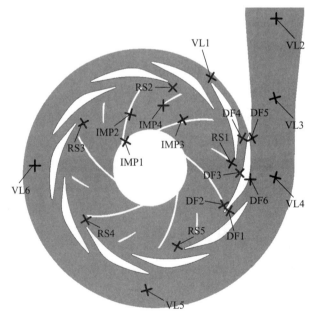

图 6 - 7 离心泵内压力测点布置

离心轮内的压力脉动频谱如图 6-8 所示。可以看出，各测点处均出现较为明显的 10 倍转频（$10f_r$）频率成分，即扩压器叶片通过频率，并且随着测点与动静干涉区域之间距离的增加，该脉动频率幅值逐渐减小，这也表明了该频率成分与叶轮/扩压器间的动静干涉效应相关。实际上，Tanaka 等在理论分析水泵水轮机导叶/转子之间动静干涉时指出，动静干涉引起的压力脉动特征频率在转子域表现为 $Z_s \times f_r$ 及其倍频 $n \times Z_s \times f_r$，在静子域则为 $Z_r \times f_r$ 及其倍频 $n \times Z_r \times f_r$，其中 $Z_s$ 为静子叶片数目，$Z_r$ 为转子叶片数目，$n$ 为任意正整数。因此本例离心泵中，离心轮内的动静干涉频率应为 10 倍转频及其倍频（扩压器叶片数为 10），扩压器以及蜗壳等静止域内脉动频率应为 6 倍转频及其倍频（离心轮有 6 个长叶片和 6 个短叶片），这与仿真分析结果相符。

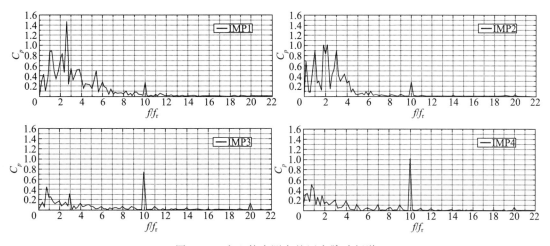

图 6-8　离心轮内测点的压力脉动频谱

离心轮所受径向流体激励力仿真结果如图 6-9 所示。从时域信号来看，离心轮径向流体力同样存在明显的波动，与诱导轮所受径向力相比，$x$、$y$ 方向波动峰峰值稍有增加，但整个时域信号要复杂得多。从频域信号可知，离心轮两个方向的流体力表现出相同的频谱特性，径向力脉动频率不仅出现 1、2、3 倍转频，同时也出现了典型的动静干涉特征频率，包括离心轮叶片通过频率 6 倍频及其倍频以及扩压器叶片通过频率 10 倍频等。由此可见，离心轮径向力的产生由流动沿周向分布不均以及叶轮/扩压器间动静干涉效应共同所致。

### 6.4.4.2　叶轮/扩压器动静干涉流动机理

大量研究成果表明，离心泵动静干涉效应与泵内旋涡结构演化过程密切相关，动静干涉主导频率由相应的涡脱落频率决定。然而大部分研究都集中在简单低转速泵离心轮与隔舌之间的动静干涉效应，并指出其形成机理由离心轮叶片尾迹涡脱落现象决定。目前对于复杂高速泵离心轮/扩压器动静干涉流动方面的研究还比较少，对相关作用机理尚不明确。对此将对氧涡轮泵离心轮/扩压器动静干涉旋涡演化过程进行分析，旨在获得高速离心泵叶轮/扩压器动静干涉效应的形成机理。

由压力脉动分析可知，叶轮/扩压器动静干涉效应是离心泵内压力脉动的主要来源，

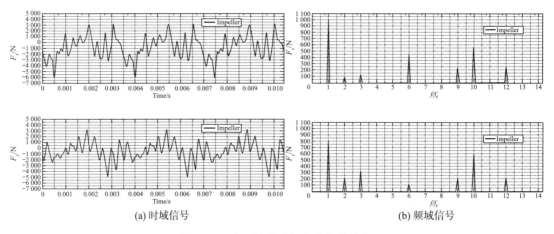

(a) 时域信号　　　　　　　　　　　　　　　(b) 频域信号

图 6-9　离心轮所受径向流体激励力

高压力脉动区域的压力谱中离心轮主叶片通过频率（$6f_r$）及其倍频占据了主导地位。为对该现象的形成机理进行解释，图 6-10 给出了离心轮与扩压器之间动静干涉区域的旋涡演化过程。

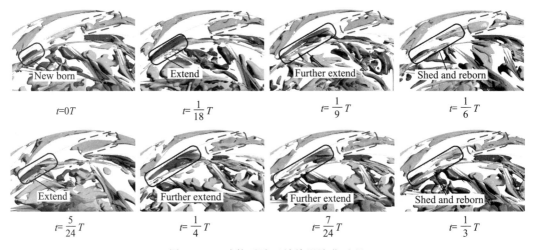

图 6-10　动静干涉区域旋涡演化过程

可以看出，扩压器叶片前缘压力面处存在明显的周期性涡脱落现象。在 $t=0$ 时刻，叶片前缘附近旋涡初生（图中黑线标注），之后随着叶轮的转动，该旋涡逐渐拉伸延长（如 $t=\frac{1}{18}T$，$t=\frac{1}{9}T$），最终在 $t=\frac{1}{6}T$ 时从叶片入口压力面处脱落进入下游区域，进而影响下游戏区域涡结构演化过程。随着时间的推进，该旋涡脱落现象周期性发生（如图中 $t=\frac{5}{24}T \sim \frac{1}{3}T$ 时刻），脱落周期为 $\frac{1}{6}T$，即为动静干涉压力脉动基频 6 倍转频。

由上述分析可知，高速离心泵中叶轮/扩压器动静干涉效应的产生由扩压器叶片前缘附近压力面上周期性涡脱落过程决定。这也解释了离心泵内最大脉动区域出现在扩压器叶片片入口附近的原因。此外，由动静干涉形成机理可知，对于带叶片扩压器的离心泵，为减小泵内动静干涉效应，降低泵内压力脉动水平，可从改变扩压器结构进行优化，如采用圆管式扩压器，这一措施已得到工程验证，减振效果明显。

## 6.5　诱导轮空化不稳定研究

以某型涡轮泵为研究对象，对诱导轮内非定常空化流动进行数值模拟研究。首先基于二维翼型，验证空化数值仿真方法，进一步开展涡轮泵旋转空化仿真计算。最后介绍诱导轮空化可视化试验台开展的诱导轮空化不稳定试验研究。

### 6.5.1　空化非定常数值仿真方法

#### 6.5.1.1　湍流模型

在空化流动数值模拟研究中，RANS 方法仍是目前主流的数值方法，其中标准 $k$-$\varepsilon$ 湍流模型应用最为广泛，它是在代数涡黏模型基础上发展起来的，将涡黏系数与湍动能及湍动能耗散联系在一起，包含部分湍流统计量之间的历史效应。然而标准 $k$-$\varepsilon$ 模型存在过高估计分离区湍流黏性的天然缺陷，对湍流流动过程模化不够精确，无法准确捕捉非定常空化流场。因此，要更精确地预测空化流动的非定常特性，需对标准 $k$-$\varepsilon$ 模型进行修正。将引入三种方式进行修正，分别为 FBM 模型、FBDCM 模型和 MFBM 模型。

（1）FBM 模型

FBM 模型在原模型湍流黏性系数的基础上增加滤波器，得到新的湍流黏性系数为

$$\mu_t = \frac{C_\mu \rho k^2}{\varepsilon} \cdot f_{\text{FBM}} \tag{6-13}$$

式中，$f_{\text{FBM}}$ 为滤波函数，由滤波器尺寸 $\Delta$ 和湍流结构尺寸的比值决定，定义为

$$f_{\text{FBM}} = \min\left[1, C_3 \frac{\Delta}{k^{3/2}/\varepsilon}\right], C_3 = 1.0 \tag{6-14}$$

为了确保滤波与数值方法相容，所选的滤波器尺寸应不小于计算网格区域的大小，即 $\Delta > \Delta_{\text{grid}}$，这里的网格大小定义为 $\Delta_{\text{grid}} = (\Delta_x, \Delta_y, \Delta_z)^{1/3}$，$\Delta_x$、$\Delta_y$、$\Delta_z$ 分别为网格在三个坐标方向的长度。

对于湍流尺度小于滤波器尺寸的流动，湍流黏性系数保持标准 $k$-$\varepsilon$ 模型的黏度不变；对于湍流尺度大于滤波器尺寸的流动，由式可知，其湍流黏性系数变为

$$\mu_t = \rho C_\mu C_3 \Delta \sqrt{k} \tag{6-15}$$

（2）FBDCM 模型

Huang 等在 FBM 模型的基础上，结合 Coutier-Delgosha 等提出的用流场的当地密度代替平均密度的 DCM 模型，利用一个加权函数将两者结合，提出了 FBDCM 模型

$$\mu_t = \frac{C_\mu \rho k^2}{\varepsilon} \cdot f_{\text{FBDCM}} \tag{6-16}$$

$$f_{FBDCM} = \chi \frac{\rho}{\rho_l} f_{FBM} + \left(1 - \chi \frac{\rho}{\rho_l}\right) f_{DCM} \qquad (6-17)$$

$$f_{DCM} = \frac{\rho_v}{\rho} + \frac{(\rho - \rho_v)^n}{\rho \cdot (\rho_l - \rho_v)^{n-1}}, n = 10 \qquad (6-18)$$

式中，$\chi \rho / \rho_l$ 用来加权两种模型的滤波函数，定义为

$$\chi \frac{\rho}{\rho_l} = 0.5 + \frac{\tanh\left\{C_1\left(\frac{0.6\rho}{\rho_l} - C_2\right) / [0.2(1-2C_2) + C_2]\right\}}{2\tanh C_1} \qquad (6-19)$$

式中，$C_1 = 4$，$C_2 = 0.2$。

（3）MFBM 模型

将 FBM 模型和 DCM 模型的滤波函数相互比较后得到的 MFBM 模型，可以兼具两种模型的优点，MFBM 的湍流黏性系数为

$$\mu_t = \frac{C_\mu \rho k^2}{\varepsilon} \cdot f_{MFBM} \qquad (6-20)$$

$$f_{MFBM} = \min(f_{FBM}, f_{DCM}) \qquad (6-21)$$

### 6.5.1.2　空化模型

采用目前应用较广泛的 Zwart - Gerber - Belamri 模型，其推导过程如下。

Rayleigh - Plesset 方程描述了控制蒸气产生和溃灭的基本过程，方程的简化形式如下

$$R_B \frac{d^2 R_B}{dt^2} + \frac{3}{2}\left(\frac{dR_B}{dt}\right) + \frac{2S}{R_B} = \frac{p_v(T_\infty) - p_\infty}{\rho_l} \qquad (6-22)$$

式中，$R_B$ 代表空泡直径；$p_v$ 为液体温度下的饱和蒸气压；$p_\infty$ 为液体压强；$S$ 为表面张力系数。此外，该方程假设泡内没有未溶解的气体，即只有液体和蒸气两相。

若忽略方程中的二次项和表面张力项，则可以将方程简化为

$$\frac{dR_B}{dt} = \sqrt{\frac{2}{3} \frac{p_v(T_\infty) - p_\infty}{\rho_l}} \qquad (6-23)$$

由此，可以推出单个空泡的体积变化率为

$$\frac{d^2 V_B}{dt} = \frac{d}{dt}\left(\frac{4}{3}\pi R_B^3\right) = 4\pi R_B^2 \sqrt{\frac{2}{3} \frac{p_v(T_\infty) - p_\infty}{\rho_l}} \qquad (6-24)$$

则空泡的质量变化率可以表示为

$$\frac{dm_B}{dt} = \rho_v \frac{dV_B}{dt} = 4\pi R_B^2 \rho_v \sqrt{\frac{2}{3} \frac{p_v(T_\infty) - p_\infty}{\rho_l}} \qquad (6-25)$$

若在单位体积内有 $N_B$ 个空泡，则单位体积内空泡体积分数可表示为

$$\alpha_v = V_B N_B = \frac{4}{3}\pi R_B^3 N_B \qquad (6-26)$$

则每单位体积内总的相间质量传输率为

$$m_{fg} = N_B \frac{dm_B}{dt} = \frac{3\alpha_v \rho_v}{R_B} \sqrt{\frac{2}{3} \frac{p_v(T_\infty) - p_\infty}{\rho_l}} \qquad (6-27)$$

这个表达式源自假定的泡生长（蒸发），可以推广至如下的凝结项

$$m_{fg} = C \frac{3\alpha_v \rho_v}{R_B} \sqrt{\frac{2}{3} \frac{p_v(T_\infty) - p_\infty}{\rho_l}} \, \text{sgn}(p_v - p) \qquad (6-28)$$

这里，$C$ 是经验系数，随蒸发和凝结而异。取值时考虑蒸发和凝结发生的速率不同，通常凝结比蒸发慢得多。值得注意的是，ZGB 模型推导时关键的假设是空泡之间没有相互作用，但是这个假设只在空化初始阶段，即空泡从气核开始生长时是正确的，因此将该模型直接应用到蒸发上是不正确的。在实际中，随着气体体积分数增加，气核密度相应减小。基于这种考虑，用 $\alpha_{\text{nuc}}(1-\alpha_v)$ 取代 $\alpha_v$，其中，$\alpha_{\text{nuc}}$ 是气核体积分数，$R_B$ 为相应的气核的半径。于是最终的空化模型的蒸发和凝结源项分别为

$$m^+ = C_e \frac{3\alpha_{\text{nuc}}(1-\alpha_v)\rho_v}{R_B} \sqrt{\frac{2}{3} \frac{|p_v - p|}{\rho_l}} \qquad (6-29)$$

$$m^- = C_c \frac{3\alpha_v \rho_v}{R_B} \sqrt{\frac{2}{3} \frac{|p_v - p|}{\rho_l}} \qquad (6-30)$$

式中，$C_e$ 和 $C_c$ 分别为蒸发和凝结项常数，两个经验系数的推荐值分别为 50 和 0.01。ZGB 模型重点考虑了空化初生和发展时空泡体积变化的影响，适于模拟空化的非定常特性。

### 6.5.1.3　仿真模型与设置

以二维 Clark - Y 型水翼作为水翼非定常空化的研究对象，翼型的弦长 $c = 70$ mm，攻角 $\alpha = 8°$，空化数 $\sigma = 0.8$，计算域的几何尺寸如图 6 - 11 所示。

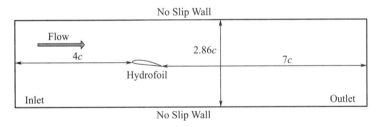

图 6 - 11　计算域的几何尺寸

以 25 ℃的水和水蒸气为工质进行计算，饱和蒸气压为 3 574 Pa，相对压力设置为 0 Pa。入口按照来流给定速度边界条件，流速 $V_\infty = 7.8$ m/s，湍流强度 $I = 2\%$；出口给定压力边界条件，根据空化数可以推导出口的压力值；上下壁面及水翼壁面均设置为无滑移壁面，不考虑粗糙度的影响。进行非定常空化计算时需要先对定常无空化和定常空化两种状态进行仿真，将定常空化的计算结果作为非定常空化计算的初场。

### 6.5.1.4　四种湍流模型的比较

四种不同湍流模型计算水翼非定常空化得到的基于升力系数的 FFT 变换如图 6 - 12 所示。从四张子图中均能看出比较突出的主频，表明这里的四种湍流模型都能够捕捉该工况下的非定常流动特性，但是不同模型预测结果存在明显的差别，图 6 - 12（a）中除了能够分辨主频，次频也很明显，主频与次频之间不存在其他杂频；图 6 - 12（b）～（d）

中，虽然主频也很明显，但几乎无法分辨次频，主频附近分布有许多杂频，表明修正的湍流模型较好地捕捉到了空化流动的强非定常性特征。

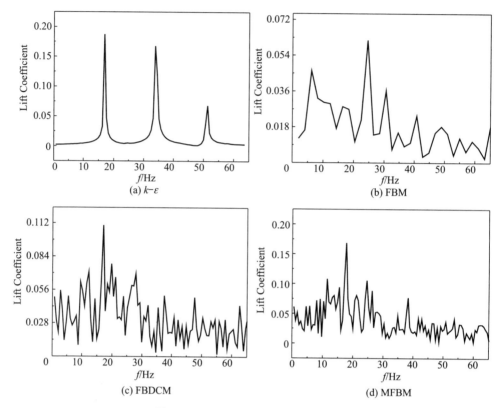

图 6－12　基于升力系数的 FFT 变换

从表 6－2 可以看出，在四种湍流模型中，MFBM 模型的计算结果与试验结果的误差是最小的，因而能够更好地捕捉流动的非定常特性。

表 6－2　仿真与试验的结果对比

|  | Exp data | $k-\varepsilon$ | FBM | FBDCM | MFBM |
|---|---|---|---|---|---|
| St | 0.160 | 0.162 | 0.219 | 0.153 | 0.159 |
| Errors | — | 1.25% | 36.9% | 4.4% | 0.6% |

湍流模型计算的空穴形态与试验数据的对比如图 6－13 所示。标准 $k-\varepsilon$ 模型计算的空穴形态在长度和厚度以及脱落的面积上都与试验存在较大的误差，在空穴发展最充分的阶段（$t_0+28$ ms），标准 $k-\varepsilon$ 模型的部分空化长度只有弦长的一半，而试验数据中空穴覆盖了整个吸力面，反映出标准 $k-\varepsilon$ 模型在预测非定常流动方面存在较大的缺陷。

三种修正湍流模型采用相同的滤波尺寸进行计算，在空穴形态的预测上有较大的改进，模拟出的空化较标准 $k-\varepsilon$ 模型附着部分长度增长、厚度增加，脱落部分的空化面积增加。在修正模型中，FBM 模型的改进效果不是特别理想，在空穴变化周期的中间阶段 $[(t_0+21$ ms$)-(t_0+42$ ms$)]$，附着空化最长可以发展到水翼吸力面四分之三的位置，但

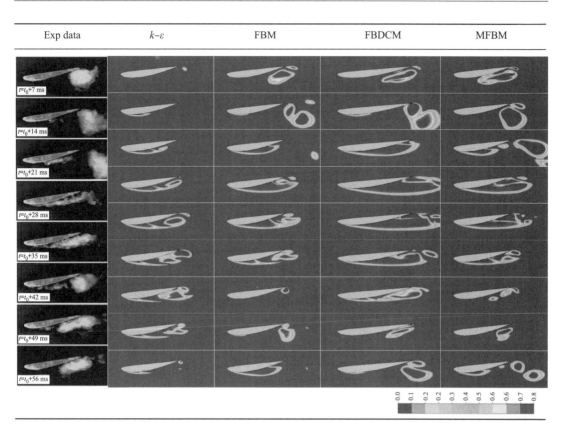

图 6-13　湍流模型计算的空穴形态与试验数据的对比

没有产生超空化；FBDCM 模型的空穴在三种修正湍流模型中最长最厚，特别是在 $t_0 +$
28 ms 和 $t_0 + 35$ ms 两个阶段，比试验数据给出的空化区域还要大，因而 FBDCM 模型在
非定常空化计算上也存在一定不足；MFBM 模型仿真的空化结果与试验的误差是最小的，
空穴区的发展形态以及脱落后空穴与试验数据都均一一对应。

　　综合考虑三种修正湍流模型，FBM 模型以滤波尺寸为界限，没有修正小于滤波尺
寸网格内的涡黏，因而只是部分提高了模型对于非定常流动的预测能力，而 FBDCM 模
型和 MFBM 模型在此基础上从不同角度修正了翼型近壁区的流场，是对全流场的修正，
所以后两种模型能更好地捕捉空化的非定常流动特性。从计算结果来看，MFBM 模型
能够更为准确地预测空化流动的非定常特性。通过模型的控制方程分析，MFBM 模型
中，小于滤波器尺寸的近壁区网格用 DCM 模型计算，而近壁区的流动是非定常性较强
的区域，伴随着相变和密度的变化，DCM 模型中用当地密度代替平均密度进行计算是
较为合理的。

　　本节对几种改进湍流模型应用于非定常空化流场计算的特性进行了分析。计算结果表
明，MFBM 模型的计算结果与试验结果更吻合，能够更为准确地预测水翼空化流动的非
定常特性，为三维诱导轮非定常空化流动数值方法奠定了基础。

### 6.5.2　三维诱导轮旋转空化数值仿真

本节研究对象为完整涡轮泵，具体几何参数见表 6 - 1，局部网格细节如图 6 - 14 所示。计算以 25 ℃的水和水蒸气为工质，饱和蒸气压为 3 574 Pa，相对压力设置为 0 Pa。入口为压力入口，静压为 0.23 MPa；出口为质量流量出口，质量流量为 143.568 kg/s；壁面均为无滑移界面，不考虑壁面粗糙度的影响；诱导轮和离心轮的转速为 9 000 r/min；湍流模型用修正模型 MFBM 模型，空化模型采用 ZGB 模型。

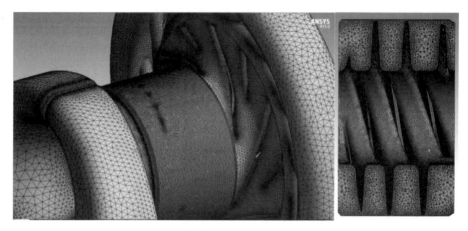

图 6 - 14　局部网格细节

三维定常计算时，转动域与静止域的交界面采用冻结转子（Frozen Rotor）模型，该模型通过改变参考坐标系处理动静间的流动，同时保持动静区域的相对位置不变。非定常计算时，以定常的结果作为初始流场，转动域与静止域的交界面采用滑移动静转子（Transient Rotor - Stator）界面。数值仿真时，先计算诱导轮定常无空化的情况，用该结果作为定常空化的初场，进行诱导轮定常空化的仿真计算，最后计算非定常空化情况，以定常空化的结果作初场。经过充分的网格无关性验证和时间步无关性验证，最终选择的网格数为 740 万，非定常时间步为 $3.7 \times 10^{-5}$ s。

#### 6.5.2.1　旋转空化的识别

旋转空化与诱导轮入口的压力脉动密切相关，为了获得诱导轮入口的压力脉动值，在诱导轮入口布置 9×3 个压力测点，其中每个叶片上三组测点周向位置间隔 20°，如图 6 - 15 所示。

诱导轮的压力脉动分频结果如图 6 - 16 所示，所有的频谱图中都能分辨出两个较大的峰值和三个较小的峰值。频域图的极大值对应的频率为 170 Hz 左右，是诱导轮的主导频率，位于主频左侧的较高的压力脉动峰值对应的频率为 150 Hz，是诱导轮的转动频率。三个较小的压力脉动峰值分别为 30 Hz，300 Hz 和 450 Hz，其中 300 Hz 和 450 Hz 分别是转频的 2 倍频与 3 倍频。170 Hz 正好为诱导轮转频的 1.13 倍，与旋转空化特征频率一致，表明数值计算能够很好地捕捉旋转空化诱发的压力脉动特征。

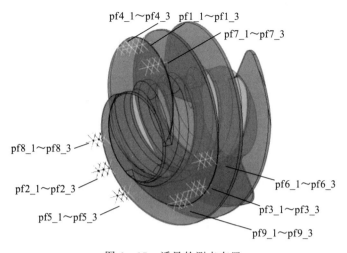

图 6 - 15　诱导轮测点布置

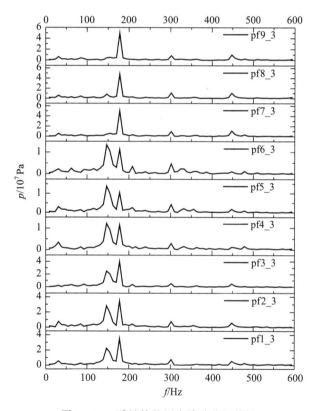

图 6 - 16　诱导轮的压力脉动分频结果

当诱导轮中出现旋转空化现象时，诱导轮叶片上的空穴长度会随时间发生改变。以 0.555 ms 为时间间隔，给出诱导轮内空穴的长度变化，如图 6 - 17 所示，叶片 1 上的空穴在 0 ms—1.665 ms 逐渐增长，2.22 ms—3.885 ms 逐渐减小，可以看出较为明显的长度变化，其余两叶片也存在相同的变化规律。

图 6-17 诱导轮中的空化演变过程

空化区长度随时间的变化关系如图 6-18 所示。可以看出，三个叶片上的空穴长度随着时间交替出现长短变化，这个变化可以近似拟合成三条正弦曲线。根据空穴长度变化的相位关系，可知空穴的长度是按照 1→2→3 叶片的规律变化的，即某一长度的空穴从第一个叶片传递到第二个叶片，再到达第三个叶片，也就是空穴的长度会按照诱导轮的转动方向进行传递，因此诱导轮中出现的是与诱导轮转向相同的超同步不稳定现象。

6.5.2.2　旋转空化机理研究

气相分数分布云图如图 6-19 所示，放大后的局部图分别为流线和速度矢量图。可以看出，当诱导轮叶片出现空穴时，叶片入口的相对速度方向会发生改变，由沿叶片方向变为远离叶片方向。如果空穴达到一定长度，流体离开空穴尾部后会直接影响下一个叶片入口的流动，从而改变下一个叶片的入口冲角，而冲角的变化会影响局部的流动结构，从而改变空穴的形态。

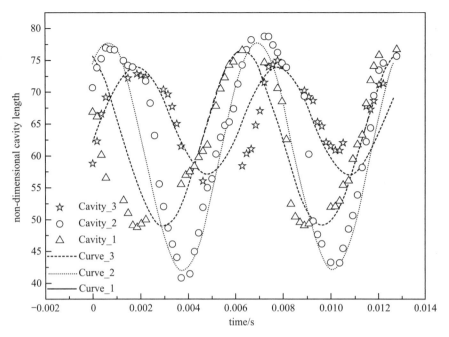

图 6 - 18　空化区长度随时间的变化关系

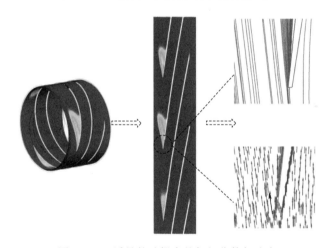

图 6 - 19　诱导轮叶栅中的气相分数与速度

　　冲角与空穴长度随时间的变化如图 6 - 20 所示。横坐标为时间步,左侧的纵坐标为叶轮入口测点的冲角,右侧的纵坐标为无量纲的空穴长度。可以看出,叶片入口冲角的变化趋势与叶片上的空穴长度是一致的,当冲角减小时,空穴会变短;当冲角增加时,空穴会变长。对于第一个叶片,当冲角减小时,空穴体积会减小,此时,空穴尾部的流动对第二个叶片的入口影响会降低,第二个叶片的冲角增加,那么第二个叶片的空穴会增长;当第二个叶片空穴变长后,对第三个叶片的入口影响增加,第三个叶片的冲角减小,空穴变短;第三个叶片又会影响第一个叶片,如此循环往复,形成一个三叶片的不稳定状态,冲角与空穴的相互影响为旋转空化的机理。

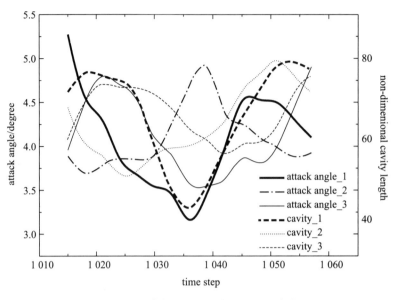

图 6 - 20　冲角与空穴长度随时间的变化

对上述分析进行总结，可以得到旋转空化的发生机制示意图，如图 6 - 21 所示。

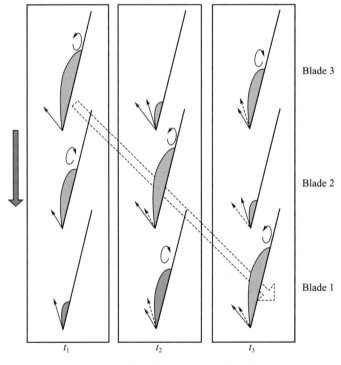

图 6 - 21　旋转空化的发生机制示意图

假设存在一个 $t_1$ 时刻，三个叶片表面空化区呈"长—中—短"三种形态，其中叶片 2 表面空化区长度达到 65% 的叶片间距，即其变化足以影响叶片 3 表面空化的发展。

由于叶片 2 表面空化区的生长，其尾部会诱发一个顺时针的旋涡，从而增大了叶片 3 前缘的流向速度分量，使其冲角减小（如图 6 - 21 的 $t_2$ 时刻实箭头所示），进一步导致叶片 3 表面空化区减小。

叶片 3 表面空化区的减小会在其尾部诱发一个逆时针的旋涡，使叶片 1 前缘流向速度减小，从而叶片 1 入口冲角增大，进一步促进叶片 1 表面空化区的生长，但是这一过程中叶片 1 表面空化区比较短，不足以影响叶片的冲角，从 $t_1$ 到 $t_2$ 时刻，叶片 2 表面空化区继续增长，$t_2$ 时刻达到最大。

当叶片 1 表面空化区长度达到 65％叶片间距，开始影响叶片 2 的冲角，在上述作用机制下叶片 2 入口冲角显著减小，空化区也随之变短，如 $t_3$ 时刻。

与此同时，由于不受叶片 3 表面空化生长的影响，叶片 1 表面空化区继续增大至最大，如 $t_3$ 时刻，如此循环往复，形成了沿叶片旋转方向传播的旋转空化现象。

### 6.5.2.3　旋转空化对流场的影响

一段时间内诱导轮叶片吸力面上的气相分数、压力与速度分布如图 6 - 22 所示。当局部压力低于当地饱和蒸气压时会发生空化，可以看出气相分数分布与压力分布的变化基本是一致的，当低压区增加时空穴变长，当低压区减小时空穴变短。叶片上的低压区主要出现在轮缘，然而部分时刻下，低压区也会出现在轮毂附近（$t=5.55$ ms），如果轮毂的低压区进一步扩大，两个低压区会连成一个低压区（$t=6.66$ ms），同时轮毂附近的低压区与轮缘的低压区一样也存在周期性变化，说明轮毂的低压区是受前一个叶片空穴区尾部的影响形成的。

为了进一步分析空穴长度是如何影响下一个叶片的压力，同时给出空穴长度与压力分布，如图 6 - 23 所示。可以看出，上一个叶片的空穴长度增加，下一个叶片轮毂的低压区增加；上一个叶片的空穴逐渐变短，下一个叶片轮毂的低压区减小。

## 6.5.3　诱导轮空化不稳定可视化试验研究

### 6.5.3.1　试验系统介绍

诱导轮空化不稳定可视化试验系统整体如图 6 - 24 所示，其整体结构为一闭式循环回路。水从储水罐内流出，经过一段整流管路，进入测试段。测试段下游安装有电磁流量计采集流量，工艺泵用于克服流阻，从而在严重阻塞工况下提供必要的流量，其中储箱体积约 1 000 L，管路中的流量由阀门和流量计进行控制和采集，流量计工作范围为 $15\sim560$ m³/h，精度为 0.5％FS。测试段内的诱导轮由电机驱动，可实现最高转速 12 000 rpm，电机通过扭矩仪和增速箱与诱导轮相连。

测试段壳体为有机玻璃材质，可利用高速相机进行拍摄，记录诱导轮内的空化区形态，如图 6 - 25 所示，分别在诱导轮入口、中部和出口三个位置安装有 6 个动态压力传感器，最高频响为 50 kHz，量程为 $0\sim690$ kPa，误差为 ±7 Pa。为了实现对空化流动的可视化研究，还需配备高速摄像系统。

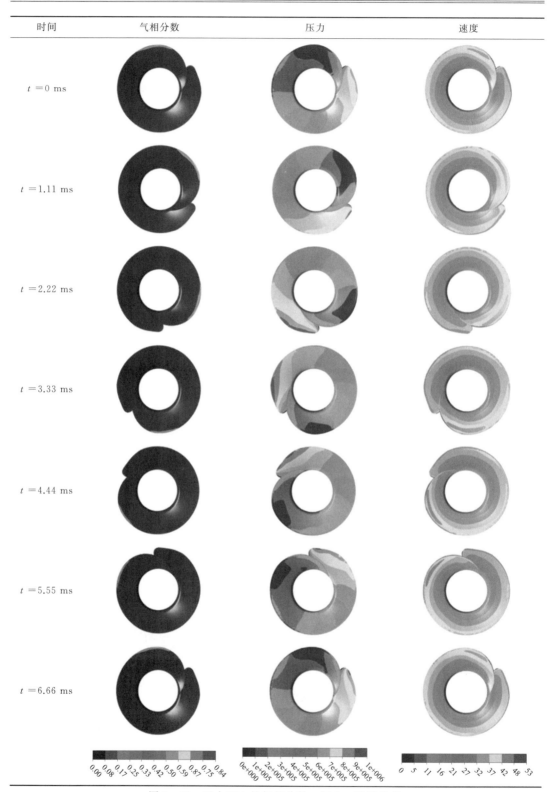

图 6-22　吸力面上的气相分数、压力、速度分布

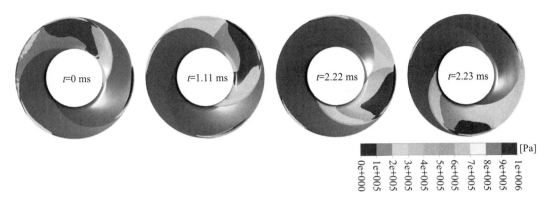

图 6 - 23　空穴与压力分布

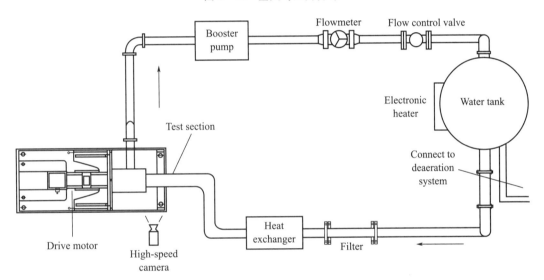

图 6 - 24　诱导轮空化不稳定可视化试验系统

图 6 - 25　测试段实物图

#### 6.5.3.2　诱导轮性能

水力性能试验在固定转速和来流压力下进行，不断调整流量获取扬程系数随流量系数变化曲线。空化性能试验在固定转速和流量下进行，不断降低来流空化数，直至发生性能断裂，试验获取的诱导轮水力性能和空化性能如图 6-26 所示。

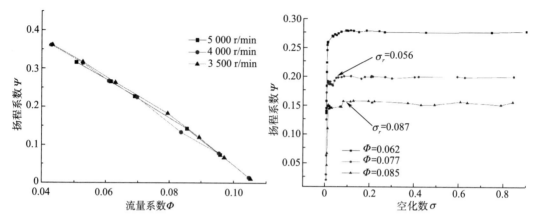

图 6-26　诱导轮水力性能和空化性能

可以看出，在本试验流量范围内，扬程随流量下降几乎线性增大，与预期结果相符。而且不同转速下的水力性能曲线几乎完全重合，表明该条件下诱导轮内流动处于自模区 $[Re = \rho V_{tip} D/\mu = 2.9 \times 10^6 > 1 \times 10^5$，其中 $\mu$ 为液体的动力黏度（Pa·s）]，雷诺数对流动特征无较大影响。

空化试验结果均在 5 000 r/min 的转速下获取，仿真中涉及的物性参数均来自 NIST 数据库。当空化数较高时，3 种流量系数下的扬程系数均保持不变，当空化数下降至某临界值时，扬程急剧下降，发生性能断裂。针对本节的诱导轮，扬程在某临界值后会发生急剧下降，临界空化数 $\sigma_{\mathrm{I}}$ 随流量系数升高而增大，表明流量越大，断裂发生得越早。同时将扬程下降30％时对应的空化数定义为断裂空化数 $\sigma_{\mathrm{II}}$，可以看出 $\sigma_{\mathrm{II}}$ 随流量并不呈单调变化的关系，表明从断裂空化数的角度，存在某个流量使诱导轮具备最优的空化性能。注意到在临界空化数 $\sigma_{\mathrm{I}}$ 之前，在空化数降低至某值 $\sigma_r$（$\Phi = 0.085$ 时，$\sigma_r = 0.087$；$\Phi = 0.077$ 时，$\sigma_r = 0.056$）时，扬程会下降5％左右，形成一个台阶，而在小流量条件下则没有该现象。

#### 6.5.3.3　压力脉动特性

对入口采集的压力脉动进行短时傅里叶分析（STFFT），结果如图 6-27 所示。可以看出，空化数较大时，压力脉动幅值平稳，主频为 $3f_0$（$f_0$ 为叶轮转频，图中无量纲频率为 $f/f_0$，$f$ 为 STFFT 得到的频率），对应着叶片通过频率。当空化数降低至某值时，压力脉动幅值开始显著增大，结合可视化结果，可能是由于空化区向上游发展至传感器所在位置，空化区内气泡的不断形成和溃灭导致压力脉动幅值增强。由上节中分析的空化区发展过程可知，流量越小，空化区越倾向于向上游发展，因而压力脉动幅值开始显著增大时的空化数越大。此后压力脉动幅值随空化数减小而逐渐增强，但是由于这一阶段 3 个叶片表面空化区呈对称分布，依然为 $3f_0$。进一步降低空化数时，$f_0$ 幅值开始增大，在大流量条件下（$\Phi=0.077$、$\Phi=0.085$），$f_0$ 完全成为主频，这是由于此时发生了同步旋转空化现象（SRC），即非对称分布的空化区以 $f_0$ 沿周向传播（绝对坐标系）。当空化数进一步靠近断裂点时，大流量下出现低频分量 $f_1=6$ Hz（$0.07f_0$）及其与 $f_0$ 非线性作用形成的谐频，为了进一步确定该频率对应的空化不稳定，取不同周向位置传感器采集的信号作互相关分析。

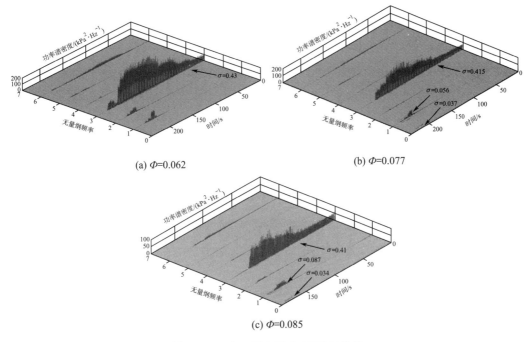

(a) $\Phi=0.062$　　　　　　　(b) $\Phi=0.077$

(c) $\Phi=0.085$

图 6 - 27　入口压力脉动 STFFT 结果

对于叶轮机械中的旋转不稳定现象，其内部的旋转单元数目 $n$ 可由信号的相位差（$\varphi$）和传感器的角度距离（$\Delta\theta$）之比确定，即 $n=\varphi/\Delta\theta$，真实的旋转频率则为 $f_r=f/n$（$f$ 为 FFT 结果）。两个典型空化数下的 FFT 结果、相位差和互相关系数如图 6 - 28 所示。信号取自两个间隔 $60°$ 的动态压力传感器，如果其互相关系数为 1，表明两个信号之间有较强的相关性，可以认为该频率分量是客观存在的。当 $\sigma=0.035$ 时，此时 $f_0$ 为主频（图 6 - 28），两个信号的相位差 $\varphi=64°$，表明有一个旋转单元以转速 $f_0$ 沿周向传播。同时可以发现此频率下互相关系数为 1，进一步证实了该工况下发生了同步旋转空化（Synchronous Rotating Cavitation，SRC），也验证了这种分析方法的正确性。当 $\sigma=0.023$ 时，此时低频分量 $f_1=6$ Hz（$0.07f_0$）变为主频，同时在 $f_0$ 周围出现了显著的谐频分量，两个信号相位差为 $0°$，互相关系数为 1，通常认为这对应着轴向不稳定现象，即该空化数下发生了空化喘振（Cavitation Surge，CS），这是一种典型的轴向不稳定现象，一般发生在靠近断裂点的工况，表现形式为 3 个叶片表面空化区长度以同相位同周期大幅振荡，也会导致流道中的压力和流量大幅振荡，通常认为其形成机理与局部流动和系统结构之间的耦合有关。

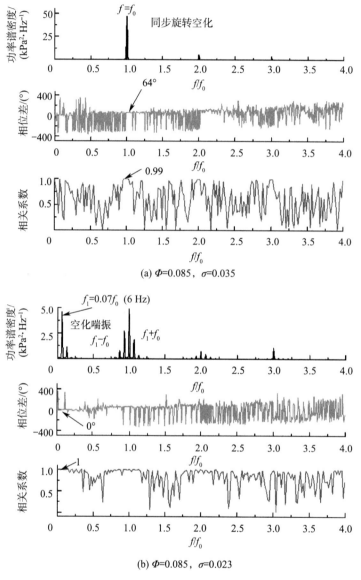

(a) $\Phi=0.085$，$\sigma=0.035$

(b) $\Phi=0.085$，$\sigma=0.023$

图 6-28  互相关分析结果

不同轴向位置采集信号的分析结果如图 6-29 所示，可以看出其与入口压力脉动呈现截然不同的特征。对于流道中间的压力脉动，空化数较大时依然是 $3f_0$ 主导，与图 6-27 最显著的区别在于，发生 SRC 后，$f_0$ 幅值大幅增加，远超过 $3f_0$，即 SRC 会导致大幅的同步压力振荡。由图 6-29 可知，$\sigma=0.09$ 时，虽然空化区较短，但是易于向上游延伸，导致入口压力测点完全位于空化区内，而且由于泄漏涡的非定常特性，空化区外缘不断在变化，这一过程中伴随着大量气泡的生成和溃灭，因此入口压力脉动幅值较高，且由于 3 个叶片表面空化区均匀分布，主频一直为 $3f_0$，而流道中间测点受空化区影响较小，故压力脉动幅值较小。而当 SRC 发生时，叶片 2、3 表面空化区很小，不足以影响到入口测点；叶片 1 表面空化区较长，但是由于受到叶片流道的限制，空化区向上游延伸范围有限，而且空化区外缘没有显著的变化，即空化区的非定常性更弱，此时入口测点依然位于空化区之外，故入口压力信号以 $f_0$ 为主，但是幅值较小。而叶片流道中间压力则完全受 SRC 的影响，幅值大幅增加。

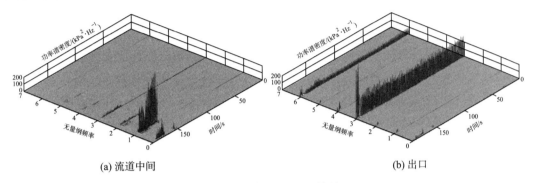

(a) 流道中间　　　　　　　　　　　　　　　　　(b) 出口

图 6 - 29　不同轴向位置信号 STFFT 结果（$\varPhi = 0.085$）

对于出口压力信号，可以看出，由于在大部分空化数范围内，出口不受空化区的影响，故其主频一直为 $3f_0$，且幅值较平稳，只有当扬程断裂发生以后，幅值出现骤增，表明此时空化区已经发展至诱导轮出口。值得注意的是，可以看到在 3 个轴向位置，靠近断裂点时，低频分量 $f_1 = 6\ \text{Hz}$ 一直存在，进一步证实了空化喘振是一种系统不稳定现象；而 SRC 引起的 $f_0$ 幅值增大在出口信号中则无法体现，表明同步旋转空化是一种局部流动不稳定现象。

# 第7章 发动机多源载荷识别与传递特性研究

## 7.1 引言

由于液体火箭发动机组件及其连接结构的多样化和空间分布的复杂性，导致振源与各结构件之间的振动传递路径复杂，振动载荷传递的研究难度非常大。主要体现在：响应点与振源之间路径众多；各振源与响应点之间的传递路径重叠；工作过程中各振源之间相对独立但又彼此相干；发动机热试搭载试验成本高，实现多源、多方向、多点激励的试验技术难度大。随着运载器有效载荷的提高、工作时间的延长，在对现役型号发动机进行薄弱环节识别、工艺过程改进以实现结构可靠性增长、潜能挖掘、性能提升的研究过程中，多源振动环境下载荷识别与传递特性分析成为结构故障分析的重要技术瓶颈。

发动机多源载荷识别是指对发动机部件界面激励载荷的辨识[104-107]，即动态激励力（以下简称动载荷）的直接测量或间接计算问题，动载荷识别是已知系统动态特性和实测响应，反演作用于机械结构的未知外来载荷。利用振动传递特性分析技术，进行多源激励下结构响应分析，获得每一种振源对结构加速度响应在频域内的贡献量大小。将激励源对结构加速度响应贡献量在频域上进行分离，根据每种振源对响应的贡献量，分析影响结构响应的主要因素及传递路径，从而采取针对性措施对发动机进行减振、抑振，降低发动机结构的振动，提高发动机结构可靠性。

本章通过建立多源载荷传递路径研究试验系统，在三大振源位置同时激励，获取激振力与结构响应的相关特征，根据激励与响应的数据特征，分析不同激励源在不同频率下对结构响应贡献量大小的特征，为发动机结构故障分析提供了新的思路和理论分析方法。

## 7.2 发动机多源载荷传递分析方法

### 7.2.1 发动机结构动力学特性基本假设

多源载荷激励下的发动机系统是一种多输入多输出系统结构，如图 7-1 所示。在小载荷激励下，发动机结构始终处于线弹性变形范围，且激励结束后能够恢复到原平衡位置，在整个激励过程中，发动机结构的固有频率和振型等动力学特性不发生变化，因此作如下假设：

1) 线性假设：假设振动系统为线性系统，输入与输出之间是线性关系。也就是说，振动系统的总响应是每个激励力单独作用下系统分响应的线性叠加。

　　2）时不变假设：假设振动系统为稳定系统，系统特性不随时间的变化而变化，也不会受到外界变化的影响。

　　3）完全相关性假设：待识别的系统输入完全决定了系统输出。也就是说，如果在某一频段内系统响应含有其他激励的作用，那么，识别出的载荷将与实际载荷有差异。

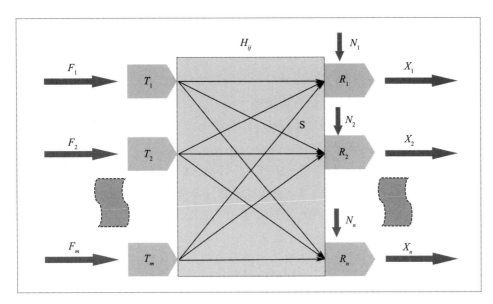

图 7-1　多输入多输出系统

　　图 7-1 中 $F_i$、$T_i$、$N_i$、$R_i$、$X_i$ 分别表示第 $i$ 个激励力、激励点、噪声干扰、目标点、目标点响应。在 $m$ 个点上有激励

$$\{F(f)\}=\{F_1(f)\quad F_2(f)\quad \cdots \quad F_m(f)\}^{\mathrm{T}} \tag{7-1}$$

在 $m$ 个激励力作用下，从 $n$ 个目标点上测得加速度响应

$$\{X(f)\}=\{X_1(f)\quad X_2(f)\quad \cdots \quad X_m(f)\}^{\mathrm{T}} \tag{7-2}$$

## 7.2.2　发动机频响函数

　　当系统中无噪声干扰，也就是 $N_i=0$ 时，激励力与目标点响应之间存在如下关系

$$\{X(f)\}_n=[H(f)]_{n\times m}\{F(f)_m\} \tag{7-3}$$

式中

$$[H(f)]_{n\times m}=\begin{bmatrix} H_{11}(f) & H_{12}(f) & H_{1m}(f) \\ H_{21}(f) & H_{22}(f) & H_{2m}(f) \\ \vdots & \vdots & \vdots \\ H_{n1}(f) & H_{n2}(f) & H_{nm}(f) \end{bmatrix} \tag{7-4}$$

上式表示力-加速度传递函数组成的导纳矩阵，它与激励和目标点响应的大小无关，只与激励点和目标点位置有关。

在没有噪声等干扰的理想情况下，传递函数可以用下式计算

$$H_{ji}(f) = X_j(f)/F_i(f) \qquad (7-5)$$

式中　$H_{ji}(f)$——激励点 $i$ 与目标点 $j$ 之间的传递函数，$g$ /N；

　　　$X_j(f)$——频域上目标点 $j$ 的输出响应谱，$g$；

　　　$F_i(f)$——频域上激励点 $i$ 的输入激励谱，N。

但在实际试验中，噪声无法避免，为了减小目标点响应中噪声的影响，工程上常用 $H_1$ 法来估计系统的传递函数

$$H_1(f) = S_{xf}(f)/S_{ff}(f) \qquad (7-6)$$

式中　$S_{xf}(f)$——试验激励与目标点响应信号的互功率谱，$g$ ·N；

　　　$S_{ff}(f)$——试验激励信号的自功率谱，$N^2$。

### 7.2.3　载荷识别方法

在传递路径分析方法中，对于传递路径点工作载荷的获取有直接法和间接法两大类方法。如果工作载荷是结构上的作用力，直接法是通过在传递路径点安装力传感器，直接用力传感器测量结构工作状态下的系统工作载荷；间接法是利用计算的方法来间接地得到传递路径点的工作载荷。在工程实际中，直接法由于受到安装位置等环境因素的影响通常难以实现，因此一般是通过间接法来获取传递路径点的工作载荷。间接法主要有谱分解法、逆矩阵法、正则化方法等，每种方法各有优缺点，应根据系统实际结构选择合适的方法来计算工作载荷[108-110]。

（1）谱分解载荷识别方法

对于随机载荷任意相关时，响应的功率谱密度均有

$$S_{XX}(f) = \sum_{i=1}^{r} X_i(f) X_i^{H}(f) \qquad (7-7)$$

1）当 $r = \text{rank}[S_{XX}(f)] = 1$ 时，随机响应之间完全相干，此时，多源随机载荷之间也是完全相干，两者具有相同的秩。

2）当 $1 < r = \text{rank}[S_{XX}(f)] < m$ 时，随机响应之间部分相干。如果 $H(f)$ 列满秩，此时，多源随机响应功率谱密度矩阵与载荷功率谱密度矩阵具有相同的秩。

3）当 $r = \text{rank}[S_{XX}(f)] = m$ 时，随机响应之间完全相干。如果 $H(f)$ 满秩，此时，载荷功率谱密度矩阵 $S_{ff}(f)$ 与响应功率谱密度矩阵 $S_{xx}(f)$ 具有相同的秩。

将求响应的过程逆过来，即已知多源响应功率谱和传递特性，识别载荷功率谱。基于以上的分析，多源随机载荷识别的过程总结如下

第 1 步

$$S_{XX}(f) = \sum_{i=1}^{r} X_i(f) X_i^{H}(f) \qquad (7-8)$$

第 2 步

$$F_i(f) = H^{+} X_i(f) \qquad (7-9)$$

第 3 步

$$\boldsymbol{S}_{FF}(f) = \sum_{i=1}^{r} \boldsymbol{F}_i(f)\boldsymbol{F}_i^{\mathrm{H}}(f) \tag{7-10}$$

式中

$$\boldsymbol{H}^+ = (\boldsymbol{H}^{\mathrm{H}}\boldsymbol{H})^{-1}\boldsymbol{H}^{\mathrm{H}} \tag{7-11}$$

需要注意的是，上述分析没有考虑频响函数矩阵 $\boldsymbol{H}(f)$ 和结构响应功率谱密度矩阵 $\boldsymbol{S}_{FF}(f)$ 的测量误差，当 $\boldsymbol{H}(f)$ 为病态矩阵时，载荷识别结果将有较大误差。

（2）基于加权矩阵和 Tikhonov 正则化的载荷识别方法

在响应与激励之间的关系式两边同时乘以加权矩阵 $\boldsymbol{W}$

$$\boldsymbol{W}\boldsymbol{X}(f) = \boldsymbol{W}\boldsymbol{H}(f)\boldsymbol{F}(f) \tag{7-12}$$

因此待识别的随机动载荷谱向量为

$$\boldsymbol{F}(f) = [\boldsymbol{W}\boldsymbol{H}(f)]^{-1}\boldsymbol{W}\boldsymbol{X}(f) \tag{7-13}$$

根据 Tikhonov 正则化思想，可将上述不适定问题转化为如下形式

$$J = \min(\| \boldsymbol{W}[\boldsymbol{H}(f)\boldsymbol{F}(f) - \boldsymbol{X}(f)] \|^2 + \alpha^2 \| \boldsymbol{F}(f) \|^2) \tag{7-14}$$

上述优化问题可以转化为如下形式

$$\min \left\| \begin{bmatrix} \boldsymbol{W}(f)\boldsymbol{H}(f) \\ \alpha\boldsymbol{I} \end{bmatrix} \boldsymbol{F}(f) - \begin{bmatrix} \boldsymbol{W}(f)\boldsymbol{X}(f) \\ 0 \end{bmatrix} \right\|^2 \tag{7-15}$$

对矩阵 $\boldsymbol{W}\boldsymbol{H}(f)$ 进行奇异值分解

$$\boldsymbol{W}\boldsymbol{H}(f) = \boldsymbol{U}\boldsymbol{S}\boldsymbol{V}^{\mathrm{H}} \tag{7-16}$$

式中，矩阵 $\boldsymbol{U}$ 和 $\boldsymbol{V}$ 的列向量分别是 $\boldsymbol{W}\boldsymbol{H}(f)$ 的左、右奇异向量，对角矩阵 $\boldsymbol{S}$ 中的元素 $(s_1 \geqslant s_2 \geqslant \cdots \geqslant s_n \geqslant 0)$ 是 $\boldsymbol{W}\boldsymbol{H}(f)$ 的奇异值。

将式（7-16）代入式（7-13）即可求得随机动载荷，及响应的功率谱密度

$$\boldsymbol{F}(f) = \boldsymbol{V} \begin{bmatrix} \dfrac{s}{s_1^2 + \alpha^2} & & \\ & \ddots & \\ & & \dfrac{s}{s_n^2 + \alpha^2} \end{bmatrix} \boldsymbol{U}^{\mathrm{H}}\boldsymbol{W}\boldsymbol{X}(f) \tag{7-17}$$

式（7-17）中正则化参数可以通过广义交叉验证方法（Generalized Cross-Validation，GCV）确定，即：使以下 GCV 函数取得最小值[111-116]

$$G(\alpha) = \frac{\| \boldsymbol{W}\boldsymbol{H}(f)\boldsymbol{F}(f) - \boldsymbol{W}\boldsymbol{X}(f) \|}{(\mathrm{trace}(\boldsymbol{I} - \boldsymbol{W}\boldsymbol{H}(f)([\boldsymbol{W}\boldsymbol{H}(f)]^{\mathrm{H}}[\boldsymbol{W}\boldsymbol{H}(f)] + \alpha^2\boldsymbol{I})^{-1}[\boldsymbol{W}\boldsymbol{H}(f)]^{\mathrm{H}}))^2} \tag{7-18}$$

（3）逆矩阵法

首先把各个传递函数组成导纳矩阵，然后将导纳矩阵求逆并与目标点响应测量值相乘得到载荷计算值

$$\{F(f)\}_{m \times 1} = [H(f)]_{n \times m}^{-1}\{X(f)\}_{n \times 1} \tag{7-19}$$

为较为完全地描述系统特性，以减小激励源的识别误差，载荷识别要求导纳矩阵 $\boldsymbol{H}(f)_{n \times m}$ 的行数大于列数（一般 $n \geqslant 2m$），即目标点数大于激励源数。这样导纳矩阵就

是超定的，不存在逆矩阵，此时可以利用最小二乘法原理通过求广义逆的办法进行载荷估算。

利用最小二乘法，寻找一组力估算值 $\{F(f)\}$，因此，定义残差向量

$$\boldsymbol{\varepsilon} = \{\{X(f)\}_{m \times 1} - [H(f)]_{n \times m} \{F(f)\}_{m \times 1}\} \tag{7-20}$$

如果残差向量的 2 范数 $\|\boldsymbol{\varepsilon}\| = (\boldsymbol{\varepsilon}^{\mathrm{T}} \boldsymbol{\varepsilon})^{1/2}$ 最小，即获得的力估算值 $\{F(f)\}_{m \times 1}$ 使得 $\boldsymbol{\varepsilon}^{\mathrm{T}} \boldsymbol{\varepsilon}$ 最小，则 $\{F(f)\}_{m \times 1}$ 就是用最小二乘法得到的力估算值，具体推导过程如下：

设在各激励点作用一组未知激励，从目标点测量得到一组响应，由残差的定义可知

$$\boldsymbol{\varepsilon}^{\mathrm{T}} \boldsymbol{\varepsilon} = \{\{X(f)\} - [H(f)]_{n \times m} \{F(f)\}_{m \times 1}\}^{\mathrm{T}} \times \{\{X(f)\} - [H(f)]_{n \times m} \{F(f)\}_{m \times 1}\}$$

$$\tag{7-21}$$

将式 (7-21) 对 $\{F(f)\}$ 微分，并令其为零，则可求解得到

$$\{F(f)\} = ([H(f)]_{n \times m}^{\mathrm{T}} [H(f)]_{n \times m})^{-1} [H(f)]_{n \times m}^{\mathrm{T}} \{X(f)\}_{n \times 1} \tag{7-22}$$

为了解决导纳矩阵的病态问题以改善载荷识别结果，通常对传递函数导纳矩阵的逆进行奇异值分解，一般认为分解后的条件数小于 100 时可以保留用于载荷识别的计算，当条件数大于 100 时，可以认为这些值是由于测量噪声干扰引起的，计算时可以剔除条件数大于 100 的导纳矩阵行与列[117]。

### 7.2.4　多源载荷激励下响应贡献量计算方法

在估算得到激励力后，对某个目标点 $j$，可以按下式进行贡献率的计算

$$\lambda_{ij}(f) = F_i(f) \times \frac{H_{ji}(f)}{X_j(f)} \quad i = 1, 2, \cdots, m \tag{7-23}$$

式中　$\lambda_{ij}(f)$ ——第 $i$ 个激励力在目标点 $j$ 的振动贡献率；

　　　$F_i(f)$ ——利用最小二乘法计算得到的第 $i$ 个激励力谱，N；

　　　$H_{ji}(f)$ ——第 $i$ 个激励点到目标点 $j$ 的频率响应函数，g /N；

　　　$X_j(f)$ ——目标点 $j$ 的响应谱，g。

理论上，所有激励在目标点的贡献率之和应该与响应点响应频谱一致，但实际上由于测量误差、未考虑耦合效应和噪声等的影响，在某个频率上计算出来的贡献率有偏差。为了更直观地显示出激励在不同频率上的贡献量，在分析时将计算的贡献率与目标点的总响应进行比较，直观地反映了不同载荷或路径在不同频率上对目标点响应的贡献。

## 7.3　发动机多源载荷激励下结构响应分析模型

### 7.3.1　多源激励载荷传递分析试验原理

如前所述，在进行如图 7-2 所示的发动机多源载荷传递路径（TPA）分析时，假设分析对象是线性系统，目标点的振动水平等于各激励源通过不同路径以工作载荷激励时引起目标点响应的线性叠加。即

$$A_k = \sum_{i=1}^{n} H_{ki}(f) \cdot F_i(f) \qquad (7-24)$$

式中　$A_k$——第 $k$ 个目标点的响应加速度，$g$；

　　　$F_i(f)$——第 $i$ 个路径上力载荷，N；

　　　$H_{ki}(f)$——载荷传递路径 $F_i(\omega)$ 至目标点的响应加速度 $A_k$ 的传递函数，$g$ /N；

　　　$n$——载荷传递的载荷与路径的数目；

　　　$k$——目标点数目。

　　在传递路径分析时，首先需要建立 TPA 试验分析模型，该模型需要明确"目标点—路径—激励源"，即被动响应端、传递路径和主动激励端。一般而言，主动激励端空间位置限制，施加的力载荷难以通过力传感器测量，每一条传递路径上的载荷均需要通过其他方法进行识别，这里通过试验验证不同的载荷识别方法对力载荷的识别精度。

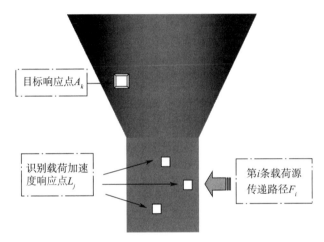

图 7-2　发动机多源载荷 TPA（传递路径分析）原理示意图

　　为方便计算，一般传递函数写成矩阵形式，在识别载荷时，需要对传递函数矩阵求逆，实际应用中由于矩阵病态而导致的伪逆问题，要求识别载荷点的数目 $m$ 一般为传递路径载荷力的数目 $n$ 的 2 倍以上，因此，需要测得一个 $m \times n$ 的传递函数矩阵，这对于具有复杂结构的发动机而言非常耗时，但载荷识别精度可以保证。

### 7.3.2　多源激励载荷传递分析试验

　　多源载荷传递特性分析试验模型包括：激励源、路径、目标点、识别力载荷的加速度响应测点，具体描述如表 7-1 所示。为解决力载荷识别过程中传递矩阵伪逆求解的病态问题，要求识别力载荷的加速度响应点数为激励源数目的 3 倍。通过激振器分别模拟发动机推力室、发生器和涡轮泵三大振源，同时为了验证识别载荷的正确性，在激振器激励前端安装了力传感器，记录力载荷的真实值，用于验证理论识别的可靠性，如图 7-3 所示。

**表 7 - 1　TPA 试验模型各测点描述**

| 测点作用 | 测点号 | 测点位置 |
| --- | --- | --- |
| 目标点(加速度) | A1 | 发生器氧化剂入口单向阀 |
| | A2 | 发生器燃料入口单向阀 |
| | A3 | 发生器氧化剂入口副断阀 |
| | A5 | 氧化剂起动活门身部 |
| | A6 | 燃料剂起动活门身部 |
| | A7 | 氧化剂主导管中部 |
| | A8 | 燃料主导管中部 |
| | A9 | 氧化剂泵 |
| | A11 | 火药起动器头部 |
| | A12 | 降温器身部 |
| | A13 | 降温器燃料出口管中部 |
| | A14 | 主推力室头部 |
| | A15 | 燃烧室身部近涡轮泵一侧 |
| | A17 | 主推力室喉部近涡轮泵一侧 |
| | A18 | 游机Ⅰ分机框架与机架对接面 |
| | A19 | 游机Ⅲ分机框架与机架对接面 |
| | A20 | 游机Ⅳ分机框架与机架对接面 |
| | A21 | 涡轮壳体 |
| | A22 | 集液环上近涡轮泵一侧 |
| 推力室头部力载荷识别点(加速度) | T1 | 机架游机Ⅱ分机一侧 |
| | T2 | 推力室与机架对接面 |
| | Source - tou | 机架中心激励点 |
| 涡轮泵力载荷识别点(加速度) | W1 | 燃料泵身部 |
| | W2 | 涡轮壳体 |
| | Source - wolunbeng | 燃料泵激励点 |
| 发生器力载荷识别点(加速度) | F1 | 发生器根部 |
| | F2 | 发生器身部 |
| | Source - fashengqi | 发生器头部激励点 |
| 推力室头部力载荷(力) | Source - tou | 机架中心激励点($Z$ 向) |
| 涡轮泵力载荷(力) | Source - wolunbeng | 燃料泵激励点($X$ 向) |
| 发生器力载荷(力) | Source - fashengqi | 发生器头部激励点($Z$ 向) |

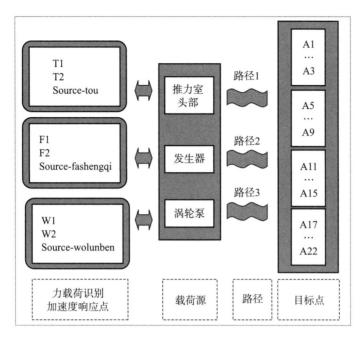

图 7 - 3　发动机多源激励载荷分析试验模型示意图

## 7.4　发动机多源载荷传递路径分析试验系统

多源载荷传递路径试验系统由某型二级发动机整机、三台激振器与功放、LMS 多激励信号控制与多通道响应采集系统、PCB 力锤、B&K 电荷放大器及其他必需的辅助设备等组成，如图 7 - 4 所示。整个系统测量的直接物理量为力、加速度。

(a) 激振器安装示意图

图 7 - 4　发动机多源载荷传递路径分析试验系统

(b) 试验系统

图 7-4　发动机多源载荷传递路径分析试验系统（续）

通过该试验系统，能够直接测量的物理量包括：

1）各激励点分别至各响应点的传递函数；

2）用于载荷识别的主路径原点径传递函数和跨点传递函数；

3）用于验证载荷识别的激振力；

4）各载荷源同时激励时目标点的动响应。

## 7.5　多源载荷传递路径试验结果分析

### 7.5.1　振源与力载荷识别点之间的传递函数

有两种方法可以获得振源的激振力大小：一种方法是通过传感器直接测量；另一种方法是通过对振源与力载荷识别点的传递函数求逆，并结合该识别点的加速度响应间接计算求得，为了减小传递函数矩阵病态的伪逆问题带来的误差，需要对该矩阵进行正则化和奇异值分解，这里采用的识别点数目为振源路径数目的 3 倍，以获得理想的分析结果。

为了提高频响函数的高频信噪比，通过激振器白噪声激励进行传递函数测量，同时为了完整地测量弱阻尼结构的响应，激励方法采用了猝发间歇白噪声激励，以获得信噪比较高的传递函数。

### 7.5.2　振源与目标点之间的传递函数

对于二级发动机而言，力锤激励获得的频响函数误差较大，尤其是高频段引入的噪声信号较多，难以满足载荷传递贡献量计算的要求，为了提高频响函数的高频信噪比，通过激振器白噪声激励进行传递函数测量，采用了猝发间歇白噪声激励，激励时间 5 s，间歇 5 s，采集时间 10 s，频率分辨率 0.1 Hz，每次测量平均 10 次，以获得信噪比较高的传递函数。

## 7.6　多源载荷识别与贡献量分析

### 7.6.1　载荷识别

激励条件为：推力室头部轴向和燃气发生器头部轴向施加随机激励，涡轮泵径向施加转速 6 倍频（1 020 Hz）正弦定频激励。在该激励条件下，根据振源与识别点之间的传递函数导纳矩阵，计算该传递函数的广义逆矩阵，再结合在激励条件下力载荷识别点的加速度响应分别计算推力室头部轴向、涡轮泵径向以及发生器轴向激振力的大小，并与预先布置的力传感器测量的载荷进行对比（如图 7-5 所示）。通过源载荷识别与试验测量结果对比可知：通过载荷识别方法计算的推力室头部随机载荷和涡轮泵定频载荷与实测值吻合较好；在频率小于 500 Hz 时发生器头部载荷计算值与实测值存在一定误差，在 500～2 048 Hz 频带内，两者吻合较好。

### 7.6.2　目标点响应贡献量分析

基于线性系统假设，发动机目标点在多源共同激励下的响应是由各个激励源分别激励引起响应的线性叠加，基于这一认识，首先对比了目标点在多源激励下的响应频谱与线性叠加合成结果，其次分离出各个振源对目标点响应在频域内贡献量的分布。

目标点响应贡献量图谱根据式（7-23）进行计算，每个目标点可以获得 5 条在频域内分布的色谱，第一条为响应测量值的频谱分解，第二条为基于线性假设计算的不同振源的叠加值，后三条分别为三个激励源对目标点响应的各自贡献量。

如图 7-6 所示，首先通过对比测量值与叠加值的色谱线，可以看出，在 5～2 048 Hz，两者基本一致，这表明小量级激励下线性假设的合理性；其次，通过载荷识别，预估各个振源在共同作用时对目标点的单独贡献值以及根据叠加原理获得的目标点总响应的合成值是可靠的；最后，根据贡献量图谱的后三条色谱颜色分别与合成值或测量值色谱颜色的对比，可以直观地判断出在不同的频率范围引起目标点响应的主要振源。

由于本次试验获得的目标点响应的图谱数量较多，作为对多源载荷传递贡献量分析方法的验证，仅列举了两个典型目标点响应的贡献量图谱，表明了图谱目标点动力学响应与激励源之间的关系。图 7-6（a）表明发生器入口单向阀较低频段响应主要是由推力室振源引起，1 020 Hz 由涡轮泵定频激励引起，1 000 Hz 以上的高频段，发生器振源自身贡献量最大。图 7-6（b）表明游机 I 分机框架与机架对接面 Z 向响应 1 020 Hz 由涡轮泵定频激励引起，其余至 2 048 Hz 频段内的响应主要由推力室振源引起，而发生器的贡献量较小。

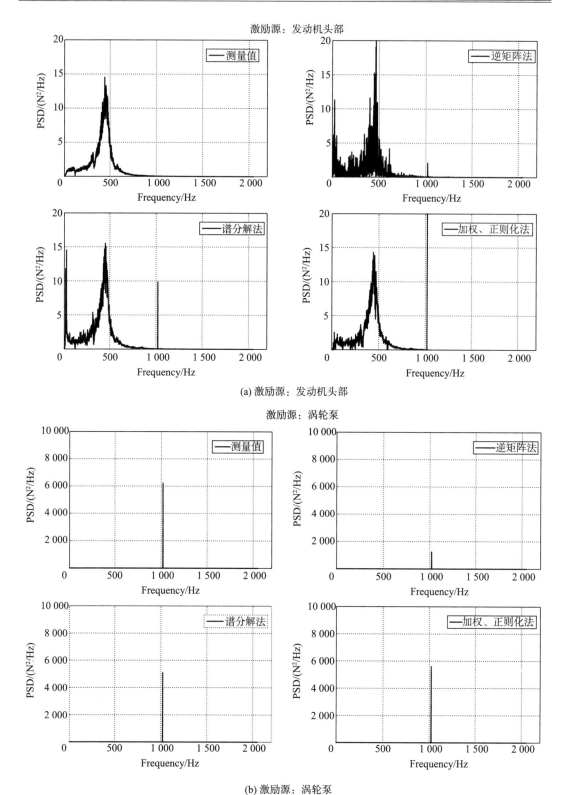

(a) 激励源：发动机头部

(b) 激励源：涡轮泵

图 7-5　多源载荷识别结果与试验测量结果对比

激励源：气体发生器

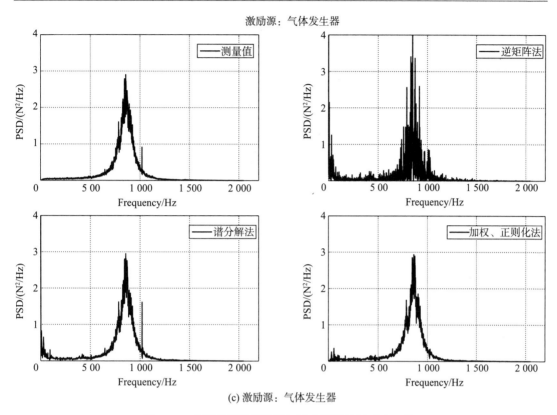

(c) 激励源：气体发生器

图 7-5 多源载荷识别结果与试验测量结果对比（续）

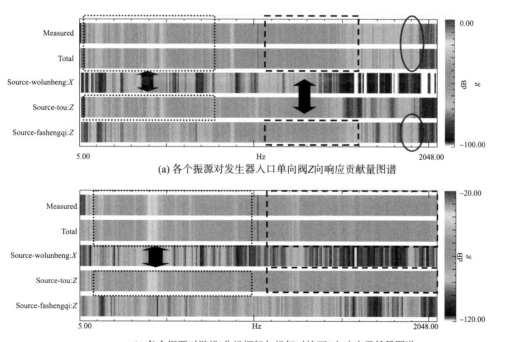

(a) 各个振源对发生器入口单向阀Z向响应贡献量图谱

(b) 各个振源对游机I分机框架与机架对接面Z向响应贡献量图谱

图 7-6 典型目标点响应贡献量图谱

如图 7 - 7 所示，对于目标点氧化剂主导管中部：路径推力室头部在 350～600 Hz 频段内振动贡献量较大，且在 550 Hz 左右处振动贡献量极大；涡轮泵在 1 000～1 250 Hz 频段内振动贡献量较大；燃气发生器在 830～900 Hz 频段振动贡献量较大。需要注意的是，在某些频率处（如涡轮泵振源在 500 Hz 处），振源对应的振动路径所对应的综合振动贡献量在数值上为负，这是因为该路径的振动贡献量与目标点响应间的相位差大于 90°，即该路径引起的振动部分抵消了其他路径引起的振动。

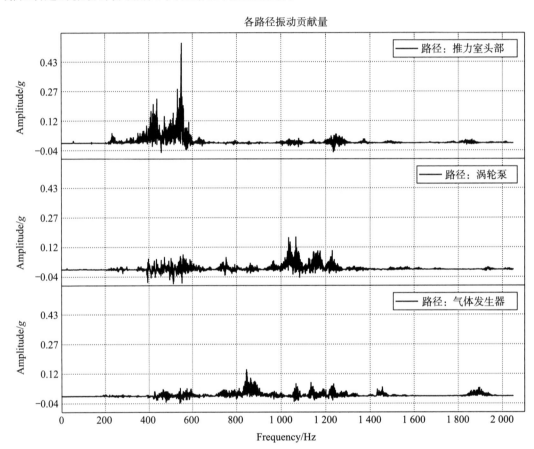

图 7 - 7　各路径在氧化剂主导管中部的振动贡献量分解

# 第8章　发动机振动试验技术研究

## 8.1　引言

　　液体火箭发动机是各类飞行器最主要的激励源之一,同时也是恶劣工作环境的受害者,它所经历的力学环境主要来自自身推力室、涡轮泵、发生器以及火箭飞行中的气动载荷激励等,二级、上面级发动机工作前还将经历一级或下面级发动机工作时的振动/冲击环境。为了满足航天产品高质量和高可靠性的要求,最直接有效的途径就是对发动机进行充分的地面环境试验考核,而振动试验是这些地面环境试验中极为重要的一环。

　　本章阐述了振动试验台的分类、工作原理,振动试验夹具的要求、设计原则以及结构形式,论述了正弦振动试验、随机振动试验、冲击及冲击响应谱试验和试验控制方法,并给出了发动机整机振动试验的应用实例。

## 8.2　振动试验台

　　工程中常见的振动试验台主要性能及特点列于表 8-1[118] 中,目前应用比较多的是电动振动台、电液振动台和机械振动台,其中尤以电动振动台应用范围最广,约占在役振动台的 80% 以上。

**表 8-1　常用振动台类型及特点**

| 名称 | 工作原理和结构特点 | 主要性能和优缺点 |
|---|---|---|
| 电动振动台 | 由恒定的磁场和位于磁场中通有一定交变电流的线圈相互作用而产生出交变的激励力 | 频率:5～10 000 Hz,激振力可超过 400 kN,可产生 100g 以上加速度,台面负载可达 1 t 以上,波形好,操作调节方便,易于自控并能实现多台并激,可满足 5 Hz 以上的各类振动试验要求,有的最低频率能达到 2 Hz。适用于各类电子元器件、结构件的振动试验,配备扩展台面和水平滑台,还可以适用于小型、中型整机试验,但价格较高,有漏磁场 |
| 电液振动台 | 使用电液伺服阀作为电控信号-液压动力转换部件,通过油压使传动装置(具有活塞的部分)产生周期性正弦振动或随机振动 | 频率:甚低频～500 Hz,或更高,激振力达数百 kN 以上,台面负载达数吨。可做大型结构或部件的模型和实物试验,易于自动控制和多台并激,结构牢固,抗横向负载能力强,容易实现大位移振动。设备复杂,价格高,对基础要求较严,可满足低、中频段试验要求,适用于地震、船舶、汽车、运载工具等各类产品试验 |

**续表**

| 名称 | 工作原理和结构特点 | | 主要性能和优缺点 | |
|---|---|---|---|---|
| 机械振动台 | 直接作用式 | 利用凸轮或曲柄连杆等机构直接驱动台面 | 频率约为 1～80 Hz,结构简单,振幅不随频率变化,谐频装置复杂,波形失真严重 | 载荷、推力均较大,价格低廉,工作可靠,使用维护方便,频率范围窄,加速度波形失真大,适用于大中小型整机、仪器仪表、家用电器及零部件的正弦振动试验 |
| | 离心式 | 利用偏心质量旋转时的离心力作为激振力驱动台面 | 频率约为 5～200 Hz,台面负载可达 1 t,推力达数十万牛顿,可开车调频调幅,波形失真大 | |
| | 共振式 | 利用共振原理,改变支撑台面弹簧刚度,使工作台面在各种频率下都能共振 | 频率为 20～300 Hz,台面负载可达 1 000 N,功耗较小,结构复杂但尺寸小,波形失真较严重 | |
| 电磁振动台 | 由电磁铁和磁性材料相互作用产生激振力,驱动台面产生振动 | | 结构简单、价格便宜,与试件不接触,可用于旋转机械轴类激振,主要用于振动机械。频率在 20～2 000 Hz 间,振动波形差,激振力不易控制,振动试验中使用较少 | |
| 压电振动台 | 由压电元件的压电效应产生的激振力驱动台面 | | 工作频率范围达 20～50 kHz,甚至可达 100 kHz,但激振力甚小,仅适用于小型零件试验 | |
| 磁致伸缩振动台 | 由磁致伸缩效应产生的力驱动台面 | | 工作频率可达几十 kHz,多用于超声波激励 | |

电动振动台频率范围宽（从几 Hz 到数千 Hz），承载能力范围较大（从几千克至数百千克），而且波形好，控制方便，最宜于实现各种复杂的试验波形和谱型。它是在各类型振动试验中应用最广泛的一种振动台[119]。在发动机整机及零部组件振动试验中，几乎全部使用电动振动台就能完成所有振动试验项目，因此本节只详细介绍电动振动台。

### 8.2.1　电动振动台分类

电动振动台的结构形式很多，可分为以下几种[118]。

（1）按磁路和气隙形式分类

按磁路分，可分为单磁路和双磁路，按气隙分，可分为上气隙、下气隙和双气隙等。

在气隙尺寸及磁通密度相同的条件下，双磁路的中心磁极直径比单磁路的小得多，这不仅减小了台体的体积，而且减小了动圈直径，从而提高了动圈的轴向共振频率。另外双磁路比单磁路的台体漏磁小，而且气隙中磁通密度沿轴向可对称分布，因而有利于改善波形的失真度。但双磁路的结构复杂，制造困难，通风或通水冷却比较困难，且成本较高。

气隙在上方的缺点是台面漏磁大，气隙在下方时台面漏磁小，但台面与动圈必须用一芯杆才能联在一起，这就降低了系统轴向弹性振动的固有频率。双气隙式磁路台面漏磁也较大，但是激励力较大，波形好。

（2）按激励方式分类

按激励方式可分为励磁式和永磁式。励磁式振动台用载有直流电流的线圈产生恒定磁场，而永磁式振动台是永久磁铁产生恒定磁场，没有发热的励磁线圈。但永磁铁制造困难，价格较贵，气隙中的磁感应强度远比励磁的低，不可做成大推力振动台。励磁式振动台气隙中磁感应强度可很高，励磁电源比较经济，但产生的磁场有交变成分，会使振动波形产生畸变。励磁线圈本身发热，给冷却增加了困难，故一般小型振动台多采用永磁式，中、大型振动台一般采用励磁式。

（3）按冷却方式分类

自然冷却的效果差，仅适用于发热小的小型振动台，优点是结构简单，成本低。

风冷是采用鼓风机进行强制冷却，这种冷却方式适用于中性振动台。

液体冷却是用油或水等液体作为冷却介质实现强制冷却，冷却效率高、但结构复杂、成本高，适用于中、大型振动台。

（4）按驱动方式分类

按驱动方式可分为直接驱动式与感应式。在直接驱动式振动台中，功率放大器直接与驱动线圈联接。在感应式振动台中，动圈是按照变压器的工作原理进行设计的，主级线圈是刚性安装在振动台定子结构上磁极气隙边缘的一对绕线绕组，次级线圈是悬挂在气隙绕组间的单匝铝形环，此即动圈。单匝次级线圈中的感应电流和磁场绕组产生的 DC 磁场相互作用，从而在次级线圈-感应式动圈中产生交变推力，使振动台面产生振动。因此在感应式振动台中，功率放大器是与相对不动的一对绕组相连接，动圈本身没有任何电流引线和冷却管道连接。

直接驱动式的优点是效率高，不受低频限制；感应式的优点是运动部件结构简单，无电缆和液体管路连接，用风冷即可。由于感应式振动台可以采用薄金属环，驱动线圈的重量相应减小，从而提高了运动部件的轴向共振频率以及空载加速度值。并且整个动圈处于零电位，无需绝缘，增加了可靠性与安全性，但低频范围受到限制，一般在大型振动台中采用这种结构。

（5）按使用目的分类

电动振动台主要用于两个方面，一是用于振动环境试验，这是应用最普遍的一种电动振动台；二是振动校准用的标准振动台，和普通电动振动台不同之处在于：首先标准振动台的励磁大部分为永磁，可以减少交流励磁的干扰；二是气隙一般在下部，目的是减少台面漏磁；三是动圈一般都有导向，或用拉簧平衡，或用空气轴承，甚至可加磁悬浮，目的是让振动台工作在线性段，以减少边缘效应。此外，台体内部一般装有一个内置标准传感器，专门用于校准，这种校准振动台工作频率范围宽，波形失真度很小，在大多数情况下为 $1\%\sim3\%$，但承载力一般不大，仅数十克至几千克。

## 8.2.2　电动振动台工作原理

电动振动台本质上是将电能转换为机械能的换能器，其工作原理是基于载流导体在磁场中受到电磁力作用的安培定律。设电流 $i$ 呈简谐变化，则力 $F$ 为[120]

$$F = BLI\sin\omega t \tag{8-1}$$

式中，$B$ 为环形气隙中的磁感应强度；$L$ 为动圈绕线的有效长度；$I$ 为动圈中的电流幅值。试件与台面一起在激振力 $F$ 的作用下振动，其频率决定于振动控制器产生的频率 $\omega$，振动幅值决定于电流幅值 $I$。

　　振动台结构如图 8-1 所示。振动台内一般有两组励磁线圈，位于中间板上侧的为上励磁线圈，位于中间板下侧的为下励磁线圈，当直流电流通过励磁线圈，将在励磁线圈周围产生磁通，上下励磁线圈的磁通在动圈处形成一个高磁感应强度的环形气隙，当经过功率放大器放大的交变电流通过动子线圈，根据安培定律，在励磁磁场的作用下将产生交变力 $F$，使动圈沿图 8-1 所示运动方向上下运动。

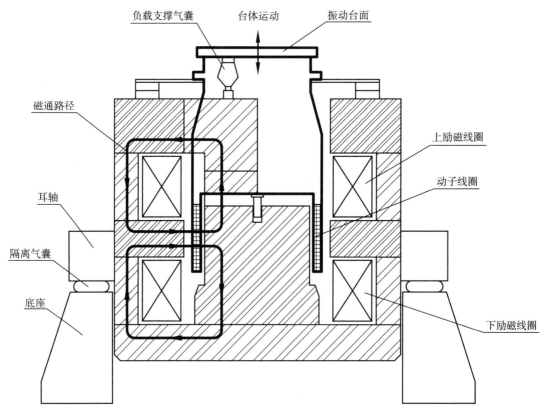

图 8-1　电动振动台示意图

## 8.3　振动试验夹具

　　夹具是发动机整机及零部组件等产品进行振动试验的关键部件之一。试验中，产品的固定和振动载荷的传递都是依靠夹具来完成，夹具动态特性的优劣直接关系到产品试验结果的真实性。理想的振动试验夹具除了要满足边界约束条件、力的传递途径、产品与动圈的组合重心、夹具的强度、刚度及试验设备能力限制等要求外，还要求不失真地将振动传递给产品，即夹具向产品施加的载荷应与设置的参考谱一致，要满足上述要求，只有夹具都是刚体时，才有可能达到这种理想状态，或者在试验频段范围内夹具无共振频率也有可能达到这种理想状态。

美国圣地亚实验室根据美军标要求所制定的振动夹具设计规范，对夹具的要求进行了量化，除规定夹具的 1 阶最低固有频率外，同时对夹具在不同频率范围内的共振频率个数及峰值提出了要求。国内的振动试验夹具设计，通常根据产品的具体尺寸、几何形状、试验条件等具体情况来选择合理的材料和结构形式。为了能让振动激励尽可能地不失真传递给产品，动圈和夹具之间要尽量形成刚性连接，对于大型夹具来说，通常要求夹具的质量是产品质量的 2～4 倍，1 阶固有频率高于产品 1 阶固有频率的 3～5 倍。这些设计规范中，圣地亚实验室对 1 阶固有频率和频率段中共振频率的要求过高，对于大型产品，设计这些夹具是很困难的，即使夹具满足要求，也是以不计材料成本和提高试验设备能力为代价实现的[118]。

而国内夹具设计，仅考虑夹具和产品 1 阶固有频率 3～5 倍的关系，而大部分随机振动试验频率要求达到 2 000 Hz，对于大型产品，无论如何设计，夹具和产品的固有频率都很难超过 2 000 Hz，这就无法避免振动传递过程中出现非 1 阶频率谐振现象，这将导致产品振动量级输入偏离设置的参考谱值的失真现象，同时由于夹具的尺寸远大于振动台台面尺寸，产品振动输入各点响应会出现不均匀，最大和最小加速度均方根值的比值有时可能达到 3 倍，情况严重时甚至出现控制超差、试验中断。虽然试验人员在试验过程中可以通过采取一定的措施对夹具传递特性进行一定的改善，但是由于夹具的振动传递特性受夹具本身固有结构特性的制约，这种改善的程度具有不确定性，因此有时在大型夹具的设计过程中，需要进行夹具的动力学优化设计。

### 8.3.1　夹具设计原则

（1）夹具材料要求

1）夹具材料应首选高阻尼、低密度材料，其优点在于可有效降低夹具谐振幅值，易于满足质量要求及实施有效的振动控制，推荐选用铝、镁或其合金；

2）应使夹具固有频率高于试验频率且质量小，弹性模量与材料密度比值越大越好；

3）大型焊接夹具，应选择焊接性能好的材料。

（2）夹具质量要求

夹具原则上应当轻，以降低对振动台推力的要求。

（3）夹具对中要求

夹具设计重心应较低，夹具尽量对称。在垂直方向试验时，通常要求产品和夹具的合成重心尽可能与振动台动圈的中心线重合，以避免由于重心不一致在振动试验过程中振动台台面摇晃，造成对产品不应有的冲击应力，从而导致振动台台面波形严重失真，甚至损坏振动台。

（4）夹具动力学传递特性要求

夹具的振动传递特性原则上应趋于 1，以使振动台台面的振动 1∶1 传递到产品上，避免产品在试验过程中遭受过试验或欠试验。要满足这一要求只有夹具是刚体时才能达到，通常情况下，夹具的第 1 阶固有频率是不可能远高于试验频率上限的。在夹具的谐振峰处，夹具的振动传递率是大于 1 的，在该频率值附近时产品处于过试验；相反地，在峰谷处，振动传递率小于 1，在该频率值附近时产品处于欠试验。夹具的动力学特性通常应满足以下要求：

1）夹具的频响特性在整个试验频率范围内尽可能平坦，夹具的固有频率应尽量高于试验频率上限。就大型夹具而言，其固有频率最好高于产品固有频率的 3～5 倍，以避免产品与夹具在试验时发生共振；

2）产品与夹具的连接面上的各连接点传递的响应值尽量与试验条件一致，以确保试验时产品受到激励是均匀的且不失真传递振动；

3）夹具的阻尼要尽可能大，夹具在试验发生共振时，其品质因数 $Q$ 应尽可能小于 4；

4）夹具横向运动量值尽可能小；

5）夹具传递振动的波形失真度尽可能小，在夹具 1 阶固有频率前，波形失真度应小于 25%，之后应小于 60%。

由于在振动试验过程中不同的产品具有不同的形状和结构，目前还没有统一的标准来指导产品的振动试验夹具设计，因此在夹具设计过程中通常提出 3 项主要指标：

1）传递特性要求，规定夹具的 1 阶固有频率不能低于某个频率值，高于这个频率值时可以出现共振频率，但要对响应的放大倍数和 3dB 带宽进行限定；

2）限定横向运动量级，对非试验方向的振动量值进行规定，限定其小于某个值，即各种横向运动不能超过某个限定值；

3）对夹具和试件相连接的固定点之间的振动输入量值偏差进行规定，避免产品与夹具连接点传递的振动量值不均匀。

（5）制造要求

夹具的制造方式通常优先采用整体铸造，其次采用焊接和螺接方式。

对于某些形状复杂或厚度和截面变化大的夹具，通常采用铸造加工，铸造夹具具有较大的阻尼，有利于降低共振幅度。对铸造好的夹具，一般不需打磨加工，这样会增大阻尼。另外铸件在机械加工完成后应进行热处理，以释放内部应力，防止使用一段时间后夹具与振动台安装面结合部位发生变形。

焊接夹具加工方便，周期短、成本低，但对焊接质量要求较高，否则振动时焊接件在焊接部位处容易出现开裂和折断，同样，焊接件在焊接完毕后应进行热处理，释放内部热应力，防止变形。

螺接夹具通常要求螺钉连接的结合部位平整光洁、完全匹配，以免试验过程中出现微小碰撞，导致高频段内传递给产品的振动量级严重失真。对于大型夹具且试验的频率范围上限在 1 000～2 000 Hz 高频段时，螺栓间的间距通常要求不超过 8 cm。特别要注意避免螺钉、螺栓承受过大的剪切力。对于铝合金或镁铝合金制作的夹具，材料质地较软，连接螺栓孔通常采用粗牙螺纹。需要多次拆卸的夹具，夹具的连接螺栓孔应镶嵌铜或钢制螺套，如能采用环氧树脂胶合固定螺套，则能提高螺钉连接可靠性和连接螺孔的使用寿命。

螺接夹具的最大缺点是试验时产品响应"毛刺"较大。

为了减小水平滑台的质量，提高振动台的有效推力，通常采用镁铝合金制作振动台水平滑台。同时，由于铝镁合金质地较软，台面受力不均匀时容易变形，为了避免因滑台变形而导致滑台水平运动时阻尼增大，夹具底部与滑台接触部位的平面度通常要求小于 0.1 mm/M。

为了便于产品安装，夹具与振动台的连接螺钉头部需要埋于夹具内部，为了解决此问题，连接螺钉通常采用沉孔形式，考虑到螺钉叠片的厚度，沉孔深度通常在 20～25 mm 之间（对同一夹具，该高度应保持一致）。在夹具设计过程中，应尽可能多地利用振动台提供的夹具安装孔位，从而提高夹具与振动台之间的连接刚度。

### 8.3.2　夹具结构形式

发动机整机及零部组件产品振动试验夹具的种类和形式很多，一般按试件安装要求、使用次数、专用或通用等不同要求进行选择，夹具设计时，采用如下基本原则选用夹具结构形式：

1）试件尺寸小、质量小、数量多时选择条形或平板夹具；

2）试件尺寸小，需要进行多方向振动时，可选择适用于多方向安装的 L 型、T 型夹具，采用直接安装或配合条形/平板夹具使用；

3）舱段式结构试件（常见于轨姿控发动机整机）、贮箱等可选择厚壳铸造夹具；

4）径向尺寸大于振动台台面的试件，可配合使用台面扩展夹具。

（1）条形夹具

条形夹具是一种小型试件的通用夹具，常用于要求不同振动方向的小型试件，例如电爆管、转速线圈、传感器、电缆等，如图 8-2 所示。

（2）平板夹具

平板夹具是一种常用于小型试件进行垂向和水平向试验的通用夹具，或者中型、大型试件进行水平向试验的通用夹具，如图 8-3 所示。垂向试验时，夹具直径一般不超过振动台台面尺寸，当必须外伸时，允许外伸量小于 4 倍板厚。水平向试验时安装于振动台滑台，为便于试件安装，安装面应平整，为缩短连接螺栓长度，夹具与台面连接孔采用沉孔。

图 8-2　条形夹具　　　　　　　　图 8-3　平板夹具

（3）L型、T型夹具

L型和T型夹具的底板设计可参考转接板夹具，垂直板的设计应便于试件安装，并采用角板支撑以提高夹具刚度，如图8-4和图8-5所示。垂直板的厚度对试件安装后的夹具动特性有重要影响，因此应引起足够重视。应保证试件安装于夹具后的组合质心通过振动台台面中心。

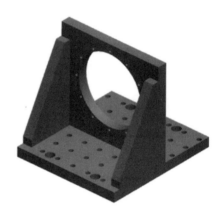

图8-4　L型夹具　　　　　　　　　　图8-5　T型夹具

（4）大型厚壳铸造夹具

铸造夹具的最大优点在于阻尼大，此外与试件连接的对接面响应较为均匀，适用于尺寸较大的舱段式结构试件，设计此类夹具时，应采用加强筋提高刚度，在转角处为避免应力集中，应圆滑过渡，一般需要设置椭圆形周对称分布的减重孔，底面加工要求平面度不大于0.5mm。厚壳夹具主要有花盆型和桶型两类，分别如图8-6和图8-7所示，此类夹具主要用于大型舱段发动机整机或贮箱的振动试验。

图8-6　花盆型厚壳夹具　　　　　　图8-7　桶型厚壳夹具

（5）台面扩展夹具

对于超尺寸试件，一般需要使用台面扩展夹具。设计此类夹具时，径向腹板斜边与轴线夹角不超过45°，角度过大将降低弯曲固有频率，顶板厚度应随扩展装置直径增加相应加厚，一般不少于50 mm，通常采用铸造制造，如图8-8所示。

图 8-8　台面扩展夹具

（6）悬挂支撑

当大型试件与夹具连接后的总质量超过振动台的静态支撑能力，或夹具、试件组合体质心过高，则需要增加外部弹簧悬挂装置作为辅助静支撑。一般常用悬挂装置保证振动台静态支撑满足台体静态支撑要求。悬挂装置的设计可选择多根橡胶绳进行组合，要求悬挂绳的伸长量在 60% 时，悬挂系统固有频率低于 2 Hz。

## 8.4　振动试验方法

### 8.4.1　正弦振动试验

发动机正弦振动试验是实验室中经常采用的试验方法，正弦振动是人们认识最早、了解最多的一种振动。凡是旋转、脉动、振荡等所产生的振动均是正弦振动，要模拟这些振动环境，无疑需用正弦振动试验。当振动环境是随机的、但又无条件做随机振动试验时，某些情况下可以用正弦振动试验来代替（不是等效）。此外，振动特性试验中，用正弦信号激振是常用的最基本的方法。由于正弦试验设备相对便宜，因此一般的振动实验室几乎都可以进行正弦振动试验[118]。

#### 8.4.1.1　正弦振动试验的种类

正弦振动试验控制的参数主要为频率和幅值，按照频率是否变化可分为定频和扫频两种。

（1）定频正弦振动试验

正弦振动频率始终不变的试验叫定频正弦振动试验，这一般是模拟转速固定的旋转机械引起的振动，或结构固有频率处的振动。定频试验中有一部分是振动强度试验，考核疲劳强度。这种试验会出现一个问题，即如果在试件共振峰处进行定频试验，随着振动时间增加，共振峰会移动。为保证试验的质量可以采用两种控制方式，一种是跟踪频率，一种是跟踪输入与响应的相位差，使之始终保持共振状态，这种试验称为驻留（Dwell）试验。

（2）扫频正弦振动试验

扫频试验中频率将按一定的规律发生变化，按照频率变化规律分为线性扫描和对数扫描。线性扫描频率变化是线性的，即单位时间扫过多少频率，单位是 Hz/s 或者 Hz/min，这种扫描用于精确查找共振频率的试验。

对数扫描频率变化按对数变化，扫描率是 oct/min 或者 oct/s，oct 是倍频程。如果上限频率是 $f_H$，下限频率是 $f_L$，$f_H/f_L = 2^n$，$n$ 就是下限频率到上限频率经过了 $n$ 个倍频程，求 $n$ 的公式为

$$n = \left( \lg \frac{f_H}{f_L} \right) / \lg 2 \qquad (8-2)$$

对数扫描的意思是相同的时间扫过的频率倍频程相同，例如从 5～20 Hz 是两个倍频程，从 500～2 000 Hz 也是两个倍频程。在对数扫描的情况下，扫过这两段的时间是相同的，即对数扫描时低频扫得慢而高频扫得快。

扫描试验的频率扫描方式有多种：

1）扫描方向向上扫一次；

2）扫描方向向下扫一次；

3）反复扫描先向上后向下，反复多次；

4）扫描方向向上，到了上限频率后快速返回下限频率，再向上扫，多次重复；

5）扫描方向向下，到了下限频率后快速返回上限频率，再向下扫，多次重复。

### 8.4.1.2 正弦试验中的计算

（1）试验所需推力的估算

当接到发动机或零部组件振动试验任务时，首先需要估算进行该产品试验需要多大推力，这便于选择振动台或估算现有振动台能否进行该试验。估算正弦试验推力需要如下参数：动圈质量 $M_{动}$，试件质量 $M_{试}$，夹具质量 $M_{夹}$，滑台滑板和牛头质量 $M_{滑}$。

试验中试件所需的最大加速度为 $a$（试验条件），正弦试验中的加速度 $a$ 是峰值，计算结果也是峰值推力。若不适用滑台时，所需推力为

$$F = (M_{动} + M_{夹} + M_{试}) \times a \qquad (8-3)$$

由于试件是弹性体，所需推力用适合于刚体的式（8-3）计算，其结果只是估算，一般情况下按经验 $F$ 可以乘以 1.2 作为最终的振动台估算推力。如果使用滑台，应将滑台和牛头的质量加入式（8-3）。

实际试验中会出现两种问题：

1）所需推力远远小于额定推力，试验能进行，但不经济。对于推力小于 10 kN 的振动台问题不大，但对于大推力振动台就要考虑经济效益，不应该用大推力振动台做很小的试件。

2）估算的所需推力超过了额定推力，但超得不多。这种情况下可以进行试验。先进行试振，用试验量级的一半进行试验，观察输出电流和电压，记下最大的电流和电压值，然后按线性放大一倍看是否超过额定的电流和电压，如果不超过，可以进行试验。

（2）位移、速度、加速度换算

正弦振动中：

$$位移　　D = D_0 \sin\omega t \tag{8-4}$$

$$速度　　v = \omega D_0 \cos\omega t \tag{8-5}$$

$$加速度　　A = \omega^2 D_0 \sin\omega t \tag{8-6}$$

（3）扫描时间和扫描率的计算

在正弦扫描试验中，试验条件一般按扫描率给出，但有时也按扫描总时间给出，但正弦振动控制仪一般需要设置扫描率，因此有时需要根据扫描时间计算扫描率，以下给出扫描时间和扫描率的关系式。

对于线性扫描，扫描时间等于扫描带宽除以扫描率；对数扫描原理与之相同，若已知扫描上下限频率为 $f_H$ 和 $f_L$，扫描总时间为 $T$，首先利用式（8-2）求出上限频率与下限频率差多少倍频程 $n$，再求出扫描率 $R = n/T$。$T$ 的单位可以是 s 或 min。

（4）分贝和百分数换算

振动试验中为比较量级、允差的大小经常使用分贝这一概念，有时也用百分数，这两个概念都是表示量的相对关系，百分数比较直观易懂，而分贝的概念不易理解，有时要把分贝换算成百分数，有时要把百分数换算为分贝。

分贝（dB）是表示两个量比值的一种方法，在电学中，电压比、功率比的公式可以写为

$$dB_{电压} = 20\lg(V_1/V_2) \tag{8-7}$$

$$dB_{功率} = 10\lg(P_1/P_2) \tag{8-8}$$

在振动中电压相当于加速度，功率相当于功率谱密度，所以式（8-7）和式（8-8）可变为

$$dB_{加速度} = 20\lg(G_1/G_2) \tag{8-9}$$

$$dB_{功率谱密度} = 10\lg(W_1/W_2) \tag{8-10}$$

式中　$G_1$，$G_2$——加速度；

　　　$W_1$，$W_2$——功率谱密度。

### 8.4.1.3　正弦振动试验流程

正弦振动试验的一般流程如图 8-9 所示。

通常情况下，发动机整机或零部组件正弦振动试验按照任务提出方给出的试验条件直接进行试验即可，但某些情况下，考虑到实验室产品的安装边界并不能完全模拟实际使用状态，因此试验条件输入时有必要根据产品实际安装边界情况对试验条件做必需的剪裁。

具体试验方法为：对试件进行低量级（$0.2g$ 或者 $0.5g$，扫描率 4 oct/min）正弦扫描试验，获取试件试验条件频段内的模态频率，获取实际控制响应曲线在模态频率处的放大倍数，预估试件在试验条件量级时控制响应曲线的量级，对试验输入的正弦条件在模态

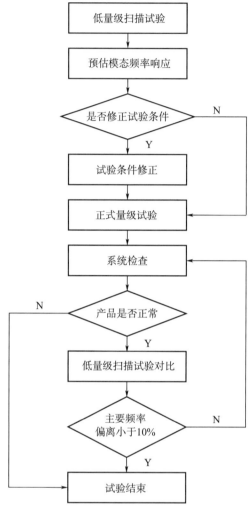

图 8-9　正弦振动试验流程

频率处进行"下凹"剪裁，使得试件关键部位的响应与相似型号或者该型号实际飞行响应量级相当。

### 8.4.2　随机振动试验

　　火箭发动机的真实振动环境往往是随机振动过程，随机振动试验远比正弦振动试验复杂。随机振动最明显的特点就是非周期性，因而瞬时值无法预测。与正弦振动不同，随机振动不能预示在任何给定时刻值的确切大小，但从统计规律出发，知道随机振动过去的历程就能预示各个加速度值出现的相对概率。简谐振动用振幅、频率和相位特性来描述，而随机振动要用平均值、均方值、均方根值、幅值概率分布、幅值概率密度、功率谱密度等来表示。研究随机振动时，通常假设的基本条件为所模拟的随机振动符合平稳、各态历经和高斯分布规律。

平稳随机过程的统计特征值（如均方根值、功率谱密度等）与时间无关，有了这一假设条件，就可以在无限长的随机振动信号中任取一段进行研究，其随机振动统计特征是相同的。这就大大节省了随机振动试验和分析的时间与费用。如果随机振动不是平稳的，但其统计特征随时间变化很慢，也可以把这种过程分成几个较短的时间间隔，而每个间隔仍按平稳过程处理。

各态历经随机过程是指统计特征值与时间的统计平均值相同。这一假设允许根据足够长的单次时间历程来确定随机振动的统计特征，因为事实上不可能得到大量的外场记录，所以一般随机过程都假设为各态历经。

高斯分布（正态分布）是指随机振动瞬时加速度值可用幅值概率密度作统计描述，且概率密度函数符合高斯分布。

（1）随机振动试验的类型

随机振动试验按实际环境要求有以下几种类型[118]：

1）宽带随机振动试验，这是应用最广的随机振动试验。

2）窄带随机振动试验，这种随机振动有一中心频率，有一定带宽，但带宽内 PSD 值是不变的。这种窄带随机的中心频率可以变化，这就是窄带随机扫描试验，也是在宽带随机振动试验不易实现时提出的一种变通方法，它比正弦扫描进了一步，其幅值在均方根值附近变化且有一定的随机特性，但不能各种频率同时激振。

3）宽带随机加上一个或数个正弦信号（频率可变）。

4）宽带随机加上一个或数个窄带随机（中心频率可变）。

（2）随机振动试验中的计算

1）随机振动均方根值的计算。随机振动试验条件一般给出功率谱密度与频率的关系曲线（PSD 图形），首先必须计算出总均方根加速度，这是估计振动台推力所必须的。总均方值等于 PSD 曲线下所包含的面积，只要将曲线下总面积和计算出来再开方就得出总均方根加速度。

2）加速度谱密度、速度谱密度与位移谱密度关系。随机振动中加速度谱密度、速度谱密度、位移谱密度之间存在如下关系

$$W = \left(\frac{2\pi}{g}\right)^2 f^2 V \tag{8-11}$$

$$W = \left(\frac{4\pi^2}{g}\right)^2 f^4 X \tag{8-12}$$

式中　$W$——加速度谱密度（$g^2/Hz$）；

　　　$V$——速度谱密度 $[(m/s)^2/Hz]$；

　　　$X$——位移谱密度（$m^2/Hz$）。

3）随机振动试验所需推力估计。从随机振动的基本理论了解到，随机振动均方根加速度很重要，它是表征随机振动总能量的统计参数，而峰值加速度已不像正弦振动那样具有表征意义，因此随机振动所需的推力称为随机均方根推力。

推力的估算原则上与正弦振动相同，利用式（8-3）可以计算出试验所需的随机

均方根推力，所使用的加速度 $g$ 为均方根加速度 $g_{rms}$。对于试件是弹性体的试验，由于随机振动各频率成分是同时加上去的，有共振也有反共振，一般相互抵消故不再乘系数。

4）随机振动最大位移估算。由于振动台具有位移限制，因此在试验前必须对可能达到的最大位移做出估计，不能超过振动台允许的位移限。从随机振动条件无法看出随机振动的最大位移，而且最大位移值也是不确定的。正确的方法应该找出位移谱密度曲线，计算出均方根位移值，再将均方根位移乘以峰值压缩因子（一般为 3～5 倍）得出最大峰值位移。如果位移谱密度为曲线，则必须积分才能计算。

（3）随机振动试验流程

随机振动试验的一般流程如图 8－10 所示。

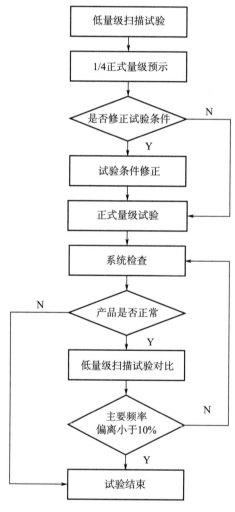

图 8－10　随机振动试验流程

通常情况下，发动机整机或零部组件随机振动试验按照任务提出方给出的试验条件直接进行试验即可，但某些情况下，考虑到实验室产品的安装边界并不能完全模拟实际使用状态，因此试验条件输入时有必要根据产品实际安装边界情况对试验条件作必需的剪裁。

具体试验方法为：对发动机整机进行 1/4（1/8 或更低）正式量级的低量级随机振动预示试验，预估实际控制响应曲线在模态频率处的放大倍数，对试验输入条件在模态频率处进行"下凹"剪裁，使得发动机关键部位模态频率处的功率谱密度响应与相似型号或者该型号实际飞行响应量级相当。

### 8.4.3　冲击及冲击响应谱试验

与振动试验密切相关的冲击试验/冲击响应谱试验同属于动力学环境试验的范畴，而且在实验室内也经常利用振动台进行按预定波形的冲击试验和冲击响应谱试验。冲击是一种确定性非周期的瞬态振动，一般量级较大的冲击试验多用冲击机进行，首先用质量与试件相当的配重放在冲击机上进行预调整，然后换上试件进行正式试验，常用的冲击机有跌落式冲击台、锤击机等。利用振动台进行冲击试验的目的是在振动台上复现所要求的一种瞬态振动时域波形，如半正弦波、锯齿波（含前峰、后峰锯齿波）、三角波、梯形波等经典波形，冲击波形是一种脉冲型瞬态振动，脉冲持续时间只有几至几十毫秒。振动台冲击试验系统由振动台、功率放大器、冲击控制仪等组成，在做冲击试验时，控制仪对试件的控制点施加规定的加速度波形，其波形是随冲击持续时间而变化的。因要求复现的波形是时域波形，故要用模数转换器（ADC）转换成离散的数字信号以适应均衡算法的要求。由计算机求出驱动信号再由数模转换器（DAC）转变成连续的时域模拟信号输出到放大器以推动振动台。此过程是连续不断进行的，并最终使振动台输出的波形纳入冲击波形试验所规定的容差限。

在把冲击信号加到振动台上时必须对信号补偿，以保证冲击结束时振动台处于加速度、速度和位移都为 0 的静止状态，否则会损伤振动台。因此必须对脉冲波形进行修正，使脉冲的前后端略有负的下冲，确保在脉冲结束时台面的加速度、速度和位移恢复到脉冲开始前所处的静止状态。

冲击响应谱试验，是指利用振动台实现一个瞬态冲击，其冲击响应谱在一定精度范围内与给定的参考冲击响应谱相同。根据定义，冲击响应谱是单自由度系统在冲击作用下的最大响应同系统固有频率之间的关系，其不包含相位信息。因此冲击波形与冲击响应谱之间不存在唯一的对应关系，不同的冲击脉冲可以有相同的冲击响应谱，同一冲击响应谱可以对应无穷多个冲击脉冲。用振动台进行冲击响应谱试验的实质就是利用冲击响应谱的这种不唯一性，人为地产生某种冲击脉冲，使其能够匹配规定的冲击响应谱。

冲击响应谱试验要采用波形综合技术，其基本原理是选取一组子波，将它们加权求和，综合成冲击的时间历程。然后用迭代方法不断修正加权值，使其冲击响应谱逐渐符合给定的参考冲击响应谱。如果组合波形的冲击响应谱不能匹配规定谱，控制系统再根据比较误差调整脉冲的波形参数，重新进行综合。因此，波形综合是一个反复迭代、逐次逼近冲击响应谱的过程。一旦综合成功，则可按所得波形复现冲击过程。试验时，要用冲击响应谱条件检验复现的冲击波形是否满足冲击响应谱误差的要求。波形综合法（又称组合瞬态波形法）带有一定的任意性，为使冲击试验能够更真实地模拟冲击环境，在波形综合过程中，应注意调整波形参数[118]。

### 8.4.4　试验控制方法

发动机整机振动试验时，试验输入条件通常由全箭或全弹总体单位根据发动机的实际运输、工作等条件制定；发动机部组件振动试验时，试验输入条件通常由发动机总体部门根据发动机部组件的安装位置、实际运输、试车或飞行等条件制定。实际振动试验中，当试验件的尺寸和重量较大或固有频率较低时，由于试验件与振动台、试验夹具的动力学耦合作用与预期使用过程中平台、装备之间的动力学耦合作用不一致，实验室振动环境的模拟结果往往偏离预期理想状态，特别是在系统的共振和反共振频率附近，偏离会更加明显，这将导致试验件的过试验或欠试验。因此，在实验室振动试验中，需要采用一定的控制方法和控制策略，以改善过试验或者欠试验的程度，使得试验结果更接近于预期使用情况。

（1）控制方法

目前，振动试验通常采用加速度输入和加速度限相结合的控制方法。主要步骤如下：

1）在试验件上对过试验敏感的位置安装加速度传感器，并规定这些位置的加速度响应限（一般以振动加速度谱的形式给出，称为限制谱），加速度响应限一般根据外场的测量数据确定。

2）振动试验时，控制系统根据试验件连接界面上规定的振动加速度谱（输入谱），产生振动台的驱动信号，并通过控制加速度传感器的反馈信号对驱动信号进行实时修正，以使试验夹具与试验件界面处达到规定的振动量级，当某些频带上出现监测加速度传感器的振动响应值超过预先设定的限制谱时，可对输入谱进行修改（减小输入谱的量值），使得监测加速度传感器的振动响应限制在预先设定的限制谱内。

（2）控制方式

在加速度输入控制方法中，控制加速度传感器一般安装在与试验件连接的试验夹具上靠近安装螺栓的位置，以反映预期使用过程中平台产生的振动环境激励。

1）当试验件尺寸和重量较小时，可仅在试验件与试验夹具连接界面上安装一个控制加速度传感器用于控制反馈。

2）如果试验件与试验夹具连接界面的尺寸较大，由于结构弹性振动的影响，连接界面上不同点的振动响应可能存在显著差异，其中任何一点的振动加速度均不足以代表规定的振动加速度试验条件。在这种情况下，可以在连接界面上安装若干个控制加速度传感器，使用其输出信号的某种组合形式作为反馈信号。一般采用多点平均值控制或最大值控制。

3）发动机整机振动试验控制。一般情况下，发动机整机振动试验测点的控制方式及安装位置如表 8-2 所示。

**表 8 - 2　发动机振动试验控制表**

| 组件名称 | 控制方式 | 安装位置 |
|---|---|---|
| 整机 | 4 点平均或极大值 | 四个象限靠近安装螺栓的夹具或舱段 |
| 贮箱 | 2~4 点平均 | 靠近安装支座 |
| 推力装置 | 单点或 2 点平均 | 安装法兰处 |
| 气瓶 | 2~4 点平均 | 靠近安装支座 |
| 阀门 | 单点或 2 点平均 | 靠近安装螺栓的夹具 |

# 8.5　振动试验数据分析

## 8.5.1　测点布置

为获取发动机真实、完整的振动、冲击环境下的动力学响应，试验过程必须布置足够的加速度和动应变测点，测点安装部件、安装位置及测点的类型选择遵循以下准则：

1）安装部件。对发动机正常工作过程起到重要作用的重要组件或关键组件，发动机工作过程中易于发生损坏的组件，需要独立进行振动、冲击试验的发动机组件。

2）测点位置。组件在发动机上的安装界面（用于组件独立试验条件的制定）及其关键部位且易于粘贴的位置（用于组件独立试验条件的剪裁）。

3）测点类型。安装面刚性及接触面大的一般安装加速度测点，刚性小的组件、容易产生应力集中（导角、焊缝）或者接触面小不易安装加速度测点的地方一般安装动应变测点。

4）鉴于实际试验测量通道限制，对结构或者方位的对称点只需粘贴一个测点，对于同一结构或不同结构位置接近的只需测量其受力相对恶劣的位置即可，对于重复性整机或组件振动试验，可根据首件试验结果取消动应变小于 $100\mu\varepsilon$ 的动应变测点、取消模态频率处响应放大倍数小于 10 的加速度测点。

## 8.5.2　试验数据分析

发动机整机及零部组件振动试验完成后，需要对试验数据进行分析。一般需要对控制谱、测点加速度响应谱、应变响应等进行分析，统计测点响应的峰值频率和峰值大小，以及放大倍数。

（1）正弦振动试验

正弦振动数据分析找出各次试验时的 Hamonic 谱的峰值点频率和响应幅值，计算对应频率点处的响应放大倍数。放大倍数计算公式如下

$$k_{\sin} = \frac{A_r}{A_c} \tag{8-13}$$

式中　$A_r$——测点加速度响应幅值;

　　　$A_c$——相应频率点的控制谱幅值。

（2）随机振动试验

随机振动试验分析找出 PSD 谱的各峰值点及其响应,计算频段内的均方根值及放大倍数,均方根值放大倍数计算如下

$$k_{\text{rms}} = \frac{G_r}{G_c} \qquad\qquad (8-14)$$

式中　$G_r$——测点加速度响应均方根值;

　　　$G_c$——控制点加速度响应均方根值。

发动机振动试验的经验表明,振动试验中管路及元件的固定装置上最容易出现破坏。管路的破坏,是由于与之固定的元件的谐振振幅增大,或者由于管路自身的谐振频率造成的。发动机的管路很多,在所有管路上布置应变片的可能性不大,一般在焊缝部位、管路根部等部位布置应变测点。

当管路出现破坏时,在故障复现或结构改进时,可在管路破坏位置处布置应变传感器,利用在试验中实测的应力进行管路破坏计算。俄罗斯中央机械科学研究院的研究表明,造成管路破坏的主要原因为低频谐振,这与疲劳破坏准则相对应。管路破坏的评估值很分散,说明这种评估不仅需要考虑管路材料的疲劳特性的分散,而且还需要考虑应变片距破坏位置的远近,以及测量的基准。

在管路破坏处没有应变测量时,则考虑在与管路相连的元件上测量加速度,以进行管路破坏的理论计算。

为了全面而准确地获得振动试验过程中待试产品的动态响应,往往需要在产品结构上布置大量的加速度传感器或应变片来测量试验过程中结构的加速度或应变响应。数据分析时一般流程为:

1）在数据采集软件中逐个测点绘图;

2）在曲线图上手动标注极值点、总均方根值（随机振动）等信息;

3）导出标注完整的曲线图,插入到 Word 文档中,并手动添加图头;

4）逐一统计每张曲线图的极值点、总均方根值（随机振动）等信息,并根据控制谱数据计算放大系数,制作成统计表。

从以上数据分析流程可见,对振动试验数据分析时,效率低下,特别是绘图、极值统计等劳动强度大。对于大型整机振动试验,由于测点多（采集通道超过 100 通道）,试验项目多（有时高达 30 多项试验）,所需进行处理的曲线图将以千计,手动处理和统计数据耗费时间。针对发动机振动试验数据的后处理效率低下问题,可开发相应的后处理软件,以提高工作效率。以下为基于 MATLAB 软件平台开发的振动试验数据自动化分析软件示例。

振动试验数据自动化分析软件主界面如图 8-11 所示,数据处理流程如图 8-12 所示。

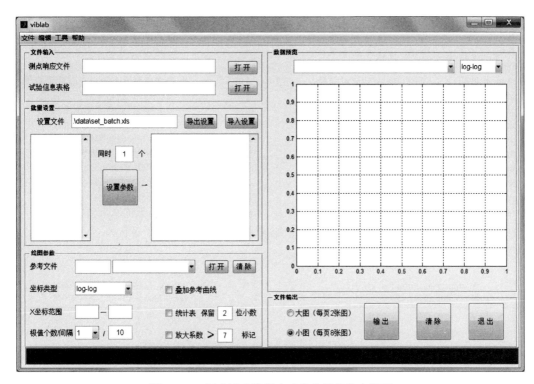

图 8 - 11　振动试验数据自动化分析软件主界面

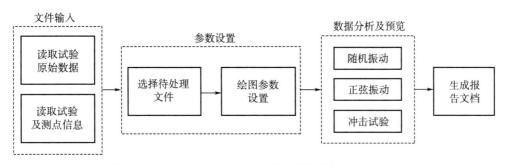

图 8 - 12　振动试验数据自动化分析软件数据处理流程图

在进行振动试验测量数据分析时，在图 8 - 11 所示的界面中，导入试验信息表格（如图 8 - 13 所示）和所测的试验数据，批量进行参数设置后一次输出曲线结果图。参数设置中，可设置坐标范围、极值统计个数、放大系数、统计表等，图 8 - 14 为输出的曲线图示例。

从图 8 - 14 可见，曲线图不仅包含了标注完整的试验曲线，而且给出了试验方向、测点名称及方向、极值点及其对应的频率值、最大值及其对应的频率值等完整信息，并且统计结果和参考结论等也以统计表形式和文本形式给出，分别如图 8 - 15 和图 8 - 16 所示。

| | A | B | C | D |
|---|---|---|---|---|
| 1 | disao_X_1 | X向第一次特征级扫描试验 | A1 | 1#推力室附近支腿与安装板连接处 |
| 2 | disao_X_2 | X向第二次特征级扫描试验 | A2 | 电爆阀附近支腿与安装板连接处 |
| 3 | disao_X_3 | X向第三次特征级扫描试验 | A3 | 压调器附近支腿与安装板连接处 |
| 4 | random_X_1 | X向主动段随机振动试验 | A4 | 4#推力室附近支腿与安装板连接处 |
| 5 | random_Y_1 | Y向主动段随机振动试验 | A5 | 1#推力装置与底遮板连接处 |
| 6 | random_Z_1 | Z向主动段随机振动试验 | A6 | 2#推力装置与底遮板连接处 |
| 7 | shock_+X_1 | X向正向低频冲击试验 | A7 | 导管1CZG03-20三通 |
| 8 | shock_+Y_1 | Y向正向低频冲击试验 | A8 | 差动贮箱与金属隔膜贮箱之间安装板 |
| 9 | shock_+Z_1 | Z向正向低频冲击试验 | A9 | 差动贮箱与发生器垫块之间安装板 |
| 10 | shock_-X_1 | X向负向低频冲击试验 | S1 | 导管1CZG03-50入口端 |
| 11 | shock_-Y_1 | Y向负向低频冲击试验 | S2 | 导管1CZG03-50出口端 |
| 12 | shock_-Z_1 | Z向负向低频冲击试验 | S3 | 导管1CZG03-60入口端 |
| 13 | sine_X_1 | X向正弦扫描试验 | S4 | 导管1CZG03-60出口端 |

图 8-13　试验信息表格

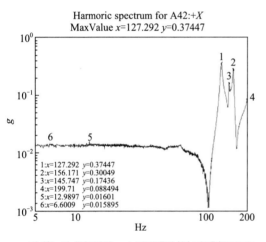
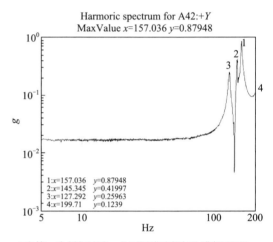

图 8-14　自动生成的测量曲线示例

对于控制谱曲线，利用子模块也可实现自动分析，子模块界面如图 8-17 所示。

对于控制谱曲线，利用该子模块可一次输入试验的所有原始控制谱数据文件，同时需要导入图 8-13 所示的试验信息表格，对数据文件可单独设置参数，设置完成后一次输出所有控制谱图文档。在参数设置中，可根据需要选择是否叠加参考谱和容差限，可输出的谱图包括参考谱、控制谱、参考波形、控制波形、限幅通道谱等。图 8-18～图 8-20 为自动处理得到的正弦振动、随机振动和冲击试验控制曲线示例图。从图中可见，参考谱、控制谱和容差限自动以不同颜色区分，并且对各颜色曲线在图上进行注释，还根据试验类型，自动给出相应的标注，如随机振动试验控制曲线中给出参考谱和控制谱的总均方根值。

$X$向低量级扫描试验极值统计表

| | Hz | $g$ | 放大系数 | Hz | $g$ | 放大系数 | Hz | $g$ | 放大系数 |
|---|---|---|---|---|---|---|---|---|---|
| 测点1($X$) | 242.33 | 5.06 | 22.56 | 205.87 | 0.81 | 4.1 | 436.52 | 0.49 | 2.48 |
| 测点1($Y$) | 241.66 | 1.15 | 5.34 | 164.59 | 0.92 | 4.61 | 223.05 | 0.52 | 2.64 |
| 测点1($Z$) | 241.66 | 2.83 | 13.08 | 211.64 | 1.45 | 7.25 | 286.81 | 0.53 | 2.66 |
| 测点2($X$) | 242.33 | 4.39 | 19.59 | 340.41 | 0.75 | 3.73 | 438.94 | 0.26 | 1.31 |
| 测点2($Y$) | 266.2 | 0.94 | 4.95 | 210.48 | 0.67 | 3.35 | 163.68 | 0.35 | 1.75 |
| 测点2($Z$) | 243 | 0.89 | 3.83 | 316.81 | 0.66 | 3.3 | 281.32 | 0.64 | 3.27 |
| 测点3($X$) | 241.66 | 1.57 | 7.26 | 343.24 | 0.36 | 1.78 | 435.31 | 0.33 | 1.66 |
| 测点3($Y$) | 347.06 | 1.26 | 6.31 | 272.15 | 0.7 | 3.53 | 417.64 | 0.68 | 3.39 |
| 测点3($Z$) | 418.79 | 0.44 | 2.18 | 345.14 | 0.4 | 2 | 210.48 | 0.36 | 1.8 |
| 测点4($X$) | 242.33 | 4.77 | 21.25 | 348.02 | 0.65 | 3.27 | 85.74 | 0.23 | 1.16 |
| 测点4(Y) | 240.99 | 0.34 | 1.67 | 280.54 | 0.33 | 1.69 | 223.05 | 0.29 | 1.48 |
| 测点4($Z$) | 241.66 | 1.45 | 6.71 | 233.13 | 1.18 | 6.24 | 346.1 | 0.8 | 3.97 |
| 测点5($X$) | 242.33 | 4.4 | 19.61 | 271.39 | 1.55 | 7.84 | 345.14 | 1.39 | 6.91 |
| 测点5($Y$) | 242.33 | 4.47 | 19.93 | 286.02 | 0.74 | 3.76 | 205.87 | 0.59 | 3 |

图 8 - 15　自动生成的测量统计表示例

结论:

$X$向低量级扫描试验，测点6($X$)加速度幅值响应最大，幅值为6.59$g$，对应的频率为242.33Hz，放大系数为29.38。

$Y$向低量级扫描试验，测点1($Y$)加速度幅值响应最大，幅值为5.89$g$，对应的频率为157.04Hz，放大系数为29.17。

$Z$向低量级扫描试验，测点4($Z$)加速度幅值响应最大，幅值为4.35$g$，对应的频率为171.08Hz，放大系数为22.49。

$X$向低量级扫描试验，测点3($X$)均方根值加速度响应最大，加速度均方根值为25.31$g$，放大系数为1.63。

$Y$向低量级扫描试验，测点3($Y$)均方根值加速度响应最大，加速度均方根值为29.07$g$，放大系数为1.87。

$Z$向低量级扫描试验，测点3($Z$)均方根值加速度响应最大，加速度均方根值为29.07$g$，放大系数为0.98。

$X$向冲击试验，测点4($X$)加速度响应最大，幅值为$-816.56g$，放大系数为16.47。

$Y$向冲击试验，测点4($Y$)加速度响应最大，幅值为$-107.81g$，放大系数为1.99。

$Z$向冲击试验，测点4($Z$)加速度响应最大，幅值为$-127.87g$，放大系数为2.55。

图 8 - 16　自动生成的参考结论示例

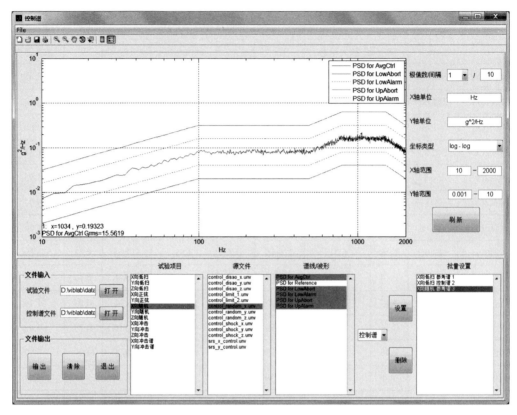

图 8 - 17　控制谱分析子模块界面

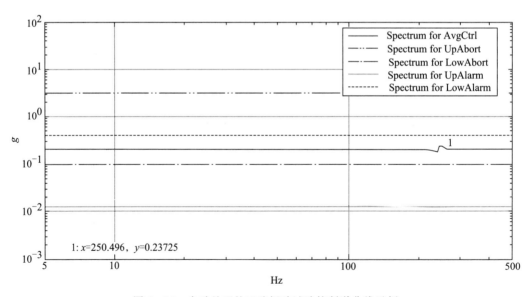

图 8 - 18　自动处理的正弦振动试验控制谱曲线示例

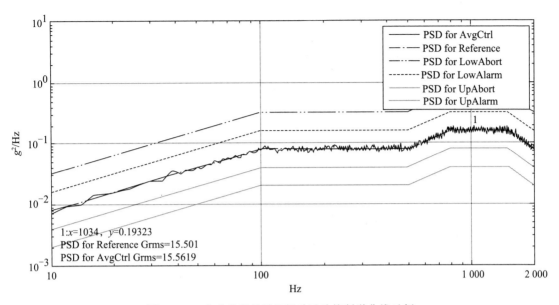

图 8 - 19　自动处理的随机振动试验控制谱曲线示例

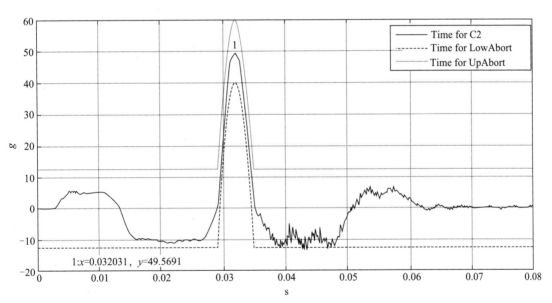

图 8 - 20　自动处理的冲击试验控制谱曲线示例

### 8.5.3　试验分析报告

试验结束后，试验承担单位应按规定编制试验报告并签署完备。报告一般应包括以下内容：

1）任务来源、试验目的；

2）试验时间、试验地点；

3）试验产品状态及编号；

4）试验条件；

5）试验系统组成；

6）测点位置；

7）试验情况，包括产品安装状态、控制方法、试验过程；

8）试验数据分析结果；

9）试验结论。

根据试验数据分析结果及试验检查结果，分析结构可能存在的损伤或者破坏，列出放大倍数较大的工况和测点，作为后续试验的重要监测对象，提出产品结构改进的参考意见。

## 8.6 发动机振动试验

某液体火箭发动机为二级发动机，在一级发动机工作时，该发动机自身不工作，但需要承受来自一级发动机的振动环境。为考核该发动机在一级发动机工作段的结构可靠性，一项重要的工作即为振动试验。火箭总体部门根据仿真结果、相似产品及经验等制定了试验条件，其中试验项目为正弦振动试验和随机振动试验，正弦振动试验条件如表 8 - 3 所示，试验频率范围为 5～100 Hz，试验方向为 $X$、$Y$、$Z$ 三个方向，随机振动试验条件如表 8 - 4 所示，试验频率范围为 20～2000 Hz，试验方向为 $X$、$Y$、$Z$ 三个方向。

表 8 - 3　正弦振动试验条件

| $X$ 方向 | | $Y$ 方向 | | $Z$ 方向 | |
|---|---|---|---|---|---|
| 频率/Hz | 量级/(o-p) | 频率/Hz | 量级/(o-p) | 频率/Hz | 量级/(o-p) |
| 5～17 | 5.5 mm | 5～17 | 5.5 mm | 5～13 | 5.9 mm |
| 17～25 | 6.4 g | 17～25 | 6.4 g | 13～40 | 4 g |
| 25～100 | 4 g | 25～100 | 4 g | 40～55 | 5.3 g |
|  |  |  |  | 55～100 | 4 g |
| 扫描速率 | 4 oct/min | 扫描速率 | 4 oct/min | 扫描速率 | 4 oct/min |

表 8 - 4　随机振动试验条件

| $X$ 方向 | | $Y$ 方向 | | $Z$ 方向 | |
|---|---|---|---|---|---|
| 频率/Hz | 谱密度/($g^2$/Hz) | 频率/Hz | 谱密度/($g^2$/Hz) | 频率/Hz | 谱密度/($g^2$/Hz) |
| 20～50 | +6 dB/oct | 10～200 | +3 dB/oct | 10～200 | +3 dB/oct |
| 50～800 | 0.026 | 200～1 000 | 0.02 | 200～1 000 | 0.02 |
| 800～2 000 | −6 dB/oct | 1 000～2 000 | −3 dB/oct | 1 000～2 000 | −3 dB/oct |
| 总均方根加速度 | 5.6 g | 总均方根加速度 | 5.6 g | 总均方根加速度 | 5.6 g |
| 时间 | 1 min | 时间 | 1 min | 时间 | 1 min |

为获取发动机在振动试验过程中的动态响应，在发动机上布置了 102 个振动加速度测点，每个测点测量 $X$、$Y$、$Z$ 三个方向的加速度；同时还布置了 30 个动应变测点，每个测点测量单方向应变。具体位置如表 8-5 和表 8-6 所示。

表 8-5　振动测点编号及位置描述

| 测点编号 | 位置描述 |
|---|---|
| A1 | 机架中心 |
| A2 | 推力室 |
| A3 | 喷管出口 I |
| A4 | 喷管出口 II |
| A5 | 喷管出口 III |
| A6 | 喷管出口 IV |
| A7 | 流量调节器 |
| ... | ... |
| A102 | 点火器 |

表 8-6　应变测点编号及位置描述

| 测点编号 | 位置描述 |
|---|---|
| S1 | 氧化剂管根部 |
| S2 | 喷管 I 喉部 |
| S3 | 喷管 II 喉部 |
| S4 | 喷管 III 喉部 |
| S5 | 喷管 IV 喉部 |
| S6 | 推力室底部 |
| ... | ... |
| S30 | 机架斜杆根部 |

根据发动机安装边界设计了花盆型厚壳夹具，发动机通过该夹具转接安装于振动台台面上进行试验，如图 8-21 所示。为防止试验过程中发动机因振动破坏而跌落，在振动台周围搭建了防护系统，并通过弹性绳将发动机连接于防护系统上。

为快速检查发动机在经历正弦振动试验或随机振动试验后是否发生结构破坏，在正弦振动试验或随机振动试验前后均进行一次低量级的正弦扫描试验，低量级正弦扫描试验条件如表 8-7 所示。通过正弦振动试验或随机振动试验前后的两次低量级扫描试验的测点响应曲线进行对比分析，可以根据峰值频率和幅值的变化等情况初步判断结构是否发生破坏。

表 8-7　低量级正弦扫描试验条件

| 频率范围/Hz | 量级/g | 扫描速率 |
|---|---|---|
| 5～200 | 0.2 | 4 oct/min |

图 8-21　某发动机振动试验

以 X 向正弦振动试验为例对试验过程及结果进行分析。按照表 8-8 所示的试验条件进行 X 向第一次低量级正弦扫描试验，试验结束后对测点响应进行分析，并按照线性关系预测按照表 8-3 中给出的正弦试验条件时的测点峰值响应，依据仿真结果和以往经验等对表 8-3 中的 X 向正弦振动试验条件进行下凹和限幅，重新制定的试验条件如表 8-8 和表 8-9 所示。

表 8-8　X 向正弦振动试验条件

| 频率/Hz | 量级/(o-p) | 扫描速率 |
|---|---|---|
| 5～6 | 5.5 mm | |
| 6～6.1 | 5.5 mm～2.75 mm | |
| 6.1～14 | 2.75 mm | |
| 14～14.1 | 2.75 mm～5.5 mm | |
| 14.1～17 | 5.5 mm | |
| 17～25 | 6.4 g | |
| 25～26 | 6.4 g ～4 g | 4 oct/min |
| 26～39 | 4 g | |
| 39～40 | 4 g ～2 g | |
| 40～55 | 2 g | |
| 55～56 | 2 g ～4 g | |
| 45～100 | 4 g | |

**表 8 - 9　X 向正弦振动试验限幅条件**

| 限幅通道 | 频率/Hz | 量级 |
|---|---|---|
| A3X、A4X | 5～14.5 | 28 mm |
| A9X | 5～100 | 30 g |

　　按照表 8 - 8 和表 8 - 9 中的试验条件进行试验，试验结束后按照表 8 - 7 中给出的试验条件进行 X 向第二次低量级正弦扫描试验，并将 X 向第一次和第二次低量级正弦扫描试验的测点响应曲线进行对比分析，图 8 - 22 为测点 A1 的 X 方向两次低量级正弦振动试验的响应曲线对比图，从图中可见，两次试验的曲线重合很好，主要峰值频率及幅值未发生明显变化，初步判断发动机在经历 X 向正弦振动试验后未发生结构破坏。正弦振动试验中的控制响应谱如图 8 - 22 所示，限幅通道响应谱如图 8 - 23～图 8 - 26 所示。

　　其他方向的振动试验过程及结果分析与 X 向正弦振动试验类似，所有试验完成后，可以参考 8.5.3 节中给出的试验分析报告要求编写该发动机的振动试验报告。

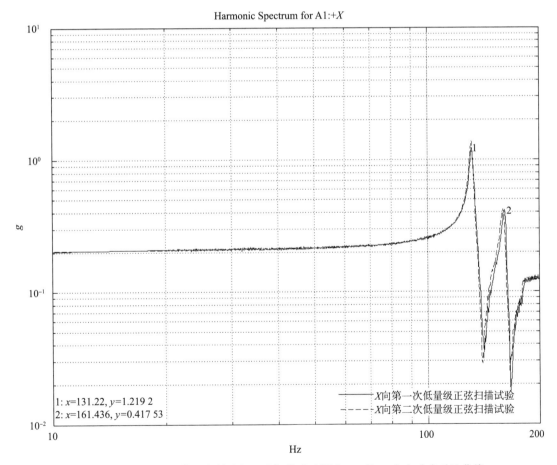

图 8 - 22　第一次和第二次低量级正弦扫描试验测点 A1 的 X 方向响应对比曲线

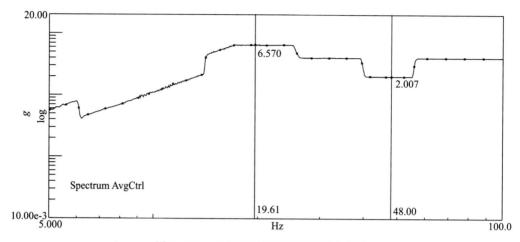

图 8 - 23　X 向正弦振动试验控制响应谱

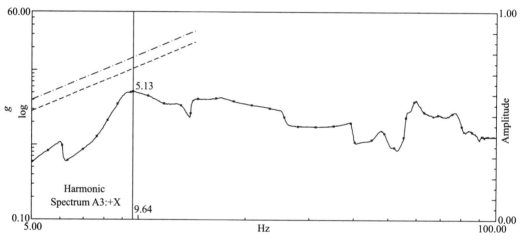

图 8 - 24　X 向正弦振动试验限幅通道 A3X 响应谱

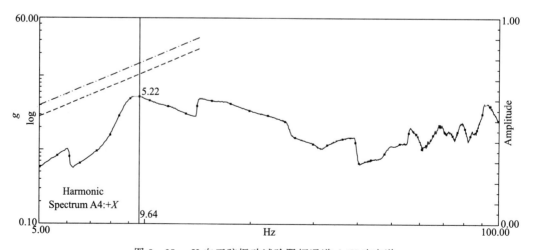

图 8 - 25　X 向正弦振动试验限幅通道 A4X 响应谱

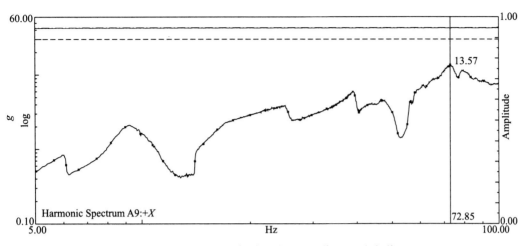

图 8 - 26　X 向正弦振动试验限幅通道 A9X 响应谱

# 第9章　发动机虚拟振动试验技术研究

## 9.1　引言

通常情况下，液体火箭发动机部件、组件及整机振动试验是在产品研制的后期才进行，也就是在产品成型后才对产品进行试验。常规的做法是，设计人员先通过理论设计确定发动机的各个组成部分及连接方式，再对主要部、组件进行有限元建模及分析，最后将设计好的图纸送到工厂加工制造。当这些部、组件产品加工制造成型后，试验人员再对这些部、组件产品进行动力学环境试验考核，若部、组件考核通过，则可进入整机组装程序；若在考核中发现了问题，设计人员对产品再进行结构修改，然后再加工制造，进行试验。当各个部、组件产品的动力学环境试验全部完成以后，试验人员才可对组装好的整机进行动力学环境试验。整机试验往往不能一次通过，这样经过一系列反复的设计—加工制造—试验等过程，势必造成产品的研制周期增长、研制费用增多。

计算机仿真技术的发展可以有效解决这类振动环境试验问题。计算机仿真是利用建立的仿真模型对系统进行研究和分析，并将系统过程演示出来。由于在计算机上对构成的系统模型进行试验，为模型的建立和试验提供了巨大的灵活性和方便性，因此利用计算机使得数学模型的求解变得更加方便、快捷和精确，适用的工程领域也大大扩展。在发动机的研制阶段，欲对产品结构在实际振动环境中的动态响应特性有一个清楚的了解时，在结构参数的确定和计算完成的基础上，根据其选定或设计的产品振动环境试验条件，对试验设备系统，即振动台、功率放大器、试验夹具等以及试验产品进行振动试验仿真研究，找出在这种试验条件和试验环境下产品的动态响应特性，从而给设计人员提供有效的设计依据，使设计人员在设计阶段就对产品在试验环境下的动态特性有一个清晰的认识，以便及早地对产品中的设计缺陷进行改进。同时根据这个仿真结果，对这种试验条件设计的合理性也有一个清晰的认识，从而帮助试验设计人员选择最佳的控制方法，更好地优化试验设计。因此通过对航天器进行振动试验仿真，不仅可以在航天器的研制阶段和航天器进行振动试验之前，增强设计人员与试验人员之间的沟通，减小设计的盲目性，而且也优化了试验设计，减少了对产品不必要的振动输入，从而缩短产品的研发迭代周期。

本章主要阐述电动振动台建模技术以及示例，详细论述了正弦振动控制算法、随机控制算法，以及虚拟振动试验的运行与后处理，同时给出了虚拟正弦振动试验和随机振动试验的发动机应用实例。

## 9.2　振动台建模技术

### 9.2.1　振动台空台机电模型

电动振动台原理见 8.2.2 节。振动台空台机电模型如图 9 - 1 所示，$m_t$ 为台面质量，$m_c$ 为线圈质量，$m_b$ 为台体质量，$k_c$，$c_c$ 分别为线圈和台面之间的刚度和阻尼，$k_s$，$c_s$ 分别为台面支撑气囊的刚度和阻尼，$k_b$，$c_b$ 分别为台体隔离气囊的刚度和阻尼，$R$，$L$ 分别为动圈的等效线圈电阻和电感。

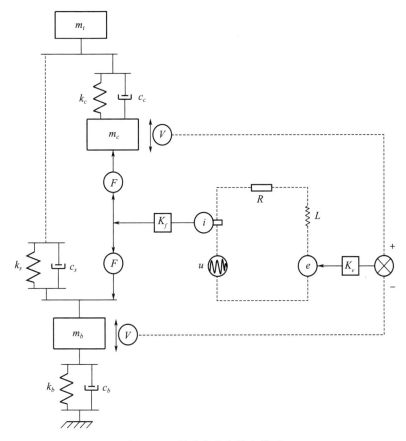

图 9 - 1　振动台空台机电模型

对于振动台的电磁部分，根据焦耳-楞次定律可知，由交变信号激励的动圈在磁场中运动所产生的推力[119]为

$$F = Bli \qquad\qquad (9 - 1)$$

式中　$F$ ——电磁感应产生的推力；

　　　$B$ ——磁感应强度；

　　　$l$ ——线圈有效长度；

　　　$i$ ——动圈中的交变电流。

由于振动台工作时，磁感应强度 $B$ 和线圈有效长度 $l$ 为恒定值，因此令 $K_f = Bl$ ，则

$$F = K_f i \tag{9-2}$$

因此可知振动台的推力与电流为线性关系，其中 $K_f$ 通常称为力常数。

不考虑动圈电阻和电感随频率和温度变化的影响，施加到振动台动圈的交变电压信号 $u$ 主要由三部分组成，一部分为电流通过动圈的电阻产生的电压，一部分为动圈漏电感产生的漏磁感应电动势，还有一部分为动圈在磁场内运动产生的反电动势。

动圈电阻上产生的电压为

$$u_R = iR \tag{9-3}$$

动圈漏电感产生的漏磁感应电动势为

$$e_\sigma = L \frac{\mathrm{d}i}{\mathrm{d}t} \tag{9-4}$$

动圈运动速度所产生的反电动势为

$$e = Bl(\dot{x}_c - \dot{x}_b) = K_v(\dot{x}_c - \dot{x}_b) \tag{9-5}$$

则振动台电磁部分的关系如下

$$u = u_R + e_\sigma + e = iR + L\frac{\mathrm{d}i}{\mathrm{d}t} + K_v(\dot{x}_c - \dot{x}_b) \tag{9-6}$$

式中　$u$ ——动圈上的交变电压；

$i$ ——动圈上的交变电流；

$R$ ——动圈电阻；

$L$ ——动圈漏电感；

$K_v$ ——电压和速度的比例因子；

$\dot{x}_c$ ——动圈运动速度；

$\dot{x}_b$ ——台体运动速度。

根据焦耳-楞次定律，力常数 $K_f$ 与电压和速度的比例因子 $K_v$ 相等，因此以下用 $K_f$ 代替 $K_v$ 。

对于振动台的机械部分，振动台实际可看作一个三自由度系统，可以得出振动台机械部分的数学关系式为

$$\begin{cases} m_t\ddot{x}_t + c_c(\dot{x}_t - \dot{x}_c) + c_s(\dot{x}_t - \dot{x}_b) + k_c(x_t - x_c) + k_s(x_t - x_b) = 0 \\ m_c\ddot{x}_c + c_c(\dot{x}_c - \dot{x}_t) + k_c(x_c - x_t) = K_f i \\ m_b\ddot{x}_b + c_s(\dot{x}_b - \dot{x}_t) + c_b\dot{x}_b + k_s(x_b - x_t) + k_b x_b = -K_f i \end{cases} \tag{9-7}$$

式（9-6）和式（9-7）可用矩阵形式表示为

$$\begin{bmatrix} \boldsymbol{M} & 0 \\ 0 & 0 \end{bmatrix} \begin{Bmatrix} \ddot{x} \\ 0 \end{Bmatrix} + \begin{bmatrix} & \boldsymbol{c} & & 0 \\ \{0 & K_f & -K_f\} & L \end{bmatrix} \begin{Bmatrix} \dot{x} \\ \dfrac{\mathrm{d}i}{\mathrm{d}t} \end{Bmatrix} + \begin{bmatrix} \boldsymbol{K} & \begin{Bmatrix} 0 \\ K_f \\ -K_f \end{Bmatrix} \\ 0 & R \end{bmatrix} \begin{Bmatrix} x \\ i \end{Bmatrix} = \begin{Bmatrix} 0 \\ u \end{Bmatrix} \tag{9-8}$$

式中，$\boldsymbol{M}$，$\boldsymbol{c}$ 和 $\boldsymbol{K}$ 为质量、阻尼和刚度矩阵。为了便于对振动台进行特性分析，这里只对振动台空台数学模型进行分析，并对振动台进行如下简化：

1）由于机械部件的阻尼系数较小，不考虑各机械结构黏性阻尼的影响。

2）不考虑台体运动对系统特性的影响，即认为台体是固支在基础上的。

简化后的振动台空台机电模型如图 9-2 所示。

经过简化后的振动台空台数学关系为

$$\begin{cases} m_t\ddot{x}_t + k_c(x_t - x_c) + k_s x_t = 0 \\ m_c\ddot{x}_c + k_c(x_c - x_t) = K_f i \\ u = iR + L\dfrac{\mathrm{d}i}{\mathrm{d}t} + K_f\dot{x}_c \end{cases} \tag{9-9}$$

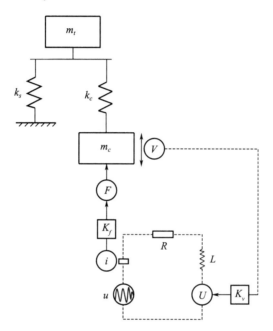

图 9-2　简化后的振动台空台机电模型

对式（9-9）进行 Laplace 变换，得

$$\begin{cases} (m_t s^2 + k_c + k_s)x_t - k_c x_c = 0 \\ (m_c s^2 + k_c)x_c - k_c x_t = K_f i \\ u = (R + Ls)i + K_f s x_c \end{cases} \tag{9-10}$$

求解式（9-10），可得

$$\frac{\ddot{x}}{u} = \frac{\dfrac{k_c K_f}{m_c m_t L}s^2}{s^5 + \dfrac{R}{L}s^4 + \left[\dfrac{k_c}{m_t} + \dfrac{k_s}{m_t} + \dfrac{k_c}{m_c} + \dfrac{K_f^2}{m_c L}\right]s^3 + \dfrac{R}{L}\left(\dfrac{k_c}{m_t} + \dfrac{k_c}{m_c} + \dfrac{k_s}{m_t}\right)s^2 + \left(\dfrac{k_c k_s}{m_c m_t} + \dfrac{K_f^2 k_c}{m_c m_t L} + \dfrac{K_f^2 k_s}{m_c m_t L}\right)s + \dfrac{k_c k_s R}{m_c m_t L}}$$

$$\tag{9-11}$$

式（9-11）可写成如下形式

$$\frac{\ddot{x}}{u} = \frac{s^2 \omega_2^2 \omega_3^2}{K_f(s + \omega_1)(s^2 + 2\xi_2\omega_2 s + \omega_2^2)(s^2 + 2\xi_3\omega_3 s + \omega_3^2)} \tag{9-12}$$

其中

$$\omega_1 = \frac{Rk_s}{K_f^2} \tag{9-13}$$

$$\omega_2^2 = \frac{K_f^2}{L(m_c + m_t)} \tag{9-14}$$

$$\omega_3^2 = \frac{k_c}{m_c m_t / (m_c + m_t)} \tag{9-15}$$

$$\xi_2 = \frac{R}{2K_f} \left( \sqrt{\frac{m_c + m_t}{L}} \right) \tag{9-16}$$

式中　$\omega_1$——振动台台体弹性支撑圆频率；

　　　$\omega_2$——电谐振圆频率；

　　　$\omega_3$——轴向谐振圆频率；

　　　$\xi_2$——电阻尼比；

　　　$\xi_3$——轴向机械阻尼比。

### 9.2.2　振动台机电模型参数辨识

　　以美国 UD 公司生产的 T2000 电动振动台为例，为了计算振动台数学模型中的物理参数，进行了振动台垂直方向空台振动试验，取振动台台面的加速度信号作为输出信号，如图 9-3 所示。振动试验过程中，数据采集系统同时采集振动控制仪的输出电压信号和安装在动圈台面的加速度传感器采集到的加速度信号，并计算加速度与电压信号间的频响函数。试验所测的频响函数如图 9-4 所示。

图 9-3　电动振动台空台试验

　　（1）力常数计算

　　电动振动台的机电模型表明，动圈电流与输出力有着直接的关系，通过动圈的电流越大，产生的输出力也越大。而描述这种特征的一个基本参数就是力常数 $K_f$。

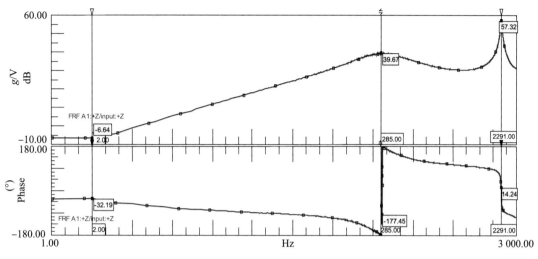

图 9 - 4 电动振动台空台试验幅频、相频图

力常数 $K_f$ 的本质是环形气隙中磁感应强度 $B$ 和动圈绕线的有效长度 $l$ 的乘积，即 $K_f = Bl$。对于特定的振动台，动圈绕线的有限长度 $l$ 是恒定的，由于励磁电源供给的直流电流是恒定的，则在磁路环形气隙中产生的强大磁场也是恒定的，因而力常数 $K_f$ 是一个常数。当通过动圈的电流信号增大时，振动台产生的推力也随之增大。从而看出力常数将振动台的电学性能和机械性能巧妙地结合在一起，是反映电动振动台的重要参数之一。根据力常数的定义，结合振动台所产生的力与动圈的电流值，由式（9 - 2）计算得到 $K_f = 158.58$ N/A。

（2）机械和电学参数计算

根据振动台厂家提供的资料可知，振动台动圈的质量为 45 kg，结合振动台实体取振动台台面质量 $m_t = 5$ kg，线圈质量 $m_c = 40$ kg，从图 9 - 4 中可以看出振动台垂直方向的台体弹性支撑频率、电谐振频率和机械谐振频率分别为 2.0 Hz、285 Hz 和 2 291 Hz，电谐振点和机械谐振点的品质因数分别为 1.113 和 42.28。根据阻尼系数与品质因数的关系，得到电谐振点和机械谐振点的阻尼系数分别为 0.45 和 0.118。结合式（9 - 13）~式（9 - 16），可得 $k_c = 9.209\ 3 \times 10^8$ N/m，$k_s = 1.217\ 1 \times 10^6$ N/m，$R = 0.280\ 4\ \Omega$，$L = 1.742\ 8 \times 10^{-4}$ H。

### 9.2.3 功放系统模型

功放系统是振动台台体的配套设备，它将来自控制系统的小功率信号放大，供给动圈足够的、不失真的驱动信号。功放系统输出电压 $u$ 与输入电压 $V$ 相关，在频域内可以表示为

$$u(\omega) = G_v(\omega)V(\omega) \tag{9 - 17}$$

### 9.2.4 电动振动台建模

为了验证所计算的机械及电学参数的正确性，根据 T2000 电动振动台的数学模型建立

集中参数模型进行验证，如图 9 - 5 所示。动圈台面 $m_t$ 的加速度与功率放大器输入电压之间频响函数的幅频、相频图如图 9 - 6 所示。

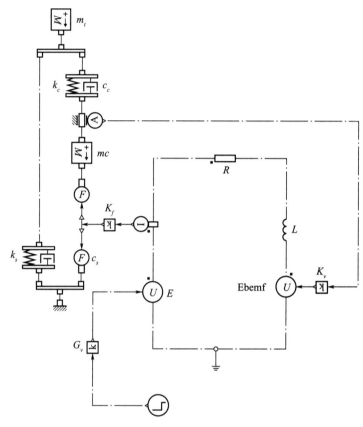

图 9 - 5　电动振动台集中参数模型

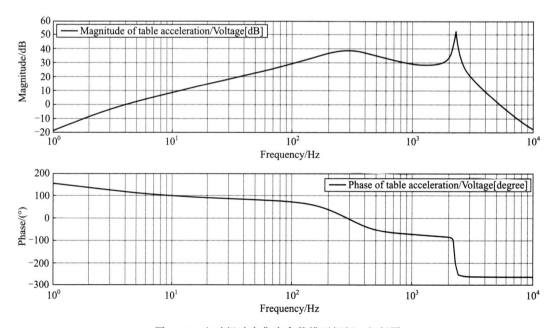

图 9 - 6　电动振动台集中参数模型幅频、相频图

## 9.3　振动控制算法

### 9.3.1　正弦振动控制算法

正弦振动控制主要是实现对响应信号幅值的控制，进行正弦振动控制仿真时，可采用如下方式提取响应信号的幅值：

考虑正弦信号 $y(t) = A\sin(2\pi f + \varphi)$，其可以描述为如下形式

$$y(t) = a\cos(2\pi f t) + b\sin(2\pi f t) \tag{9-18}$$

对于一系列的采样点，可得到如下的方程

$$\begin{bmatrix} y_1 \\ \vdots \\ y_n \end{bmatrix} = \begin{bmatrix} \cos(2\pi f t_1) & \sin(2\pi f t_1) \\ & \vdots & \\ \cos(2\pi f t_n) & \sin(2\pi f t_n) \end{bmatrix} \begin{bmatrix} a \\ b \end{bmatrix} \tag{9-19}$$

式中，$t_1$ 表示第 1 个采样时刻，$t_n$ 表示第 $n$ 个采样时刻。根据上式，利用最小二乘法即可获得 $a$ 与 $b$ 的最优估计。正弦信号的幅值即可通过下式计算得出

$$A = \sqrt{a^2 + b^2} \tag{9-20}$$

对于正弦信号，每一个给定的频率 $\omega_i$，系统在此频率下的传递函数可以写为

$$H(\omega_i) = \frac{A_d(\omega_i)}{A_c(\omega_i)} \tag{9-21}$$

式中　$A_d$ ——响应信号的幅值；

$A_c$ ——驱动信号的幅值。

对于每一个频率点，记参考信号谱在当前频率下的幅值为 $A_{ref}(\omega_i)$，根据当前频率点响应信号的幅值与试验参考幅值，采用如下的算法确定下一个频率点系统的反传递函数

$$\begin{cases} T(\omega_{i+1}) = T(\omega_i)\left(\dfrac{1+c}{e_i+c}\right), & e_i > 1 \\[4mm] T(\omega_{i+1}) = T(\omega_i)\left(\dfrac{\frac{1}{e_i}+c}{1+c}\right), & e_i < 1 \end{cases} \tag{9-22}$$

其中

$$e_i = \frac{A_{ref}(\omega_i)}{A_d(\omega_i)}$$

式中　$T(\omega_i)$ ——系统的反传递函数；

$c$ ——压缩因子。

因此下一个频率点的驱动信号幅值为

$$A_d(\omega_{i+1}) = T(\omega_{i+1}) A_{ref}(\omega_{i+1}) \tag{9-23}$$

### 9.3.2　随机控制算法

（1）随机信号时域随机化

随机振动试验是基于在频域内对功率谱的控制，但振动台推动试件都是时域的随机信号，因此首先要将功率谱密度转化为时域随机信号，而如何生成高质量的试验随机驱动信号是要解决的重要问题。

用时域随机化生成随机信号的方法包括伪随机信号生成和真随机高斯信号生成两个部分。对于一维随机信号，假设其单边自谱密度为 $S_d$，用 Cooley - Tukey 计算方法可表示为

$$S_d = \frac{2\Delta t}{N} |D|^2 \tag{9-24}$$

式中　$D$ ——时域信号 $d$ 的傅里叶变换，又称傅氏谱；

　　　$|D|$ ——傅里叶变换的模；

　　　$N$ ——采样序列的长度；

　　　$\Delta t$ ——采样的时间间隔。

从式（9-24）可得到信号的幅值谱

$$|D| = \left(\frac{S_d N}{2\Delta t}\right)^{1/2} \tag{9-25}$$

由于自谱密度缺乏相位信息，直接对式（9-25）做逆傅里叶变换得到的时间序列不能组成伪随机信号，因此必须加入相位随机化运算，令

$$D = |D| \, \mathrm{e}^{j\theta} \tag{9-26}$$

其中，$\theta$ 是服从均匀分布的随机相位。

伪随机信号是具有一定时间长度的信号在时域上的周期性延拓，其频谱是离散谱，能量集中在原始信号采样频率点上，信号长度以 A/D 采样时间为周期，幅值分布近似于高斯分布。但工程实际中需要非周期的、幅值概率密度满足高斯分布的真随机信号。为此，需要对上面获得的伪随机信号再经过时域随机化处理[118]，具体过程如图9-7所示。

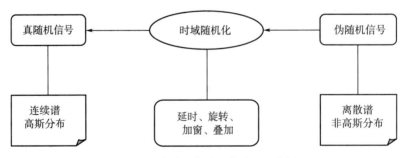

图 9-7　真随机信号生成过程示意图

（2）驱动谱反馈修正

随机振动控制的目的就是使控制谱 $S_y$ 与参考谱 $S_r$ 相一致。根据线性系统的控制理论有

$$S_y(\omega) = |H(j\omega)|^2 S_x(\omega) \tag{9-27}$$

式中　$S_x(\omega)$——输入的自功率谱；

　　　$S_y(\omega)$——输出的自功率谱；

　　　$H(j\omega)$——系统的传递函数。

在控制的过程中，要对上一个循环的驱动谱进行修正，其修正公式为

$$D_{k,i+1} = D_{k,i} \sqrt{S_r / S_k} \tag{9-28}$$

式中　$D_{k,i+1}$——第 $i+1$ 次修正时的驱动谱；

　　　$D_{k,i}$——第 $i$ 次修正时的驱动谱；

　　　$S_r$——参考的自功率谱；

　　　$S_k$——控制的自功率谱。

## 9.4　虚拟振动试验的运行与后处理

闭环虚拟试验平台建设的思路为：以 MATLAB/Simulink 作为主计算平台，AMESim 与 Virtual. Lab 中的模型都编译为 MATLAB/Simulink 可识别的 S - function。在 MATLAB/Simulink 发送电压驱动信号到 AMESim 中，通过机电耦合系统将电压信号转化为力信号加载到台面（Virtual. Lab 中）上，台面受到载荷作用后会产生位移、速度和加速度信号，台面的位移、速度信号又会传送给 AMESim，对动圈产生力的作用，而台面的加速度信号经过幅值提取，将幅值信号发送到 MATLAB/Simulink 中，在 MATLAB/Simulink 中通过幅值控制算法对其电压信号进行调整，这就形成了一个闭环虚拟试验平台系统，如图 9 - 8 所示。

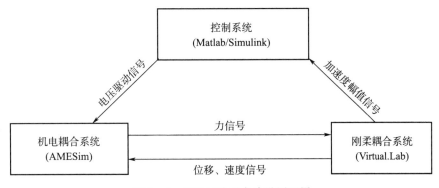

图 9 - 8　虚拟试验平台建设原理图

以 Simulink 为平台建立与 AMESim 软件、Virtual. lab 软件之间的联合仿真接口，如图 9 - 9 所示，然后，通过 MATLAB 的 M 语言编制控制程序调用 Simulink，从而实现虚拟振动试验平台建设。

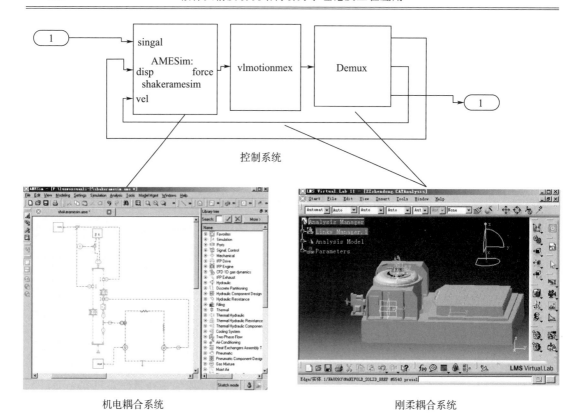

图 9 - 9　虚拟振动试验平台

## 9.5　发动机虚拟正弦振动试验

以某发动机组件为例进行虚拟正弦振动试验，采用有限元方法建立发动机组件的有限元模型，发动机组件在固支情况下的前四阶固有频率分别为 123.19 Hz、172.45 Hz、193.02 Hz、215.85 Hz。

通过虚拟振动试验平台对发动机组件进行 X 向特征级正弦扫描试验，以此对虚拟振动试验平台进行验证，试验条件如表 9 - 1 所示，图 9 - 10 给出了特征级正弦扫描试验的控制响应谱与参考谱的比较，图 9 - 11 给出了振动台上 X 向特征级扫描试验控制响应谱，从比较的结果来看，控制效果较好，与真实的控制效果比较接近。图 9 - 12 给出了结构上 A1 的加速度响应，最大突频点是 131 Hz，加速度为 9.951g，图 9 - 13 给出了振动台上进行试验时 A1 的响应，最大突频点是 131.95 Hz，加速度为 10.21g，通过比较可以看出，虚拟振动试验与真实振动试验结果吻合得较好，因此可以采用此虚拟振动试验平台进行相应虚拟振动试验。

表 9 - 1　特征级正弦扫描试验条件

| 频率 | 量级 |
| --- | --- |
| 20～200 Hz | 0.2 g |

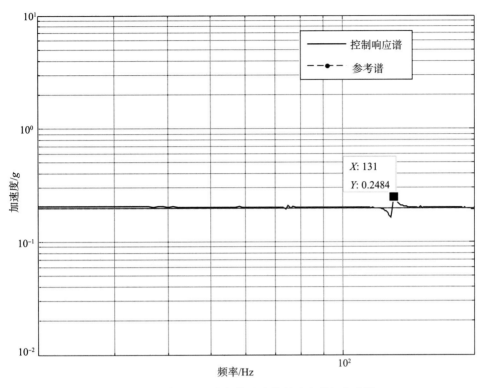

图 9 - 10　特征级正弦扫描试验控制响应谱与参考谱

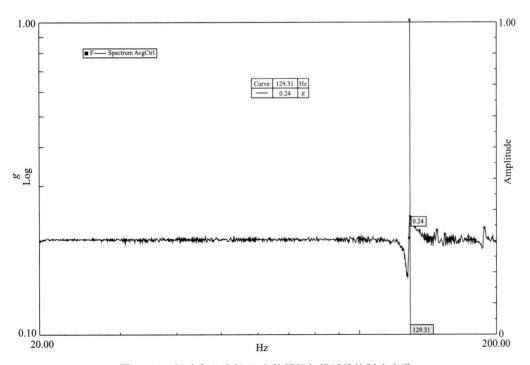

图 9 - 11　振动台上进行 X 向特征级扫描试验控制响应谱

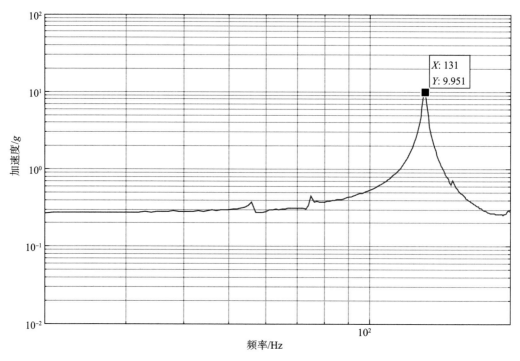

图 9 - 12　虚拟振动试验中 A1 的响应

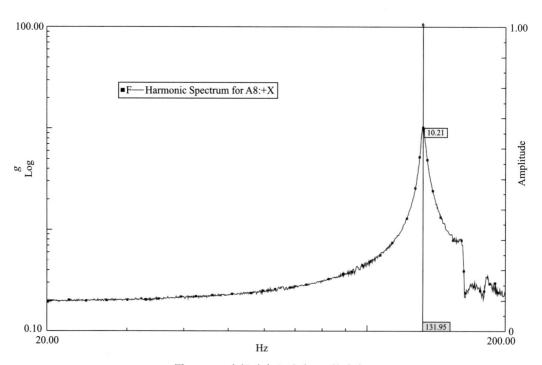

图 9 - 13　在振动台上试验 A1 的响应

## 9.6　发动机虚拟随机振动试验

某发动机计算前六阶固有频率为：158 Hz、196 Hz、301 Hz、568 Hz、708 Hz 和 733.24 Hz，采用虚拟振动台对其进行虚拟随机振动试验。

试验件的几何模型与电动振动台各部件建立方法相似，在 UG 中根据实物的几何尺寸建立完成后，在 LMS Virtual.lab/Motion 软件环境下导入试验件的 CAD 模型。根据几何模型再创建刚体模型，并在试验件上传感器的安装位置以及与动圈连接位置创建坐标系。传感器模型直接采用无质量点单元，然后采用固定副将试验件刚体模型与振动台动圈台面连接，完成刚体模型之间的连接。

试验件柔性体模型的建立在 Virtual.lab/Motion 软件环境下进行，直接利用 MSC.nastran 的结果 * .op2 文件对试验件刚体进行柔性化处理（在 nastran 中已是柔性体），Virtual.lab 中将连接节点看作界面点，根据界面节点将柔性体视为连接于振动台台面的子结构，计算柔性体的 Craig - Bampton 模态，最终建立试验件柔性体模型与振动台刚体模型相结合的刚柔耦合模型。

在试验件振动试验系统刚柔耦合模型建立以后，即可综合随机振动控制算法进行试验件台面闭环控制的随机振动试验仿真。联合仿真软件采用 AMESim 软件，信号的输入和控制点、响应点信号时域值提取在该软件中进行，反馈输入电压信号产生及误差控制在 MATLAB 软件中进行。

在得到电压输入信号后，即可在 Virtual.lab/Motion 中对"振动台＋试验件"试验系统设置控制输入和控制输出节点。输入节点作用在振动台台面上，为力输入信号，模型中将其设置在振动台台面与振动台台体的平动副上；同时将台面的加速度信号输出以进行闭环控制，将试验件表面响应点加速度信号作为观测信号输出，并与试验结果进行比较。

随机振动控制过程中一般要求控制点自谱满足 ±3 dB，总均方根满足 ±1% 误差。根据实际的随机振动试验条件，试验仿真中台面控制点加速度参考谱如图 9 - 14 所示，经反馈修正后控制点加速度功率谱密度与参考谱在误差控制范围内，如图 9 - 15 所示，观测点的加速度功率谱密度与实物试验对比图如图 9 - 16 所示。

从图 9 - 15 中可以看出，仿真获得的控制点响应谱与参考谱吻合较好，仿真结果在 20~2 000 Hz 范围内基本重合，并且均在 ±3 dB 控制容差限以内，这说明仿真控制精度较高，满足试验条件要求。

从图 9 - 16 中可以看出，仿真与试验获得的测点加速度自功率谱密度曲线峰值点吻合较好，表明虚拟振动试验结果可以作为发动机振动试验的有效参考。当完成试验仿真的计算后，在 Virtual.lab/Motion 中还可以对结果直接进行后处理，如可以查看某时刻发动机的位移云图，如图 9 - 17 所示，可更加直观地帮助分析人员对整个试验过程进行分析。

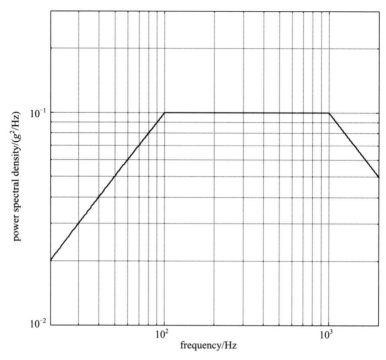

图 9-14　试验件台面闭环控制随机振动试验控制点参考谱

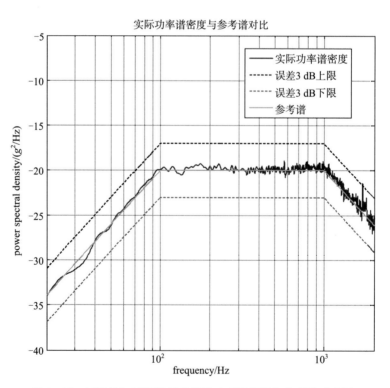

图 9-15　试验件加速度控制点实际功率谱密度与参考谱对比图

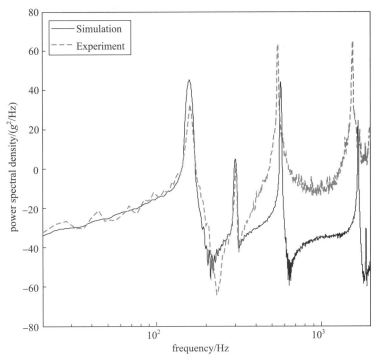

图 9-16　加速度测点响应功率谱密度对比图

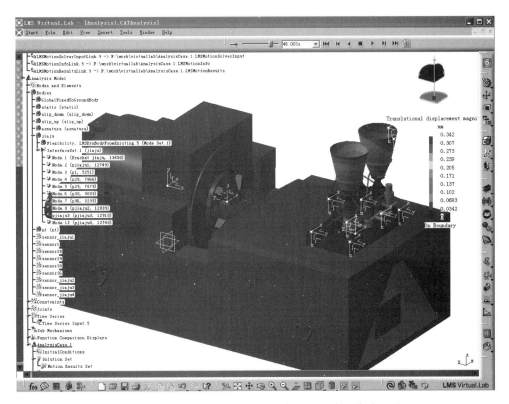

图 9-17　某发动机虚拟随机振动试验过程中的位移云图

# 第10章　发动机热试车动态信号测试及故障分析

## 10.1　引言

液体火箭发动机研制过程中要进行大量的地面热试车考核，热试车是获得发动机性能指标最直接的方法和手段之一。发动机整机及其部组件在试车过程中要承受本身产生的振动、冲击、噪声、压力脉动等复杂动态载荷的作用，过大或是异常的动力学载荷有时会引起发动机结构破坏和设备的失效，因此准确有效地测量发动机试车过程中的动态载荷对发动机研制至关重要。试车故障中零部件的信号中包含着大量的故障信息，分析处理这些数据，有助于确定故障类型、性质及其产生的原因，有助于掌握各种故障的特征，以便采取相应的措施，减少和预防故障重现。借助成功试车，数据分析有助于了解系统正常工作中各个参数的信号特点，从而为故障分析提供对比依据。同时数据处理分析结果能够为总体设计、设备研制和使用提供反馈信息，为型号试验评定和性能改进提供依据。

发动机的起动过程是一个能量高密度释放的过程。在这一阶段，发动机各组件的工作过程都是非稳态的，发动机所有参数如流量、温度、压力及转速都必须在短暂的时间内从初始状态过渡到主级工作状态，其工作过程极为复杂。在此期间，燃烧组件要承受极大的压力冲击以及温度冲击，某些情况下阀产生的水击现象，会对阀前管路供应系统产生强烈的冲击。所有诸如此类的因素造成了发动机试车起动过程速变信号的强时变、瞬态、非稳态特征，发动机数学模型的高维和非线性。国内外大量的研制实践已经证明：发动机工作过程中发生的故障，如喷注器变形、约束支撑组件失效、导管断裂、焊缝开裂及泵爆裂等，且绝大多数发生在起动阶段。而这一阶段出现的故障，轻则破坏产品，重则毁坏试验或发射设施。因此，发动机试车起动过程的研究是整个系统研究的一项重要内容，而起动过程的信号处理分析则是研究发动机起动过程的一个重要手段。总而言之，发动机试车过程中动态数据的测量及分析对发动机研制极为重要，是了解及掌握发动机重要组件如氧泵、燃料泵、推力室、发生器等在不同工作段动力学特征、判断发动机运行状态最直接的手段和方法，在试车前风险分析、试车过程中状态监测、试车后性能评估、试车故障诊断分析及发动机组件力学环境试验设计等方面都发挥着重要作用。

本章主要阐述了发动机热试车动态信号测量方案、测点布置、测量系统选择以及抗干扰技术，详细论述了发动机热试车数据分析理论、分析方法以及基于发动机动态数据分析的力学环境试验条件设计，同时给出某型发动机试车大振动故障分析以及结构损坏的应用实例，验证了试车数据分析在故障分析中的重要作用。

# 10.2　发动机热试车动态信号测量

## 10.2.1　测量方案

在发动机热试车试验方案策划初期，需要对发动机动力学环境测量工作进行策划，这种策划对测试数据的有效性、实用性至关重要。策划时需要根据发动机预先规定的工作过程，确定动态参数的测量链，一般从发动机振源出发通过不同的路径对结构进行测量。

发动机的振源激励相互影响并与结构之间发生强迫及耦合振动，测量策划时重点测试振源位置的响应，如涡轮泵、主要输送管路、阀门、发生器和推力室等。其次发动机中的其他管路、组合件也需要测量。但实际测量中由于受到测量通道的限制，传感器的数量有限，所以必须优化测量方案。即根据发动机试车的目的、研究目标，编写试验测量大纲，明确测试要求，确定测试参数的类型、数量、位置和方向，明确测量传感器的类型及安装方式，测量系统动态范围，测量数据的分析频率范围等。

## 10.2.2　测量参数

发动机及其组件承受振动、冲击、气动噪声、压力脉动等复杂的动力学载荷作用，不同载荷的动态响应需要不同的传感器来测量。

振动、冲击响应的测量与分析是获取发动机工作过程动力学环境的主要途径和手段，异常的振动有可能预示着发动机结构已经发生某些损伤或者破坏，强烈的振动、冲击会引起结构疲劳甚至断裂，导致仪器仪表精度降低、元器件失效甚至失灵。测量和分析振动与冲击的目的，就是要防止各种力学环境因素对机器、设备、装备、结构、元件、器件的影响和对人身造成的危害，确保产品的可靠性。发动机试车过程中的振动、冲击是通过加速度传感器来进行测量的。目前，常用的加速度传感器有压电型、压阻型和变电容型，这几种传感器的性能特点各异，适用于不同的测量场合。其中，压电型加速度传感器具有动态范围大、频率范围宽、不需要任何外界电源、体积和质量小、坚固耐用、安装使用方便等特点，适合于各种振动/冲击的测试；压阻型传感器具有良好的低频特性，特别适合测量低频振动和冲击信号；变电容传感器具有直流响应能力，能测量低频低幅值加速度，甚至稳态加速度，测量精度高。发动机热试一般选用压电型加速度传感器来测量其振动、冲击信号。

脉动压力的监测与分析是了解发动机内部气动、燃烧、流固耦合机理的重要方法及物理过程甄别的主要依据，脉动压力异常会导致发动机性能恶化，甚至会引起发动机烧蚀等严重后果。发动机试车过程中的流场及燃烧场的压力脉动是通过压力脉动传感器来进行测量的，发动机压力脉动测量一直是动态信号测量的一个难题，发动机工作环境温度过高或过低、冲击/振动过大、瞬态温度过高、被测介质是否对敏感元器件有腐蚀，传感器在介质中时间的长短等都会对测量带来误差。目前常用的压力脉动传感器有电阻应变片压力传感器、陶瓷压力传感器、微型硅压力传感器、压电压力传感器等，其中压电压力传感器采用压电材料的压电效应，即某些晶体沿一定方向伸长或者压缩时，其表面会产生电荷。压电传感器不能用于静态测量，只能测量动态的压力。压力传感器具有结构简单、体积小、质量小、使用寿命长等优点。发动机热试车过程一般选用的是压电压力脉动传感器来测量发动机压力脉动信号。

位移测量与分析是获得转子系统动力学特性及判别如转子质量不平衡、转子动静件碰摩、叶冠或叶片脱落、轴承磨损、端面密封损坏等故障的有效方法。电涡流式位移传感器是非接触式位移测量，通过传感器探头内部线圈与被测物体（导电体）的间隙变化来测量物体的位移，具有测量线性范围大，抗干扰能力强，测量信号频率范围可以达到 DC～10 kHz。

动应变测量与分析是为了了解发动机关键部位的动强度及细小管路的动特性。发动机试车过程中的动应力是通过应变计来测量。一般常用的应变计有金属应变计、压阻式应变计和光纤光栅动应变测量，每种应变计构型往往适用于多种尺寸，有的尺寸很小，在多数情况下，应变计安装在其他传感器难以到达的位置。单个应变计常用来测量"点"单一方向的应变，不同构型的应变花能够测量"点"不同方向的应变分布。发动机动应力测量一般采用金属箔式应变计，一般安装在发动机一些主要的细小管道或者焊缝根部。

## 10.2.3　测点布置

发动机热试车动力学测量参数设置一般根据其研究目标和环境试验的需求来确定，必要时结合有限元模型的动力学分析结果以及借鉴类似型号的经验最终确定载荷参数的部位及方向。

为了获取发动机关键组件在工作过程中的振动特性，一般在发动机的推力室、发生器、氧化剂泵、燃料泵、重要管路以及机架等处设置振动测点。

为了获取发动机液路、气路以及某些腔内的压力动态变化情况，一般在氧化剂和燃料的入口和出口、发生器腔、推力室内以及喷注器等部位设置压力脉动传感器。

为了获取发动机细小管路及某些焊接部位的动力学响应或是动态应力，通常在振动传感器难以到达的地方布置应变计。一般在发动机点火导管、氧化剂及燃料的进口及出口管、各种阀门的控制导管等设置应变测点来获取其动力学响应。

## 10.2.4　测量系统的选择

合理选择传感器并进行正确的安装使用是动态力学环境测量的基础。据统计，传感器环节引入的测量误差是不可恢复的，无法通过地面数据的处理来修正。对于同类传感器还应该分析传感器的性能参数，比如传感器的灵敏度、频响范围、适用的环境温度等。

（1）振动加速度传感器的选择与安装

在发动机试车测量中，选用加速度传感器应遵守以下几点原则：

1）传感器应有合适的量程和足够的灵敏度；

2）试车中的随机振动，其频谱总是连续的，包含从很低频率到很高频率的各种分量，应选用频带宽、体积和质量小、耐振动与冲击的传感器；

3）在非测量方向有不可忽略的振动分量时，应选用横向灵敏度小的传感器。

在发动机试车测量中，加速度传感器的安装应遵守以下几点原则：

1）加速度传感器一般安装在能够反映本组件振动特性且刚度相对较大的位置，同一点通常安装三个方向的振动传感器，传感器的轴向定义一般与发动机推力一致，径向、切向一般按局部坐标给出；

2）为确保试车过程中传感器连接可靠性，发动机振动传感器的测振块一般焊接在发动机上，传感器与测振块通过螺接连接；对于测振块与发动机通过螺接连接的情况，测振块的设计应考虑使传感器的固有频率避开发动机响应的主要频率；

3）为避免传感器连接导线在试车时作相对运动，因而引起"颤动噪声"，应选用抗干扰好的电缆并很好的固定。

（2）脉动压力传感器的选择

在发动试车中，经常需要对脉动压力进行测量，它包括推进剂管路、阀门、泵、燃气发生器和燃烧室等，其中燃烧室的脉动压力测量最复杂，在研究不稳定燃烧时很重要。燃烧室压力脉动成分是发动机的主要振源，在发生不稳定燃烧时，热流和振动强度成倍增加，所以对传感器提出更严格的要求。

发动机燃烧部件内压力脉动传感器选择应遵循以下几点原则：

1）温度特性和耐振性：燃烧室出现不稳定燃烧时，热流成倍地增加，平齐安装的压力传感器膜片直接受到高热流冲击，因此要求传感器具有良好的温度特性。另外，不稳定燃烧还加剧燃烧室的振动，因此要求传感器能在强振条件下正常工作。

2）频率响应特性：不稳定燃烧时，燃烧室压力脉动频率与燃烧室尺寸、压力、温度等有关。小尺寸燃烧室产生的高频不稳定燃烧压力脉动高达频率 10 000 Hz，传感器的频率特性应有 10 000～20 000 Hz 的平坦段。若研究脉动压力的高次谐波，对传感器的频率特性要求更高。

3）量程：燃烧室稳定工作时，压力脉动成分的幅值（峰值）在平均值的 10% 以下，在不稳定燃烧时，此值高达平均值的 1～2 倍，且传感器应具有足够的分辨力。

4）膜片尺寸：传感器的膜片尺寸越小越好，小尺寸的膜片频率响应越高，测压孔越小，对压力源影响越小。

在发动机试车测量中，压力脉动传感器往往通过事先预留的空间（埋置）安装，且测量端与结构内表面齐平。

（3）位移传感器的选择与安装

发动机位移测量选用电涡流式位移传感器，其安装使用一般遵循以下几点要求：

1）安装位置：传感器最好安装在最敏感地反映转子振动的位置，通常一个截面安装两个传感器，且相互垂直安装；

2）安装间隙：传感器安装间隙建议控制在传感器零值输出位置，以便在传感器线性输出范围内得到最大的动态振幅；

3）安装环境：除了被测体表面外，在传感器探头周围一倍于探头直径范围内，不能有其他金属材料，否则会影响测量准确度；传感器被测面的划痕、沟槽会造成测量数据失真；

4）安装线缆：电涡流式位移传感器由传感器探头与变换器组成，传感器探头与变换器之间的连接线缆为高频线缆，高频插座的接触电阻变化会引起传感器输出幅度变化，因此传感器工作时需要保持该线缆连接稳定，在使用中不允许任意增减；

5）传感器校准：传感器校准时选用与被测体同材质的"模拟被测体"进行校准，被测体材料、形状等影响传感器灵敏度，当被测体半径较小、厚度特薄时，最好模仿原型进行传感器校准；

6）温度修正：电涡流式位移传感器的一个重要指标是温度影响系数，当使用温度与传感器要求值偏离较大时，需要进行温度修正。

（4）测量系统动态范围的选择

测量系统的动态范围应满足测量要求，测量系统的动态范围定义为

$$DR = 10 \lg \left( \frac{x_{\max}}{x_{\min}} \right)^2 \tag{10-1}$$

式中，$x_{\max}$ 为无失真条件下系统可传递的信号的最大瞬时值；$x_{\min}$ 为输出显示端可检测到的传感器信号的最小值。采集系统动态范围一般不小于 105 dB。

（5）线缆长度的选择

长电缆可能会影响频率响应，并且在驱动电缆电容不足的情况下会引入噪声和失真。不同于电荷模式系统，系统噪声是电缆长度的函数，ICP© 传感器提供了高电压、低阻抗的输出，可以适应恶劣的环境中的长电缆测量要求。通常情况下，在频率高达 10 kHz 的测试范围内这种信号失真并不明显。然而，对于更高频率的振动，冲击，爆破或瞬态测试，电缆长度超过 30 m 时，信号失真的可能性是存在的。

通过信号调理，ICP 传感器可以在一个给定电缆长度上传输的最大频率是电缆电容和峰值信号电压对可得到电流比率的函数，依据

$$F_{\max} = \frac{10^9 \cdot (I_c - 1)}{2\pi C V} \tag{10-2}$$

式中　$F_{\max}$ ——最大频率，Hz；

　　　$C$ ——电缆电容，pF；

　　　$V$ ——传感器输出电压的最大峰值，V；

　　　$I_c$ ——信号调节器的恒定电流，mA。

## 10.2.5　试车测量中的抗干扰技术[121-122]

发动机试车过程中，测量系统会受到来自周围环境和系统内部各噪声及杂波的干扰，干扰会严重影响测量系统的稳定性及测量精度。为了得到理想的测量结果，在测量系统中采用抗干扰措施是必要的，尤其是对传感器输出的微弱信号及动态参数的测量更为必要。发动机试车测量主要采取以下几项抗干扰技术。

（1）隔离技术

干扰隔离技术就是从电路上把干扰源与测试电路部分隔离开来，使它们不存在电的联系，或者削弱它们之间的联系。试车台测量系统使用的隔离技术主要为光电耦合器和隔离放大器。试车过程中，为了防止控制系统对测量系统的影响，开关车等同步信号在进入测量系统前通过光电耦合器进行隔离。流量、转速等信号放大后进入采集装置计数器前需要通过光电耦合器进行隔离。测量水击压力信号的 Nicolet 采集系统，前端采取隔离放大器，做到输入、输出和电源电路之间没有直接的电路耦合。

（2）屏蔽技术

发动机试车过程中，信号微弱且传输距离长，平行线间分布电容较大，抗干扰能力差，不仅静电感应容易通过分布电容耦合，而且电磁场干扰也会在信号上感应出干扰电流。屏蔽信号的办法，一种是采用双绞线，另一种为采取金属网状编织的屏蔽线，金属编织网作为屏蔽外层，芯线用来传输信号。抑制静电感应干扰采用金属网的屏蔽线，抑制电磁感应干扰采用双绞线。

（3）接地技术

发动机试车中，传感器输出信号微弱，传输过程中极易受到干扰影响，合理使用接地技术可以在很大程度上防止内部噪声耦合。根据电气设备中回路性质和接地目的，可将接地方式分为安全接地、工作接地、屏蔽接地，电气设备外壳安全接地，数据采集装置模拟地和数字地短接后连接到测量地，电缆、变压器等屏蔽层通过接地端子接测量地等。

（4）滤波技术

为防止电压波动影响采集系统正常工作，采集系统的供电电源均通过 UPS 滤波净化处理，输出供采集装置系统使用。

### 10.2.6　试车动态参数测量分析系统

发动机动态参数测量分析系统框图如图 10-1 所示，主要由传感器、接线箱、动态参数采集装置、动态参数采集工作站、分析软件组成。动态参数传感器输出信号由采集装置进行信号放大、隔离、A/D 转换后，在采集终端进行数据存储，并通过专用分析软件进行时域或是频域的分析。位移与应变测量类似。

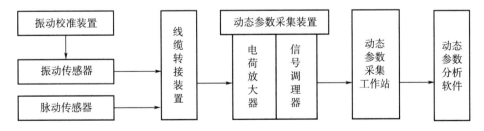

图 10-1　动态参数测量分析系统组成（没有振动校准装置）

一个包括传感器、电缆和电荷放大器的电荷放大系统电路原理图如图 10-2 所示。在这个系统中，输出电压 $V_{out} = q/C_f$，仅依赖于输入电荷的比率 $q$，反馈电容器 $C_f$。

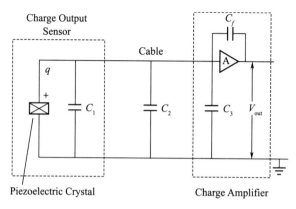

图 10 - 2　电荷放大系统电路原理图

使用传统电荷放大系统有严格的限制要求，尤其是在现场环境中或传感器和放大器之间的驱动电缆很长时。首先，一个电荷放大器输出端的电噪声直接关系到整个系统电容（$C_1 + C_2 + C_3$）对反馈电容（$C_f$）的比值。正因为如此，电缆的长度在电压模式系统情况下应该是有限制的。其次，由于传感器的输出信号是高阻抗型，那么为了减少电缆运动所产生的电荷（摩擦电效应）和射频干扰（RFI）及电磁干扰（EMI）引起的噪声，就必须使用特殊的低噪声电缆。此外，必须注意避免电荷放大器输入端绝缘电阻的退化，以避免潜在的信号漂移。

### 10.2.7　某发动机试车测量参数及传感器技术指标

某型发动机热试车振动、脉动测点安装位置如表 10 - 1 所示，测量传感器型号、性能、使用环境如表 10 - 2、表 10 - 3 所示。

表 10 - 1　振动、脉动测量参数及位置

| 序号 | 参数名称 | 位置 |
| --- | --- | --- |
| 1 | 氧主泵振动（轴、径、切） | 壳体 |
| 2 | 氧预压泵振动（轴、径、切） | 壳体 |
| 3 | 煤油泵振动（轴、径、切） | 壳体法兰 |
| 4 | 发生器振动（轴、径、切） | 发生器中部 |
| 5 | 推力室振动（轴、径、切） | 集液器 |
| 6 | 氧化剂入口压力脉动 | 泵前供应管路 |
| 7 | 氧化剂出口压力脉动 | 氧泵出口管 |
| 8 | 发生器压力脉动 | 发生器内 |
| 9 | 发生器燃料喷前压力脉动 | 喷注器燃料腔 |
| 10 | 推力室燃料喷前压力脉动 | 喷注器中底与内底之间 |

**表 10 - 2　压力脉动传感器技术指标**

| 参数名称 | 压力测量范围/MPa | 频响范围/Hz | 灵敏度 pc/MPa | 适用温度范围/℃ |
|---|---|---|---|---|
| 发生器燃料喷前压力脉动 | 0.05～5 | 0.5～20 000 | 2 000～15 000 | −196～+200 |
| 推力室燃料喷前压力脉动 | 0.05～5 | 0.5～20 000 | 2 000～15 000 | −196～+200 |
| 氧泵出口压力脉动 | 0.05～5 | 0.5～20 000 | 2 000～15 000 | −196～+200 |
| 氧化剂入口压力脉动 | 0.05～5 | 0.5～20 000 | 2 000～15 000 | −196～+200 |
| 发生器压力脉动 | 0.05～5 | 0.5～20 000 | 1 000～15 000 | −196～+200 |

**表 10 - 3　振动加速度传感器技术指标**

| 参数名称 | 测量范围/$g$ | 频响范围/Hz | 灵敏度 pc/$g$ | 适用温度范围/℃ |
|---|---|---|---|---|
| 氧主泵振动 | 2 000 | 0.5～20 000 | 8～40 | −196～+200 |
| 氧预压泵振动 | 2 000 | 0.5～20 000 | 8～40 | −196～+200 |
| 燃料泵振动 | 5 000 | 0.5～20 000 | 8～40 | −20～+120 |
| 推力室振动 | 5 000 | 0.5～20 000 | 8～40 | −20～+120 |
| 发生器振动 | 1 000 | 0.5～20 000 | 8～40 | −196～+200 |

## 10.3　发动机热试车动态数据分析

### 10.3.1　数据分析基本理论[123]

（1）采样定理

数字信号处理的对象是在采样时钟的控制之下，通过 A/D 转换器以一定的采样率对模拟信号进行处理得到的。时域离散信号往往是通过时域连续信号的等间隔离散采样得到的。保持原连续信号所携带的信息需要考虑采用周期，采样周期过长，会丢失信息并产生频谱"混淆"现象，过短又要处理大量的多余样本。根据采样定理，当采样频率大于模拟信号最高频率的 2 倍时，就不会有频率混叠现象出现。

在实际工作中，为了避免频谱混叠现象发生，采样频率总是选得比 2 倍信号最高频率更高些，一般取最高分析频率的 2.5 倍。

（2）傅里叶变换

函数 $f(t) \in L^1(R)$ 的傅里叶变换定义为

$$F(\omega) = \int_{-\infty}^{+\infty} f(t) e^{-i\omega t} dt \tag{10-3}$$

其变换结构示意图如图 10 - 3 所示。

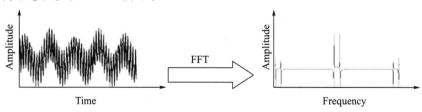

图 10 - 3　傅里叶变换结构示意图

由定义可见，傅里叶变换和逆变换是时域与频域相互转化的工具，频谱图描述的是信号的频域特性。

（3）短时傅里叶变换

信号 $f(t)$ 的短时傅里叶变换（STFT）为

$$S(\omega,\tau)=\int_R f(t)g(t-\tau)\mathrm{e}^{-\mathrm{i}\omega t}\,\mathrm{d}t \qquad (10-4)$$

式中，$g(t)$ 是给定的具有紧支集的窗函数，起着时限的作用；$\mathrm{e}^{-\mathrm{i}\omega t}$ 起频限的作用。$S(\omega,\tau)$ 则大致反映 $f(t)$ 在 $\tau$ 时刻，频率为 $\omega$ 的“信号成分”的相对含量。重构公式为

$$f(t)=\frac{1}{\sqrt{2\pi}}\iint_{R^2}S(\omega,\tau)g(t-\tau)\mathrm{e}^{\mathrm{i}\omega t}\,\mathrm{d}\omega\,\mathrm{d}\tau \qquad (10-5)$$

短时傅里叶变换结构示意图如图 10-4 所示。

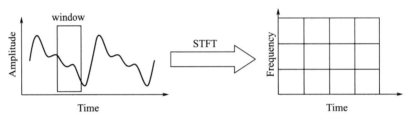

图 10-4　短时傅里叶变换结构示意图

由定义及变换结构示意图可见，短时傅里叶变换将信号的时域和频域信息有机地联系起来，具有一定的时频局部化分析能力。

（4）小波变换[124-125]

小波函数 $\psi(t)$ 通常是一个带通滤波器，它满足如下条件：

1）平均值为零

$$\widehat{\psi}(0)=\int_{-\infty}^{+\infty}\psi(t)\mathrm{d}t=0 \qquad (10-6)$$

2）容许条件

$$C_{\psi}=\int_{-\infty}^{+\infty}\frac{|\widehat{\psi}(\omega)|^2}{\omega}\mathrm{d}\omega<\infty \qquad (10-7)$$

其中，$\widehat{\psi}(\omega)$ 为 $\psi(t)$ 的傅里叶变换。

小波是指由 $\psi(t)$ 经过伸缩和平移后形成的一簇函数

$$\psi_{s,\tau}(t)=|s|^{-\frac{1}{2}}\psi\left(\frac{t-\tau}{s}\right)\qquad s,\tau\in\mathbf{R},s\neq0 \qquad (10-8)$$

其中，尺度因子 $s$ 改变滤波器的频带宽度，决定小波变化中的频率信息，位置参数 $\tau$ 决定时域信息，小波函数是同时具有频域和时域分辨特性的函数。

对于 $f(t)\in L^2(R)$，$f(t)$ 的小波变换 $W_f(s,\tau)$ 定义为

$$W_f(s,\tau)=|s|^{\frac{1}{2}}\int_R f(t)\psi\left(\frac{t-\tau}{s}\right)\mathrm{d}t \qquad (10-9)$$

小波逆变换为

$$f(t) = \frac{1}{C_\psi} \int_{-\infty}^{+\infty} \int_{-\infty}^{+\infty} s^{-2} W_f(s, \tau) \psi_{s,\tau}(t) \mathrm{d}s\,\mathrm{d}\tau \qquad (10-10)$$

（5）冲击响应谱分析

冲击响应谱是指将冲击激励施加到一系列线性、单自由度弹簧-质量系统上时，将各单自由度系统的最大响应值，作为对应于系统固有频率的函数而绘制的曲线。一系列单自由度弹簧-阻尼-质量系统如图 10-5 所示，单个单自由系统的基础输入激励如图 10-6 所示。

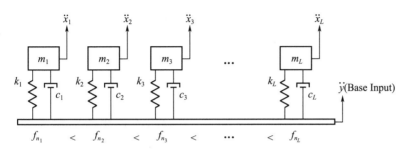

图 10-5　单自由度弹簧-阻尼-质量系统

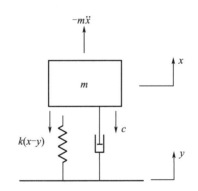

图 10-6　单个单自由度系统受力分析

由图 10-6 可得

$$m\ddot{x} + c\dot{x} + kx = c\dot{y} + ky \qquad (10-11)$$

由上式求出 $\ddot{x}$，取其峰值即为绝对加速度。

令 $z = x - y$，则

$$m\ddot{z} + c\dot{z} + kz = -m\ddot{y} \qquad (10-12)$$

由上式求出 $\ddot{z}$（$\ddot{z} = \omega_0^2 z$），取其峰值即为相对位移。

早期的冲击试验，主要是以简单脉冲产生的冲击效果来模拟实际的冲击环境，简单冲击含有较大的低频能量，试验时常使许多设备特别是带减振器的设备，由于低频过试验而损坏。而实际环境冲击是变化的、具有持续时间的复杂冲击，在实验室里用对称的脉冲谱作冲击试验，经常出现在实验室里通过冲击试验考核的设备在实际环境中发生损坏的现象。因此，冲击试验最好不用时间历程曲线或脉冲波作规范。目前，国内外普遍采用等效损伤原则模拟复杂振荡型冲击环境，即用冲击响应谱来作为模拟冲击环境标准，若产品在规定时间历程内，在冲击模拟装置产生的冲击激励作用下产生的冲击响应谱与实际冲击环境的冲击响应谱相当的话，就可以认为该产品经受住了冲击环境考核。冲击响应谱试验规范谱如图 10-7 所示，它由低频部分的上升斜率 $\Phi_1$、拐点频率 $f_2$、高频幅值 $\Phi_2$ 及冲击谱的频率范围 $f_1 \sim f_3$ 等几部分组成。

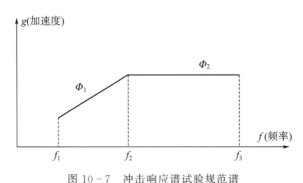

图 10-7　冲击响应谱试验规范谱

### 10.3.2　试车动态数据分析方法

发动机动态响应信号可以分为四类：瞬态信号，周期信号与随机信号的叠加，平稳随机信号，非平稳随机信号。在发动机工作过程中，传感器测量到的信号主要以前两类最为常见。发动机的起动、关机过程就是比较明显的瞬态信号特征；发动机稳定工作段测量信号则以周期信号与随机信号的叠加为主要特征。

（1）信号预处理

正式分析试车速变数据之前，首先要对原始数据进行预处理。由于测量仪器中的非线性以及数据常混有各种噪声，对数据分析结果产生很大影响。预处理工作主要包括预滤波、零均值化、错点剔除以及消除趋势项。这些工作不是全部必需的，当认为原始振动信号可靠或者可以直接判断的情况下，也可以不进行这些预处理工作。

①预滤波

当信号需要平滑或是抑制不需要的频率分量时，可以采用滤波的方法。为了避免不满足采样定理而出现的频率混叠，可利用低通滤波器来限制原始信号的带宽，同时还可以减少高频噪声。数字滤波还能抵消漂移和避免功率泄漏。

②零均值化

为了解分析信号的统计特性，消除数据中的直流分量，需要对信号做零均值处理。设原数据序列为 $x(n)$，则零均值数据序列为

$$\hat{x}(n) = x(n) - \bar{x}(n) \tag{10-13}$$

式中，$\bar{x}(n)$ 为原序列 $x(n)$ 的均值。

③错点剔除

在振动数字信号采集中，由于操作不当或是外界干扰，或仪器的临时故障等原因，有时候会出现异常数据，即所谓错点（也叫野点）。错点的存在会影响分析结果，特别是对

高频分量的影响，必须加以剔除。

剔除错点的方法，例如以标准差（均方根）为基础的错点剔除法，这种方法是以数据值是否超过标准差 $\sigma_x$ 的 3 倍为判别标准。如果以零均值信号的 $\pm 3\sigma_x$ 为置信区间，其置信水平可达到 99.74%。

假定测试数据满足正态分布，则有 $P(|x-\bar{x}|>3\sigma_x)\leqslant 0.0026$。其中，$\bar{x}$，$\sigma_x$ 分别为数字信号的均值和标准差。可见，信号出现大于 $\bar{x}+3\sigma_x$ 或者小于 $\bar{x}-3\sigma_x$ 的数据概率很小，仅在 0.26% 以下。因此，可以认为大于 $\bar{x}+3\sigma_x$ 或者小于 $\bar{x}-3\sigma_x$ 的数据为错点，应予以剔除。

④消除趋势项

所谓趋势项就是在随机信号中存在线性项或者缓慢变化的、周期大于记录长度的非线性成分。趋势项的存在，会使时域中的相关分析和频域中功率谱分析产生较大的误差，甚至使低频谱完全失去真实性。通常用最小二乘法来消除夹杂于信号中的线性趋势项。

（2）发动机信号的处理分析方法

对测量信号进行预处理后，就可以根据发动机热试车不同工况的信号特点，对信号采用不同的方法进行分析，发动机试车动态响应信号一般分析流程如图 10-8 所示。

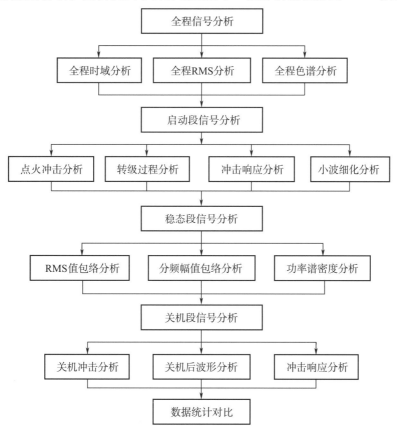

图 10-8　发动机动态响应信号分析流程

①全程信号分析

全程信号是指发动机从起动至关机所测量到的信号，全程信号分析对全程信号的时域波形、RMS 曲线、色谱图（时频图）进行全方位分析，定性判断信号测量是否正常、产品运行状态是否正常，其中 RMS 曲线和色谱图分析是基于短时傅里叶变化理论进行的。

发动机半系统试车脉动压力参数原始数据及其全程色谱图分别如图 10 - 9、图 10 - 10 所示。可见，起动过程信号幅值随时间变化剧烈，信号呈现出多分量、时变、非平稳特点，主能量频率也随时间不断变化。到稳态时，信号幅值相对平稳，主能量频率主要表现为发动机主转速基频及其倍频。

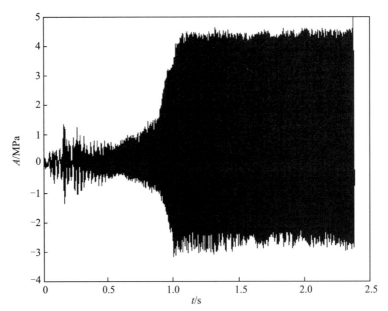

图 10 - 9　半系统试车脉动压力参数原始信号

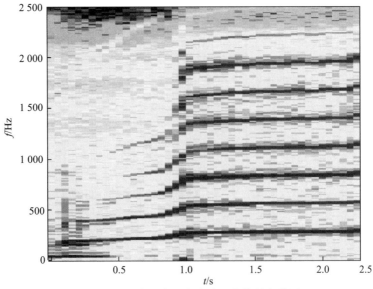

图 10 - 10　半系统试车脉动压力信号色谱图

发动机某次整机试车时长 500 s，200 s 之前为额定工况，200 s—250 s 为高工况，250 s—350 s 为高工况高混合比，350 s—400 s 为高工况，400 s—485 s 恢复额定工况，485 s 直至关机为低工况。振动响应数据的全程时域波形及 RMS 曲线图如图 10 - 11 所示。可以看出，发动机试车过程中时域波形及 RMS 曲线连续且无异常跳变，200 s 时域幅值及 RMS 值随高工况增大，250 s—350 s 混合比调整对时域幅值及振动综合值影响不大，400 s、485 s 工况降低时域幅值及振动综合值减小明显。由此可得，发动机在高工况工作时，振动响应幅值及能量增大，低工况振动响应幅值及能量减小，RMS 值曲线比时域波形更能反映发动机振动响应变化情况，更能表现发动机的运行状态。

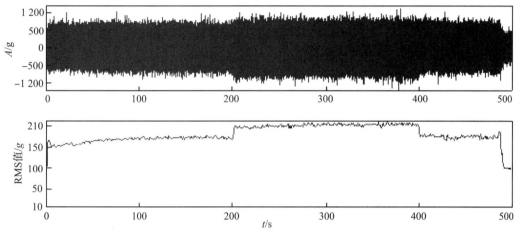

图 10 - 11　某振动响应信号时域分析

该振动响应的全程色谱图如图 10 - 12 所示。可以看出，发动机工作时该振动响应主要表现为发动机主转速的倍频及宽频燃烧噪声，当发动机工况调整时，频率大小和幅值也会出现相应变化，整个工作过程中，发动机响应信号正常，全程无异常频率出现或者幅值突变，表明发动机运行正常。

②起动段信号分析

发动机起动段是指从开车至稳定的额定工况前的阶段。起动段信号分析主要关注发动机点火时刻、冲击幅值大小以及冲击过后发动机流量调节、转级过程信号趋势特征，这些信息对判断发动机点火及转级过程是否正常具有重要的意义。当发动机点火或是转级过程出现异常时，起动冲击出现的时刻、幅值以及信号的趋势就会与以往正常起动的特征不同，对于起动段信号有时需要用小波分析等非稳态信号处理方法对信号进行时频分析，振动冲击试验条件设计时需要对起动段信号进行冲击响应谱分析。

发动机起动段振动与脉动信号如图 10 - 13 所示。可以看出：发动机点火时（约 1.15 s 左右），振动信号表现为多次典型的瞬态冲击信号，冲击幅值约 1 400g 左右，持续时间一般在 20 ms 左右；脉动信号出现多个压力峰，最大在 5 MPa 左右；发动机流量调节过程压力脉动信号有明显的低频周期成分。

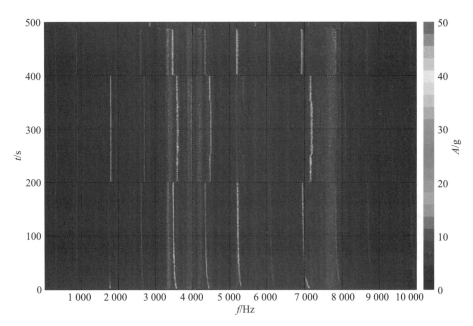

图 10 - 12　某振动响应信号色谱图

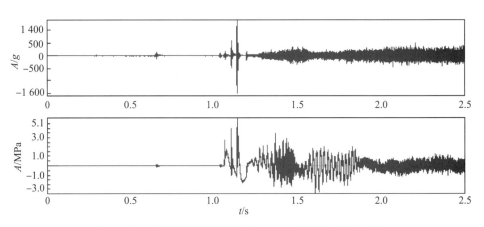

图 10 - 13　某发动机起动段振动（上）与脉动（下）信号

　　某发动机振动原始信号如图 10 - 14 所示，其起动冲击信号的连续小波分析如图 10 - 15 所示。可以看出，振动冲击能量集中在 150～200 Hz 左右，对比发动机多次试车实际起动情况发现，起动冲击出现时间越晚，离转速频率越接近，起动过程稳定性越差。

　　③稳态段信号分析

　　稳态段是指发动机的转速、推力、混合比、入口压力等影响发动机动态响应的主要参数保持稳定的阶段。在发动机可靠性试车中，发动机推力、混合比、入口压力等参数可进行调节，这时应当把动态信号从时间上分为不同的稳态段，同一个稳态段发动机推力、混合比等应当是稳定的。稳态段分析主要关注信号的主要频率成分及幅值大小，关注频段的综合值（RMS 值）的大小，并与历次试车的分析结果进行对比，分析发动机稳态工作段

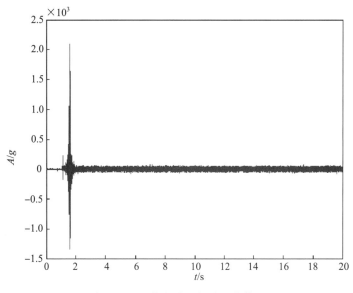

图 10 - 14　某发动机振动原始信号

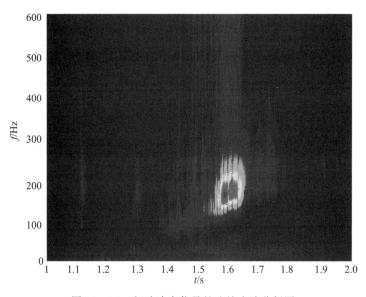

图 10 - 15　起动冲击信号的连续小波分析图

是否有异常频率成分出现，分频的幅值、RMS 综合值是否超出以往试车包络范围，从而对发动机稳态工作段的运行状态做出评判，如果出现异常频率或幅值过大，就需要分析原因。

　　某测点不同工况振动响应信号的频谱如图 10 - 16 所示，可以看出，不同工况主要频率成份不变，频率大小和幅值以及振动综合值会有所变化。掌握发动机不同工况下各组件的动态响应特征，对于判断发动机稳态段工作是否正常、发动机是否能适应新工况试车考核提供重要的数据支撑。

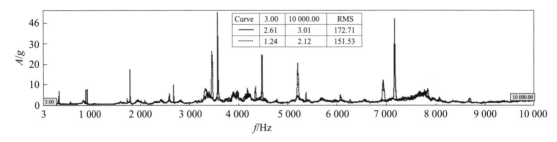

图 10 - 16　振动信号不同工况稳态段频谱图

图 10 - 17 所示为发动机试车过程发生器脉动压力时域波形，第 65 s 左右其幅值突然增大，持续 1.5 s 左右恢复正常。对发动机发生器压力脉动信号进行色谱图分析（如图 10 - 18 所示）发现，第 65 s 左右发生器燃烧频率幅值有持续 1.5 s 左右的增大，过后发生器燃烧频率发生变化，中心频率从 3900 Hz 左右增大到 4100 Hz。试车后对发动机分解检查发现发生器结构局部损坏，如图 10 - 19 所示。

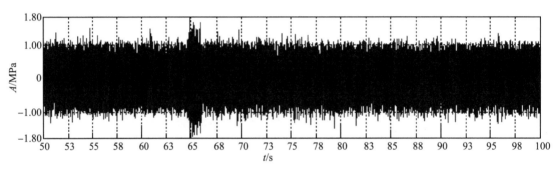

图 10 - 17　发生器压力脉动信号

④关机段信号分析

发动机关机段主要分析发动机关机指令下达至关机后的一段时间。发动机关机时推力骤然降低，发动机动态响应会出现冲击现象，一些燃烧组件由于残留燃料多次爆燃会出现多次冲击现象。掌握发动机关机信号特征，有助于判断发动机关机是否正常、发动机关机后是否有泄漏等故障。另外，助推级或芯级发动机的关机冲击对上面级发动机的力学环境试验条件制定也具有重要参考意义。

发动机试车 500 s 关机，关机段推力室振动与氧化剂（或燃料）喷前压力脉动信号如图 10 - 20 所示。可以看出，关机时压力脉动测点会有明显的冲击信号；由于推力室身部燃料通道存在剩余燃料较多，关机后会有多次不充分燃烧而产生多次冲击。通过对关机冲击信号出现时刻、幅值、趋势的分析，可以对发动机的关机动作及关机后发动机状态进行评判。

发动机的关机和起动一样，要求推进剂组元不在发生器内积存，以防止爆燃。发动机关机时对发生器一般采取吹除措施，防止推进剂慢慢流入燃烧室继续燃烧，因此关机后发生器振动、脉动一般不会出现明显的振动冲击或过高的压力峰。

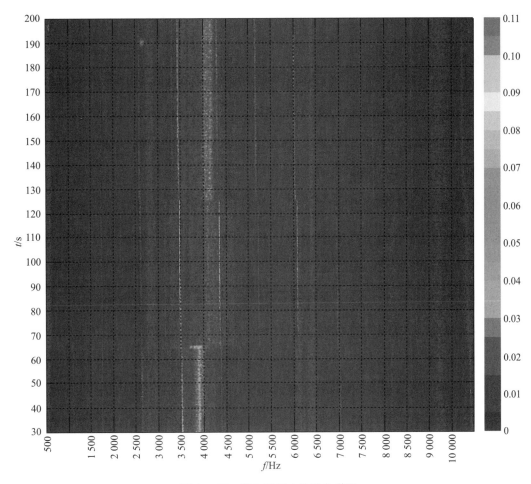

图 10 - 18　发生器压力脉动色谱图

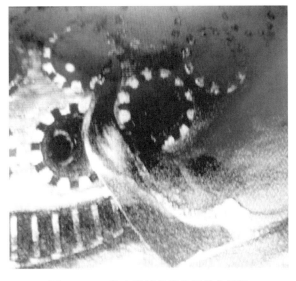

图 10 - 19　发生器试车后分解检查情况

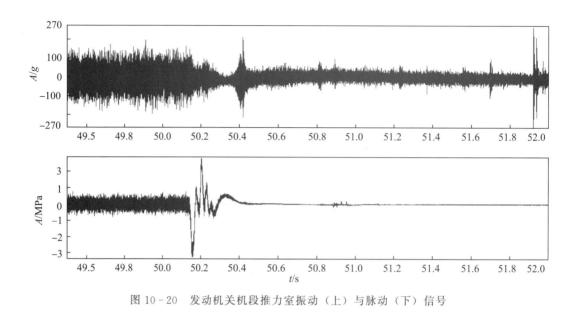

图 10 - 20　发动机关机段推力室振动（上）与脉动（下）信号

　　发动机某次试车关机时，由于发生器吹除气瓶泄漏，吹除压力降低，没有将推进剂吹除干净，导致关机后出现爆燃，发生器振动冲击幅值达到 2600g 左右，燃气脉动压力峰达到 20 多 MPa。该发动机试车关机后正常吹除和非正常吹除发生器振动与脉动信号的对比如图 10 - 21 所示。

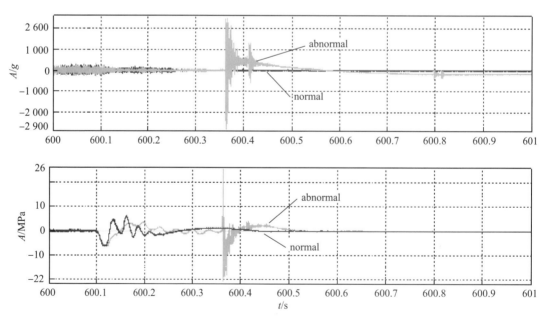

图 10 - 21　发生器吹除关机的振动（上）与脉动（下）信号对比

## 10.4　基于发动机动态数据分析的力学环境试验条件设计[126]

### 10.4.1　低频正弦振动

发动机试车低频振动环境主要是由发动机点火、推力变化、转级、关机等动态过程引起的结构低频振动。

低频振动环境主要通过正弦扫描试验模拟。以发动机试车动态响应数据为基础的低频正弦振动试验条件设计一般选取发动机起动段数据来进行分析。将起动段时间历程处理成 SRS（冲击响应谱）或者 FMS（傅里叶幅值谱），若以冲击响应谱作为制定试验条件的基础，加速度幅值谱除以 $Q$ 值（放大系数），若以傅里叶谱作为制定试验条件的基础，试验加速度量级即为幅值谱。对于试车中频率变化缓慢、持续时间较长、振动量级突出的振动，根据实际降低扫描率或采用定频振动试验考核。

当数据集子样数（此处子样数指地面试车次数，以下同此）较少时，取数据包络作为验收量级。当数据子样较多，按对数正态分布假设估计时，正弦振动试验验收级从具有 50％置信度的 95％概率（P95/50）的试车谱得到；鉴定级从具有 90％置信度的 99％概率（P99/90）的试车谱得到。实际试验中，由于实验室产品的安装边界并不能完全模拟实际使用状态，试验条件应根据产品实际安装边界情况做必要的修订。主要修订方法及原则：对产品进行低量级正弦扫描试验，获取其试验条件频段内的模态频率，计算实际控制响应曲线在模态频率处的放大倍数，预估产品在试验条件量级时控制响应曲线的量级，对试验输入的正弦条件在模态频率处进行"凹坑"剪裁，使得发动机关键部位的响应与相似型号或者该型号实际飞行响应量级相当。

发动机正弦振动试验起始频率 5 Hz（2 Hz），终止频率 100 Hz（200 Hz）。扫描方式：对数扫描，一般情况验收试验扫描速率取 4 oct/min，鉴定级扫描速率取 2 oct/min。控制方式：单点控制或多点控制。容差限：误差限±3 dB，关机限±6 dB，持续时间容许偏差 0％～10％，振动频率容许偏差±2％，正弦加速度幅值容许偏差±10％。

发动机某组件采用试车振动响应的冲击响应谱包络得到的正弦振动验收量级试验条件如图 10-22 所示。

### 10.4.2　高频随机振动

发动机试车中的高频随机振动环境主要由两部分组成，一部分是由流体流动噪声产生，另一部分是由发动机燃烧部件燃烧所致。

发动机高频振动一般通过高频随机振动试验来模拟。以发动机试车动态响应数据为基础的高频随机振动试验条件以加速度均方根及功率谱密度的形式描述，试验条件设计一般选取发动机稳态段数据来进行分析，即将稳态段数据处理成 PSD 谱。

当数据集子样数较少时，将数据的最大值取包络作为验收量级；当数据子样较多，按对数正态分布假设估计时，正弦振动试验验收级从具有 50％置信度的 95％概率（P95/50）

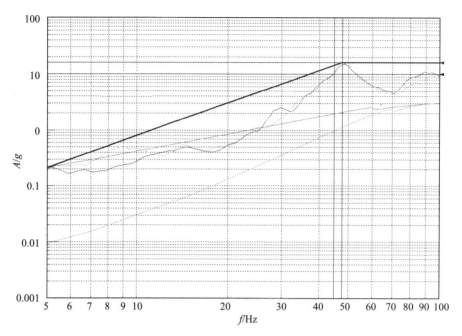

图 10 - 22　某组件正弦振动试验条件幅频曲线

的试车谱得到，鉴定级从具有 90% 置信度的 99% 概率（P99/90）的试车谱得到。实际试验中，由于实验室产品的安装边界并不能完全模拟实际使用状态，试验条件应根据产品实际安装边界情况做必要的修订。主要修订方法及原则：对发动机整机进行四分之一（八分之一或者更低）量级的低量级随机振动预示试验，预估实际控制响应曲线在模态频率处的放大倍数，在与总体协商确认后，对试验输入条件在模态频率处进行"凹坑"限幅，使得发动机关键部位模态频率处的响应与相似型号或者该型号实际飞行响应量级相当。

　　发动机高频随机振动试验条件频率范围一般在 20～2000 Hz 或者更宽，振动方向按产品的三个相互垂直的方向各进行一次。20～100 Hz 最大控制带宽 10 Hz 或者更窄，允许偏差±1.5 dB；100～1000 Hz 最大控制带宽是中心频率的 10%，允许偏差±1.5 dB；1000～2000 Hz 最大控制带宽 100 Hz，允许偏差±3 dB；总均方根加速度值偏差±1 dB；统计自由度至少 100。容差限：误差限±3 dB，关机限±6 dB。控制方式：单点控制或多点控制。试验时间：验收量级取发动机实际工作时间，鉴定量级取验收量级的 1.5～2 倍。

　　发动机某组件采用统计方法得到的验收级和鉴定级随机振动试验条件谱如图 10 - 23 所示，实际应用时需要对谱线作再平滑处理。

### 10.4.3　冲击响应谱

　　发动机工作过程中的冲击环境主要有发动机起动/关机时的点火冲击、阀门打开/关闭的水击和箭体级间分离的冲击。起动时，如果是强迫起动，冲击就很严重，关机时，如果采用了推力终止装置，电爆反推喷管打开将带来爆炸冲击，同时推力下降，引起的关机冲

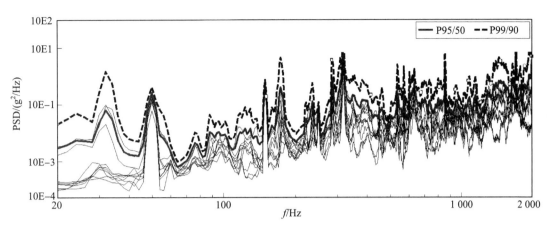

图 10 - 23　某组件随机振动试验验收级、鉴定级试验谱

击比较严重。

发动机冲击试验一般通过冲击响应谱试验来模拟。以发动机试车动态响应数据为基础的冲击试验条件设计一般将发动机起动段、关机段的冲击信号处理成 SRS（冲击响应谱）。

按对数正态分布假设估计时，正弦振动试验验收级量级从具有 50% 置信度的 95% 概率（P95/50）的试车谱得到，鉴定级从具有 90% 置信度的 99% 概率（P99/90）的试车谱得到。

发动机冲击响应主要能量集中在 100～10000 Hz 的范围；验收试验时冲击施加方向按产品的三个相互垂直的方向各进行一次，鉴定试验时冲击施加方向按产品的三个相互垂直的方向各进行三次；冲击响应谱（峰值绝对加速度 $Q = 10$）：谱分析频率间隔为 1/6 倍频程，$\leqslant$3000 Hz，偏差：$\pm$6 dB；$\geqslant$3000 Hz，偏差：$+9$ dB～$-6$ dB；至少有 50% 的谱值大于额定试验规范值。

发动机某次试车出现故障，故障定位为氧泵二级密封静环材料石墨冲击韧性低，在试车振动冲击环境下发生碎裂，碎块撞击动环叶片致局部叶片损伤断裂，金属碰磨后引起隔离腔起火。该密封石墨材料为首次试车使用，对其与以往试车使用的密封石墨各 3 件试样进行冲击韧性试验，试验对比结果如表 10 - 4 所示。可见，该次试车使用的石墨材料冲击韧性远小于以往试车使用的石墨材料。

表 10 - 4　轴向冲击韧性试验数据（J/m²）

| 样品编号 | 1 | 2 | 3 | 平均值 |
| --- | --- | --- | --- | --- |
| 本次试车 | 2 191 | 2 262 | 1 715 | 2 056 |
| 以往试车 | 22 864 | 23 039 | 20 978 | 22 294 |

为验证石墨试验件在试车振动冲击环境下的适应性，对该次试车振动数据采用包络法得到的试验件验收级和鉴定级冲击响应谱试验条件谱线，如图 10 - 24 所示。

对本次试车使用的石墨环和以往试车使用的石墨环试验件各 3 个试验件进行冲击试

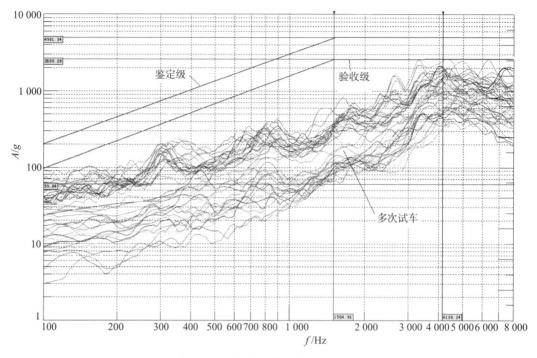

图 10 - 24　发动机某组件冲击响应谱

验，冲击试验安装如图 10 - 25 所示。试验结果发现：本次试车用石墨环中，有 2 件冲击试验后出现石墨环球面崩角，或内侧出现穿透性裂纹现象，如图 10 - 26、图 10 - 27 所示。而以往试车使用的石墨环保持完好状态，说明以往试车用石墨环的抗冲击韧性优于本次试车用石墨环。

图 10 - 25　石墨环试验件冲击试验

图 10 - 26　石墨环冲击试验后裂纹　　　　图 10 - 27　石墨环冲击试验后崩角

## 10.5　基于发动机动态信号处理的故障分析

发动机系统的故障检测与诊断方法可归结为三大类：1）基于直接测量及信号处理方法，主要包括直接测量系统输入、输出和基于因果关系的信号处理方法；2）基于模型的故障检测与诊断方法，主要包括基于状态估计的故障检测诊断（Fault Detection and Diagnostic，FDD）方法、基于参数估计的 FDD 方法和基于其他模型的 FDD 方法；3）基于人工智能的方法，主要包括模式识别方法、专家系统方法及神经网络方法。

下面就发动机试车数据处理在故障分析方面的应用举例说明。

### 10.5.1　发动机试车大振动故障分析[127]

某型发动机试车多次出现焊缝开裂、燃料泄漏等故障。试车过程中的燃料泄漏情况如图 10 - 28 所示，试后检查发现焊缝开裂情况如图 10 - 29 所示。

 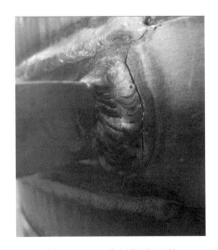

图 10 - 28　燃料管路泄漏　　　　　　　图 10 - 29　支板焊缝开裂

　　采用如图 10-8 所示的发动机动态响应信号分析流程和方法，对发动机 16 次试车
（包括 13 次正常试车，3 次故障试车）的振动信号进行分析，发动机试车工况包括额定工
况及过载工况。

　　（1）频谱分析

　　对振动信号多次试车稳态段进行频谱分析，如图 10-30 所示，其中，图 10-30（a）
为出现故障的试车频谱，图 10-30（b）为未出现故障的试车频谱。可以看出，当发动机
试车出现故障时，频谱中位于 970～1 000 Hz 之间的突频最为突出；对于大部分正常试
车，频谱中发动机转速倍频占主导，970～1 000 Hz 之间的突频没有明显表现。

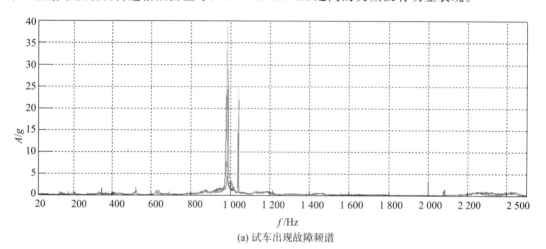

(a) 试车出现故障频谱

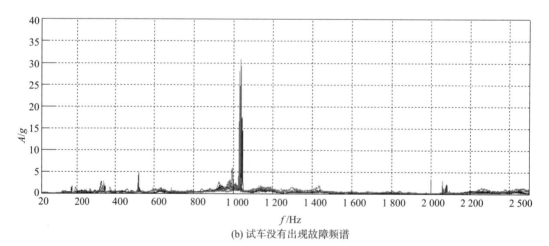

(b) 试车没有出现故障频谱

图 10-30　某振动参数稳态段频谱

　　然而，并不是只要出现 970～1 000 Hz 之间的突频发动机就必然出现故障。16 次试车
最大突频幅值的对比柱状图如图 10-31 所示。16 次试车中有 5 次试车突频幅值远远大于
其他次试车，但其中有两次试车后发动机检查并没有发现损伤破坏。因此从最大突频幅值
对比中并没有准确识别出故障试车。

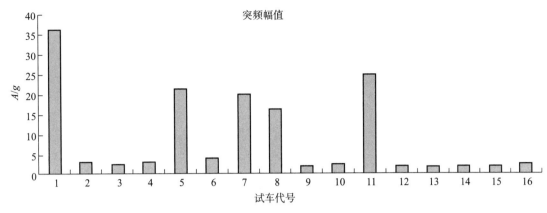

图 10-31　某振动参数稳态段最大突频幅值

（2）振动 RMS 值分析

发动机试车速变信号采样频率 12.56 kHz，分析最大频率 5 kHz，16 次试车振动信号全频段（0～5 000 Hz）RMS 值对比分析如图 10-32 所示。可以看出，从全频段无法识别出故障试车，这是因为全频段的振动综合值包含了故障信号及正常信号的贡献量。故障特征频段 970～1 000 Hz 内 RMS 值如图 10-33 所示。1、7、11 次特征频段内的 RMS 值远大于其他几次试车，而这三次试车恰好为出现故障的试车。因此，特征频段内的 RMS 值能够很好地识别出故障试车。

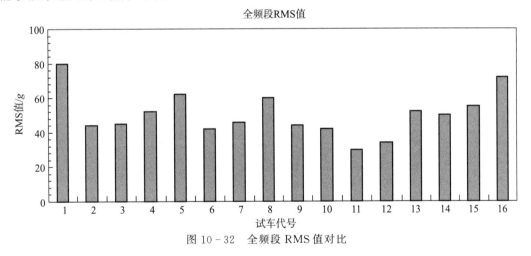

图 10-32　全频段 RMS 值对比

（3）振动信号全程瀑布图分析

发动机试车出现故障时，特征频段全程瀑布图如图 10-34 所示。其频域出现明显的介于 970～1 000 Hz 之间的突频，且其幅值随着时间持续增大。大部分没有出现故障的试车信号瀑布图如图 10-35 所示。其频域在起动过程也会出现 970～1 000 Hz 之间的突频，但发动机起动结束后，此突频消失。两次没有出现故障的试车振动信号如图 10-36 所示。从起动过程到额定工作段其频域也出现明显的 970～1 000 Hz 之间的突频，但进入过载工况后此突频消失或是幅值明显减小。

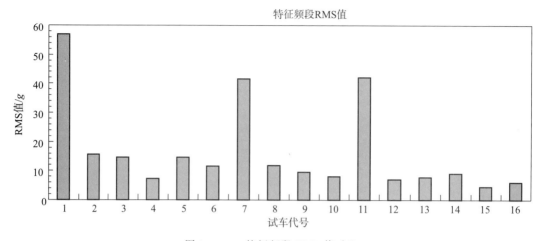

图 10 - 33　特征频段 RMS 值对比

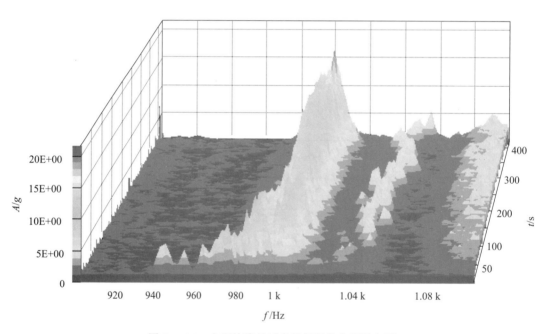

图 10 - 34　出现故障的试车特征频段全程瀑布图

以上分析可以看出，发动机试车速变数据包含大量有用信息，是评估发动机运行状态不可缺少的依据。发动机试车速变信号的分析不仅要关注信号的时域信息，更要关注其频域特征；不仅要关注信号的振动量级，还要关注信号的频率成份；不仅要关注频率成份的幅值，更要关注幅值随时间的变化。只有这样，才能全方位、多角度对信号进行深层次的挖掘和分析。

发动机某次飞行数据也出现了量级较大、处于 970~1 000 Hz 之间的突频，如图 10 - 37 所示。其飞行残骸断口处呈现疲劳条纹，如图 10 - 38 所示。另外，该发动机组件的一

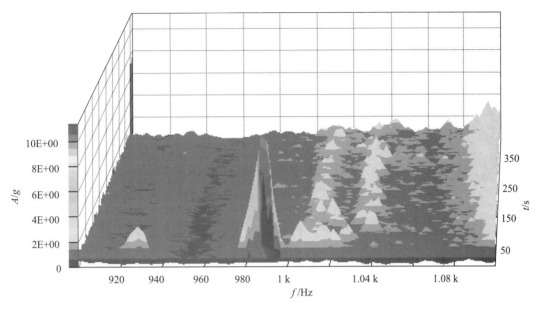

图 10-35　正常试车特征频段全程瀑布图

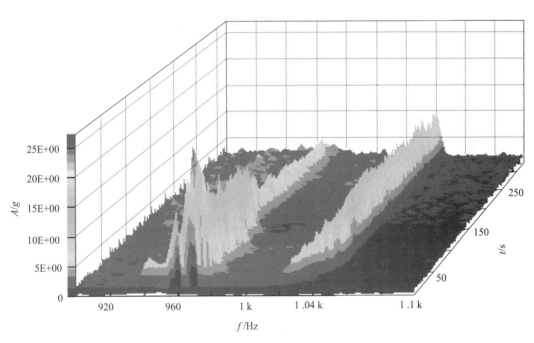

图 10-36　某次试车特征频段全程瀑布图

阶纵向声学频率与该突频相接近。结合试车振动信号分析结果，认为发动机试车过程中存在的 970～1 000 Hz 之间的突频是导致发动机结构破坏的主要原因，当出现此突频且其幅值随时间不断增大时，发动机结构由于受到持续的大振动而出现疲劳裂纹或疲劳断裂，导致发动机结构焊缝开裂或者燃料泄漏等故障。

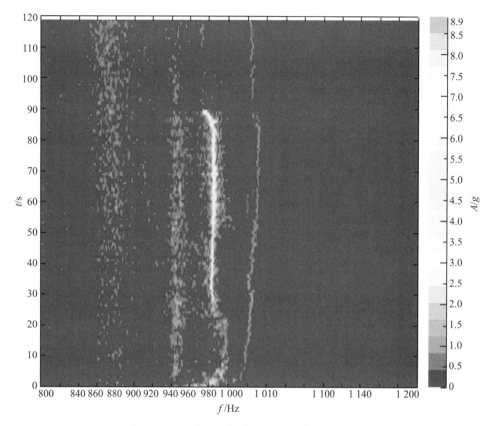

图 10 - 37　发动机某次飞行振动参数色谱图

（a）断口

（b）断口理化分析

图 10 - 38　发动机某次飞行残骸及其断裂裂纹

　　针对发动机试车信号故障特征，可以在发动机试车过程中，对信号特征频段内的 RMS 值或最大幅值进行实时计算、显示及监控。当发动机进入过载工况时，一旦发现监控对象没有衰减反而有增大趋势，可实施手动紧急关机，避免故障进一步发展恶化，对试车产品及试车台造成更大的破坏和损失。

## 10.5.2　某型发动机试车结构损坏分析

发动机试车中的速变信号能够反映缓变信号所不能反映的信息，能够在一定程度上表征发动机结构局部状态的变化，某发动机研制过程中对结构进行局部修改后连续两台试车均出现燃气发生器身部内壁鼓包或者撕裂的故障。

通过分析两台发动机试车数据，以期弄清发动机结构破坏的原因及机理。首先，对试车缓变参数进行分析，没有发现任何明显异常信息，但与结构相关的振动及脉动信号上均发现有明显的异常。第一台发动机试车燃气发生器三个方向的振动信号和相关压力脉动信号如图 10-39、图 10-40 所示。可见在发动机起动过程 1.8 s 左右，发生器三个方向的振动和相关压力脉动同时出现跳变，随后恢复正常。

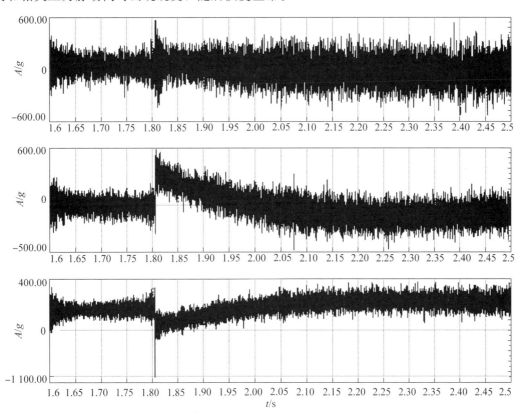

图 10-39　第一台试车发生器三个方向振动

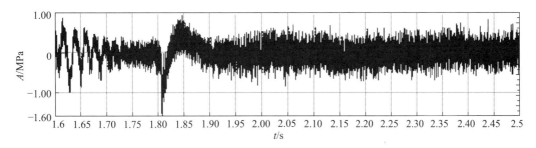

图 10-40　第一台试车发生器压力脉动信号

同样如图 10-41、图 10-42 所示的，第二台发动机在起动过程 2.1 s 左右发生器三个方向的振动和相关压力脉动同时出现跳变，随后恢复正常。

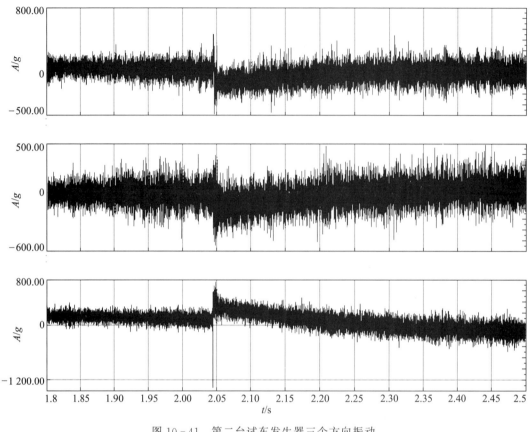

图 10-41　第二台试车发生器三个方向振动

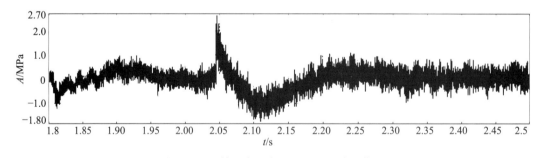

图 10-42　第二台试车发生器压力脉动信号

发动机正常起动过程在 1.8 s、2.1 s 左右系统没有任何动作，以往上百次试车起动信号在此时刻均没有出现过此类现象；两次试车其他振动、脉动测点在此时刻均没有出现异常现象，而发生器三个方向的振动和相关压力脉动是同时出现"跳变"现象，进一步说明该异常信号不是测量导致的数据异常，应是发生器结构局部异常的表现。

对两台发动机试车脉动信号进行色谱图分析，如图 10-43、图 10-44 所示。由于"跳变"出现在发动机起动过程，发动机的燃烧特征频率都处于一个变化的过程，色频分析无法准确地判断信号的跳变。因此，非稳态过程分析需要结合时域和频域甚至发动机缓变性能参数进行综合分析。

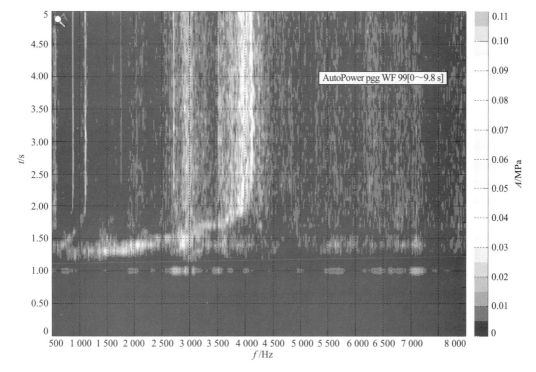

图 10 - 43　第一台试车发生器压力脉动信号色谱图

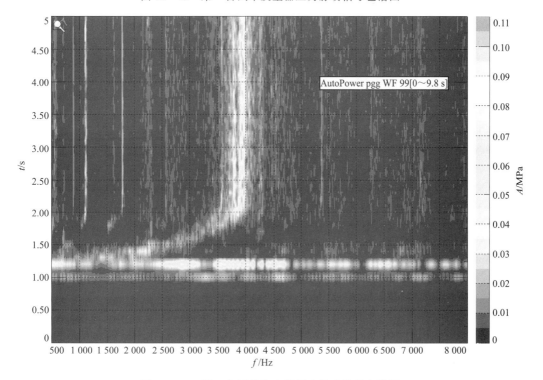

图 10 - 44　第二台试车发生器压力脉动信号色谱图

　　两台发生器连续出现同样的问题，其他时段的信号无异常。重新对起动过程振动、脉动异常"跳变"对应时刻的缓变性能参数进行了细化分析。结果表明，发动机结构改变后，起动过程氧入口压力会比以往试车偏低，存在点火剂窜至身部冷却通道内与液氧爆燃产生瞬时高压，进而造成内壁鼓包或撕裂的可能。

　　在随后的验证试车中，对试车程序作了一些调整，延长液氧的充填时间，避免点火剂进入身部冷却通道。改进后结构再也没有出现燃气发生器鼓包或撕裂的局部损坏，进一步证明故障定位的准确性及改进措施的有效性。

# 参 考 文 献

［1］ 张贵田. 高压补燃液氧煤油发动机［M］. 北京：国防工业出版社，2005.

［2］ 谭永华. 大推力液体火箭发动机研究［J］. 宇航学报，2013，34（10）：1303 – 1308.

［3］ 李斌，张小平，马冬英. 我国新一代载人火箭液氧煤油发动机［J］. 载人航天，2014，20（5）：427 – 431.

［4］ 谭永华. 航天推进技术［M］. 北京：中国宇航出版社，2016.

［5］ 胡海昌. 多自由度结构固有振动理论［M］. 北京：科学出版社，1987.

［6］ 邱吉宝，向树红，张正平. 结构动力学及其在航天工程中的应用［M］. 北京：中国科学技术大学出版社，2015.

［7］ D. K. 休泽尔. 液体火箭发动机现代工程设计［M］. 朱宁昌，译. 北京：中国宇航出版社，2004.

［8］ 黄道琼，王振，杜大华. 大推力液体火箭发动机中的动力学问题［J］. 中国科学：物理学力学天文学，2019，49（2）：02450301 – 02450312.

［9］ 杨尔辅，张振鹏，崔定军. 液发推力室和涡轮泵故障监测与诊断技术研究［J］. 北京航空航天大学学报，1999，25（5）：619 – 622.

［10］ Feiping Du，Yonghua Tan，Chen Jianhua. Choi – Williams distribution analysis for fault detection of the liquid propellant rocket engine［C］. 68th International Astronautical Congress，2017.

［11］ 杜飞平. 基于时域法液氧煤油发动机结构低频特性研究［D］. 中国航天科技集团公司第六研究院第十一研究所，2011.

［12］ ECSS – E – HB – 32 – 26A. Space engineering，Spacecraft mechanical loads analysis handbook. 2013.

［13］ 王其政，黄怀德，姚德源. 结构耦合动力学［M］. 北京：宇航出版社，1999.

［14］ 韩增尧，邹元杰，朱卫红. 航天动力学专辑-编者按［J］. 中国科学：物理学 力学 天文学，2019，49（2）：024502 – 1.

［15］ 杜大华. 大推力液体火箭发动机结构动力学设计技术研究［D］. 西安：西北工业大学，2019.

［16］ 王建民，吴艳红，等. 运载火箭全箭动特性三维建模技术［J］. 中国科学：技术科学，2014，44（1）：50 – 61.

［17］ 潘忠文，曾耀祥，等. 运载火箭结构动力学模拟技术研究进展［J］. 力学进展，2012，42（4）：406 – 415.

［18］ 曾耀祥，潘忠文，李东. 基于统计能量分析法的火箭仪器舱声振环境预示［J］. 导弹与航天运载技术，2013，327：27 – 32.

［19］ 刘小勇，李君，周云端. 液体火箭发动机声振环境试验及统计能量分析研究［J］. 火箭推进，2010，36（3）：49 – 53.

［20］ 王永岩. 动态子结构法方法理论及应用［M］. 北京：科学出版社，1999.

［21］ 杜飞平，谭永华，陈建华. 基于子结构试验建模综合的火箭发动机结构动力分析［J］. 推进技术，

2015，36（10）：1547－1553.

[22] Qiu Jibao, Wang Jianming. Dynamic analysis of strap - on launch vehicle [C]. Proc. of Asian - Pacific Conference on Aerospace Technology and Science，Hangzhou，1994：387－391.

[23] 杜飞平，谭永华，陈建华，等. 航天器子结构模态综合法研究现状及进展 [J]. 火箭推进，2010，36（3）：39－44.

[24] 杜大华，贺尔铭，李锋. 基于多重动态子结构法的大型复杂结构动力分析技术 [J]. 推进技术，2018，39（9）：1841－1848.

[25] 曹树谦，张文德，萧龙翔. 振动结构模态分析-理论、实验与应用 [M]. 天津：天津大学出版社，2001.

[26] 沃德. 海伦. 模态分析理论与试验 [M]. 白化同，郭继忠，译. 北京：北京理工大学出版社，2000.

[27] 俞云书. 结构模态试验分析 [M]. 北京：宇航出版社，2000.

[28] 管迪华. 模态分析技术 [M]. 北京：清华大学出版社，1996.

[29] 于开平，邹经湘，庞世伟. 结构系统模态参数识别方法研究进展 [J]. 世界科技研究与发展，2005，27（6）：22－30.

[30] 杜飞平，谭永华，陈建华. 基于 ITD 和 STD 的液体火箭发动机模态参数辨识方法 [J]. 火箭推进，2012，38（3）：34－39.

[31] 杜飞平，谭永华，陈建华，等. 基于 ARMA 时序分析的液体火箭发动机模态参数辨识方法 [J]. 火箭推进，2010，36（6）：15－20.

[32] 杜飞平，谭永华，陈建华. 基于 Hilbert - Huang 变换的补燃循环火箭发动机模态参数辨识方法 [C]. 第十届全国振动理论及应用学术会议，南京，2011.

[33] 杜大华，贺尔铭，黄红. 一种轻质大柔性索网结构模态测试技术 [J]. 机械科学与技术，2018，37（8）：1267－1271.

[34] Du Dahua, He Erming, Huang Daoqiong, Wang Guangxu. Intense Vibration Mechanism Analysis and Vibration Control Technology for the Combustion Chamber of a Liquid Rocket Engine [J]. Journal of Sound and Vibration，2018，437：53－67.

[35] 戴航. 基于灵敏度分析的结构模型修正 [M]. 北京：科学出版社，2011.

[36] 宗周红，任伟新. 桥梁有限元模型修正和模型确认 [M]. 北京：人民交通出版社，2012.

[37] 李伟明. 有限元模型修正方法及自由度匹配迭代技术研究 [D]. 上海：上海交通大学，2011.

[38] 刘洋. 基于代理模型的桥梁结构有限元模型修正技术 [M]. 北京：人民交通出版社，2017.

[39] 张德文. 改进 Guyan～递推减缩技术 [J]. 计算力学学报，1996，13（1）：90－94.

[40] Kammer D C. Test - analysis modal development using an exact modal reduction [J]. The International Journal of Analytical and Experiment Modal Analysis，1987，2（4）：174－179.

[41] Chuang Y T. Mass matrix updating for model validation [C]. Proceeding of the 15th International Modal Analysis Conference. Bethel：Society for Experimental Mechanics，1997：818－824.

[42] Link M, Friswell M I. Working group 1：generation of validated structural dynamic models - results of a benchmark study utilizing the GARTEUR SM - AG19 test - bed [J]. Mechanical Systems and

Signal Processing，2003，17（1）：9-20.

[43] 杜大华，贺尔铭，李磊. 基于改进模拟退火算法的喷管动力学模型修正 [J]. 宇航学报，2018，39（6）：632-638.

[44] 贺尔铭，杨智春. 高等结构动力学 [M]. 西安：西北工业大学出版社，2016.

[45] 杜大华，贺尔铭，薛杰，等. 大推力液体火箭发动机起动冲击响应特性研究 [J]. 西北工业大学学报，2016，34（6）：982-989.

[46] 宁建国，王成等. 爆炸与冲击动力学 [M]. 北京：国防工业出版社，2010.

[47] 尤裕荣，杜大华，袁洪滨，王春民. 电爆阀起动过程的响应特性与活塞撞击变形分析 [J]. 火箭推进，2012，38（3）：49-53.

[48] 陈建军，车建文，崔明涛，等. 结构动力优化设计述评与展望 [J]. 力学进展，2001，31（2）：181-192.

[49] 杜建镔. 结构优化及其在振动和声学设计中的应用 [M]. 北京：清华大学出版社，2015.

[50] 尹泽勇，米栋. 航空发动机多学科优化设计 [M]. 北京：北京航空航天大学出版社，2015.

[51] 李海燕. 面向复杂系统的多学科协同优化方法研究 [M]. 沈阳：东北大学出版社，2013.

[52] 秦仙蓉，蔡敏，廖敏. 大型机械结构的分层动态优化方法 [J]. 振动、测试与诊断，2012，32（2）：234-341.

[53] 王振国，陈小前，罗文彩，等. 飞行器多学科设计优化理论与应用研究 [M]. 北京：国防工业出版社，2006.

[54] 韩忠华. Kriging 模型及代理优化算法研究进展 [J]. 航空学报，2016，37（11）：3197-3225.

[55] 杨扬，舒乐时. 基于序贯层次 Kriging 模型的微型飞行器机身结构设计优化 [J]. 工程设计学报，2018，25（4）：434-439.

[56] 袁军社，杨全洁，李锋. 基于神经网络的火箭发动机结构动力学优化 [J]. 火箭推进，2016，42（4）：53-57.

[57] 王岩，隋思涟. 试验设计与 Matlab 数据分析 [M]. 北京：清华大学出版社，2012.

[58] 赖宇阳. Isight 参数优化理论与实例详解 [M]. 北京：北京航空航天大学出版社，2012.

[59] 李元生，高庆. 基于多岛遗传算法的多状态动力学模型并行修正方法 [J]. 导弹与航天运载技术，2014，336：8-11.

[60] 尹安东，宣亮. 基于非线性二次规划算法的电动汽车传动系参数设计与优化 [J]. 汽车工程学报，2014，4（6）：411-417.

[61] Dahua Du，Erming He，Feng Li，Daoqiong Huang. Using the hierarchical Kriging model to optimize the structural dynamics of rocket engine [J]. Aerospace Science and Technology，2020，107：106248.

[62] 杜大华，穆朋刚，周建. 液体火箭发动机管路断裂失效分析及动力优化设计 [J]. 火箭推进，2018，44（3）：16-22.

[63] Childs D W. Turbomachinery rotordynamics：phenomena，modeling and analysis [M]. New York：John Wiley & Sons，Inc.，1993.

[64] 闻邦椿，顾家柳，夏松波，等. 高等转子动力学-理论、技术与应用 [M]. 北京：机械工业出版

社，2000.

［65］ 黄文虎，夏松波，焦映厚，等．旋转机械非线性动力学设计基础理论与方法［M］．北京：科学出版社，2006.

［66］ Andrew D. Dimarogonas，Stefanos A. Paipetis，Thomas G. Chondros. Analytical methods in rotor dynamics（Second Edition）［M］. Springer Science & Business Media，2013.

［67］ Brennen C E，Acosta A J. Fluid - induced rotordynamic forces and instabilities［J］. Structural Control and Health Monitoring，2006，13：10 - 26.

［68］ Ishida Y. Nonlinear vibration and chaos in rotor dynamics［J］. JSME International Journal，Series C：Dynamics，Control，Robotics，Design and Manufacturing，1994，37（2）：237 - 245.

［69］ MICHEL L，GUY F. Rotordynamics prediction in engineering［M］. John Wiley & Sons Ltd，Chichester，England，1997.

［70］ 顾家柳，丁奎元，刘启洲，等．转子动力学［M］．北京：国防工业出版社，1985.

［71］ 廖明夫．航空发动机转子动力学［M］．西安：西北工业大学出版社，2015.

［72］ Feiping Du，Yonghua Tan，Chen Jianhua. Effect of bearing supporting stiffness on critical speed and dynamic stability of turbo - pump rotor system in LOX/Kerosene rocket engine［C］. 67th International Astronautical Congress，2016.

［73］ BENTLY D E，CHARLES T H. Fundamentals of Rotating Machinery Diagnostics［M］. Minden，NV，USA：Bently Pressurized Bearing Press，2002.

［74］ 夏德新．高压多级氢涡轮泵转子动力学设计与试验研究［J］．导弹与航天运载技术，2001，254（6）：21 - 26.

［75］ 罗巧军，褚宝鑫，须村．氢涡轮泵次同步振动问题的试验研究［J］．火箭推进，2014，40（5）：14 - 19.

［76］ MUSZYNSKA A. Rotordynamics［M］. New York，USA：CRC Press Taylor & Francis Group，2005.

［77］ 《航空发动机设计手册》总编委会．航空发动机设计手册（第 19 册）：转子动力学及整机振动［M］．北京：航空工业出版社，2000.

［78］ 杜大华，黄道琼，黄金平．火箭发动机涡轮盘模态影响因素与振动安全性分析［J］．火箭推进，2021，47（1）：21 - 28.

［79］ 陶春虎，钟培道，王仁智，等．航空发动机转动部件的失效与预防［M］．北京：国防工业出版社，2001.

［80］ Max Louyot，Bernd Nennemann，Christine Monette，et al. Modal analysis of a spinning disk in a dense fluid as a model for high head hydraulic turbines［J］. Journal of Fluids and Structures，94（2020）102965.

［81］ Mario Weder，Beat Horisberger，Christine Monette，et al. Experimental modal analysis of disk - like rotor - stator system coupled by viscous liquid［J］. Journal of Fluids and Structures，88（2019）：198 - 215.

［82］ 宋兆泓．航空发动机典型故障分析［M］．北京：北京航空航天大学出版社，1993.

［83］ 张继桐，黄道琼，郭景录．由转速判断涡轮盘行波谐振［J］．火箭推进，2005，31（3）：14 - 22.

[84] Róbert Huňady，Peter Pavelka，Pavol Lengvarský. Vibration and modal analysis of a rotating disc using high－speed 3D digital image correlation［J］. Mechanical System and Signal Processing，121 (2019)：201－214.

[85] Huang W H. Free and forced vibration of closely coupled turbomachinery blades［R］. AIAA80－0700，1980.

[86] SHEN I Y. Closed－form forced response of a damped，rotating，multiple disks/spindle system［J］. Journal of Applied Mechanics，1997，64：343－352.

[87] 林蓬成，郑晓宇，李龙贤，等. 液体火箭发动机音叉式涡轮叶盘振动特性研究［J］. 推进技术，DOI：10.13675/j. cnki. tjjs. 200636.

[88] 陈晖，李斌，张恩昭，等. 液体火箭发动机高转速诱导轮旋转空化［J］. 推进技术，2009，30 (4)：390－395.

[89] CHAMIEH D S. Forces on a whirling centrifugal pump－impeller. ［D］. California Institute of Technology University，1983.

[90] ADKINS D R，BRENNEN C E. Analyses of hydrodynamic radial forces on centrifugal pump impellers［J］. Journal of Fluids Engineering，1988，110 (3)：20－28.

[91] MISKOVISH R S，BRENNEN C E. Some unsteady fluid forces on pump impellers［J］. Journal of fluids engineering，1992，114：632－637.

[92] 徐朝晖. 高速离心泵内全流道三维流动及其流体诱发压力脉动研究［D］. 北京：清华大学，2004.

[93] LETTIERI C，SPAKOVSZKY Z，JACKSON D，et al. Characterization of Cavitation Instabilities in a Four－Bladed Turbopump Inducer［J］. Journal of Propulsion and Power，2016，34 (2)：1－11.

[94] YANG B F，LI B，CHEN H，et al. Numerical Investigation of the Clocking Effect Between Inducer and Impeller on Pressure Pulsions in a Liquid Rocket Engine Oxygen Turbopump［J］. Journal of Fluids Engineering，2019，141 (1)：071109.

[95] 项乐，谭永华，陈晖，等. 液体火箭发动机诱导轮空化热力学效应研究［J］. 推进技术，2020，41 (4)：812－819.

[96] 李雨蒙，陈晖，项乐，等. 水翼非定常空化流动中湍流模型研究［J］. 火箭推进，2019，45 (6)：29－37.

[97] 项乐，谭永华，陈晖，等. 诱导轮空化流动特性实验研究［J］. 农业机械学报，2019，50 (12)：125－132.

[98] PACE G，VALENTINI D，PASINI A，et al. Analysis of Flow Instabilities on a Three－Bladed AxialInducer in Fixed and Rotating Frames［J］. Journal of Fluid Engineering，2018，141 (4)：041104－041104－13.

[99] KIM J，SONG S J. Measurement of Temperature Effects on Cavitation in a Turbopump Inducer［J］. Journal of Fluids Engineering，2015，138 (1)：011304－011304－7.

[100] LI X，LI J W，WANG J，et al. Study on Cavitation Instabilities in a Three－Bladed Inducer［J］. Journal of Propulsion and Power，2015，31 (4)：1051－1056.

[101] TORRE L，CERVONE A，PASINI A，et al. Experimental Characterization of Thermal Cavitation

Effects on SpaceRocket Axial Inducers [J]. Journal of Fluid Engineering，2011，133（11）：111303 - 111303 - 10.

[102] TSUJIMOTO Y，YOSHIDA Y，MAEKAWA Y，et al. Observations of Oscillating Cavitation of an Inducer [J]. Journal of Fluid Engineering，1997，119（4）：775 - 781.

[103] WATANABE S，HIDAKA T，HORIGUCHI H，et al. Steady Analysis of the Thermodynamic Effect of Partial Cavitation Using the Singularity Method [J]. Journal of Fluids Engineering，2007，129（2）：121 - 127.

[104] SeijsMVVD，D D Klerk，D J Rixen. General framework for transfer path analysis：History，theory and classification of techniques [J]. Mechanical Systems & Signal Processing，2016，68 - 69：217 - 244.

[105] Choi H G，A N Thite，D J Thompson. Comparison of methods for parameter selection in Tikhonov regularization with application to inverse force determination [J]. Journal of Sound & Vibration，2007，304（3 - 5）：894 - 917.

[106] VogelCR. Computational Methods for Inverse Problems [J]. Frontiers in Applied Mathematics，2002.

[107] Verheij J W. Multi - path sound transfer from resiliently mounted shipboard machinery ：experimental methods for analyzing and improving noise control. 1982.

[108] Plunt J. Strategy for transfer path analysis（TPA）applied to vibro - acoustic systems at medium and high frequencies. 1998.

[109] Jia Y，et al. Random dynamic load identification based on error analysis and weighted total least squares method [J]. Journal of Sound & Vibration，2015，358（3）：111 - 123.

[110] Janssens K，et al. OPAX：A new transfer path analysis method based on parametric load models [J]. Mechanical Systems & Signal Processing，2011，25（4）：1321 - 1338.

[111] Klerk D D，A Ossipov. Operational transfer path analysis：Theory，guidelines and tire noise application [J]. Mechanical Systems & Signal Processing，2010，24（7）：1950 - 1962.

[112] Jacquelin E，A Bennani，P Hamelin. Force reconstruction：analysis and regularization of adeconvolution problem [J]. Journal of Sound & Vibration，2003，265（1）：81 - 107.

[113] Thite，A Narasinha. Inverse determination of structure - borne sound sources. University of Southampton，2003.

[114] Guillaume P，et al. An inverse method for the identification of localized excitation sources [R]. Proceedings of the 20th IMAC，2002.

[115] Brandolisio D，et al. TPA for internal force identification in a mechanical system [J]. Addiction，2013，108（1）：80 - 88.

[116] Jia Y，Z Yang，Q Song. Experimental study of random dynamic loads identification based on weighted regularization method [J]. Journal of Sound & Vibration，2015，342：113 - 123.

[117] Herbruggen J V，et al. Time - domain Transfer Path Analysis for Transient Phenomena Applied to Tip - in/Tip - out（Shock & Jerk）. Optimization，2012.

[118] 胡志强，法庆衍，洪宝林，等. 随机振动试验应用技术 [M]. 北京：中国计量出版社，1996.

[119] 范宣华，胡绍全. 电动振动台空台建模与仿真技术研究 [J]. 系统仿真学报，2006，18（2）：

313－315.

［120］侯瑞，陈国平．振动台虚拟试验的建模和仿真研究［J］．力学季刊，2008，29（2）：254－258.

［121］赵万明．液氧/煤油发动机试车主要参数测量方法研究［J］．火箭推进，2006，32（3）：51－56.

［122］赵万明，罗维民．液体火箭发动机试验流量测量技术［J］．火箭推进，2017，43（5）：75－79.

［123］李舜酩，李香莲．振动信号的现代分析［M］．北京：国防工业出版社，2008.

［124］孙百红，李锋．连续小波变换与信号时频分析［J］．火箭推进，2003，29（6）：7－11.

［125］孙百红，宋少伟．基于小波分析的发动机转动惯量测量信号特征提取［J］．火箭推进，2010，36（6）：52－55.

［126］王涌泉．力学环境试验技术［M］．西安：西北工业大学出版社，2003.

［127］孙百红，田川．基于特征频段 RMS 值的发动机故障实时监测方法［J］．火箭推进，2019，45（4）：74－78.